21世纪高等教育计算机规划教材

COMPUTER

数据结构与算法

Data Structure and Algorithm

■ 王曙燕　主编
■ 王春梅　副主编

人民邮电出版社
北京

图书在版编目（CIP）数据

数据结构与算法 / 王曙燕主编. -- 北京 : 人民邮电出版社, 2013.9（2021.1重印）
21世纪高等教育计算机规划教材
ISBN 978-7-115-32420-7

Ⅰ. ①数… Ⅱ. ①王… Ⅲ. ①数据结构－高等学校－教材②算法分析－高等学校－教材 Ⅳ. ①TP311.12

中国版本图书馆CIP数据核字(2013)第167933号

内容提要

数据结构与算法设计是高等院校理工科各专业计算机应用能力提高的重要技术基础。本书将数据结构和算法分析与设计的基础知识相结合，以实际应用为驱动，将数据结构的各种知识融入到实际问题的解决中，对相关算法的核心思想进行深入剖析，并总结比较各类算法的特点和适用范围，重点培养学生使用数据结构知识分析问题和解决问题的能力，为后继课程的学习以及从事软件开发工作打下良好的基础。

本书系统地讲解了数据结构与算法设计的相关知识，全书共有9章，论述了数据结构的基本概念、线性表、栈与队列、串、数组和广义表、树、图、查找以及排序等内容。为了让读者能够及时地检查自己的学习效果，把握自己的学习进度，每章后面都附有丰富的习题。

本书既可以作为高等院校各专业“数据结构”课程的教材，也可供准备考研的读者阅读参考，同时也可作为工程技术人员和计算机爱好者的参考资料。

◆ 主　　编　王曙燕
副 主 编　王春梅
责任编辑　李海涛
责任印制　彭志环　焦志炜
◆ 人民邮电出版社出版发行　　北京市丰台区成寿寺路 11 号
邮编　100164　　电子邮件　315@ptpress.com.cn
网址　http://www.ptpress.com.cn
涿州市京南印刷厂印刷
◆ 开本：787×1092　　1/16
印张：18.5　　2013 年 9 月第 1 版
字数：487 千字　　2021 年 1 月河北第 8 次印刷

定价：42.00 元

读者服务热线：(010)81055256　印装质量热线：(010)81055316
反盗版热线：(010)81055315

前言

计算机科学技术飞速发展，其应用已经深入到社会各个领域，不仅有效地解决了各种数值计算问题，而且更广泛地解决了大量非数值的数据处理问题，包括文本处理、信息检索、图像处理以及人工智能等诸多领域的问题。

数据结构是一门面向设计，且处于计算机学科核心地位的技术基础和主干必修课，也是算法分析与设计、操作系统、编译技术、计算机图形与图像处理等专业课程的先修课程。国内外许多科技人员对学习、研究数据结构都非常重视。美国 IEEE 和 ACM 的教学计划 CC2005 把"数据结构与算法"列入计算机以及信息技术相关学科专业的本科必修基础课程。

"数据结构与算法"是一门理论和实际紧密结合的重要的计算机类专业基础课程。本书根据学科的最新发展，对所教授课程的教学内容进行必要的筛选、补充、更新和重组，使其既能反映该学科领域最基本最核心的知识，又能反映该学科最新的进展和动态，注重学生"计算思维"能力和创新实践能力的培养，并补充了后续课程和相关领域应用的实例。

计算机科学的重要基石是算法，数据结构又是算法研究的基础。本书将数据结构的知识和算法分析与设计的基础知识相结合，以实际的应用案例为驱动，将各种数据结构与算法的知识融入到实际问题的解决中，对相关算法的核心思想进行深入剖析，并总结比较各类算法的特点和适用范围，重点培养学生利用数据结构知识分析和解决实际问题的能力，为后继课程的学习以及从事计算机软、硬件开发工作打下良好的基础。

本书的参考学时为 64 ~ 80 学时，建议采用理论实践一体化的教学模式，各章的参考学时见下面的学时分配表。

学时分配表

章　节	课程内容	学　时
第 1 章	引论	4
第 2 章	线性表	8
第 3 章	栈和队列	6
第 4 章	串	4～6
第 5 章	多维数组和广义表	6～8
第 6 章	树	10～12
第 7 章	图	10～14
第 8 章	查找	8～12
第 9 章	排序	8～10
课时总计		64～80

本书由王曙燕任主编，王春梅任副主编。各章节编写分工如下：王曙燕编写了第 1、3 章，王春梅编写了第 5、7、8、9 章，初建玮编写了第 6 章，王燕编写了第 4 章，王晓梅编写了第 2 章，王曙燕和王春梅对全书进行了细致的修改和统稿。

尽管本书经过了作者的反复修改和推敲，但由于编者水平和经验有限，书中难免有欠妥和错误之处，恳请读者批评指正。

编　者

2013 年 5 月

目 录

第1章 引 论

1946 年，世界上第一台电子数字式计算机在美国宾夕法尼亚大学诞生了，这就是电子数值积分计算机（Electronic Numerical Integrator and Calculator，ENIAC）。ENIAC 奠定了电子计算机的发展基础，开辟了一个计算机科学技术的新纪元。在此后短短的几十年间，计算机的发展突飞猛进。伴随着硬件的发展，计算机软件、计算机网络技术也得到了迅速的发展，计算机的应用领域也由最初的数值计算扩展到人类生活的各个领域，现在计算机已成为最基本的信息处理工具。

早期的计算机主要用于数值计算，随着计算机科学的发展，计算机的应用已经远远超出了单纯进行数值计算的范围，数据处理已在计算机应用中占有越来越重要的地位。据统计，目前非数值型信息（文字、字符、图、树、表、视频、音频等）的处理占据了计算机 90%以上的机时。这样，如何有效地组织数据，以便设计出更高效、高质量的程序来解决现实中的问题，已成为计算机科学工作者十分关心的事情。

“数据结构”作为一门独立的课程最早是美国的一些大学开设的，1968 年美国唐·欧·克努特教授开创了数据结构的最初体系，他所著的《计算机程序设计技巧》第一卷《基本算法》是第一本较系统地阐述数据的逻辑结构和存储结构及其操作的著作。从 20 世纪 60 年代末到 70 年代初，出现了大型程序，软件也相对独立，结构程序设计成为程序设计方法学的主要内容，人们就越来越重视数据结构，认为程序设计的实质是对确定的问题选择一种好的结构，加上设计一种好的算法。从 20 世纪 70 年代中期到 80 年代初，各种版本的数据结构著作就相继出现。目前在我国，“数据结构”不仅仅是计算机专业的教学计划中的核心课程之一，而且是其他非计算机专业的主要选修课程之一。

著名的计算机科学家沃思（Niklaus Wirth）曾经提出一个著名的公式：

数据结构+算法=程序

该公式阐明了数据结构和算法对于程序设计的重要性。计算机科学的重要基石是算法，数据结构又是算法研究的基础。

数据结构与算法的研究涉及构筑计算机求解问题过程的两个重要方面：刻画实际问题中信息及其关系的数据结构和描述问题解决方案的逻辑抽象算法。

1.1 数据结构的概念

数据结构主要是研究数据（特别是非数值型数据）的组织、存储及运算方法的课程。它是计算机科学中的一门综合性的专业基础课。

首先介绍数据结构的相关术语。

1. 数据（Data）

数据是描述客观事物的数值、字符以及能输入到计算机中且能被处理的各种符号集合。换句话说，数据是对客观事物采用计算机能够识别、存储和处理的形式所进行的描述。数据不仅包括整型、实型、布尔型等数值型数据，还包括字符、声音、图像等一切可以输入到计算机中的符号集合。例如：一个编译程序或文字处理程序的处理对象是字符串。

2. 数据元素（Data Element）

数据元素是**组成数据的基本单位**，是数据集合的个体，在计算机中通常作为一个整体进行考虑和处理。一个数据元素可由一个或多个数据项组成，数据项（Data Item）是数据的不可分割的最小单位。例如：通讯录是数据，每一个人的信息就是一个数据元素，此时的数据元素通常称为记录（Record），而通讯录中的每一项（如姓名、电话号码）为一个数据项。如表 1.1 所示。

表 1.1 通讯录

序　号	姓　名	性　别	电话号码	单　位	地　址
1	王平	女	13008892088	西安交通大学	西安市友谊东路
2	李明	男	13992900001	西安邮电大学	西安市长安区
3	张鹏飞	男	13200022223	西安邮电大学	西安市长安区
……	……	……	……	……	……

3. 数据对象（Data Object）

数据对象是**性质相同的数据元素的集合**，是数据的一个子集。例如：正整数数据对象是集合 $N=\{0，1，2，\cdots\}$，字母字符数据对象是集合 $C=\{'A'，'B'，\cdots，'Z'\}$，本节中的表 1.1 中的通讯录也可看作一个数据对象。

4. 数据结构（Data Structure）

数据结构是指相互之间存在一种或多种特定关系的数据元素集合。通常数据对象中的数据元素不是孤立的，而是彼此之间存在着关系，如表结构（表 1.1 通讯录，元素之间存在线性关系）、树型结构（图 1.1 学校组织结构图，元素之间存在一对多的层次关系）、图结构（图 1.2 施工进度图，元素之间存在多对多的任意关系），我们把数据元素相互之间的关系称为“结构”，即数据的组织形式，所以也可以说数据结构是带有结构的数据元素的集合。

数据结构是一个二元组：Data_Structure=（D,R）

其中 D 是数据元素的有限集，R 是 D 上关系的有限集。

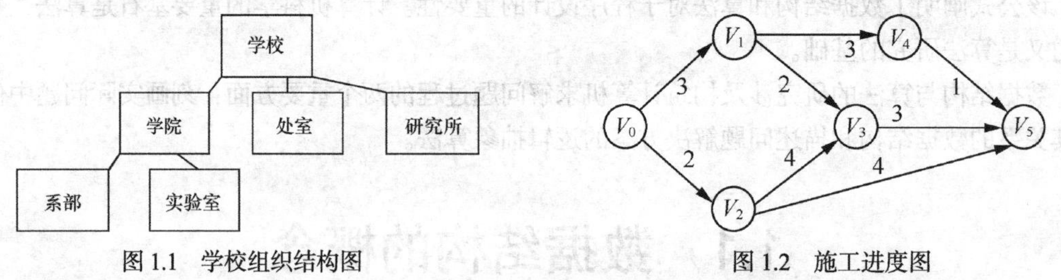

图 1.1　学校组织结构图　　　　图 1.2　施工进度图

5. 数据类型（Data Type）

数据类型是一组性质相同的值集合以及定义在这个值集合上的一组操作的总称。数据类型中定义了两个集合，即该类型的取值范围和该类型中可允许使用的一组运算。例如，高级语言中的数据类型就是已经实现的数据结构的实例。数据类型是高级语言中允许的变量种类，如在高级语言中的整型类型，它可能的取值范围是某个区间（区间大小和不同的机器相关），可进行的运算为加、减、乘、除、乘方、取模等（如 C 语言中的+、–、*、/、%）。

从硬件的角度看，它们的实现涉及“字”、“字节”、“位”、“位运算”等等；从用户观点看，并不需要了解整数在计算机内是如何表示、运算细节是如何实现的，用户只需要了解整数运算的外部运算特性，而不必了解机器内部位运算的细节，就可运用高级语言进行程序设计。引入数据类型的目的是实现信息隐蔽，将一切用户不必关心的细节封装在类型中。如两整数求和问题，程序用户只需关注其数学求和的抽象特性，而不关心加法运算涉及的内部位运算实现。

按“值”的不同特性，高级程序语言中的数据类型可分为两大类：一类是非结构的原子类型，原子类型的值是不可分解的，如 C 语言中的基本类型（整型、实型、字符型等）及指针；另一类是结构类型，结构类型的值是由若干成份按某种结构组成的，因此是可以分解的，并且它的成份可以是非结构的，也可以是结构的，例如数组、结构体等。

6. 数据抽象与抽象数据类型

抽象是对一种事物或一个系统的简化描述，它集中注意力于事物或系统的本质方面，而忽略非本质的细节。

计算机界名人 E.Dijkstra 关于如何对付日益增长的软件复杂度问题说：“设计并实现一个大规模的软件的中心问题是怎样减小复杂度，一个途径就是通过抽象。”软件技术发展 50 多年的历史证明了这一点。程序设计语言的发展从机器语言→汇编语言→高级语言→非过程化语言（面向对象语言）就是不断抽象的过程。因为用户关心的只是软件能做什么，而不是为什么能这样做及实现的细节。

前面讨论的数据类型，抽象程度不够高，且对问题来说，不能比较自然地加以表达，因为它只描述了数据的形式，而没有描述他们的功能。

（1）抽象数据类型（Abstract Data Type）

抽象数据类型（简称 ADT）是指一个数学模型以及定义在该模型上的一组操作。或者说是基于一类逻辑关系的数据类型以及定义在这个类型之上的一组操作。“抽象”的意义在于数据类型的数学抽象特性。抽象数据类型的定义取决于客观存在的一组逻辑特性，而与其在计算机内如何表示和实现无关。即不论其内部结构如何变化，只要它的数学特性不变，都不影响其外部使用。在某种意义上，抽象数据类型和数据类型实质上是一个概念。整数类型就是一个简单的抽象数据类型实例，尽管在不同处理器上实现的方法可以不同，但其定义的数学特性是相同的，都可以实现+、–、*、/、%等运算，在用户看来都是相同的。

一个 ADT 定义了一个数据对象、数据对象中各元素间的结构关系，以及一组处理数据的操作。ADT 通常是指由用户定义、用以表示应用问题的数据模型，通常由基本的数据类型组成，并包括一组相关服务操作。

ADT 包括定义和实现两方面，其中定义是独立于实现的。定义仅给出一个 ADT 的逻辑特性，不必考虑如何在计算机中实现。抽象数据类型的特征是使用与实现分离，实现封装和信息隐蔽。就是说，在抽象数据类型设计时，类型的定义与其实现分离。

抽象数据类型的范畴包括各种不同的计算机处理器中已定义并实现的固有数据类型，还包括用户在设计软件系统时自己定义的数据类型。所定义的数据类型的抽象层次越高，含有该抽象数据类型的软件复用程度就越高。

ADT 物理实现作为私有部分封装在其实现模块内，使用者不能看到，也不能直接操作该类型所存储的数据，只有通过界面中的服务来访问这些数据。从实现者的角度来看，把抽象数据类型的物理实现封装起来，有利于编码、测试，也有利于修改。需要改进数据结构，只要界面服务的使用方式不变，只需要改变抽象数据类型的物理实现，所有使用该抽象数据类型的程序不需要改变，提高系统的稳定性。

抽象数据类型是近年来计算机科学中提出的最重要的概念之一，它集中体现了程序设计中一些最基本的原则：分解、抽象和信息隐藏。

一个抽象数据类型确定了一个模型，但将模型的实现细节隐藏起来；它定义了一组运算，但将运算的实现过程隐藏起来。我们可以用抽象数据类型来指导问题求解的过程。

（2）ADT 的定义格式

ADT <ADT 名>

{　数据对象:<数据对象的定义>

　结构关系:<结构关系的定义>

　基本操作:<基本操作的定义>

}ADT <ADT 名>

其中数据对象和结构关系的定义采用数学符号和自然语言描述，而基本操作的定义格式为：

<操作名称> (参数表)

操作前提: <操作前提描述>

操作结果: <操作结果描述>

例如：一个线性表的抽象数据类型的描述如下。

ADT Linear_list

{

数据对象：所有 a_i 属于同一数据对象，i=1，2，…，n　$n\geqslant 0$；

结构关系：所有数据元素 a_i（i=1，2，…，n-1）存在次序关系<a_i，a_{i+1}>，a_1 无前趋，a_n 无后继；

基本操作：设 L 为 Linear_list；

Initial(L)：初始化空线性表；

Length(L)：求线性表表长；

Get(L,i)：取线性表的第 i 个元素；

Insert(L,i,b)：在线性表的第 i 个位置插入元素 b；

Delete(L,i)：删除线性表的第 i 个元素；

} ADT Linear_list

上述 ADT 很明显是抽象的。数据元素所属的数据对象没有局限于一个具体的整型、实型或其他类型。所具有的操作也是抽象的数学特性，并没有具体到何种计算机语言指令与程序编码。

（3）抽象数据类型的实现

实现抽象数据类型需要借助于高级语言，对于 ADT 的具体实现依赖于所选择的高级语言的功能。从程序设计的历史发展来看有传统的面向过程的程序设计、“包”、“模型”的设计方法、面向对象的程序设计等几种不同的实现方法。

下面分三种情况予以介绍。

第一种情况：传统的面向过程的程序设计。也就是我们现在常用的方法，根据逻辑结构选定合适的存储结构，根据所要求操作设计出相应的子程序或子函数。

在标准 PASCAL、C 等面向过程的语言中，用户可以自己定义数据类型。由此可以借助过程和函数、利用固有的数据类型来表示和实现抽象数据类型。由于标准 PASCAL 语言的程序结构框架是由严格规定次序的“段”（包括程序首部、标号说明、常量定义、类型定义、变量说明、过程或函数说明和语句部分）组成，因此，所有使用已定义的抽象数据类型的外部用户必须将已定义的抽象数据类型说明和过程说明嵌入到自己程序的适当位置。

例如用 C 语言实现 ADT 时，数据类型可以用基本数据类型、结构体类型，也可用 typedef 自定义类型，以增强抽象性和可读性；基本操作可以用 C 语言的子函数实现。

第二种情况：“包”、“模型”的设计方法。Ada 语言提供了“包”（package），Module-2 语言提供了“模块”（module）结构，TURBO PASCAL 语言提供了“单元”（UNIT）结构，每个模块可含有一个或多个抽象数据类型，它不仅可以单独编译，而且为外部使用抽象数据类型提供了方便，用这类结构实现 ADT 比起第一种方法有一定的进步。

第三种情况：面向对象的程序设计（Object Oriented Programming，简称 OOP）。在面向对象的程序设计语言中，借助对象描述抽象数据类型，存储结构的说明和操作函数的说明被封装在一个整体结构中，这个整体结构称之为“类”（class），属于某个“类”的具体变量称之为“对象”（object）。OOP 与 ADT 的实现更加接近和一致。从前面对数据类型的讨论中看到，在面向对象的程序设计语言中，“类型”的概念与“操作”密切相关，同一种数据结构和不同的操作组将构成不同的数据类型，结构说明和过程说明被统一在一个整体对象之中。其中，数据结构的定义为对象的属性域，过程或函数定义在对象中称之为方法（method），是对象的性能描述。

面向对象的开发方法首先着眼于应用问题所涉及的对象，包括对象、对象属性和要求的操作，借助对象描述抽象数据类型，存储结构和操作函数的说明被封装在一个整体结构（类 class）中，软件易于修改。而传统的结构化的开发方法是面向过程的开发方法，首先着眼于系统要实现的功能。

1.2　数据结构的内容

“数据结构”在计算机科学中是一门综合性的专业基础课。数据结构的研究不仅涉及计算机硬件（特别是编码理论、存储装置和存取方法等）的研究范围，而且和计算机软件的研究有着更密切的关系，无论是编译程序还是操作系统，都涉及数据元素在存储器中的分配问题。在研究信息检索时也必须考虑如何组织数据，以便查找和存取数据元素更为方便。因此，可以认为数据结构是介于数学、计算机硬件和计算机软件三者之间的一门核心课程。在计算机科学中，数据结构不仅是一般程序设计（特别是非数值计算的程序设计）的基础，而且是设计和实现编译程序、操作系统、数据库系统及其他系统程序和大型应用程序的重要基础。它包括三个方面的内容：数据的逻辑结构、数据的存储结构和数据的运算。

1.2.1　数据的逻辑结构

数据的逻辑结构是指数据元素之间逻辑关系的描述。

可以用一个二元组，形式化的描述数据的逻辑结构：

Data_Structure=（D,R）其中 D 是数据元素的有限集，R 是 D 上关系的有限集。

这里的关系描述的是数据元素之间的逻辑关系，因此又称为数据的逻辑结构。一个数据元素通常称为一个结点，描绘时通常用一个圆圈表示。根据数据元素之间关系的不同特性，通常有四种基本结构：（1）集合结构；（2）线性结构；（3）树形结构；（4）图状结构。如图 1.3 所示。

（1）集合结构：结构中的数据元素之间除了同属于一个集合的关系外，无任何其他关系。

（2）线性结构：结构中的数据元素之间存在着一对一的线性关系。

（3）树形结构：结构中的数据元素之间存在着一对多的层次关系。

（4）图状结构：结构中的数据元素之间存在着多对多的任意关系。

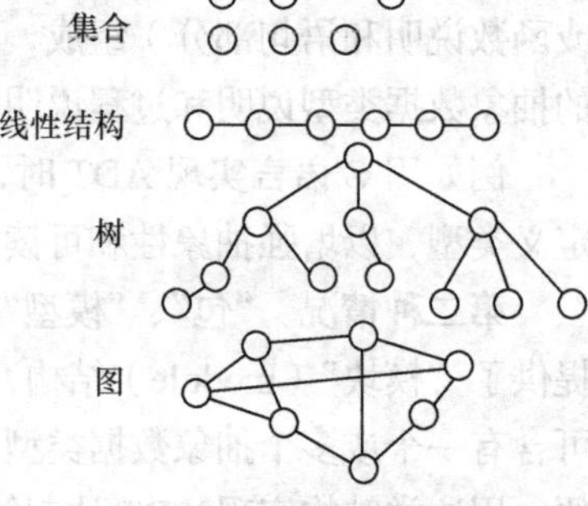

图 1.3　四类基本结构关系图

根据数据元素之间关系的不同特性，数据结构又可分为两大类：线性结构和非线性结构。按照这种划分原则，本书要介绍的数据结构可划分为线性结构：线性表、栈、队列、字符串、数组和广义表；非线性结构：树和图；另外，还将介绍基本的数据处理技术查找和排序方法。

1.2.2 数据的存储结构

数据的逻辑结构是从逻辑上来描述数据元素之间的关系的，是独立于计算机的。然而讨论数据结构的目的是为了在计算机中实现对它的操作，因此还需要研究数据元素之间的关系如何在计算机中表示，这就是数据的存储结构。

大家知道，计算机的存储器是由很多存储单元组成的，每个存储单元有唯一的地址。数据存储结构要讨论的就是数据结构在计算机存储器上的存储映像方法。数据结构在计算机中的表示（又称映像）称为数据的物理结构或者存储结构。它包括数据元素的表示和关系的表示。

数据元素在计算机中用若干个二进制“位串”表示。

数据元素之间的关系在计算机中有两种表示方法：顺序映像和非顺序映像。并由此得到两种不同的存储结构：顺序存储和链式存储。顺序存储的特点是借助元素在存储器中的相对位置来表示数据元素之间的逻辑关系；链式存储的特点是借助指针表示数据元素之间的逻辑关系。

逻辑结构与存储结构的关系为：存储结构是逻辑关系的映象与元素本身的映象，是数据结构的实现；逻辑结构是数据结构的抽象。

任何一个算法的设计（决定有什么样的操作或运算）取决于选定的数据（逻辑）结构，而算法的实现依赖于采用的存储结构。

综上所述，数据结构的内容可归纳为三个部分，逻辑结构、存储结构和运算集合。按某种逻辑关系组织起来的一批数据，按一定的映象方式把它存放在计算机存储器中，并在这些数据上定义了一个运算的集合，就叫做数据结构。

1.3　算　　法

开发程序的目的，就是要解决实际问题。然而，面对各种复杂的实际问题，如何编制程序，往往令初学者感到茫然。程序设计语言只是一个工具，只懂得语言的规则并不能保证编制出高质量的程序。程序设计的关键是设计算法，算法与程序设计和数据结构密切相关。简单地讲，算法是解决问题的策略、规则和方法。算法的具体描述形式很多，但计算机程序是对算法的一种精确描述，而且可在计算机上运行。

1.3.1 算法的概念

算法就是解决问题的一系列操作步骤的集合。比如，厨师做菜时，都经过一系列的步骤：洗菜、切菜、配菜、炒菜和装盘。用计算机解题的步骤就叫算法，编程人员必须告诉计算机先做什么，再做什么，这可以通过高级语言的语句来实现。通过这些语句，一方面体现了算法的思想，另一方面指示计算机按算法的思想去工作，从而解决实际问题。程序就是由一系列的语句组成的。

著名的计算机科学家沃思（Niklaus Wirth）曾经提出一个著名的公式：

数据结构+算法=程序

数据结构是指对数据（操作对象）的描述，即数据的类型和组织形式，算法则是对操作步骤的描述。也就是说，数据描述和操作描述是程序设计的两项主要内容。数据描述的主要内容是基本数据类型的组织和定义，数据操作则是由语句来实现的。

算法具有下列特性。

1. 有穷性

对于任意一组合法输入值，在执行有穷步骤之后一定能结束，即算法中的每个步骤都能在有限时间内完成。

2. 确定性

算法的每一步必须是确切定义的，使算法的执行者或阅读者都能明确其含义及如何执行，并且在任何条件下，算法都只有一条执行路径。

3. 可行性

算法应该是可行的，算法中的所有操作都必须足够基本，都可以通过已经实现的基本操作运算有限次实现。

4. 有输入

一个算法应有零个或多个输入，它们是算法所需的初始量或被加工的对象的表示。有些输入量需要在算法执行过程中输入，而有的算法表面上可以没有输入，实际上已被嵌入算法之中。

5. 有输出

一个算法应有一个或多个输出，它是一组与“输入”有确定关系的量值，是算法进行信息加工后得到的结果，这种确定关系即为算法的功能。

以上这些特性是一个正确的算法应具备的特性，在设计算法时应该注意。

程序是算法用某种程序设计语言的具体实现，程序可以不满足算法的性质 1。例如操作系统，它是一个在无限循环中执行的程序，因而不是一个算法。然而，可以把操作系统的各种任务看成是一些单独的问题，每一个问题由操作系统中的一个子程序通过特定的算法来实现，该子程序得到输出结果后便终止。

1.3.2 算法的评价标准

什么是“好”的算法，通常从下面几个方面衡量算法的优劣。

1. 正确性

正确性指算法能满足具体问题的要求，即对任何合法的输入，算法都会得出正确的结果。

算法的正确性一般可分为四个层次：程序不含语法错误；程序对于几组输入数据能够得出满足规格说明要求的结果；程序对于精心选择的典型、苛刻而带有刁难性的几组输入数据能够得出满足规格说明要求的结果；程序对于一切合法的输入数据都能产生满足规格说明要求的结果。

2. 可读性

可读性指算法被理解的难易程度。算法主要是为了人的阅读与交流，其次才是为计算机执行，因此算法应该更易于人的理解。另一方面，晦涩难读的程序易于隐藏较多错误而难以调试。

3. 健壮性（鲁棒性）

健壮性又称鲁棒性，即对非法输入的抵抗能力。当输入的数据非法时，算法应当恰当地做出反应或进行相应处理，而不是产生奇怪的输出结果。并且，处理出错的方法不应是中断程序的执行，而应是返回一个表示错误或错误性质的值，以便在更高的抽象层次上进行处理。

4. 高效率与低存储量需求

通常，效率指的是算法执行时间；存储量指的是算法执行过程中所需的最大存储空间，两者都与问题的规模有关。尽管计算机的运行速度提高很快，但这种提高无法满足问题规模加大带来的速度要求。所以追求高速算法仍然是必要的。相比起来，人们会更多地关注算法的效率，但这并不因为计算机的存储空间是海量的，而是由人们面临的问题的本质决定的。二者往往是一对矛盾，常常可以用空间换时间，也可以用时间换空间。

1.3.3 算法的描述

描述算法的工具可用自然语言、框图或高级程序设计语言。若用高级程序设计语言描述有严格、准确的特点，但缺点是语言细节过多，所以我们一般采用**类语言**描述算法。

类语言是接近于高级语言而又不是严格的高级语言，具有高级语言的一般语句格式，撇掉语言中的细节，以便把注意力主要集中在算法处理步骤本身的描述上。伪代码用介于自然语言和计算机语言之间的文字和符号来描述算法。它采用某一程序设计语言的基本语法，如操作指令可以结合自然语言来设计，而且它不用符号，书写方便，没有固定的语法和格式，具有很大的随意性，便于向程序过渡。

本书采用类C语言描述算法，类C语言是介于伪代码和C语言的一种描述工具，其语法基本上全部取自标准C语言，因而易于转化成C或C++程序，但它是简化的、不严格的，不可以真正在计算机上运行，主要反映在以下几点：

可以采用伪码语言取代某些不必确切描述的语句或语句串；

省略函数体内的简单变量的说明；

输入/输出函数只说明输出什么，不用考虑输入/输出的格式；

强化赋值语句的功能。

下面是类C语言的简要说明。

1. 预定义常量和类型

```
#define TRUE 1
#define FALSE 0
#define MAXSIZE 100
#define OK 1
#define ERROR 0
```

2. 函数的表示形式

```
[数据类型] 函数名([形式参数及说明])
{   内部数据说明;
    执行语句组;
```

```
}  /*函数名*/
```

3. 赋值语句

（1）简单赋值

①〈变量名〉=〈表达式〉

②〈变量〉++

③〈变量〉--

（2）串联赋值

〈变量 1〉=〈变量 2〉=〈变量 3〉=…=〈变量 k〉=〈表达式〉

（3）成组赋值

(<变量>,<变量 2>,<变量 3>,…<变量 k>)=(<表达式 1>,<表达式 2 >,<表达式 3>,…<表达式 k>)

〈数组名 1〉[下标 1][下标 2]=〈数组名 2〉[下标 1][下标 2]

（4）条件赋值

〈变量名〉=〈条件表达式〉？〈表达式 1〉:〈表达式 2〉

4. 条件选择语句

```
if  (<表达式>) 语句;
if  (<表达式>) 语句 1;
else  语句 2;
```

情况语句

```
switch  (<表达式>)
 { case   判断值 1:
          语句组 1;
          break;
   case   判断值 2:
          语句组 2;
          break;
 ……
   case   判断值 n:
          语句组 n;
          break;
  [default:
          语句组;
          break;]
 }
```

5. 循环语句

for 语句

```
for (<表达式 1>; <表达式 2>; <表达式 3>)
{
    循环体语句;
 }
```

while 语句

```
while (<条件表达式>)
 {
    循环体语句;
 }
```

do -while 语句

```
do
{
  循环体语句;
}while (<条件表达式>);
```

6. 输入、输出函数

输入用 scanf 函数

输出用 printf 函数

7. 其他一些语句

函数结束 return 或 return<表达式>

跳出循环或情况语句 break

结束本次循环，进入下一次循环过程 continue

异常结束语句 fexit

8. 注释语句 /*字符串*/ 或 //字符串

9. 一些基本的函数

求最大值 max(表达式 1，表达式 2，……，表达式 n)

求最小值 min(表达式 1，表达式 2，……，表达式 n)

求绝对值 abs(表达式)

判文件结束 feof(文件名)

判文本行结束 eoln

1.3.4 算法性能分析

算法效率的度量，是评价算法优劣的重要依据。一个算法的复杂性的高低体现在运行该算法所需要的计算机资源的多少上面，所需的资源越多，我们就说该算法的复杂性越高；反之，所需的资源越低，则该算法的复杂性越低。最重要的计算机资源是时间和空间资源。因此，算法的复杂性有时间复杂性和空间复杂性之分。

不言而喻，对于任意给定的问题，设计出复杂性尽可能低的算法是我们在设计算法时追求的一个重要目标；另一方面，当给定的问题已有多种算法时，选择其中复杂性最低者，是我们在选用算法时应遵循的一个重要准则。因此，算法的复杂性分析对算法的设计或选用有着重要的指导意义和实用价值。

通常有两种衡量算法效率的方法：事后统计法和事前分析估算法。相比之下事后统计法的缺点是必须在计算机上实地运行程序，容易有其他因素掩盖算法本质；而事前分析估算的优点是可以预先比较各种算法，以便均衡利弊而从中选出较优者。事后统计容易陷入盲目境地，例如，当程序执行很长时间仍未结束时，不易判别是程序错了还是确实需要那么长的时间。所以，对算法效率的度量一般采用事前分析估算的方法。

事前如何估算算法的时间效率？需要考虑与算法执行时间相关的因素：

（1）算法所采用的“策略”；

（2）算法所解决问题的“规模”；

（3）编程所采用的“语言”；

（4）编译程序产生的机器代码的质量；

（5）执行算法的计算机的“速度”。

显然，后三条受到计算机硬件和软件的制约，既然是“估算”，仅需考虑前两条。当一个算法的策略确定以后，它的执行时间就只和问题规模有关。

一个特定算法的运行时间只依赖于问题的规模（通常用整数量 n 表示），或者说，它是问题规模的函数。对问题规模 n 与该算法在运行时所耗费的时间 T 及所占的空间 S 给出一个数量关系的评价。问题规模 n 对不同的问题其含义不同。例如，对矩阵是阶数，对多项式运算是多项式项数，对图是顶点个数，对集合运算是集合中元素个数。

1. 时间复杂度

一般情况下，算法中基本操作重复执行的次数是问题规模 n 的某个函数 $f(n)$，算法的时间度量记作 $T(n)=O(f(n))$，它表示随问题规模 n 的增大，算法执行时间的增长率和 $f(n)$ 的增长率相同，称作算法的时间复杂度。

“O”的数学含义是，若存在两个常量 C 和 n_0，当 $n>n_0$ 时，

$$|T(n)|\leqslant C|f(n)|$$

则记作

$$T(n)=O(f(n))$$

它表明算法的执行时间 T 是和 $f(n)$“同数量级”的。“渐近”是相对其他时间复杂度而言，但由于在本课程中不讨论其他类型的时间复杂度，故以后均简称时间复杂度。

具体地说，从算法中选取一种对于所研究问题（或算法类型）来说是基本操作的原操作，以该基本操作重复执行的次数作为算法的时间度量。被称作基本操作的原操作应是其重复执行次数和算法的执行时间成正比的原操作，多数情况下它是最深层循环内的语句中的原操作。

任何一个算法都是由一个“控制结构”和若干“原操作”组成的，因此一个算法的执行时间可以看成是所有原操作的执行时间之和。

$\sum$(原操作(i)的执行次数 × 原操作(i)的执行时间)

则算法的执行时间与所有原操作的执行次数之和成正比。

“原操作”指的是固有数据类型的操作，显然每个原操作的执行时间和算法无关，相对于问题的规模是常量。同时由于算法的时间复杂度只是算法执行时间增长率的量度，因此只需要考虑在算法中“起主要作用”的原操作即可，称这种原操作为“基本操作”，它的重复执行次数和算法的执行时间成正比。

从算法中选取一种对于所研究的问题来说是基本操作的原操作，以该基本操作在算法中重复执行的次数作为算法时间复杂度的依据。这种衡量效率的办法所得出的不是时间量，而是一种增长趋势的量度。它与软硬件环境无关，只暴露算法本身执行效率的优劣。

语句频度是指该语句在一个算法中重复执行的次数。

例如：两个矩阵相乘。

算法语句	对应的语句频度
`for (i=0;i<n;i++)`	$n+1$
`  for (j=0;j<n;j++)`	$(n+1)^2$
`  {  c[i][j]=0;`	n^2
`     for (k=0;k<n;k++)`	$(n+1)^3$
`        c[i][j]=c[i][j]+a[i][k]*b[k][j];`（原操作）	n^3
`  }`	

总执行次数：$T(n)=2n^3+5n^2+6n+3$

算法的时间复杂度：

（1）x=x+1;时间复杂度为 $O(1)$，称为常量阶；

（2）for (i=1; i<=n; i++) x=x+1; 时间复杂度为 $O(n)$，称为线性阶；

（3）for (i=1; i<=n; i++)

for (j=1;j<=n; j++) x=x+1; 时间复杂度为 $O(n^2)$，称为平方阶。

在各种不同算法中，若算法中语句执行次数为一个常数，则时间复杂度为 $O(1)$，另外，在时间频度不相同时，时间复杂度有可能相同，如 $T(n)=n^2+3n+4$ 与 $T(n)=4n^2+2n+1$ 它们的频度不同，但时间复杂度相同，都为 $O(n^2)$。

按数量级递增排列，常见的时间复杂度有：

常数阶 $O(1)$，对数阶 $O(\log_2 n)$(以 2 为底 n 的对数，下同)，线性阶 $O(n)$，线性对数阶 $O(n\log_2 n)$，平方阶 $O(n^2)$，立方阶 $O(n^3)$，…，k 次方阶 $O(n^k)$，指数阶 $O(2^n)$。随着问题规模 n 的不断增大，上述时间复杂度不断增大，算法的执行效率不断下降。

【例 1.1】对 n 个整数的序列进行选择排序。其中序列的“长度” n 为问题的规模。

```
void select_sort( int a[], int n)
{  // 将 a 中整数序列重新排列成自小至大有序的整数序列。
   for (i=0; i<n-1; ++i)
    {
       j=i;
       for (k=i+1; k<n; ++k)
           if (a[k]<a[j]) j=k;
       if (j!=i) { w=a[j]; a[j]=a[i]; a[i]=w; }
}  //select_sort
```

算法中的控制结构是两重循环，所以基本操作是内层循环中的“比较”，它的重复执行次数是：

$$\sum_{i=0}^{n-2}(n-i-1)=\frac{n(n-1)}{2}=\frac{n^2}{2}-\frac{n}{2}$$

对时间复杂度而言，只需要取最高项，并忽略常数系数。

所以，算法的时间复杂度为 $O(n^2)$。

【例 1.2】对 n 个整数的序列进行冒泡排序。其中序列的“长度” n 为问题的规模。

```
void bubble_sort(int a[], int n)
{  //将 a 中整数序列重新排列成从小至大有序的整数序列。
   for (i=n-1, change=TRUE; i>1 && change; --i)
   {
     change=FALSE;
      for (j=0; j<i; ++j)
          if (a[j]>a[j+1])
          { w=a[j]; a[j]=a[j+1]; a[j+1]=w; change=TRUE; }
   }
}  //bubble_sort
```

冒泡排序有两个结束条件：i=1 或“一趟冒泡”中没有进行过一次交换操作，后者说明该序列已经有序。因此冒泡排序的算法执行时间和序列中整数的初始排列状态有关，它在初始序列本已从小到大有序时达最小值，而在初始序列从大到小逆序时达最大值，在这种情况下，通常以最坏的情况下时间复杂度为准。算法的时间复杂度为 $O(n^2)$。

从这两个例子可见，算法时间复杂度取决于最深循环内包含基本操作的语句的重复执行次数，称语句重复执行的次数为语句的“频度”。讨论算法在最坏情况下的时间复杂度，即分析最坏情况下以估计出算法执行时间的上界。

【例 1.3】换硬币问题：编写程序实现用一元人民币换成一分、两分、五分的硬币共 50 枚。

分析：假设一分、两分、五分的硬币各为 x, y, z 枚。

则有：

$$\begin{cases} x+y+z=50 \\ x+2y+5z=100 \end{cases}$$

方法 1. 三重循环

```
#include <stdio.h>
main()
{
    int i, j, k;
    for(i=0; i<=50; i++)
        for(j=0; j<=50; j++)
        {
          for(k=0; k<=50;k++)
          {
              if(i+j+k==50 && i+2*j+5*k ==100)
                printf("%d,%d,%d\n", i,j,k);
          }
        }
}
```

方法 2. 两重循环

```
#include <stdio.h>
main()
{   int i, j, k;
     for(i=0; i<=50; i++)
         for(j=0; j<=50; j++)
         {
            k=50-i-j;
            if( i+2*j+5*k ==100)
                printf("%d,%d,%d\n", i,j,k);
         }
}
```

方法 3. 改进的两重循环

```
#include <stdio.h>
main()
{   int i, j, k;
    for(k=0; k<=20; k++)
         for(j=0; j<=50; j++)
         {
                 i=50-j-k;
                 if(i+2*j+5*k ==100)
                     printf("%d,%d,%d\n", i,j,k);
         }
}
```

方法 4. 单重循环

```
#include <stdio.h>
main()
{   int i, j, k;
    for(k=0; k<13; k++)
```

```
    {
        j=50-4*k;
        i=50-j-k;
        printf("%d,%d,%d\n", i,j,k);
    }
}
```

各种方法性能分析如下。

方法 1. 三重循环：循环次数为 51×51×51 即 132 651 次。

方法 2. 两重循环：循环次数为 51×51 即 2 601 次。

方法 3. 改进的两重循环：循环次数为 21×51 即 1 027 次。

方法 4. 单重循环：循环次数为 13 次。

从上例可以看到，选择不同的算法其执行次数有很大的差别，所以算法设计时考虑时间复杂度至关重要。

2. 空间复杂度

与时间复杂度类似，空间复杂度是指算法在计算机内执行时所需存储空间的度量。记作：

$$S(n)=O(f(n))$$

算法执行期间所需要的存储空间包括 3 个部分：

（1）算法程序所占的空间；

（2）输入的初始数据所占的存储空间；

（3）算法执行过程中所需要的额外空间。

若输入数据所占空间只取决于问题本身，和算法无关，则只需要分析除输入和程序之外的辅助变量所占额外空间。

若所需额外空间相对于输入数据量来说是常数，则称此算法为原地工作。

若所需存储量依赖于特定的输入，则通常按最坏情况考虑。

在许多实际问题中，为了减少算法所占的存储空间，通常采用压缩存储技术。

算法的执行时间的耗费和所占存储空间的耗费两者是矛盾的，难以兼得，即算法的执行时间上的节省一定是以增加空间存储为代价，反之亦然。不过，一般常常以算法执行时间作为算法优劣的主要衡量指标。

习　题

1. 简述下列概念：数据、数据元素、数据类型、数据结构、逻辑结构、存储结构、线性结构、非线性结构。

2. 类 C 语言与标准 C 语言的主要区别是什么？

3. 试举一个数据结构的例子，叙述其逻辑结构、存储结构、运算三个方面的内容。

4. 常用的存储表示方法有哪几种？

5. 设三个函数 f,g,h 分别为 $f(n)=70n^3+n^2+500$，$g(n)=65n^3+7\,600n^2$，$h(n)=n^{1.5}+800n\lg n$，请判断下列关系是否成立：

（1）$f(n)=O(g(n))$；

（2）$g(n)=O(f(n))$；

（3）$h(n)=O(n^{1.5})$；

（4）$h(n)=O(n\lg n)$。

6．设 n 为正整数，利用大“O”记号，将下列程序段的执行时间表示为 n 的函数。

（1）
```
i=1; k=0;
while(i<=n-1)
{ k=k+10*i;
  i++;
}
```
（2）
```
i=1; j=0;
while(i+j<=n)
{
  if (i>j j++;)
  else i++;
}
```
（3）
```
x=n; y=0; /* n>1 */
while (x>=(y+1)*(y+1))
     y++;
```
（4）
```
x=91; y=100;
while(y>0)
if(x>100)
{
  x=x-10;
  y--;
}
else x++;
}
```
7．算法的时间复杂度仅与问题的规模相关吗？

8．按增长率由小至大的顺序排列下列各函数：

2^{80}, $(2/3)^n$，$(3/2)^n$，n^n, n, $n!$，2^n，$\lg n$, $n^{\lg n}$, $n^{3/2}$，$\sqrt{n}$

9．算法设计：设计求解下列问题的类 C 语言算法，并分析其最坏情况的时间复杂度及其量级。

（1）在数组 $A[1..n]$中查找值为 K 的元素，若找到则输出其位置 $i(1<=i<=n)$，否则输出 0 作为标志。

（2）找出数组 $A[1..n]$中元素的最大值和次最大值（本小题以数组元素的比较为标准操作）。

第2章 线性表

上一章介绍了数据结构和算法的基本概念。从本章至第5章讨论的线性表、栈、队列、串和数组都属于线性结构。线性结构的基本特点是除第一个和最后一个数据元素外，每个数据元素只有一个前驱和一个后继。线性表是最简单、最基本、最常用的一种数据结构，它有顺序存储和链式存储两种存储方法。对线性表的数据元素不仅可以进行访问操作，还可进行插入和删除操作。

2.1 应用实例

应用实例一：约瑟夫环（Josephus）问题

约瑟夫环（Josephus）问题是由古罗马的史学家约瑟夫（Josephus）提出的。问题描述为：编号为1，2，…，*n* 的 *n* 个人按顺时针方向围坐在一张圆桌周围，每人持有一个密码（正整数）。一开始任选一个正整数作为报数上限值 *m*，从第一个人开始按顺时针方向自1开始报数，报到 *m* 时停止报数，报 *m* 的那个人出列，将他的密码作为新的 *m* 值，从他顺时针方向的下一个人开始重新从1报数，数到 *m* 的那个人又出列；如此下去，直至圆桌周围的人全部出列为止。这个游戏的实现只需将每个人的信息作为一个结点，结点中存放每个人的编号和密码，由于要反复做删除操作，所以采用单向循环链表实现比较方便，详见2.6节。

应用实例二：一元多项式运算器

要实现一元多项式运算器，首先要设计表示一元多项式 $P=p_0+p_1X+p_2X^2+\cdots+p_nX^n$ 的合适的数据结构，并支持多项式的下列运算。

（1）建立多项式。

（2）输出多项式。

（3）+，两个多项式相加，建立并输出和多项式。

（4）–，两个多项式相减，建立并输出差多项式。

（5）*,多项式乘法。

（6）(),求多项式的值。

（7）derivative()，求多项式导数。

这个问题看起来很复杂，其实只要用我们本章将要学习的带头结点的单链表存储多项式，头结点可存放多项式的参数，如项数等，问题就可以迎刃而解。详细的实现分析及算法见本章2.6节。

2.2　线性表的概念及运算

2.2.1　线性表的逻辑结构

线性表是 n（$n \geqslant 0$）个数据元素的有限序列。在表中，元素之间存在着线性的逻辑关系：表中有且仅有一个开始结点；有且仅有一个终端结点；除开始结点外，表中的每个结点均只有一个前驱结点（predecessor）；除终端结点外，表中的每个结点均只有一个后继结点（successor）。根据它们之间的关系可以排成一个线性序列，记作：

$$(a_1,a_2,\cdots,a_n)$$

这里的 a_i（$1 \leqslant i \leqslant n$）属于同一数据对象，具有相同的数据类型。线性表中数据元素的个数 $n(n \geqslant 0)$定义为线性表的长度，称为表长，$n=0$ 时称为空表。在非空表中的每个数据元素都有一个确定的位置，如 a_1 是第一个数据元素，a_n 是最后一个数据元素，a_i 是第 i 个数据元素，称 i 为数据元素 a_i 在线性表中的位序。

对于 a_i，当 $1<i \leqslant n$ 时，它有一个直接前驱 a_{i-1}，当 $1 \leqslant i<n$ 时，它有一个直接后继 a_{i+1}，例如：26 个英文字母表（A，B，C，…，X，Y，Z）是一个线性表，表中的每个字母是一个数据元素，数据元素的类型是字符型；再如：100 以内的奇数序列（1，3，5，…，97，99）也是一个线性表，表中的数据元素是整型。

又如：通讯录就是一个线性表，每一个人的信息就是一个数据元素，此时的数据元素通常称为记录（Record），通讯录是由若干个记录组成的一个文件。如表 2.1 所示。

表 2.1　　通讯录

序　号	姓　名	性　别	电话号码	单位	地　址
1	王平	女	13008892088	西安交通大学	西安市友谊东路
2	李明	男	13992900001	西安邮电大学	西安市长安区
3	张鹏飞	男	13200022223	西安邮电大学	西安市长安区
……	……	……	……	……	……

可以看出，线性表有如下特点。

（1）同一性：线性表由同类数据元素组成，每一个 a_i 必须属于同一数据对象。

（2）有穷性：线性表由有限个数据元素组成，表长度就是表中数据元素的个数。

（3）有序性：线性表中相邻数据元素之间存在着序偶关系$<a_i,a_i+1>$。

2.2.2　线性表的运算

对于线性表中的数据元素，可以进行查找、插入、删除等操作，线性表的长度可根据需要增长或缩短。线性表有以下基本运算。

（1）InitList(L)，线性表初始化，构造一个空的线性表 L。

（2）ListLength(L)，求线性表的长度，返回线性表 L 中数据元素的个数。

（3）GetElem(L,i, x)，用 x 返回线性表中的第 i 个数据元素的值。

（4）LocationElem(L,x)，按值查找，确定数据元素 x 在表中的位置。

（5）ListInsert(L,i,x)，插入操作，在线性表 L 中第 i 个位置之前插入一个新元素 x，L 的长度加 1。

（6）ListDelete(L,i)，删除操作，删除线性表 L 中的第 i 个元素, L 的长度减 1。

（7）ListEmpty(L)，判断线性表 L 是否为空，空表返回 true，非空表返回 false。

（8）ClearList(L)，将已知的线性表 L 置为空表。

（9）DestroyList(L)，销毁线性表 L。

在实际应用中对线性表的运算有很多，例如有时需要将多个线性表合并成一个线性表，或者进行有条件合并等，还有如分拆、复制、排序等。各种运算的具体实现与线性表具体采用哪种存储结构有关。

2.3 线性表的顺序存储

2.3.1 顺序表

在计算机内，可以用不同的方法来存储数据信息，最常用的方法就是顺序存储。顺序存储是指在内存中用一块地址连续的存储空间按顺序存储线性表的各个数据元素。采用顺序存储结构的线性表称为顺序表，顺序表中逻辑上相邻的数据元素在物理存储位置上也是相邻的，如图 2.1 所示。设第一个元素存放地址为 $LOC(a_1)$，每个元素占用的空间大小为 d 个字节，则元素 a_i 的存放地址为

$$LOC(a_i) = LOC(a_1) + d\times(i-1) \qquad 1\leqslant i\leqslant n$$

线性表的这种机内表示称作线性表的顺序存储结构或顺序映像（sequential mapping），只要确定了存储线性表的起始位置，线性表中任一数据元素都可随机存取，即顺序表是一种随机存取结构。

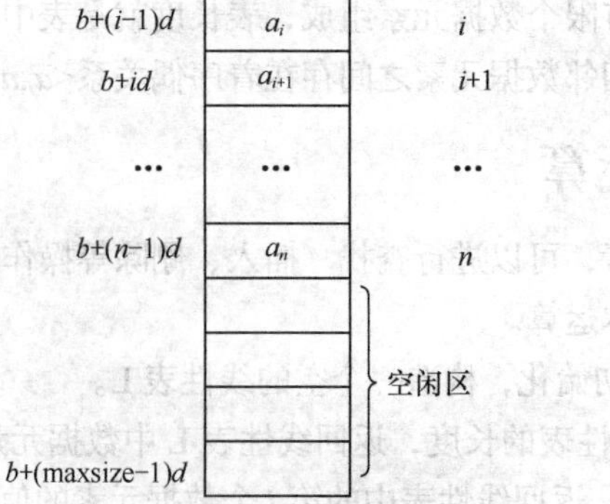

存储地址	data	数据元素在线性表中的位序
b	a_1	1
$b+d$	a_2	2
…	…	…
	a_{i-1}	$i-1$
$b+(i-1)d$	a_i	i
$b+id$	a_{i+1}	$i+1$
…	…	…
$b+(n-1)d$	a_n	n
		空闲区
$b+(\text{maxsize}-1)d$		

图 2.1 线性表的顺序存储示意图

在高级语言环境中常用一维数组来描述顺序表的数据存储。由于线性表有插入、删除等运算，即表长是可变的。因此，数组的容量需要设计得足够大，为了运算方便，用整型变量 length 记录当前线性表中数据元素的个数，线性表的顺序存储结构可描述如下：

```
#define MAXSIZE <线性表可能达到的最大长度>
typedef int ElemType;
typedef struct
{   ElemType elem[MAXSIZE];
    int length;      //线性表长度
}seqList;
```

定义一个顺序表：

```
seqList *L;
```

顺序表的长度为 L–>length，数据元素是 L–>elem[1]~L–>elem[length]，因 C 语言中数组的下标是从 0 开始的，为了与线性表中数据元素的位序保持一致，可不使用数组下标为 0 的单元，下标的取值范围为 1≤i≤MAXSIZE–1。

2.3.2　顺序表的基本运算

1．顺序表的初始化

顺序表的初始化即构造一个空表，将表长 length 设为 0，表示表中没有数据。

【算法 2.1　顺序表的初始化】

```
void init_SeqList(SeqList *L)
{
  L->length=0;
}
```

调用方法为：Init_ SeqList(&L);

2．顺序表的插入

线性表的插入是指在表的第 i 个位置上插入一个值为 x 的新元素，插入后使原表长为 n 的表（$a_1,a_2,\cdots,a_i,a_{i+1},\cdots,a_n$）变成表长为 $n+1$ 的表（$a_1,a_2,\cdots,a_i,x,a_{i+1},\cdots,a_n$）,$1\leqslant i\leqslant n+1$。在顺序表中，由于结点的物理顺序必须和结点的逻辑顺序保持一致，因此，需要将表中位置在 $n, n-1,\cdots,i$ 的结点依次往后移，分别移至 $n+1, n,\cdots,i+1$ 处，空出第 i 个位置，然后在该位置插入新结点 x，插入前后顺序表如图 2-2 所示。仅当在最后插入时，即插入位置 $i=n+1$ 时，才无须移动结点，而直接将 x 插入表的末尾即可。这就好比一个现有 36 人的班级，按大小个已经排成了一列，此时来了位插班生，要加入到队伍中，如果他的身高中等，则须插在队伍的中部，那他所插入位置及其之后的同学均要往后移一个位置，他才可以加入到队伍中；但如果他的身高是全班最高的，则加在队伍的末尾即可，整个队伍无须移动，新同学加入后，班级人数变成 37 人。

操作步骤如下。

（1）将 a_n~a_i 按从后向前的顺序向下移动，为新元素让出位置。

（2）将 x 置入空出的第 i 个位置。

（3）修改表长。

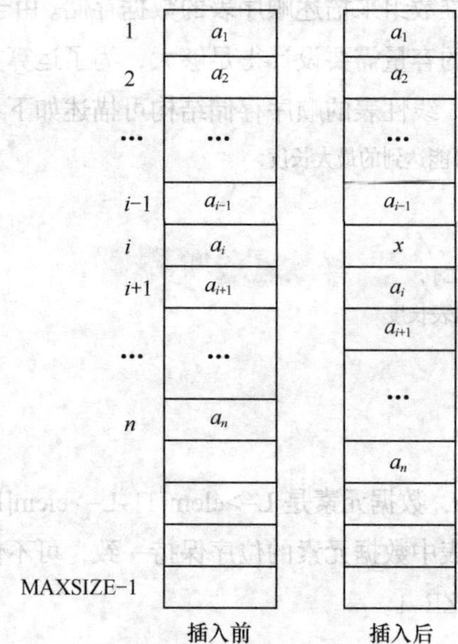

图 2.2　顺序表的插入操作

【算法 2.2　顺序表的插入】

```
int Insert_SeqList(SeqList *L,int i,ElemType x)
{ int j;
  if (L->length= =MAXSIZE-1)
  {   printf("表满");return OVERFLOW;}   //表空间已满，不能插入
  if(i<1 || i>L->length+1)                //检查插入位置的正确性
  {   printf("位置错");return ERROR;}
     for (j=L->length;j>=i;j- -)
       L->elem[j+1]=L->elem[j];
     L->elem[i]=x;
     L->length+ +;
     return TRUE;                        //插入成功，返回
  }
```

插入算法的时间复杂度分析：显然顺序表的插入的时间主要消耗在数据元素的移动上，有 n+1 个位置可以插入，在等概率的情况下做顺序表的插入运算须移动一半的数据元素，故时间复杂度为 $O(n)$。

3. 顺序表的删除

线性表的删除运算是指将表中第 i 个元素从线性表中删除，删除后使原表长为 n 的线性表（$a_1,a_2,\cdots,a_{i-1},a_i,a_{i+1},\cdots,a_n$）变成表长为 n-1 的线性表（$a_1,a_2,\cdots,a_{i-1},a_{i+1},\cdots,a_n$），$i$ 的取值范围为 1≤i≤n，操作步骤如下。

（1）将 a_{i+1}~a_n 依次向上移动；

（2）将 length 值减 1。

删除前后的顺序表如图 2.3 所示。

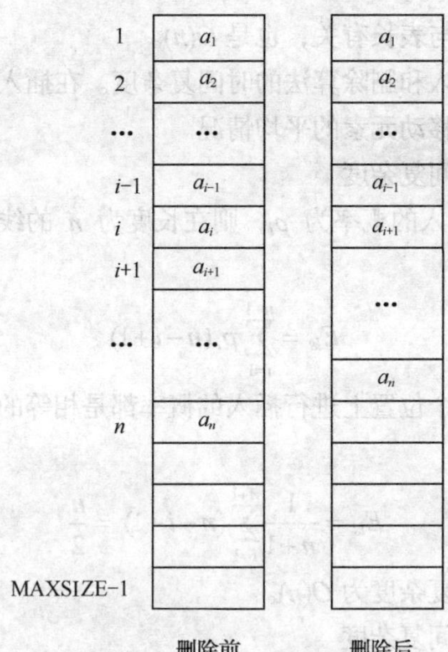

图 2.3　顺序表的删除操作

【算法 2.3　顺序表的删除】

```
int Delete_SeqList(SeqList *L,int i)
{ //删除表中第 i 个元素，若表空或不存在指定元素，则返回 ERROR
  int j;
  if (i<1 || i>L->length)              //检查空表及删除位置的合法性
  {  printf("不存在第 i 个元素");
     return ERROR;}
  for (j= i ; j<=L->length-1; j++)
     L->elem[j]=L->elem[j+1];          //向上移动
  L-> length--;
  return TRUE;                         //删除成功，返回
}
```

与插入运算相同，删除运算的时间也是消耗在移动表中的数据元素上，在等概率情况下，删除运算约需移动表中一半的数据元素，故时间复杂度也是 $O(n)$。

4．顺序表中按值查找

线性表中的按值查找是指在线性表中查找第一个与给定值 x 相等的数据元素。算法思想是：从第一个元素 a_1 起依次和 x 比较，直到找到一个与 x 相等的数据元素，返回它在顺序表中的序号；若查遍整个线性表都没有找到与 x 相等的元素，则返回 FALSE。

【算法 2.4　顺序表中按值查找】

```
int Location_SeqList(SeqList *L,ElemType x)
{     int i=1;
      while (i<=L->length && L->elem[i]!=x)
           i++;
      if (i>L->length) return FALSE;          //查找失败
      else   return i;                        //返回 x 的存储位置
}
```

查找算法的时间复杂度估算：当 a_1==x 时，只比较一次；当 a_n==x 时需要比较 n 次；平均比

较次数为$(n+1)/2$，所以复杂度与表长有关，也是$O(n)$。

下面我们详细分析一下插入和删除算法的时间复杂度。在插入和删除算法中，其时间主要耗费在移动数据元素上，仅考虑移动元素的平均情况。

（1）顺序表插入算法的时间复杂度

假设在第 i 个元素之前插入的概率为 p_i，则在长度为 n 的线性表中插入一个元素所需移动元素次数的期望值为：

$$E_{is}=\sum_{i=1}^{n+1}p_i(n-i+1)$$

若假定在线性表中任何一个位置上进行插入的概率都是相等的，则$p_i=1/(n+1)$，那么移动元素的期望值为：

$$E_{is}=\frac{1}{n+1}\sum_{i=1}^{n+1}(n-i+1)=\frac{n}{2}$$

所以，顺序表插入算法的时间复杂度为$O(n)$。

（2）顺序表删除算法的时间复杂度

假设删除第 i 个元素的概率为 q_i，则在长度为 n 的线性表中删除一个元素所需移动元素次数的期望值为：

$$E_{dl}=\sum_{i=1}^{n}q_i(n-i)$$

若假定在线性表中任何一个位置上进行删除的概率都是相等的，则$q_i=1/n$，移动元素的期望值为：

$$E_{dl}=\frac{1}{n}\sum_{i=1}^{n}(n-i)=\frac{n-1}{2}$$

所以，顺序表删除算法的时间复杂度也为$O(n)$。

顺序表的 GetElem(L,i)和 Length_List(L)等基本操作非常容易实现，读者可尝试自行完成。

【例 2.1】有两个顺序表 A 和 B，其元素均按从小到大的升序排列，编写一个算法将它们合并成一个顺序表 C，要求 C 的元素也是从小到大排列。

算法思路：依次扫描 A 和 B 的元素，比较当前元素的值，将较小值的元素赋给 C，如此直到一个线性表扫描完毕，然后将未处理完的顺序表中的余下部分元素连在 C 的后面即可。C 的容量要能够容纳 A、B 两个线性表中的所有元素。

【算法 2.5　两个顺序表合并】

```
void merge(SeqList *A,SeqList *B, Seqist *C)
{ int i,j,k;
  i=1;j=1;k=1;
  while (i<=A->length && j<=B->length)
     if (A->elem[i]<=B->elem[j])
          C->elem[k+ + ]=A->elem[i++];
     else  C->elem[k++]=B->elem[j++];
  while (i<=A->length)
     C->elem[k++]=A->elem[i++];
  while (j<=B->length)
     C->elem[k++]=B->elem[j++];
     C->length=A->length+B->length;
 }
```

算法的时间复杂度是 $O(m+n)$，其中 m 是 A 的表长，n 是 B 的表长。

2.4 线性表的链式存储

由 2.3 节的讨论可知，线性表顺序存储结构的特点是用物理位置上的相邻来表示数据元素之间逻辑相邻的关系，存储密度高，且能随机地存取数据元素；但在进行插入、删除时需要移动大量数据元素，运行效率低。而且顺序表需要预先分配存储空间，若表长 n 变化较大，则存储规模难以预先确定，估计过大会造成存储空间的浪费。本节介绍线性表链式存储结构，它通过“链”建立起数据元素之间的逻辑关系，这种用链接方式存储的线性表简称链表（Link List），在链表上做插入、删除运算不需要移动数据元素。

2.4.1 单链表

1. 单链表的定义

链表是通过一组任意的存储单元来存储线性表中的数据元素。这组存储单元可以是连续的，也可以是不连续的。为建立起数据元素之间的线性关系，对于每个数据元素 a_i，除了存放数据元素自身的信息外，还必须有包含指示该元素直接后继元素存储位置的信息，这两部分信息组成一个“结点”，即每个结点都至少包括两个域，一个域存储数据元素信息，称为数据域；另一个域存储直接后继元素的地址，称为指针域。结点的逻辑结构如图 2.4（a）所示。

结点定义如下：

```
typedef struct node
{  ElemType  data;               //数据域
   struct  node *next;           //指针域
} LNode,*LinkList;
```

一般将线性链表画成图 2.4（b）所示的形式。n 个元素的线性表通过每个结点的指针域连接成了一条“链子”，我们形象地称之为链表。因为每个结点中只有一个指向其直接后继的指针，所以称其为单链表。

2. 头结点、头指针

有时为了操作方便，在单链表的第一个结点之前附加一个结点，称为头结点。头结点的数据域可以存储标题、表长等信息，也可以不存储任何信息，其指针域存储第一个结点的首地址，头结点由头指针指向。图 2.4（b）为一个由头指针 H1 指向非空的线性表（a_1，a_2，…，a_n）的单链表结构，由于最后一个结点没有后继结点，它的指针域为空（NULL），用“∧”表示。图 2.4（c）所示的线性表 H2 为空，则表头结点的指针域为空。

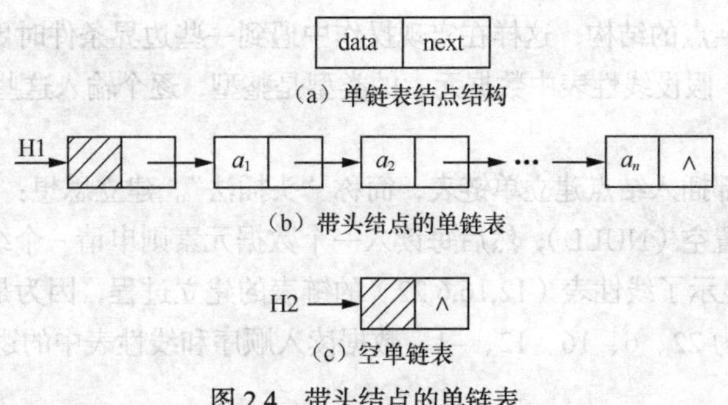

（a）单链表结点结构

（b）带头结点的单链表

（c）空单链表

图 2.4 带头结点的单链表

头指针变量定义：LinkList　H；

算法中用到的指向某结点的指针变量的声明：LNode *p;

语句 p =（LinkList）malloc(sizeof(LNode))；表示申请一块 LNode 类型的存储单元的操作，并将其地址赋值给变量 p。如图 2.5 所示，p 所指的结点为*p，*p 的类型为 LNode 型，该结点的数据域为（*p）.data 或 p→data，指针域为（*p）.next 或 p->next。

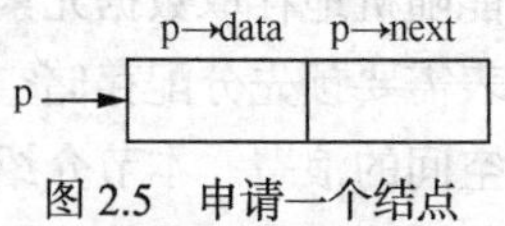

图 2.5　申请一个结点

free（p）则表示释放指针 p 所指向的结点空间。

3. 指针变量的主要操作

指针变量具有多种赋值操作，熟练掌握这些基本操作有利于加深对指针和链表的理解。

主要操作如图 2.6 所示。

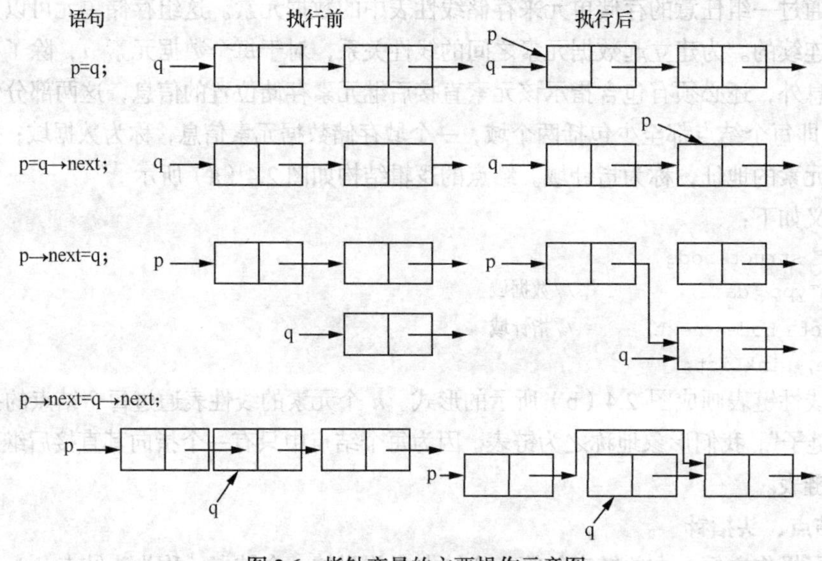

图 2.6　指针变量的主要操作示意图

2.4.2　单链表基本运算

1. 建立单链表

单链表的建立有两种方法：在链表的头部插入结点和在链表的尾部插入结点，一般情况下默认单链表均为带表头结点的结构，这样在实现操作中遇到一些边界条件时更加容易处理，使算法实现更加规范、简化。假设线性表中数据元素的类型是整型，逐个输入这些整型数，并以–1 为输入结束标识符。

（1）在链表的头部插入结点建立单链表，简称“头插法”。建立思想：首先申请一个头结点，并且将头结点指针域置空（NULL）；然后每读入一个数据元素则申请一个结点，并插在链表的头结点之后，如图 2.7 显示了线性表（12,16,6,22）的链表的建立过程，因为是在链表的头部插入，所以读入数据的顺序为 22、6、16、12、–1，数据读入顺序和线性表中的逻辑顺序正好相反。

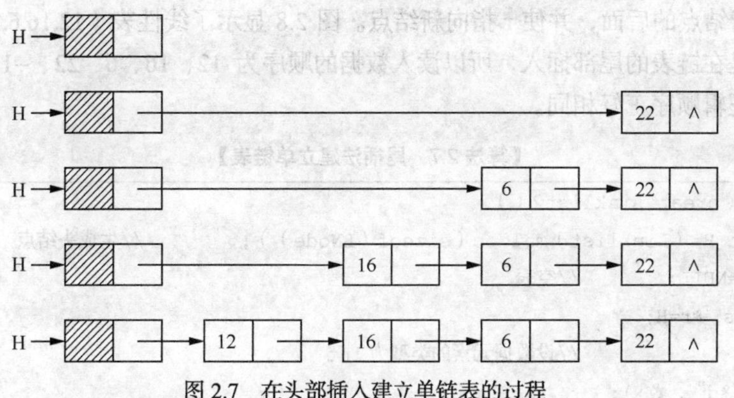

图 2.7 在头部插入建立单链表的过程

【算法 2.6 头插法建立单链表】

```
LinkList  Creat_LinkList1 ( )
{  Linklist H= (Linklist) malloc (sizeof (LNode) );  //生成头结点
   H->next=NULL;         //空表
   LNode *s;
   int x;                //设数据元素的类型为 int
   scanf( "%d" , &x);
   while (x! =-1)
   {   s= (LinkList) malloc (sizeof (LNode) );
       s->data=x;
       s->next=H->next;
       H->next =s;
       scanf ( "%d" , &x) ;
   }
   return H ;
}
```

（2）在单链表的尾部插入结点建立单链表，简称“尾插法”。由于每次是将新结点插入到链表的尾部，所以增加一个指针 r 来始终指向链表中的尾结点，以便能够将新结点插入到链表的尾部。如图 2.8 显示了“尾插法”建立链表的过程。

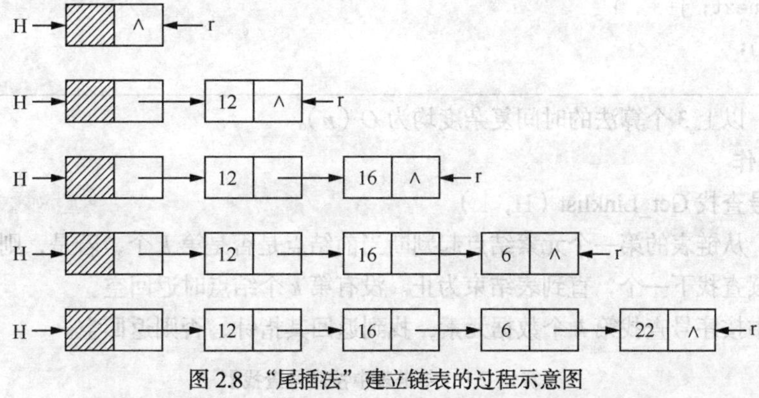

图 2.8 “尾插法”建立链表的过程示意图

算法思路是：首先申请一个头结点，并且将头结点指针域置空，头指针 H 和尾指针 r 都指向头结点；然后按线性表中元素的顺序依次读入数据元素，如果不是结束标志，则申请结点，将新结点插入 r 所指结点的后面，并使 r 指向新结点。图 2.8 显示了线性表（12,16,6,22）的链表的建立过程，因为是在链表的尾部插入，所以读入数据的顺序为 12、16、6、22、–1，数据读入顺序和线性表中的逻辑顺序正好相同。

【算法 2.7　尾插法建立单链表】

```
LinkList  creat_Linklist2 ( )
{ Linklist H= (Linklist) malloc (sizeof (LNode) );          //生成头结点
  H->next=NULL;        //空表
  LNode  *s, *r=H;
  int x;               //设数据元素的类型为 int
  scanf( “%d” , &x);
  while  (x! =-1)
  {      s= (LinkList) malloc (sizeof (LNode) );
         s->data=x;
         r->next=s;
         r=s;          //r 指向新的尾结点
         scanf ( “%d “, &x);
  }
    r->next=NULL;
  return H ;
}
```

2. 求表长

算法思路：设一个指针 p 和计数器 j，初始化使 p 指向头结点 H，j=0。若 p 所指结点还有后继结点，p 向后移动，计数器加 1（线性表长度不包括头结点），重复上述过程，直到 p–>next==NULL 为止。

设 H 是带头结点的单链表，求带头结点单链表的表长。

【算法 2.8　求单链表的表长】

```
int Length_LinkList (LinkList H)
{ LNode * p= H;      //p 指向头结点
  int  j=0;
  while (p->next!=NULL)
  { p=p->next; j++; }
  return j;
}
```

容易看出，以上 3 个算法的时间复杂度均为 $O(n)$。

3. 查找操作

（1）按序号查找 Get_Linklist（H，k）

算法思路：从链表的第一个元素结点起判断当前结点是否是第 k 个，若是，则返回该结点的指针，否则继续查找下一个，直到表结束为止。没有第 k 个结点时返回空。

在单链表中按序号查找第 k 个数据元素，找到返回其指针，否则返回空。

【算法 2.9　单链表中按序号查找】

```
LInkList Get_LinkList (LinkList H,  int k)
{ LNode  *p=H;
  int  j=0;
```

```
    while (p->next! =NULL && j<k)
   { p=p->next;  j++; }
   if (j==k)  return p ;
   else  return NULL;
  }
```

（2）按值 x 查找（即查找 x 结点所在的位置）

算法思路：从链表的第一个元素结点起，判断当前结点的值是否等于 x，若是，返回该结点的指针，否则继续向后查找，直到表结束为止，若查找不到则返回空。

【算法 2.10　单链表中按值查找】

```
LNode *Locate (LinkList H,  ElemType x)
  {  LNode * p=H->next;
     while (p! =NULL && p->data! =x)
          p=p->next;
     return p;
  }
```

以上算法的时间复杂度均为 $O(n)$。

4. 插入操作

设 p 指向单链表中的某结点，s 指向待插入的新结点，将*s 插入到*p 的后面，插入过程如图 2.9 所示，操作顺序如下。

（1）s–>next=p–>next;

（2）p–>next=s;

如果将新结点*s 插入到*p 前面，插入过程如图 2-10 所示，在插入操作前首先要找到*p 的前趋*q，然后再将*s 插入到*q 之后。设单链表头指针为 H，操作如下。

```
q=H;
while (q->next!=p)
   q=q->next;                              //找*p 的直接前趋
s->next=q->next;
q->next =s;        //插入
```

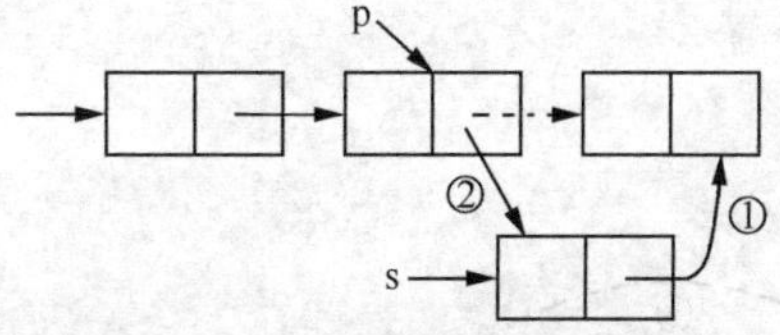

图 2.9　单链表中*p 结点后插入结点

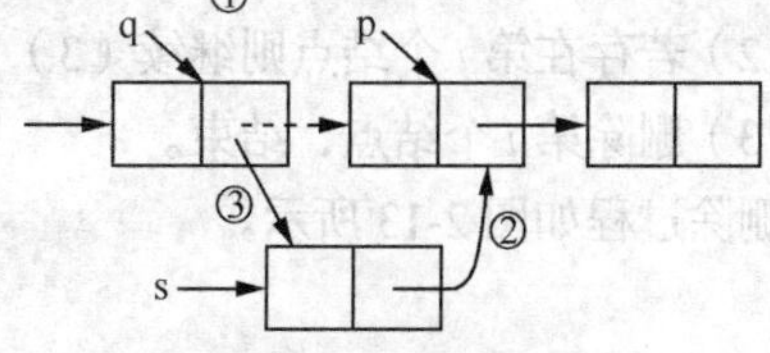

图 2.10　单链表中*p 结点之前插入结点

将新结点*s 插入到第 i 个结点的位置上，即插入到 a_{i-1} 与 a_i 之间。

算法思路如下：

（1）查找第 i–1 个结点，若存在继续（2），否则结束；

（2）创建新结点；

（3）将新结点插入，结束。

插入过程如图 2.11 所示。

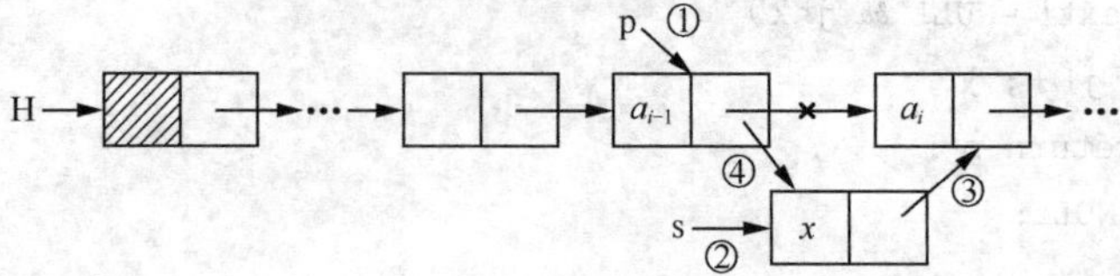

图 2.11　在单链表上插入结点的过程

【算法 2.11　单链表的插入】

```
int  Insert_LinkList (LinkList H,  int i, ElemType  x)
    //在单链表 H 的第 i 个位置上插入值为 x 的元素
  { LNode *p, *s;
    p=Get_LinkList (H, i-1) ;                          //查找第 i-1 个结点
    if  (p==NULL)
    { printf ( "插入位置 i 错" ) ; return ERROR; }       //第 i-1 个不存在,不能插入
    else
   {     s=(LinkList)malloc (sizeof (LNode) ) ;          //申请新结点
        s->data=x;
        s->next=p->next;                   //新结点插入在第 i-1 个结点后面
        p->next=s;
        return  TRUE;
    }
  }                                        // Insert_LinkList
```

该算法的时间主要是用在查找第 i–1 个结点的过程上，所以时间复杂度为 $O(n)$。

5. 删除操作

设 p 指向单链表中要删除的结点，首先要找到*p 的前趋结点*q，然后完成删除操作，操作过程如图 2.12 所示。操作语句如下。

（1）q–>next=p–>next;

（2）free（p）;

图 2.12　删除结点 p

删除链表中第 i 个结点。

算法思路如下：

（1）查找第 i–1 个结点，若存在，则继续（2），否则结束；

（2）若存在第 i 个结点则继续（3），否则结束；

（3）删除第 i 个结点，结束。

删除过程如图 2-13 所示。

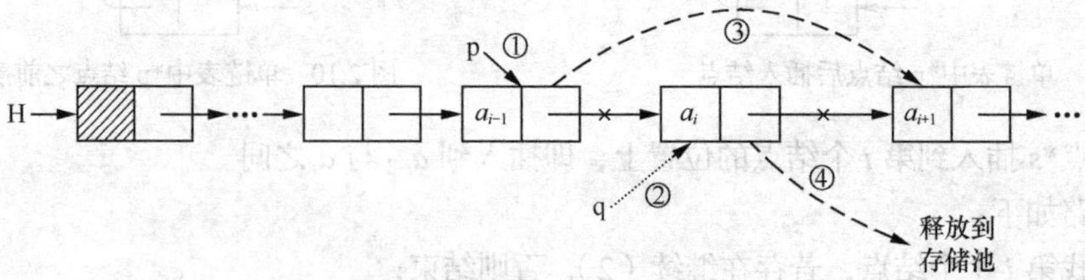

图 2.13　在单链表上的删除过程

【算法 2.12　单链表的删除】

```
  int Del_LinkList (LinkList H, int i)   //删除单链表 H 上的第 i 个数据结点
```

```
{   LinkList p, q;
    p=Get_LinkList(H, i-1);                //查找第 i-1 个结点
    if (p==NULL)
  { printf("第 i-1 个结点不存在"); return ERROR; }
    else { if(p->next==NULL)
            { printf("第 i-1 个结点不存在"); return ERROR; }
            else
            { q=p->next;                   //指向第 i 个结点
              p->next=q->next;             //从链表中删除
              free(q);                     //释放*q
              return TRUE;
            }
        }
}                                          // Del_LinkList
```

删除算法中，虽然删除一个结点的时间是常量，但要确定删除位置仍要从表头开始顺链查找，所以该算法的时间复杂度仍为 $O(n)$。

从上面的讨论可以看出以下几点。

（1）在单链表上插入、删除一个结点，必须知道其前趋结点。

（2）单链表不具有按序号随机访问的特点，只能从头指针开始依次进行访问。

（3）链表上实现的插入和删除运算不用移动结点，仅需修改指针。

为了帮助读者进一步熟悉单链表的操作，下面讨论链表中的两个典型算法。

【例 2.2】已知单链表 H，写一算法将其倒置，即实现如图 2.14 所示的操作。

算法思路：依次取原链表中的每个结点，将其作为第一个结点插入新链表中，指针 p 用来指向当前结点，p 为空时结束。

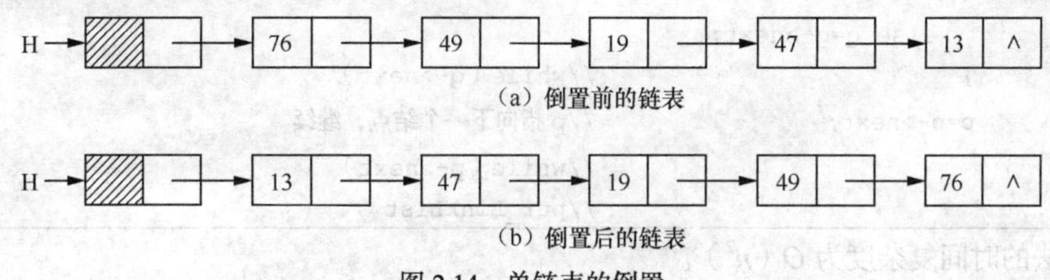

图 2.14　单链表的倒置

【算法 2.13　单链表的倒置】

```
void Reverse(LinkList H)
{ LNode *p,*q;
  p=H->next;                          //p 指向第一个数据结点
  H->next=NULL;                       //将原链表置为空表 H
  while(p)
  {    q=p;
       p=p->next;
       q->next=H->next;               //将当前结点插到头结点的后面
       H->next=q;
  }
}                                     //Reverse
```

该算法对链表中的结点顺序扫描一遍就完成了倒置，所以时间复杂度为 $O(n)$。

【例 2.3】已知单链表 H，写一算法删除其重复结点，即实现如图 2.15 所示的操作。

算法思路：用指针 p 指向第一个结点，从它的直接后继结点开始找与其值相同的结点，找到后将该结点删除；p 再指向下一个，以此类推，p 指向最后结点时算法结束。

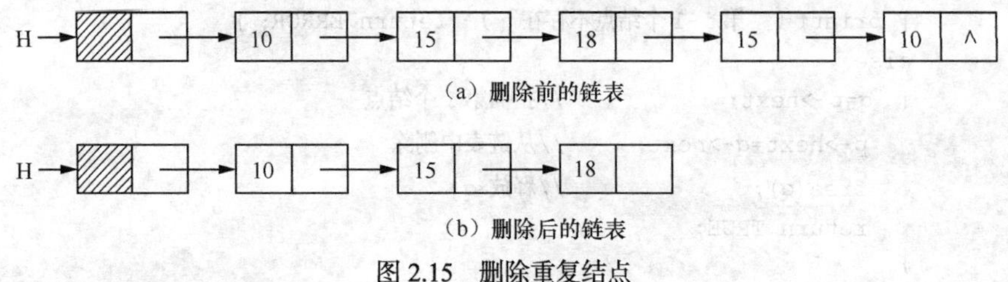

图 2.15　删除重复结点

【算法 2.14　单链表中删除重复结点】

```
void pur_LinkList (LinkList H)
{       LNode  *p,*q, *r;
        p=H->next;                          //p 指向第一个结点
        if(p! =NULL)
        while(p->next)
         {  q=p;
           while(q->next)                   //从*p 的后继开始找重复结点
           { if(q->next->data= =p->data)
             {   r=q->next;                 //找到重复结点，用 r 指向，删除*r
                 q->next=r->next;
                 free(r);
             }
             else q=q->next;
           }                                //while(q->next)
           p=p->next;                       //p 指向下一个结点，继续
         }                                  //while(p->next)
  }                                         //pur_LinkList
```

该算法的时间复杂度为 $O(n^2)$。

【例 2.4】求两个集合的差。若以单链表表示集合，假设集合 A 用单链表 LA 表示，集合 B 用单链表 LB 表示，设计算法求两个集合的差，即 $A-B$。

算法思路：由集合运算的规则可知，集合的差 $A-B$ 中包含所有属于集合 A 而不属于集合 B 的元素。因此，对于集合 A 中的每个元素 e，在集合 B 的链表 LB 中进行查找，若存在与 e 相同的元素，则从 LA 中将其删除。

【算法 2.15　两个集合的差集】

```
void  Difference (LinkList LA,LinkList LB) /*此算法求两个集合的差集*/
{   Node  *pre,*p, *r;
    pre=LA;
    p=LA->next;           /*p 向表中的某一结点，pre 始终指向 p 的前驱*/
    while(p!=NULL)
    {   q=LB->next;  /*扫描 LB 中的结点，寻找与 LA 中*P 结点相同的结点*/
        while (q!=NULL&&q->data!=p->data)   q=q->next;
```

```
        if (q!=NULL)
        {  r=p;  pre->next=p->next;  p=p->next;  free(r); }
        else { pre=p;  p=p->next; }
    }
}
```

2.4.3 循环链表

在单链表的基础上，将其最后一个结点的指针域指向该链表头结点，使得链表头尾结点相连，就构成了单循环链表（Circular Linked List），如图 2.16 所示。

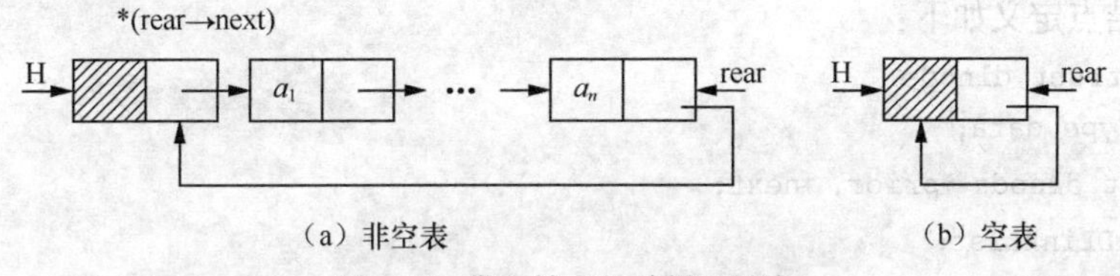

图 2.16　带头结点的单循环链表

在用头指针指示的单循环链表中，查找开始结点 a_1 的时间是 $O(1)$，然而要查找表尾结点则需要从头指针开始遍历整个链表，其时间是 $O(n)$。但在很多实际问题中，表的操作经常是在表的首、尾位置上进行，此时头指针表示的单循环链表就显得不够方便。如果改用尾指针 rear 来指示单循环链表，则查找开始结点 a_1 和终端 a_n 都很方便，它们的存储位置分别是 rear->next->next 和 rear，显然，查找时间都是 $O(1)$。因此，实际中多采用尾指针指示单循环链表。

例如对两个单循环链表 HA、HB 的连接操作时将 HB 的第一个数据结点接到 HA 的尾结点之后，如果用头指针指示，则需要找到第一个链表的尾结点，其时间复杂度为 $O(n)$，而链表若用尾指针 RA、RB 来指示，则时间复杂度为 $O(1)$。操作如下。

```
p=RA->next;                  //①保存 RA 的头结点指针
RA->next=RB->next->next;     //②头尾连接
free(RB->next);              //③释放第二个表的头结点
RB->next=p;                  //④组成循环链表
```

这一实现过程如图 2.17 所示。

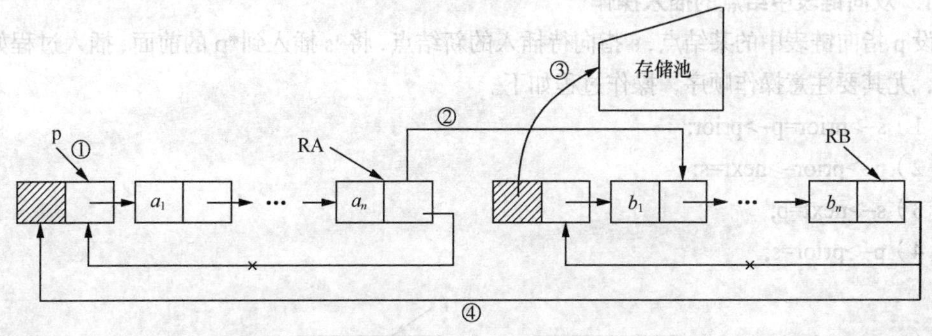

图 2.17　两个用尾指针标识的单循环链表的连接

循环单链表的操作与单链表基本一致，不同之处在于：单链表的表尾判断条件是 p 或 p->next 为空，而循环单链表的判断条件是它们是否等于头指针。

2.4.4 双向链表

以上讨论的单链表结点中只有一个指向其直接后继点的指针域，因此若已知某结点的指针为 p，找其前趋结点则只能从该链表的头结点开始，顺链查找，直到找到某个结点 q 的直接后继为 p 所指向结点为止，q 所指的结点即为 p 的直接前趋，其时间复杂度是 $O(n)$。如果希望找前趋结点的时间复杂度为 $O(1)$，可以利用双向链表：在单链表中的每个结点再加一个指向直接前趋的指针域，结点的结构如图 2.18（a）所示，用这种结点组成的链表称为双向链表。可见，双向链表在实现某些操作时方便了，但付出了空间的代价。

双向链表结点定义如下：

```
typedef struct dlnode
{    ElemType data;
     Struct dlnode *prior, *next;
}DLNode, *DLinkList;
```

和单链表类似，双向链表一般也是由头指针 H 唯一确定的，将头结点和尾结点链接起来能构成循环链表，称之为双向循环链表，如图 2.18（b）和（c）所示。

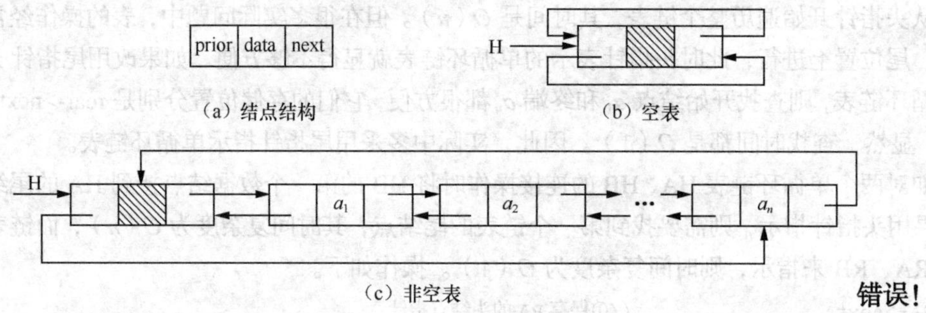

图 2.18　带头结点的双向循环链表

由双向循环链表的结构特点可知，当 p 指向双向循环链表中的某一结点时，则有以下等式：

```
p->prior->next=p;
p=p->next->prior;
```

1. 双向链表中结点的插入操作

设 p 指向链表中的某结点，s 指向待插入的新结点，将*s 插入到*p 的前面，插入过程如图 2.19 所示，尤其要注意操作顺序，操作过程如下。

（1）s–>prior=p–>prior;

（2）p–>prior–>next=s;

（3）s–>next=p;

（4）p–>prior=s;

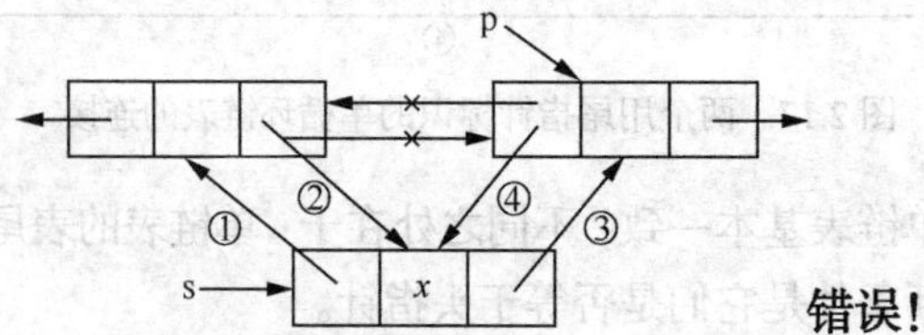

图 2.19　在双向链表中插入结点

2. 双向链表中结点的删除操作

设 p 指向双向链表中待删除的结点，操作过程如图 2.20 所示。操作过程如下。

（1）p–>prior–>next=p–>next;

（2）p–>next–>prior=p–>prior;

（3）free（p）;

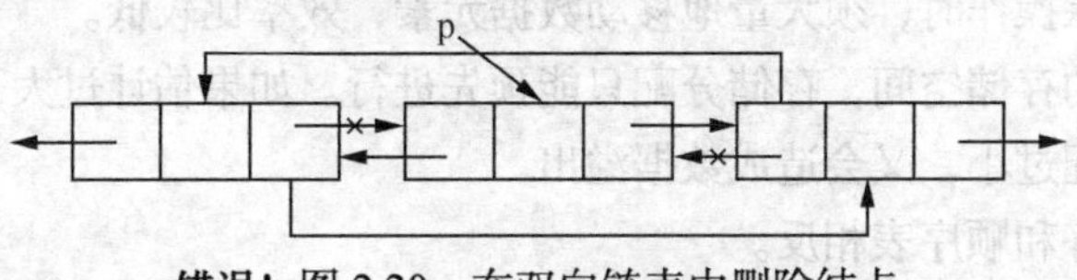

错误！图 2.20　在双向链表中删除结点

2.4.5　静态链表

以上介绍的链表都是由指针实现的，链表中结点的分配和回收都是动态实现的，称为动态链表。为了方便解决具体问题，有时使用静态链表。静态链表是用数组实现的，每个数据元素除了存储数据信息外，还要存储逻辑相邻的下一个数据元素在数组中的位置，可见，静态链表虽然是用数组实现的，但是逻辑相邻的数据元素不一定在物理位置上也相邻。图 2.21 所示是一个静态链表的例子，SL 是一个带头结点的单链表，表示了线性表（a_1, a_2, a_3, a_4, a_5）的存储结构。从头结点的 next 域得到 4，找到结点 a_1 的位置，再从 a_1 的 next 域得到 2，找到 a_2 的位置，如此可依次访问此链表所有结点。对于本图，最后一个结点 a_5 的下一个元素位置为 4，即 a_1 所在的位置，这又构成了一个循环静态链表。

静态链表描述如下：

```
typedef  struct
{    ElemType data ;
     int  next;
}SNode;                          //结点类型
SNode  sd[MAXSIZE];
int SL;                          //头指针变量
```

		data	next
SL=0	0		4
	1	a_4	5
	2	a_2	3
	3	a_3	1
	4	a_1	2
	5	a_5	4
	6	…	

图 2.21　静态链表示意图

这种链表的结点中也有数据域 data 和指针域 next，与前面所讲链表中的指针不同的是，这里的指针 next（整型）是结点在数组中的下标，称为静态指针，所以称这种链表为静态链表。我们通常将静态链表的 next 域称为“游标（cursor）”，也就是用游标来模拟指针。

游标实现链表的方法一般定义一个较大的结构数组作为备用结点空间（即存储池）。当申请结点时，需从存储池中取，释放结点时归还到存储池，需要程序员自己编写分配结点和回收结点的过程。

静态链表的插入和删除操作类似于单链表，不过这时的“指针”为“游标”罢了，数据元素的插入和删除操作时不需要像顺序表那样移动数据元素。但是静态链表是非随机存储结构，插入和删除操作需顺游标链查找到所需插入或删除的结点位置，因此算法的时间复杂度仍为 $O(n)$。

2.5　顺序表和链表的比较

顺序存储的优点如下。

（1）用数组存储数据元素，操作方法简单，容易实现。

（2）无须为表示结点间的逻辑关系而增加额外的存储开销。

（3）存储密度高。

（4）顺序表可按元素位序随机存取结点。

缺点如下。

（1）做插入、删除操作时，须大量地移动数据元素，效率比较低。

（2）要占用连续的存储空间，存储分配只能预先进行。如果估计过大，可能导致后部大量空间闲置；如果预先分配过小，又会造成数据溢出。

链表的优缺点刚好和顺序表相反。

在实际中怎样选取存储结构呢？通常应考虑以下几点。

（1）基于存储的考虑。顺序表的存储空间是静态分配的，在程序执行之前必须明确规定它的存储规模，也就是说事先对 MAXSIZE 要有合适的估计，过大造成浪费，过小造成溢出。链表不用事先估计存储规模，但链表的存储密度较低。存储密度是指一个结点中数据元素所占的存储单元数和整个结点所占的存储单元之比。显然顺序表的存储密度为 1，链式存储结构的存储密度小于 1。

（2）基于运算的考虑。如果对线性表的主要操作是查找，宜采用顺序表结构。对于频繁进行插入和删除的线性表，宜采用链表结构。

（3）基于环境考虑。顺序表的实现基于数组类型，链表的操作基于指针，任何高级语言都有数组类型，但不一定有指针类型。

总之，两种存储结构各有优缺点，要针对实际问题进行选择。

2.6 实例分析与实现

应用实例一：约瑟夫环问题

约瑟夫环问题实现算法分析：

采用单向循环链表的数据结构，即将链表的尾元素指针指向链首元素。每个结点除指针域外，还有两个域分别存放每个人的编号和所持有的密码，结点结构如图 2.22 所示。

id	password	next

图 2.22 约瑟夫环问题结点结构

解决问题的基本步骤如下。

（1）建立 *n* 个结点（无头结点）的单向循环链表。

（2）从链表第一个结点起循环计数寻找第 *m* 个结点。

（3）输出该结点的 id 值，将该结点的 password 作为新的 *m* 值，删除该结点。

（4）根据 *m* 值不断从链表中删除结点，直到链表为空。

【源代码 2.16 约瑟夫环】

```
#include <stdio.h>
#include <stdlib.h>
#define MAX 100
```

```
typedef struct NodeType                              //自定义结构体类型
{    int id;                                         //编号
     int password;                                   //密码
     struct NodeType *next;                          //用于指向下一个结点的指针
} NodeType;
void CreaList(NodeType **, int);                     // 创建单向循环链表
NodeType *GetNode(int, int);                         //得到一个结点
void PrntList(NodeType *);                           // 打印循环链表
int IsEmptyList(NodeType *);                         // 测试链表是否为空
void JosephusOperate(NodeType **, int);              // 运行“约瑟夫环”问题
int main(void)
{
    int n = 0;
    int m = 0;
    NodeType *pHead = NULL;
    do
    {    if (n > MAX)
         { //人数 n 超过最大人数循环，接着做下一次循环，重新输入人数 n，直至满足条件为止
              printf("人数太多，请重新输入!\n");
         }
         printf("请输入人数 n(最多%d 个): ", MAX);
         scanf("%d", &n);
    }while(n > MAX);
    printf("请输入初始密码 m: ");
    scanf("%d", &m);
    CreaList(&pHead, n);                             // 创建单向循环链表
    printf("\n------------ 打印循环链表-------------\n");
    PrntList(pHead);                                 // 打印循环链表
    printf("\n-------------打印出队情况--------------\n");
    JosephusOperate(&pHead, m);                      //运行"约瑟夫环"问题
    return 1;
}
void CreaList(NodeType **ppHead, int n)             //创建有 n 个结点的循环链表 ppHead
{   int i = 0;
    int iPassword = 0;
    NodeType *pNew = NULL;
    NodeType *pCur = NULL;
    for (i = 1; i <= n; i++)
    {    printf("输入第%d 个人的密码: ", i);
         scanf("%d", &iPassword);
         pNew = GetNode(i, iPassword);
         if (*ppHead == NULL)
         {    *ppHead = pCur = pNew;
              pCur->next = *ppHead;
         }
         else
         {    pNew->next = pCur->next;
              pCur->next = pNew;
              pCur = pNew;
         }
```

```
    }
    printf("完成单向循环链表的创建!\n");
}
NodeType *GetNode(int iId, int iPassword)           //向结点中传送编号和密码
{   NodeType *pNew = NULL;                          //建立指针
    pNew = (NodeType *)malloc(sizeof(NodeType));    //为当前结点开辟新空间
    if(!pNew)
    {   printf("Error, the memory is not enough!\n");
        exit(-1);
    }
    pNew->id = iId;
    pNew->password = iPassword;
    pNew->next = NULL;                 // pNew 的 next 指向空，置空表尾
    return pNew;
}
void PrntList(NodeType *pHead)       //依次输出至 n 个人，且输出密码，完成原始链表的打印
{
    NodeType *pCur = pHead;
    if(!IsEmptyList(pHead))//调用 EmptyList()函数来判断 if 语句是否执行，若 pHead 为空则执行
    {   printf("--ID-- --PASSWORD--\n");
        do
        {   printf("%3d %7d\n", pCur->id, pCur->password);
            pCur = pCur->next;    //让指针变量 pCur 改为指向后继结点
        } while (pCur != pHead);
    }
}
int IsEmptyList(NodeType *pHead)
{
    if(!pHead)
    { //若 pHead 为空，提示"空"，返回值.
        printf("The list is empty!\n");
        return 1;
    }
    return 0; //否则返回
}
void JosephusOperate(NodeType **ppHead, int iPassword)
{
    int iCounter = 0;
    int iFlag = 1;
    NodeType *pPrv = NULL;
    NodeType *pCur = NULL;
    NodeType *pDel = NULL;
    pPrv = pCur = *ppHead;
    while (pPrv->next != *ppHead) // 将 pPrv 初始为指向尾结点，为删除作好准备
        pPrv = pPrv->next;
    while (iFlag)
    {   for (iCounter = 1; iCounter < iPassword; iCounter++)
        {   pPrv = pCur;
            pCur = pCur->next;
        }
        if (pPrv == pCur)           iFlag = 0;
       pDel = pCur;             //删除 pCur 指向的结点，即有人出列
```

```
        pPrv->next = pCur->next;      //使得pPrv指向结点与下下一个结点相连，让pCur从链表中脱节
        pCur = pCur->next;            //让指针 pCur 改为指向后继结点，后移一个结点
        iPassword = pDel->password; //记录出列的人手中的密码
        printf("第%d 个人出列(密码:%d)\n", pDel->id, pDel->password);
        free(pDel);                   //释放删除 pDel 指向的结点
    }
    *ppHead = NULL;
    getchar();
}
```

若人数为 n=7，m=20，7 个人的密码依次为 3、1、7、2、4、8、4，则正确的出列编号为：6、1、4、7、2、3、5。运行结果如图 2.23 所示。

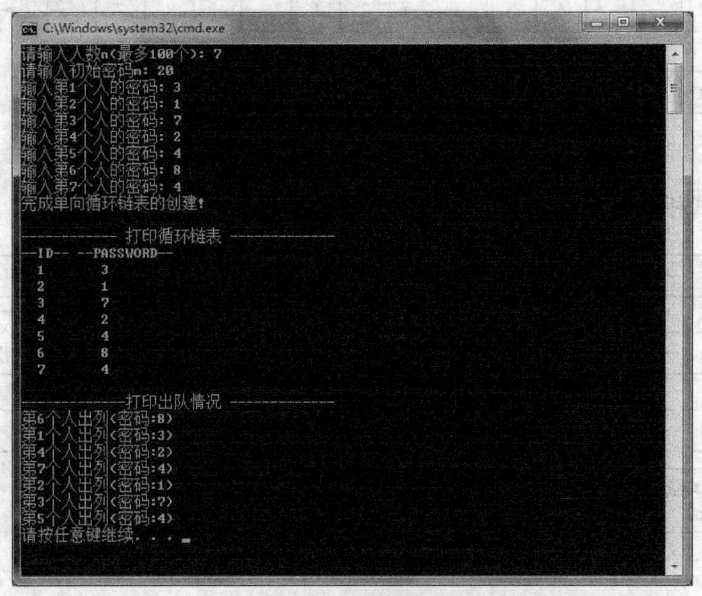

图 2.23 约瑟夫问题运行结果

应用实例二：一元多项式运算器的分析与实现

首先，我们需要解决一元多项式在计算机中的存储问题。

对于一元多项式： $P=p_0+p_1x+\ldots\ldots+p_nx^n$

在计算机中，可以用一个线性表来表示：$P=(p_0, p_1, \ldots, p_n)$

但是对于形如：$S(x)=1+5x^{10\,000}-12x^{15\,000}$ 的多项式，上述表示方法是否合适？显然不合适，会有很多的项系数为 0，造成存储空间的浪费。我们只需要存储非 0 系数项。

一般情况下的一元稀疏多项式可写成：$Pn(x)=p_1x^{e_1}+p_2x^{e_2}+\cdots+p_mx^{e_m}$

其中：p_i 是指数为 e_i 的项的非零系数，$0\leqslant e_1<e_2<\cdots<e_m\leqslant n$

可以用下列线性表表示：$((p_1, e_1), (p_2, e_2), \cdots, (p_m,e_m))$

例如：$P_{999}(x)=7x^3-2x^{12}-8x^{999}$

可用线性表：$((7, 3), (-2, 12), (-8, 999))$ 表示。

为了实现任意多项式的运算，考虑到运算时有较多的插入、删除操作，选择单链表作为存储

结构比较方便，每个结点有三个域：系数、指数和指针。其数据结构如下所示：

```
typedef struct Polynomial
{
    float coef;                  //系数
    int expn;                    //指数
    struct Polynomial *next;     //指向下一个节点的指针
}
```

设多项式 A 和 B 分别为 $A(x)=6+2x+8x^7+4x^{15}$，

$B(x)=7x+2x^6-8x^7$。

A 和 B 存储结构示意图如图 2.24 所示。

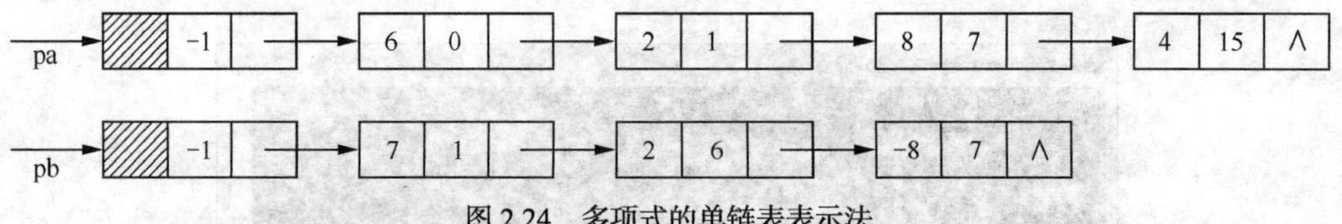

图 2.24　多项式的单链表表示法

A 和 B 多项式相加得到的多项式和，如图 2.25 所示。

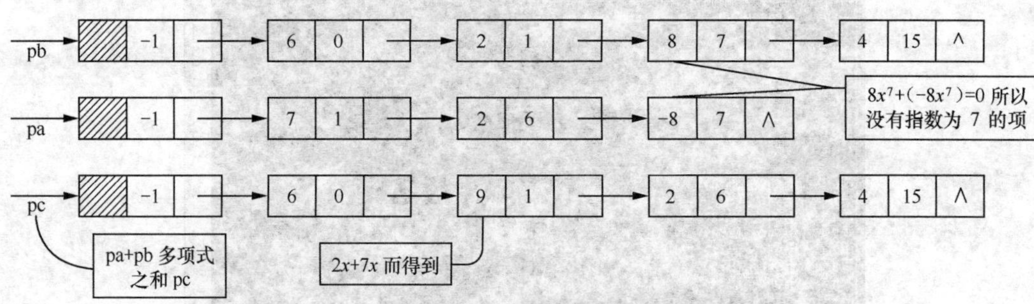

图 2.25　多项式相加得到的多项式和

多项式计算器的算法实现如下。

（1）建立多项式

通过键盘输入一组多项式的系数和指数，用尾插法建立一元多项式的链表。以输入系数 0 为结束标志，并约定建立一元多项式链表时，总是按指数从小到大的顺序排列。

（2）输出多项式

从单链表第一个元素开始，逐项读出系数和指数，按多项式的形式进行输出即可。

（3）两个多项式相加

以单链表 pa 和 pb 分别表示两个一元多项式 A 和 B，$A+B$ 的求和运算，就等同于单链表的插入问题，为了方便演示程序，我们设一个单链表 pc 来存放 pa+pb 的和。

为实现处理，设 qa、qb、qc 分别指向单链表 pa、pb 和 pc 的当前项，比较 qa、qb 结点的指数项，由此得到下列运算规则。

① 若 qa–>exp<qb–>exp，则结点 qa 所指的结点应是“和多项式”中的一项，将 qa 复制到 qc 当中，令指针 qa 后移。

② 若 qa–>exp=qb–>exp，则将两个结点中的系数相加，当和不为 0 时，qa 的系数域加上 qb 的系数域作为 qc 的系数域；若和为 0，则“和多项式”中无此项，qa 和 qb 后移。

③ 若 qa->exp>qb->exp，则结点 qb 所指的结点应是“和多项式”中的一项，将 qb 复制到 qc 当中，令指针 qb 后移。

（4）两个多项式相减

将减数 pb 多项式的所有系数变为其相反数，然后使用两个多项式相加思想进行处理。

（5）多项式乘法

多项式乘法类似于两个多项式相加，pa×pb，需要使用 pb 多项式中的每一项和 pa 多项式中的每一项进行想乘，然后进行多项式相加操作。

（6）求多项式的值，需要输入变量 *x* 的值，然后进行求值运算。

（7）多项式的导数

需要根据导数公式对多项式的每一个结点求导，具体过程如下：多项式当前结点指数为 0，则其导数为 0；当前结点指数不为 0，则其导数的系数为当前结点指数乘以系数，指数为当前结点的指数减 1。

下面给出多项式建立及相加的算法，其他运算留给读者思考或作为实习题目。

【算法 2.17　建立多项式】

```
Polyn CreatePoly()
{
  Polynomial *head,*rear,*s;
  int c,e;
  head=(Polynomial *)malloc(sizeof(Polynomial));/*建立多项式头结点*/
  rear = head;/*rear 始终指向单链表的尾，便于尾插法建表*/
  scanf("%d,%d",&c,&e);/*键入多项式的系数和指数项*/
  while(c!=0)/*若 c=0，则代表多项式输入结束*/
  {
      s=(Polynomial *)malloc(sizeof(Polynomial));/*申请新的节点*/
      s->coef = c;
      s->expn = e;
      rear->next = s;/*在当前表尾作插入*/
      rear = s;
      scanf("%d,%d",&c,&e);
  }
  rear->next = NULL;/*将表中最后一个节点的 next 置为 NULL，结束*/
  return(head);
}
```

【算法 2.18　输出多项式】

```
void PrintPolyn(Polyn P)
{
  Polyn q=P->next;
   int flag=1;
   if(!q)
  {
       putchar('0');
       printf("\n");
       return;
  }
   while(q)
  {
```

```
    if(q->coef>0&&flag!=1) putchar('+');
    if(q->coef!=1&&q->coef!=-1)
    {
        printf("%g",q->coef);
        if(q->expn==1) putchar('X');
        else if(q->expn) printf("X^%d",q->expn);
    }
    else
    {
        if(q->coef==1)
        {
            if(!q->expn) putchar('1');
            else if(q->expn==1) putchar('X');
            else printf("X^%d",q->expn);
        }
        if(q->coef==-1)
        {
            if(!q->expn) printf("-1");
            else if(q->expn==1) printf("-X");
            else printf("-X^%d",q->expn);
        }
    }
    q=q->next;
    flag++;
  }
printf("\n");
}
```

【算法 2.19 两个多项式相加】

```
Polyn AddPolyn(Polyn pa,Polyn pb)
{
    Polyn qa=pa->next;
    Polyn qb=pb->next;
    Polyn headc,pc,qc;
    pc=(Polyn)malloc(sizeof(struct Polynomial)); /*单链表pc用来存放pa+pb的和*/
    pc->next=NULL;
    headc=pc;
    while(qa!=NULL && qb!=NULL) /*当两个多项式均未扫描结束时*/
    {
        qc=(Polyn)malloc(sizeof(struct Polynomial));
        if(qa->expn < qb->expn)         /*规则1*/
        {
                qc->coef=qa->coef;
                qc->expn=qa->expn;
                qa=qa->next;
        }
        else if(qa->e pn == qb->expn)   /*规则2*/
        {
                qc->coef=qa->coef+qb->coef;
                qc->expn=qa->expn;
                qa=qa->next;
                qb=qb->next;
        }
                        else            /*规则3*/
```

```
    {
            qc->coef=qb->coef;
            qc->expn=qb->expn;
            qb=qb->next;
    }

    if(qc->coef!=0)
    {
        qc->next=pc->next;
        pc->next=qc;
        pc=qc;
    }
    else free(qc);
   }
   while(qa != NULL)/*pa 中如果有剩余项，将剩余项插入到 pc 当中*/
   {
       qc=(Polyn)malloc(sizeof(struct Polynomial));
       qc->coef=qa->coef;
       qc->expn=qa->expn;
       qa=qa->next;
       qc->next=pc->next;
       pc->next=qc;
       pc=qc;
   }
   while(qb != NULL)/*pb 中如果有剩余项，将剩余项插入到 pc 当中*/
   {
       qc=(Polyn)malloc(sizeof(struct Polynomial));
       qc->coef=qb->coef;
       qc->expn=qb->expn;
       qb=qb->next;
       qc->next=pc->next;
       pc->next=qc;
       pc=qc;
   }
   return headc;
}
```

【算法 2.20　两个多项式相减】

```
Polyn SubtractPolyn(Polyn pa,Polyn pb)
{
   Polyn h=pb;
   Polyn p=pb->next;
   Polyn pd;
   while(p)
  {
    p->coef*=-1;
    p=p->next;
  }
   pd=AddPolyn(pa,h);
   for(p=h->next;p;p=p->next)
   p->coef*=-1;
   return pd;
}
```

程序运行结果如下。

若输入 $A(x)=6+2x+8x^7+4x^{15}$ 和 $B(x)=7x+2x^6-8x^7$ 的多项式，如图 2.26 所示。

```
d:\ProgramTools\VS2008_Project\C++_Project\一元多项式计算器\Debug\一元多...
Welcome to polynomial of one indeterminate calculator

Please input polynomial of one indeterminate pa(like 1,1 and 0 is over):6,0
2,1
8,7
4,15
0
Please input polynomial of one indeterminate pb(like 1,1 and 0 is over):7,1
2,6
-8,7
0
```

图 2.26　多项式输入

（1）输出显示 pa 和 pb（如图 2.27 所示）

```
Please select your Operation : a

        pa=6+2X+8X^7+4X^15

Please select your Operation : b

        pb=7X+2X^6-8X^7
```

图 2.27　多项式显示

（2）pa+pb 之和 pc（如图 2.28 所示）

```
Please select your Operation : g

        pa+pb=6+9X+2X^6+4X^15
```

图 2.28　多项式之和

（3）pa 和 pb 相减（如图 2.29 所示）

```
Please select your Operation : h

        pa-pb=6-5X-2X^6+16X^7+4X^15
```

图 2.29　多项式之差

习　　题

一、单项选择题

1．链表不具有的特点是________。

A．插入、删除不需要移动元素　　　　B．可随机访问任一元素

C．不必事先估计存储空间　　　　　　D．所需空间与线性长度成正比

2．设单链表中结点的结构为（data，next）。若在指针 p 所指结点后插入由指针 s 指向的结点，则应执行下面哪一个操作？

A．p–>next=s;　　s–>next=p;　　　　B．s–>next=p–>next;　　p->next=s;

C．s–>next=p;　　s=p;　　　　　　D．p–>next=s;　　　　s->next=p->next;

3．在双向链表指针 p 的指针前插一个指针 q 的结点，操作是________。

注：双向链表的结点结构为(prior，data，next)。

A．p->prior=q;q->next=p;p->prior->next=q;q->prior=q;

B．p->prior=q;p->prior->next=q;q->next=p;q->prior=p->prior;

C．q->next=p;q->prior=p->prior;p->prior->next=q;p->prior=q;

D．q->prior=p->prior;q->next=q;p->prior=q;p->prior=q;

4．对于一个具有 n 个结点的单链表，在已知的结点*p 后插入一个新结点的时间复杂度和在给定值为 x 的结点后插入一个新结点的时间复杂度分别为________。

A．$O(n),O(n)$　B．$O(1),O(n)$　C．$O(1),O(1)$　D．$O(n),O(1)$

5．以下错误的是________。

（1）静态链表既有顺序存储的优点，又有动态链表的优点。所以，它存取表中第 i 个元素的时间与 i 无关。

（2）静态链表中能容纳的元素个数的最大数在表定义时就确定了，以后不能增加。

（3）静态链表与动态链表在元素的插入、删除上类似，不需做元素的移动。

A.（1),（2）　B.（1）　C.（1),（2）,(3)　D.（2）

二、算法设计题

1．设有一线性表 $e=(e_1, e_2, \cdots, e_{n-1}, e_n)$，其逆线性表定义为 $e'=(e_n, e_{n-1}, \cdots, e_2, e_1)$，请设计一个算法，将线性表逆置，要求逆线性表仍占用原线性表的空间，并且用顺序表和单链表两种方法来表示，写出不同的处理函数。

2．已知长度为 n 的线性表 A 采用顺序存储结构，请写算法，找出该线性表中值最小的数据元素。

3．已知线性表 A 的长度为 n，并且采用顺序存储结构。编写算法，删除线性表中所有值为 x 的元素。

4．请设计算法求线性表中第一个值为 x 的元素的前驱和后继的存储位置，要求采用顺序表和单链表两种方法来表示。

5．假设有一个循环链表的长度大于 1，且表中既无头结点也无头指针。已知 s 为指向链表中某结点的指针，试编写算法在链表中删除指针 s 所指结点的前驱结点。

6．设 A 与 B 分别为两个带有头结点的有序循环链表（所谓有序是指链接点按数据域值大小链接，本题不妨设按数据域值从小到大排列），list1 和 list2 分别为指向两个链表的表尾指针。请写出将这两个链表合并为一个带头结点的有序循环链表的算法。

7．设 head 为一单链表的头指针，单链表的每个结点由一个整数域 data 和指针域 next 组成，整数在单链表中是无序的。编一函数，将 head 链中结点分成一个奇数链和一个偶数链，分别由 p、q 指向，每个链中的数据按由小到大排列。程序中不得使用 malloc 申请空间。

8．设指针 la 和 lb 分别指向两个无头结点单链表中的首元结点，试设计从表 la 中删除自第 i 个元素起共 len 个元素，并将它们插入到表 lb 的第 j 个元素之后的算法。

9．设带头结点的线性单链表 $A=(a_1, a_2, \cdots, a_m)$，$B=(b_1, b_2, \cdots, b_n)$，试编写一个按下列规则合并 A、B 为线性单链表 C 的算法，使得：

$C=(a_1, b_1, \cdots, a_m, b_m, b_m+1, \cdots, b_n)$，$m \leq n$

或者

$C=(b_1, a_1, \cdots, b_n, a_n, a_n+1, \cdots, a_m)$，$m>n$

10．(2009 考研真题)已知一个带有表头结点的单链表，结点结构为| data | link |，假设该链表只给出了头指针 list。在不改变链表的前提下，请设计一个尽可能高效的算法，查找链表中倒数第 k 个位置上的结点（k 为正整数）。若查找成功，算法输出该结点的 data 域的值，并返回 1；否则，只返回 0。要求：

（1）描述算法的基本设计思想；

（2）描述算法的详细实现步骤；

（3）根据设计思想和实现步骤，采用程序设计语言描述算法（使用 C、C++或 Java 语言实现），关键之处请给出简要注释。

11．Josephus 排列问题 2：编号为 1，2，…，n 的 n 个人按顺时针方向围坐在一张圆桌周围。给定一个正整数 $m \leqslant n$，从第一个人开始按顺时针方向自 1 开始报数，每报到 m 时就让其出列，且计数继续进行下去。如此下去，直至圆桌周围的人全部出列为止。最后出列者为优胜者。每个人的出列次序定义了整数 1，2，3，…，n 的一个排列。这个排列称为一个（n,m）Josephus 排列。例如：（7，3）Josephus 排列为 3，6，2，7，5，1，4。对于给定的 1，2，3，…，n 中的 k 个数，Josephus 想知道是否存在一个正整数 m,使得 Josephus（n,m）排列的最后 k 个数恰好为事先指定的 k 个数。

第3章 栈和队列

第2章介绍了线性表的概念，从数据结构上看，栈和队列也是线性表，不过是两种特殊的线性表。栈只允许在表的一端进行插入或删除操作，而队列只允许在表的一端进行插入操作、而在另一端进行删除操作。因而，栈和队列也可以被称作为操作受限的线性表。从数据类型角度讲，栈和队列是与线性表不同的重要抽象数据类型，广泛地应用于各类软件系统中。通过本章的学习，读者应能掌握栈和队列的逻辑结构和存储结构，以及栈和队列的基本运算、实现算法及其应用。

3.1 应用实例

栈和队列是两种重要的线性结构，它们广泛应用在各种软件系统中。堆栈被广泛应用于编译软件和程序设计语言中，队列则被广泛应用于操作系统和事务管理中。

栈结构所具有的“后进先出”特性，使得栈成为程序设计语言中的有力工具。现实生活中也有很多“后进先出”的例子，典型的如铁路调度站等。栈的一些典型应用如下。

（1）括号匹配问题，检验表达式中括号是否匹配时可设置一个栈。

（2）表达式求值，表达式求值是高级语言编译中的一个基本问题。

（3）数制转换问题，十进制数 N 和其他 d 进制数的转换，可以利用栈来完成。

（4）行编辑程序，一个简单的行编辑程序的功能是接受用户从终端输入的程序或数据，并存入用户数据区。可设这个输入缓冲区为一个栈结构，当用户输错时，使用退格符则从栈中删除一个字符，使用退行符清空栈等。

（5）栈与递归，栈还有一个非常重要的应用就是在程序设计语言中用来实现递归。当递归函数调用时，应按照“后调用先返回”的原则处理调用过程，因此函数之间的信息传递和控制转移必须通过栈来实现，递归工作栈是实现递归的核心技术。

队列最典型的例子就是操作系统中的作业排队，循环队列也经常用于操作系统的一些实用程序中。

应用实例一：迷宫求解问题

这是实验心理学中的一个经典问题，心理学家把一只老鼠从一个无顶盖的大盒子的入口处赶进迷宫。迷宫中设置很多隔壁，对前进方向形成了多处障碍，心理学家在迷宫的唯一出口处放置了一块奶酪，吸引老鼠在迷宫中寻找通路以到达出口。

我们可以用一个 $m\times n$ 的方阵表示迷宫，0 和 1 分别表示迷宫中的通路和障碍。设计一个程序，对任意设定的迷宫，求出一条从入口到出口的通路，或得到没有通路的结论。

计算机解迷宫时，通常是用“穷举求解”的方法，即从入口出发，顺某一方向向前探索，若能走通，则继续往前走；否则沿原路返回，换一个方向再继续探索，直至所有可能的通路都探索到为止。为了保证在任何位置上都能沿原路退回，显然要用具有后进先出的栈来保存从入口到当前位置的路径。

应用实例二：马踏棋盘问题

将马随机地放在国际象棋 8×8 棋盘 Board[8][8]的某个方格中，马按走棋规则进行移动，要求每个方格只进入一次，走遍棋盘上全部 64 个方格。编制非递归程序，求出马的行走路线，并按求出的行走路线将数字 1,2，…，64 依次填入一个 8×8 的方阵并输出。

求解时可采用栈的数据结构，即将马的行走顺序压入栈中。每次在多个可走位置中选择其中一个进行试探，其余未曾试探过的可走位置必须用适当结构妥善管理，以备试探失败时的“回溯”（悔棋）使用。

应用实例三：舞伴问题

假设在周末舞会上，男士们和女士们进入舞厅时，各自排成一队。跳舞开始时，依次从男队和女队的队头上各出一人配成舞伴。若两队初始人数不相同，则较长的那一队中未配对者等待下一首舞曲。现要求写一算法模拟上述舞伴配对问题。

该问题中，先入队的男士或女士应先出队配成舞伴。因此该问题具体有典型的先进先出特性，可采用队列作为算法的数据结构来实现。

以上实例的分析与实现将在 3.4 节详细介绍。

3.2 栈

3.2.1 栈的概念及运算

栈（stack）是一种只允许在一端进行插入和删除的线性表，它是一种操作受限的线性表。在表中只允许进行插入和删除的一端称为栈顶（top），另一端称为栈底（bottom）。栈的插入操作通常称为入栈或进栈（push），而栈的删除操作则称为出栈或退栈（pop）。当栈中无数据元素时，称为空栈。根据栈定义，每次进栈的元素都被放在原栈顶元素之上而成为新的栈顶，而每次出栈的总是当前栈中“最新”的元素，即最后进栈的元素。栈具有后进先出的特性，因此又称为后进先出（Last In First Out，LIFO）表。假设栈 $S=(a_1,a_2,\cdots,a_n)$，则 a_1 为栈底元素，a_n 为栈顶元素，栈中元素按 $a_1, a_2, \cdots, a_n$ 的次序进栈，退栈的第一个元素应为栈顶元素 a_n。

图 3.1 是一个栈的示意图，通常用指针 top 指示栈顶的位置，用指针 bottom 指向栈底，栈顶指针 top 动态反映栈的当前位置。在日常生活中也有很多栈的例子，如铁路调度站（见图 3.2）。又如食堂里叠摞在一起的盘子，要从这一叠盘子中取出或放入一个盘子，只有在这一叠盘子的顶部操作才是方便的。

（1）InitStack(S)初始化：初始化一个新的栈。

（2）Empty(S)栈的非空判断：若栈 S 不空，则返回 TRUE；否则，返回 FALSE。

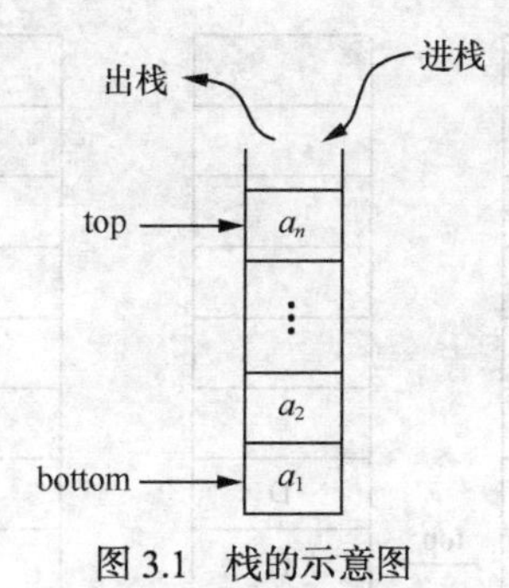

图 3.1　栈的示意图

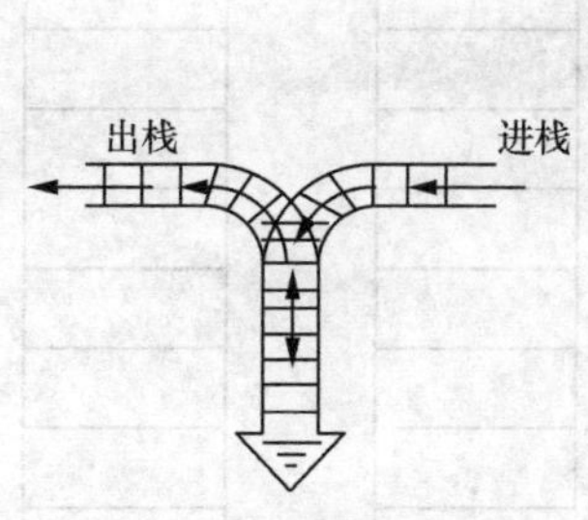

图 3.2　铁路调度站示意图

（3）Push(S,x)入栈：在栈 S 的顶部插入元素 x，若栈满，则返回 FALSE；否则，返回 TRUE。

（4）Pop(S)出栈：若栈 S 不空，则返回栈顶元素，并从栈顶中删除该元素；否则，返回空元素 NULL。

（5）GetTop(S)取栈顶元素：若栈 S 不空，则返回栈顶元素；否则返回空元素 NULL。

（6）SetEmpty(S)置栈空操作：置栈 S 为空栈。

栈是一种特殊的线性表，因此栈可采用顺序存储结构存储，也可以使用链式存储结构存储。

3.2.2　栈的顺序存储结构

1. 栈的顺序存储结构

利用顺序存储方式实现的栈称为顺序栈。类似于顺序表的定义，栈中的数据元素用一个预设的足够长度的一维数组来实现：datatype data[MAXSIZE]，栈底位置可以设置在数组的任一个端点，而栈顶是随着插入和删除而变化的，用一个 int top 来作为栈顶的指针，指明当前栈顶的位置，同样将 data 和 top 封装在一个结构中，顺序栈的类型描述如下：

```
#define MAXSIZE   < 栈最大元素数>
typedef struct
{ datatype data[MAXSIZE];
  int top;
}SeqStack;
```

定义一个指向顺序栈的指针：

```
SeqStack *s;
```

通常 0 下标端设为栈底，这样空栈时栈顶指针 top=–1；入栈时，栈顶指针加 1，即 s–>top++；出栈时，栈顶指针减 1，即 s–>top--。栈操作的示意图如图 3.3 所示。

图（a）是空栈，图（c）是 A、B、C、D 和 E 五个元素依次入栈之后，图（d）是在图（c）之后 E、D 相继出栈，此时栈中还有 3 个元素，或许最近出栈的元素 D、E 仍然在原先的单元存储着，但 top 指针已经指向了新的栈顶，则元素 D、E 已不在栈中了，通过这个示意图可以深刻理解栈顶指针的作用。

顺序栈基本操作的实现如下。

（1）置空栈：首先建立栈空间，然后初始化栈顶指针。

```
SeqStack *Init_SeqStack()
{ SeqStack *s;
  s=malloc(sizeof(SeqStack));
  s->top= -1;
  return s;
}
```

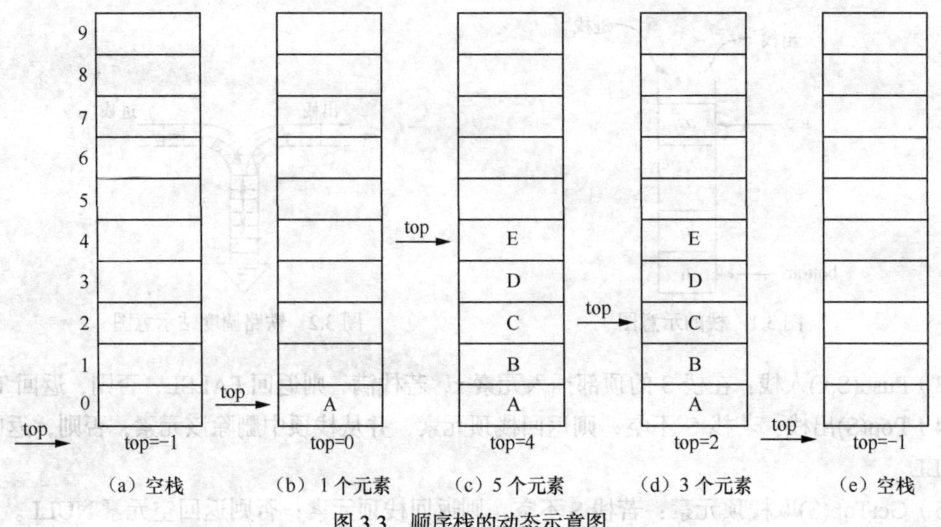

图 3.3　顺序栈的动态示意图

(2) 判空栈

```
int Empty_SeqStack(SeqStack *s)
{ if (s->top= = -1) return 1;
  else return 0;
}
```

(3) 入栈

```
int Push_SeqStack (SeqStack *s, datatype x)
{if (s->top= =MAXSIZE-1) return 0; /*栈满不能入栈*/
 else { s->top++;
        s->data[s->top]=x;
        return 1;
      }
}
```

(4) 出栈

```
int Pop_SeqStack(SeqStack *s, datatype *x)
{ if ( Empty_SeqStack ( s ) ) return 0; /*栈空不能出栈*/
  else { *x=s->data[s->top];
         s->top--; return 1;
       } /*栈顶元素存入*x，返回*/
}
```

(5) 取栈顶元素

```
datatype Top_SeqStack(SeqStack *s)
{ if ( Empty_SeqStack ( s ) ) return 0; /*栈空*/
  else return (s->data[s->top] );
}
```

注意以下几点。

(1) 对于顺序栈，入栈时，首先判栈是否满了，栈满的条件为：s–>top= =MAXSIZE–1，栈满时，不能入栈；否则出现空间溢出，引起错误，这种现象称为上溢。

(2) 出栈和读栈顶元素操作，先判栈是否为空，为空时不能操作，否则产生错误。通常栈空时常作为一种控制转移的条件。

(3) 取栈顶元素与出栈的不同之处在于出栈操作改变栈顶指针 top 的位置（栈顶指针下移一

个位置），而取栈顶元素操作只是读出栈顶元素的值，栈顶指针 top 位置不改变。

2. 多栈共享邻接空间

在计算机系统软件中，各种高级语言的编译系统都离不开栈的使用。常常一个程序中要用到多个栈，若采用顺序栈，会因为所需的栈空间大小难以准确估计，产生有的栈溢出、有的栈空间还很空闲的情况。为了不发生上溢错误，就必须给每个栈预先分配一个足够大的存储空间，但实际中很难准确地估计。另一方面，若每个栈都预分配过大的存储空间，势必会造成系统空间紧张。若让多个栈共用一个足够大的连续存储空间，则可利用栈的动态特性使它们的存储空间互补，这就是栈的共享邻接空间。

栈的共享中最常见的是两栈的共享。假设两个栈共享一维数组 stack[MAXNUM]，则可以利用栈的“栈底位置不变，栈顶位置动态变化”的特性，两个栈底分别为-1 和 MAXNUM，而它们的栈顶都往中间方向延伸。因此，只要整个数组 stack[MAXNUM]未被占满，无论哪个栈的入栈都不会发生上溢。

两栈共享的数据结构可定义为：

```
typedef struct
{
  Elemtype stack[MAXNUM];
  int  lefttop;  /*左栈栈顶位置指示器*/
  int  righttop;  /*右栈栈顶位置指示器*/
} dupsqstack;
```

两个栈共享邻接空间的示意图如图 3.4 所示。左栈入栈时，栈顶指针加 1，右栈入栈时，栈顶指针减 1。由于两个栈顶均可向中间伸展，互补余缺，因此使得每个栈的最大空间均大于 *m*/2。

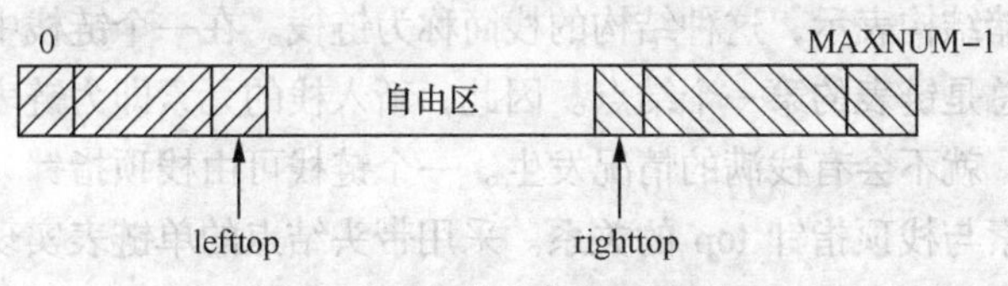

图 3.4　两个栈共享空间示意图

为了识别左右栈，必须另外设定标志：

```
char status;
status='L';  /*左栈*/
status='R';  /*右栈*/
```

在进行栈操作时，需指定栈号：status='L'为左栈，status='R'为右栈；判断栈满的条件为：

s->lefttop+1==s–>righttop;

共享栈的基本操作如下。

（1）初始化操作

```
int initDupStack(dupsqstack *s)
{ /*创建两个共享邻接空间的空栈由指针 s 指出*/
  if ((s=(dupsqstack*)malloc(sizeof(dupsqstack)))==NULL) return FALSE;
  s->lefttop= -1;
  s->righttop=MAXNUM;
  return TRUE;
}
```

（2）入栈操作

```
int pushDupStack(dupsqstack *s,char status,Elemtype x)
```

```
{   /*把数据元素 x 压入左栈或右栈 */
    if(s->lefttop+1= =s->righttop) return FALSE;          /*栈满*/
    if(status=='L')       s->stack[++s->lefttop]=x;        /*左栈进栈*/
    else if(status=='R')  s->stack[--s->lefttop]=x;        /*右栈进栈*/
    else return FALSE;                                     /*参数错误*/
    return TRUE;
}
```

（3）出栈操作

```
Elemtype  popDupStack(dupsqstack *s,char status)
{  /*从左栈（status='L'）或右栈（status='R'）退出栈顶元素*/
    if(status= ='L')
    {  if (s->lefttop<0)          return NULL;             /*左栈为空*/
       else return  (s->stack[s->lefttop--]);              /*左栈出栈*/
    }
    else if(status= ='R')
         { if  (s->righttop>MAXNUM-1)      return NULL;    /*右栈为空*/
           else return  (s->stack[s->righttop++]);         /*右栈出栈*/
         }
       else  return NULL;                                  /*参数错误*/
}
```

3.2.3　栈的链式存储结构

要避免栈上溢，更好的办法是使用链式存储结构，让多个栈共享所有可用存储空间。所以，栈也可以采用链式存储结构表示，这种结构的栈简称为链栈。在一个链栈中，栈底就是链表的最后一个结点，而栈顶总是链表的第一个结点。因此，新入栈的元素即为链表新的第一个结点，只要系统还有存储空间，就不会有栈满的情况发生。一个链栈可由栈顶指针 top 唯一确定，图 3.5 给出了链栈中数据元素与栈顶指针 top 的关系。采用带头结点的单链表实现栈。因为栈的插入和删除操作仅限制在表头位置进行，所以链表的表头指针 top 就作为栈顶指针，top 始终指向当前栈顶元素前面的头结点，即 top->next 为栈顶元素，当 top->next==NULL，则代表栈空。

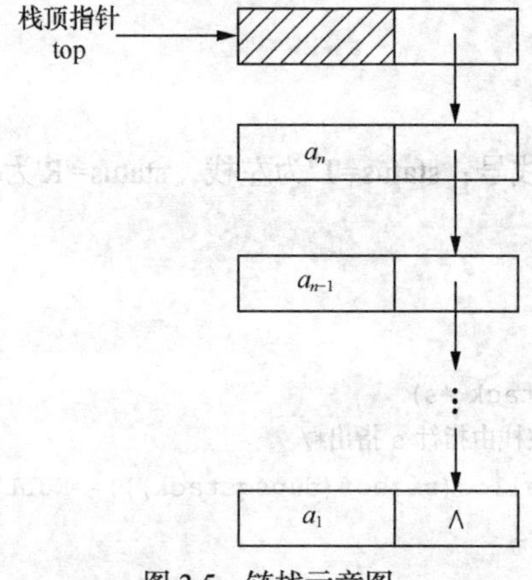

图 3.5　链栈示意图

链栈的 C 语言定义为：

```
typedef struct Stacknode
```

```
{
  Elemtype data;
  struct Stacknode *next;
}slStacktype;
```

（1）入栈操作

```
int pushLstack(slStacktype *top,Elemtype x)
{  /*将元素 x 压入链栈 top 中*/
   slStacktype *p;
   if((p=(slStacktype *)malloc(sizeof(slStacktype)))= =NULL) return FALSE;
   /*申请一个结点*/
   p->data=x;
   p->next=top->next;
   top->next=p;
   return TRUE;
}
```

（2）出栈操作

```
Elemtype popLstack(slStacktype *top)
{  /*从链栈 top 中删除栈顶元素*/
  slStacktype *p;
  Elemtype x;
  if (top->next= =NULL) return NULL;   /*空栈*/
  p=top->next;
  top->next=p->next;
  *x=p->data;
  free(p);
  return x;
}
```

（3）多个链栈的操作

在程序中同时使用两个以上的栈时，使用顺序栈共用邻接空间很不方便，但若用多个单链栈时，操作极为方便，这就涉及多个链栈的操作。我们可将多个单链栈的栈顶指针放在一个一维数组中统一管理。设一维数组 top[M]：

```
slStacktype *top[M];
```

其中，top[0]，top[1]，…，top[i]，…，top[M−1]指向 *M* 个不同的链栈，**分别是 *M* 个链栈的栈顶指针，操作时只需确定链栈号 *i*，然后以 top[i]为栈顶指针进行栈操作，就可实现各种操作。多个链栈示意图见图 3.6。**

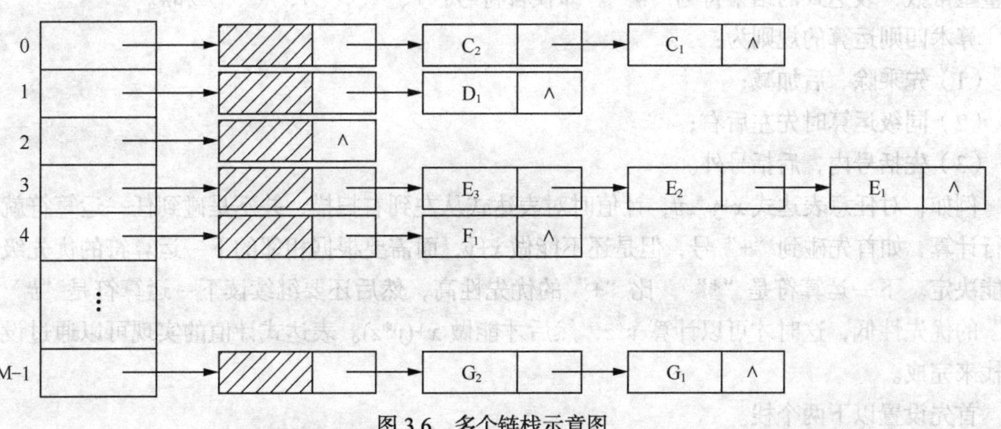

图 3.6　多个链栈示意图

① 入栈操作

```
int pushDupLs(slStacktype *top[M],int i,Elemtype x)
{/*将元素 x 压入链栈 top[i]中*/
  slStacktype *p;
  if((p=(slStacktype *)malloc(sizeof(slStacktype)))==NULL) return FALSE;
  /*申请一个结点*/
  p->data=x;
  p->next=top[i]->next;
  top[i] ->next =p;
  return TRUE;
}
```

② 出栈操作

```
Elemtype popDupLs(slStacktype *top[M],int i)
{/*从链栈 top[i]中删除栈顶元素*/
  slStacktype *p;
  Elemtype x;
  if (top[i]->next ==NULL) return NULL; /*空栈*/
  p=top[i]->next; top[i]->next =p->next;
  x=p->data;
  free(p);
  return x;
}
```

在上面的两个算法中，当指定栈号 i（$0 \leqslant i \leqslant M-1$）时，则只对第 i 个链栈操作，不会影响其他链栈。

3.2.4 栈的应用

1. 算术表达式求值

表达式求值是程序设计语言编译中的一个最基本问题，它的实现方法是栈的一个典型的应用实例。

在计算机中，任何一个表达式都是由操作数（operand）、运算符（operator）和界限符（delimiter）组成的。其中操作数可以是常数，也可以是变量或常量的标识符；运算符可以是算术运算符、关系运算符和逻辑运算符；界限符为左右括号和标识表达式结束的结束符。在本节中，仅讨论简单算术表达式的求值问题。假设在这种表达式中只含加、减、乘、除四则运算，所有的运算对象均为整型常数，表达式的结束符为“#”。即仅含符号：+、–、*、/、（、）和#。

算术四则运算的规则为：

（1）先乘除、后加减；

（2）同级运算时先左后右；

（3）先括号内，后括号外。

例如，对任意表达式 $x+y*z\#$，计值时对表达式从左到右扫描，并不是碰到任一运算符就可以进行计算，如首先碰到“+”号，但是还不能做 $x+y$，而需要根据相邻的下一运算符的优先级比较才能决定。下一运算符是“*”，比“+”的优先性高，然后还要继续读下一运算符是“#”，比“*”的优先性低，这时才可以计算 $y*z$，然后才能做 $x+(y*z)$。表达式计值的实现可以通过设置两个栈来完成。

首先设置以下两个栈。

操作数栈（OPRD）：存放处理表达式过程中的操作数。

运算符栈（OPTR）：存放处理表达式过程中的运算符。开始时，在运算符栈中先在栈底压入一个表达式的结束符“#”。

表 3.1 给出了+、–、*、/、（、）、#的算术运算符间的优先级的关系。表中 θ_1 和 θ_2 表示表达式中两个相继出现的运算符，在算法中 θ_1 代表栈顶运算符，θ_2 代表当前扫描读到的运算符。

表 3.1　　　　　　　　　　　　　运算符优先级关系表

θ_1 \ θ_2	+	–	*	/	(	)	#
+	>	>	<	<	<	>	>
–	>	>	<	<	<	>	>
*	>	>	>	>	<	>	>
/	>	>	>	>	<	>	>
(	<	<	<	<	<	=	
)	>	>	>	>		>	>
#	<	<	<	<	<		=

计算机系统在处理表达式时，从左到右依次读出表达式中的各个符号（操作数或运算符），每读出一个符号后，根据运算规则做如下的处理。

假如是操作数，则将其压入操作数栈（OPRD），并依次读下一个符号。

假如是运算符，则与运算符栈（OPTR）的栈顶运算符进行优先级比较，并做以下处理：

（1）假如读出的运算符的优先级高于运算符栈栈顶运算符的优先级，则将其压入运算符栈，并依次读下一个符号；

（2）假如读出的运算符的优先级等于运算符栈栈顶运算符的优先级，说明左右括号相遇，只需将栈顶运算符退栈即可；

（3）假如读出的运算符的优先级不高于运算符栈栈顶运算符的优先级，则从操作数栈连续退出两个操作数，从运算符栈中退出一个运算符，然后作相应的运算，并将运算结果压入操作数栈。此时读出的运算符下次重新考虑（即不读入下一个符号）；

（4）假如读出的是表达式结束符“#”，且运算符栈栈顶的运算符也为“#”，则表达式处理结束，最后的表达式的计算结果在操作数栈的栈顶位置。

例如，计算表达式 3+4*2#，其栈的变化过程见表 3.2。

表 3.2　　　　　　　　　表达式 3+4*2 计算过程栈区变化表

序号	操作数栈（OPRD）	运算符栈（OPTR）	尚待读入的表达式	注　释
1		#	3+4*2#	栈初始状态
2	3	#	+4*2#	读入 3
3	3	# +	4*2#	读入+
4	3 4	# +	*2#	读入 4
5	3 4	# + *	2#	读入*的优先级高于运算符栈顶元素
6	3 4 2	# + *	#	读入 2
7	3 8	# +	#	栈顶*优先级高，计算 4*2
8	11	#	#	计算 3+8
9				结束

【算法 3.1 表达式求值】

```
int Exp( )
{/*设 OPRD 和 OPTR 分别为操作数栈和运算符栈，opset 为运算符集合*/
IntiStack(OPRD);
IntiStack(OPTR);
Push(OPTR, '#');
printf("\n\nPlease Input an expression:");
ch=getchar();
while(ch!= '#'||GetTop(OPTR) != '#')
{
    if(!In(ch,opest))
    { data=ch-'0';
      ch=getchar();
      while (!In(ch,opest))     /*读入的不是运算符，是操作数*/
      {
      data=data*10+ ch-'0';     /*读入操作数的各位数码，并转化为十进制数 data*/
      ch=getchar();
      }
    }
   Push(OPRD,data));
}
else
   switch(compare(Gettop(OPRD),ch)
   {
    case '<':Push(OPTR,ch);
             ch=getchar();break;
    case '=':Pop(OPTR,&x);
             ch=getchar();break;
    case '>': Pop(OPTR,&op);
              Pop(OPRD,& θ2);
              Pop(OPRD,& θ1);
              val=θ1 op θ2;
              Push(OPRD,val);
              break;
   }
}
val=Gettop(OPRD);
return val;
}
```

以上讨论的表达式一般都是运算符在两个操作数中间（除单目运算符外），这种表达式被称为中缀表达式。中缀表达式有时必须借助括号才能将运算顺序表达清楚，处理起来比较复杂。在编译系统中，对表达式的处理采用的是另外一种方法，即将中缀表达式转变为后缀表达式，然后对后缀式表达式进行处理，后缀表达式也称为逆波兰式。

波兰表示法（也称为前缀表达式）是由波兰逻辑学家（Lukasiewicz）提出的，其特点是将运算符置于运算对象的前面，如 $a+b$ 表示为 $+ab$；逆波兰式则是将运算符置于运算对象的后面，如 $a+b$ 表示为 $ab+$。中缀表达式经过上述处理后，运算时按从左到右的顺序进行，不需要括号。得到后缀表达式后，我们在计算表达式时，可以设置一个栈，从左到右扫描后缀表达式，每读到一个操作数就将其压入栈中；每到一个运算符时，则从栈顶取出两个操作数进行运算，并将结果压入栈中，一直到后缀表达式读完，最后栈顶就是计算结果。

2. 栈与递归过程

栈的一个重要应用是在程序设计语言中实现递归过程。递归定义：在定义自身的同时又出现了对自身的调用。直接递归函数：如果一个函数在其定义体内直接调用自己，则称直接递归函数。间接递归函数：如果一个函数经过一系列的中间调用语句，通过其他函数间接调用自己，则称间接递归函数。递归是程序设计中一个强有力的工具。递归算法常常比非递归算法更易设计，尤其是当问题本身或所涉及的数据结构是递归定义的时候，使用递归算法特别合适。

有很多数学函数是递归定义的，如大家熟悉的阶乘函数 $n!$的定义为：

$$n!=\begin{cases}1 & n=0 \quad \text{//递归终止条件} \\ n\times(n-1) & n>0 \quad \text{//递归步骤}\end{cases}$$

根据定义可以很自然地写出相应的递归函数。

```
int fact (int n)
{     if (n==0) return 1;
      else return (n* fact (n-1));
}
```

递归算法的设计步骤如下。

第一步（递归步骤）：将规模较大的原问题分解为一个或多个规模更小、但具有类似于原问题特性的子问题。即较大的问题递归地用较小的子问题来描述，解原问题的方法同样可用来解这些子问题。

第二步：确定一个或多个无须分解、可直接求解的最小子问题（称为递归的终止条件）。

递归算法有两个基本的特征：递归归纳和递归终止。首先能将问题转化为比原问题小的同类规模，归纳出一般递推公式，故所处理的对象要有规律地递增或递减；当规模小到一定的程度应该结束递归调用，逐层返回。

有的数据结构，如二叉树、广义表等，由于结构本身固有的递归特性，则它们的操作可递归地描述；还有一类问题，虽然问题本身没有明显的递归结构，但用递归求解比迭代求解更简单，如八皇后问题、Hanoi 塔问题等。

例：（n 阶 Hanoi 塔问题）假设有三个分别命名为 X、Y 和 Z 的塔座，在塔座 X 上插有 n 个直径大小各不相同，依小到大编号为 1，2，…，n 的圆盘。现要求将 X 轴上的 n 个圆盘移至 Z 上并仍按同样顺序叠排，圆盘移动时必须遵循下列规则。

（1）每次只能移动一个圆盘。

（2）圆盘可以插在 X、Y 和 Z 中的任一塔座上。

（3）任何时刻都不能将一个较大的圆盘压在较小的圆盘之上。

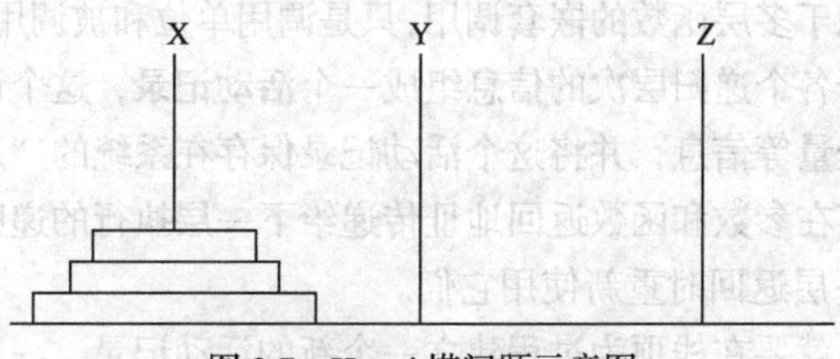

图 3.7　Hanoi 塔问题示意图

汉诺塔（Tower of Hanoi）问题的解法如下。

如果 n=1，则将这一个圆盘直接从 X 轴移到 Z 轴上。否则，执行以下三步：

（1）用 Z 轴做过渡，将 X 轴上的（n–1）个圆盘移到 Y 轴上；

（2）将 X 轴上最后一个圆盘直接移到 Z 轴上；

（3）用 X 轴做过渡，将 Y 轴上的（n–1）个圆盘移到 Z 轴上。

这样，我们把移动 *n* 张盘的任务转化成为移动 *n*–1 张盘的任务；同样的道理，移动 *n*–1 张盘的任务又可转化成为移动 *n*–2 张盘的任务；……；直到转化为移动一张盘，问题便得到解决。

【算法 3.2　汉诺塔】

```
int  i;
void hanoi (int n, char x, char y, char z)
//将塔座 x 上按直径由小到大且至上而下编号为 1 至 n 的 n 个圆盘按规则搬到塔座 z 上，y 作辅助塔座
{  if (n==1)
    {  move(x, 1, z);              /* 将编号为 1 的圆盘从 x 移到 z */
       i++;
    }
    else
    {   hanoi(n-1, x, z, y);     /* 将 x 上编号为 1 至 n-1 的圆盘移到 y,z 作辅助塔*/
        move(x, n, z);           /* 将编号为 n 的圆盘从 x 移到 z */
        i++;
        hanoi(n-1, y, x, z);     /* 将 y 上编号为 1 至 n-1 的圆盘移到 z,x 作辅助塔 */
    }
}
```

显然，Hanoi 塔算法是一个递归函数，在函数的执行函数中，需多次进行自我调用。那么，这个递归函数是如何执行的呢？

递归在计算机中如何实现呢？在高级语言编译的程序中，调用函数与被调用函数之间的链接和信息交换必须通过栈进行。当在一个函数运行期间调用另一个函数时，在运行该被调用函数之前，需先完成以下三件事。

（1）将所有的实在参数、返回地址等信息传递给被调用函数保存（一般形象地称为“保存现场”，以便需要时“恢复现场”返回到某一状态）。

（2）为被调用函数的局部变量分配存储区。

（3）将控制转移到被调用函数的入口。

从被调用函数返回调用函数之前，应该完成以下三件事。

（1）保存被调函数的计算结果。

（2）释放被调函数的数据区。

（3）依照被调函数保存的返回地址将控制转移到调用函数。

多个函数嵌套调用的规则是：后调用先返回，此时的内存管理实行“栈式管理”。

递归函数的调用类似于多层函数的嵌套调用，只是调用单位和被调用单位是同一个函数而已。在每次调用时系统将属于各个递归层次的信息组成一个**活动记录**，这个记录中包含着本层调用的实参、返回地址、局部变量等信息，并将这个活动记录保存在系统的“递归工作栈”中，它的作用是：将递归调用时的实在参数和函数返回地址传递给下一层执行的递归函数；保存本层的参数和局部变量，以便从下一层返回时重新使用它们。

每当递归调用一次，就要在栈顶为过程建立一个新的活动记录，一旦本次调用结束，则将栈顶活动记录出栈，根据获得的返回地址信息返回到本次的调用处。这样栈顶活动记录的内容始终为当前最新执行过程的活动记录。

下面给出 3 张盘移动时递归调用情况，注意形式参数(n,x,y,z)与实在参数的对应变化情况。hanoi(3,a,b,c)；执行时分为以下三步。

```
(1)hanoi(2,a,c,b);
            hanoi(1,a,b,c); move(a,1,c)      1 号盘移到 c
```

```
            move(a,2,b)                         2 号盘移到 b
            hanoi(1,c,a,b); move(c,1,b)         1 号盘移到 b
    (2)move(a,3,c)                              3 号盘移到 c
    (3)hanoi(2,b,a,c);
            hanoi(1,b,c,a); move(b,1,a)         1 号盘移到 a
            move(b,2,c);                        2 号盘移到 c
            hanoi(1,a,b,c); move(a,1,c)         1 号盘移到 c
```

从以上可以看出，递归算法简单直观，是整个计算机算法和程序设计领域一个非常重要的方面，必须熟练掌握和应用它。但计算机的执行过程比较复杂，需要用系统栈进行频繁的进出栈操作和转移操作。递归转化为非递归后，可以解决一些空间上不够的问题，但程序太复杂。所以，并不是一切递归问题都要设计成非递归算法。实际上，很多稍微复杂一点的问题（比如：二叉树的遍历、图的遍历、快速排序等），不仅很难写出它们的非递归过程，而且即使写出来也非常累赘和难懂。在这种情况下，编写出递归算法是最佳选择，有时比较简单的递归算法也可以用迭代加循环或栈加循环的方法去实现。

3.3 队　　列

3.3.1 队列的概念及其运算

在日常生活中队列很常见，像我们经常排队购物或购票，排队是体现了“先来先服务”的原则。队列在计算机系统中的应用也非常广泛。例如：操作系统中的作业排队。在多道程序运行的计算机系统中，可以同时有多个作业运行，它们的运算结果都需要通过通道输出，若通道尚未完成输出，则后来的作业应排队等待，每当通道完成输出时，则从队列的队头退出作业进行输出操作，而凡是申请该通道输出的作业都从队尾进入该队列等待。

计算机系统中输入输出缓冲区的结构也是队列的应用。在计算机系统中经常会遇到两个设备之间的数据传输，不同的设备通常处理数据的速度是不同的，当需要在它们之间连续处理一批数据时，高速设备总是要等待低速设备，这就造成计算机处理效率的大大降低。为了解决这一速度不匹配的矛盾，通常就是在这两个设备之间设置一个缓冲区。这样，高速设备就不必每次等待低速设备处理完一个数据，而是把要处理的数据依次从一端加入缓冲区，而低速设备从另一端取走要处理的数据。

队列（Queue）是另一种限定性线性表，它只允许插入在表的一端进行，而删除在表的另一端进行，我们将这种数据结构称为队或队列，把允许插入的一端叫队尾（rear），把允许删除的一端叫队头（front）。队列的插入操作通常称为入队列或进队列，而队列的删除操作则称为出队列或退队列。当队列中无数据元素时，称为空队列。根据队列的定义可知，队头元素总是最先进队列的，也总是最先出队列；队尾元素总是最后进队列，因而也是最后出队列。这种表是按照先进先出（FIFO，first in first out）的原则组织数据的，因此，队列也被称为“先进先出”表。这与我们日常生活中的排队是一致的。

假若队列 $q=\{a_0, a_1, a_2, \cdots, a_{n-1}\}$，进队列的顺序为 a_0，a_1，a_2，…，a_{n-1}，则队头元素为 a_0，队尾元素为 a_{n-1}。如图 3.8 所示是一个有 n 个元素的队列。入队的顺序依次为 a_0，a_1，a_2，…，

a_{n-1}，出队时的顺序将依然是 a_0，a_1，a_2，…，a_{n-1}。

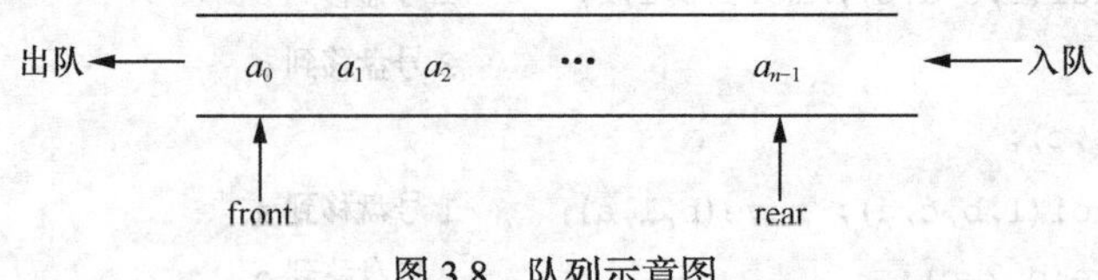

图 3.8　队列示意图

在队列上进行的基本操作如下。

（1）队列初始化：InitQueue(q)，

初始条件：队列 q 不存在。

操作结果：构造了一个空队。

（2）入队操作：InQueue(q,x)，

初始条件：队列 q 存在。

操作结果：对已存在的队列 q，插入一个元素 x 到队尾。操作成功，返回值为 TRUE，否则返回值为 FALSE。

（3）出队操作：OutQueue(q,x)，

初始条件：队列 q 存在且非空。

操作结果：删除队首元素，并返回其值。操作成功，返回值为 TRUE，否则返回值为 FALSE。

（4）读队头元素：FrontQueue(q,x)，

初始条件：队列 q 存在且非空。

操作结果：读队头元素，并返回其值，队不变。操作成功，返回值为 TRUE，否则返回值为 FALSE。

（5）判队空操作：EmptyQueue(q)，

初始条件：队列 q 存在。

操作结果：若 q 为空队则返回为 1，否则返回为 0。

与线性表、栈类似，队列也有顺序存储和链式存储两种存储方法。队列的顺序存储结构可以简称为顺序队列，也就是利用一组地址连续的存储单元依次存放队列中的数据元素。一般情况下，我们使用一维数组来作为队列的顺序存储空间，另外再设立两个指示器：一个为指向队头元素位置的指示器 front，另一个为指向队尾的元素位置的指示器 rear。

C 语言中，数组的下标是从 0 开始的，因此为了算法设计的方便，在此我们约定：初始化队列时，空队列的 front=rear=−1，当插入新的数据元素时，尾指示器 rear 加 1，而当队头元素出队列时，队头指示器 front 加 1。另外还约定，在非空队列中，头指示器 front 总是指向队列中实际队头元素的前面一个位置，而尾指示器 rear 总是指向队尾元素（这样的设置是为了某些运算的方便，并不是唯一的方法）。

顺序队列的类型定义如下：

```
#define MAXSIZE <最大元素数>          /*队列的最大容量*/
typedef struct
{ datatype data[MAXSIZE];            /*队员的存储空间*/
  int rear,front;                    /*队头队尾指针*/
}SeQueue;
```

定义一个指向队列的指针变量：

```
SeQueue *sq;
```

申请一个顺序队的存储空间：

```
sq=malloc(sizeof(SeQueue));
```

队列的数据区为：

```
sq->data[0]~sq->data[MAXSIZE -1]
```

队头指针：sq–>front

队尾指针：sq–>rear

队中元素的个数：m=(sq–>rear)–(q–>front);

队满时：m= MAXSIZE；　队空时：m=0。

（1）置空队则为：sq–>front=sq–>rear=–1;

（2）在不考虑溢出的情况下，入队操作队尾指针加 1，指向新位置后，元素入队。

操作如下：

```
sq->rear++;
sq->data[sq->rear]=x;  /*队头元素送 x 中*/
```

（3）在不考虑队空的情况下，出队操作队头指针加 1，表明队头元素出队。

操作如下：

```
sq->front++;
x=sq->data[sq->front];
```

建立的空队及入队、出队示意图如图 3.9 所示，设 MAXSIZE=10。从图中可以看到，随着入队、出队的进行，会使整个队列整体向后移动，这样就出现了图 3.9（d）中的现象：队尾指针已经移到了最后，再有元素入队就会出现溢出，而事实上此时队中并未真的“满员”，这种现象为“假溢出”，这是由于“队尾入、队头出”这种受限制的操作所造成的。

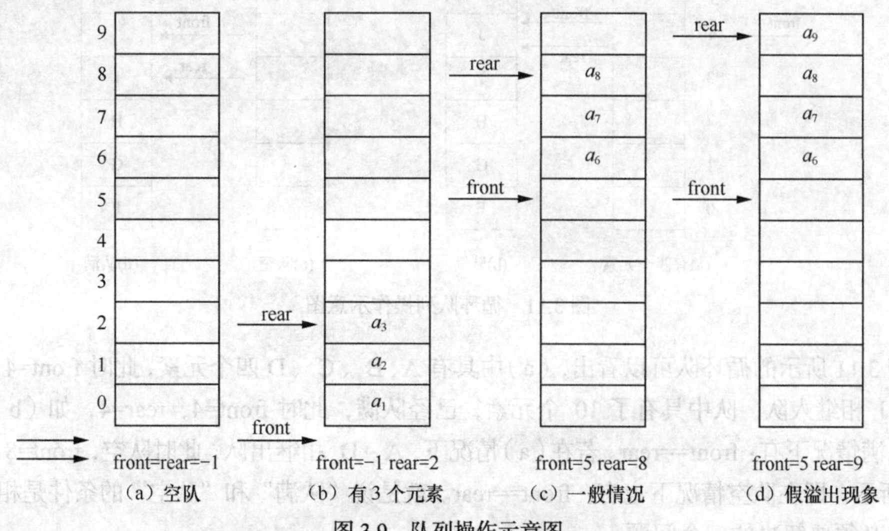

图 3.9　队列操作示意图

3.3.2　循环队列

解决假溢出的方法之一是将队列的数据区 data[0..MAXSIZE–1]看成头、尾相接的循环结构，即规定最后一个单元的后继为第一个单元，这样整个数据区就像一个环，我们形象地称之为循环队列。头、尾指针的关系不变，即头指示器 front 总是指向队列中实际队头元素的前面一个位置，而尾指示器 rear 总是指向队尾元素。"循环队列"的示意图如图 3.10 所示。

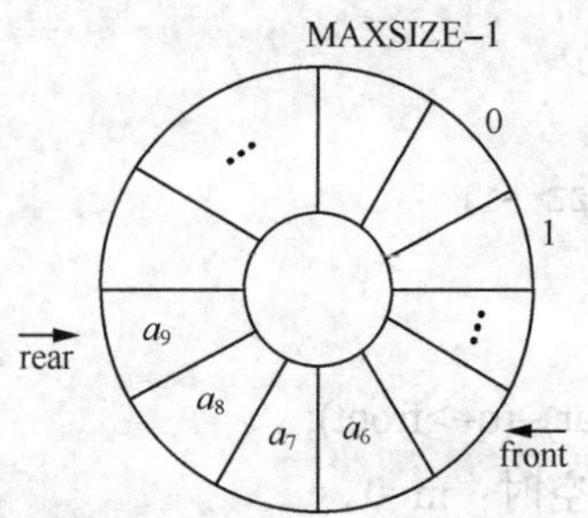

图 3.10　循环队列示意图

头尾相接的循环表的构造方法可以利用数学上的求模运算。入队时的队尾指针加 1 操作修改为：

```
sq->rear=(sq->rear+1) % MAXSIZE;
```

出队时的队头指针加 1 操作修改为：

```
sq->front=(sq->front+1) % MAXSIZE;
```

设 MAXSIZE=10，图 3.11 是循环队列操作示意图。

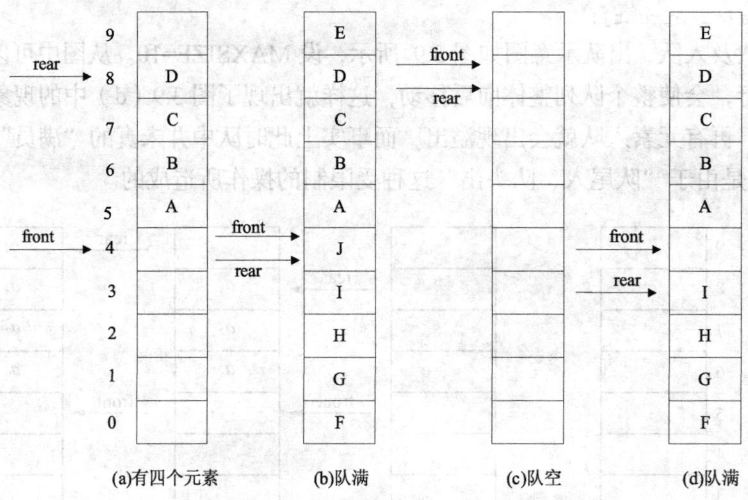

图 3.11　循环队列操作示意图

从图 3.11 所示的循环队可以看出，(a)中具有 A、B 、C 、D 四个元素，此时 front=4，rear=8；随着 E~J 相继入队，队中具有了 10 个元素，已经队满，此时 front=4，rear=4，如（b）所示。可见在队满情况下有：front==rear。若在(a)情况下，A ~ D 相继出队，此时队空，front=8，rear=8，如(c)所示，即在队空情况下也有：front==rear。就是说"队满"和"队空"的条件是相同的了。这显然是必须要解决的一个问题。

解决的方法一般是少用一个元素空间，把图(d)所示的情况就视为队满，此时的状态是队尾指针加 1 就会从后面赶上队头指针，这种情况下队满的条件是：

(rear+1) %MAXSIZE==front，就能和空队区别开。

另一种方法是附设一个存储队列中元素个数的变量如 num，当 num==0 时队空，当 num==MAXSIZE 时为队满。

下面的循环队列及操作按少用一个元素空间来实现。

循环队列的类型定义及基本运算如下。

```
typedef struct {
datatype data[MAXSIZE];        /*队列的存储区*/
int front,rear;                /*队头队尾指针*/
}CSeQueue;                     /*循环队*/
```

（1）置空队

```
CSeQueue* InitSeQueue()
{ q=malloc(sizeof(CSeQueue));
  q->front=q->rear=MAXSIZE-1;
  return q;
}
```

（2）入队

```
int InSeQueue ( CSeQueue *q , datatype x)
{   if ((q->rear+1) %MAXSIZE==q->front)
    { printf("队满");
     return  FALSE; /*队满不能入队*/
    }
    else
   { q->rear=(q->rear+1) % MAXSIZE;
     q->data[q->rear]=x;
     return  TRUE; /*入队完成*/
    }
}
```

（3）出队

```
int OutSeQueue (CSeQueue *q , datatype *x)
{ if (q->front==q->rear)
  { printf("队空");
     return FALSE;
  }
  else
  { q->front=(q->front+1) % MAXSIZE;
   *x=q->data[q->front];          /*读出队头元素*/
    return TRUE;                  /*出队完成*/
  }
}
```

（4）判队空

```
int EmptySeQueue(CSeQueue *q)
{ if (q->front==q->rear) return TRUE;
  else return FALSE;
}
```

3.3.3　链队列

在程序设计语言中不可能动态分配一维数组来实现循环队列。如果要使用循环队列，则必须为它分配最大长度的空间，若用户无法预计所需队列的最大空间，我们可以采用链式结构来存储队列。链式存储的队列称为链队列。和链栈类似，可以用单链表来实现链队列，根据队列的 FIFO 原则，链队列中为了操作方便，可以采用带头结点的单链表表示队列，并设置一个队头指针（front）

和一个队尾指针（rear）。头指针始终指向头结点，尾指针指向当前最后一个元素结点，如图 3.12 所示。

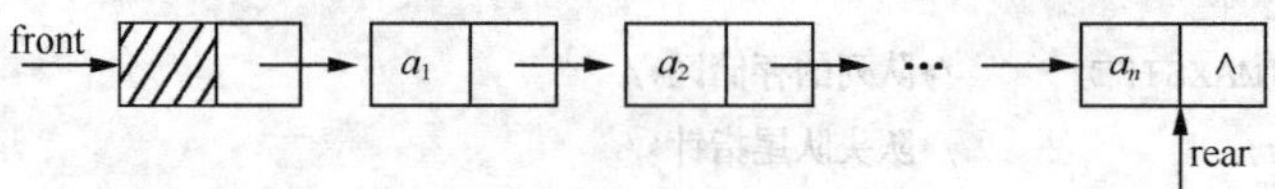

图 3.12 链队列示意图

图 3.12 中头指针 front 和尾指针 rear 是两个独立的指针变量，从结构性上考虑，通常将二者封装在一个结构中。

链队列的数据类型描述如下：

```
typedef struct node
{ datatype data;
  struct node *next;
} QNode; /*链队结点的类型*/
typedef struct
{ QNnode *front;
  QNnode *rear;
}LQueue; /*将头尾指针封装在一起的链队*/
```

定义一个指向链队的指针：

```
LQueue *q;
```

按这种思想建立的带头结点的链队如图 3.13 所示。

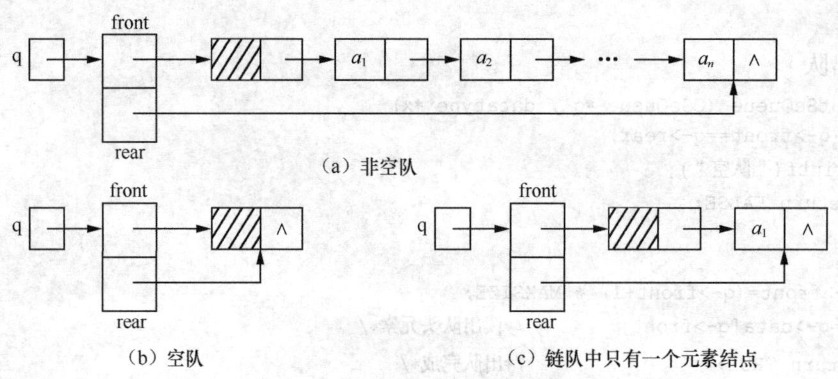

图 3.13 带头结点的链队列示意图

链队列中各种操作的实现也和单链表类似，只是限定插入操作在表尾进行，删除操作在表头进行，它的插入和删除操作是单链表的特殊情况。需要注意的是在链队列的删除操作中，对于仅有一个元素结点的特殊情况，删除后还需要修改尾指针。

链队列的基本运算如下。

（1）创建一个带头结点的空队

```
LQueue *Init_LQueue()
{ LQueue *q,*p;
  q=malloc(sizeof(LQueue));      /*申请头尾指针结点*/
  p=malloc(sizeof(QNode));       /*申请链队头结点*/
  p->next=NULL; q->front=q->rear=p;
  return q;
}
```

（2）入队

```
void InLQueue(LQueue *q , datatype x)
{ QNode *p;
  p=malloc(sizeof(QNnode)); /*申请新结点*/
  p->data=x; p->next=NULL;
  q->rear->next=p;
  q->rear=p;
}
```

（3）判队空

```
int Empty_LQueue( LQueue *q)
{ if (q->front==q->rear) return 0;
  else return TRUE;
}
```

（4）出队

```
int Out_LQueue(LQueue *q , datatype *x)
{ QNnode *p;
  if (Empty_LQueue(q) )
  { printf ("队空");
    return FALSE;
  }
  else
  { p=q->front->next;
    q->front->next=p->next;
    *x=p->data;/*队头元素放 x 中*/
    free(p);
    if (q->front->next==NULL)    q->rear=q->front;
     /*只有一个元素时，出队后队空，修改队尾指针*/
     return TRUE;
  }
}
```

3.4 实例分析与实现

应用实例一：迷宫求解问题的分析

实现提示：计算机解迷宫通常用的是“穷举求解”方法，即从入口出发，顺着某一个方向进行探索，若能走通，则继续往前走；否则沿着原路退回，换一个方向继续探索，直至出口位置，求得一条通路。假如所有可能的通路都探索而未能到达出口，则所设定的迷宫没有通路。可以用二维数组存储迷宫数据，通常设定入口点的下标为（1,1），出口点的下标为(m,n)。为处理方便起见，可在迷宫的四周加一圈障碍。对于迷宫中任一位置，均可约定有东、南、西、北四个方向可通。

迷宫求解问题的基本要求首先实现一个以链表作存储结构的栈类型，然后编写一个求解迷宫的非递归程序。求得的通路以三元组（*i*, *j*, *d*）的形式输出，其中：（*i*, *j*）指示迷宫中的一个坐标，d 表示走到下一坐标的方向。如：对于下列数据的迷宫，输出的一条通路为：(1,1,1)， (1,2,2)，(2,2,2)， (3,2,3)，(3,1,2)，… 。

选做内容可以是编写递归形式的算法，求得迷宫中所有可能的通路；以方阵形式输出迷宫及其通路。

测试数据：迷宫的测试数据如图 3.14 所示，左上角(1,1)为入口，右下角(9,8)为出口。

该算法的实现留作实验题目，读者上机完成。

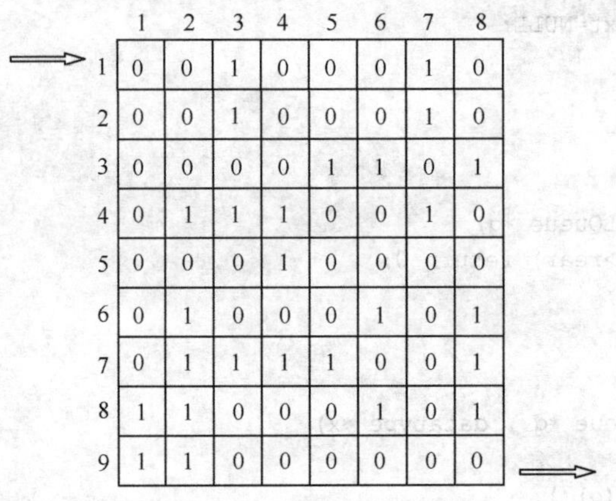

图 3.14　迷宫问题示意图

应用实例二：马踏棋盘问题的分析与实现

采用栈的数据结构，即将马的行走顺序压入栈中。

实现提示：图 3.15 显示了马位于方格（2,3）时，8 个可能的移动位置。一般来说，当马位于位置（i, j）时，可以走到下列 8 个位置之一。

（$i-2, j+1$），（$i-1, j+2$），（$i+1, j+2$），（$i+2, j+1$）

（$i+2, j-1$），（$i+1, j-2$），（$i-1, j-2$），（$i-2, j-1$）

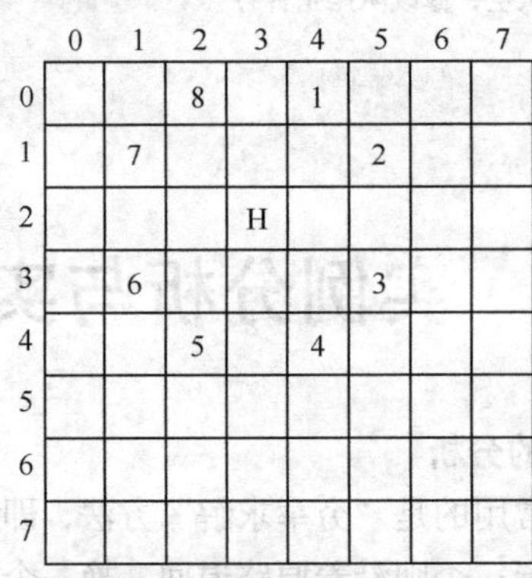

图 3.15　马踏棋盘示意图

但是，如果（i, j）靠近棋盘的边缘，上述有些位置可能超出棋盘范围，成为不允许的位置。每次在多个可走位置中选择其中一个进行试探，其余未曾试探过的可走位置必须用适当结构妥善管理，以备试探失败时的“回溯”（悔棋）使用。解决问题的基本步骤如下。

（1）建立一个栈，定义其栈顶和栈底指针，以及栈的大小。

（2）将马的初始步压入栈中，计算其 8 个方向的权值，各点的 8 个方向按权值升序排列。

（3）马向最小权值方向行走，得到下一步，重复步骤（2）。

（4）某步的下一步超出棋盘，则应重新走，这一步出栈，由前一步重新选择方向。

（5）最后，根据栈中内容将马的行走路线填入方阵中，输出。

【源代码 3.3　马踏棋盘】

```
#include<stdio.h>
#include<stdlib.h>
#define STACK_SIZE 100/* 存储空间初始分配量 */
#define STACKINCREMENT 10/* 存储空间分配增量 */
#define N 8/*棋盘大小*/
int weight[N][N];/*各点的权值*/
int Board[N][N][8];/*按各点权值递升存放待走方向,每点 8 个*/
typedef struct              //位置
{     int x;
      int y;
}PosType;
typedef struct              //栈的元素
{     int ord;
      PosType seat;         //点
      int di;               //马的方向
}ElemType;
typedef struct              //定义栈
{    ElemType *base;
     ElemType *top;
    int stacksize;
}SqStack;
SqStack s;
int InitStack()             //初始化一个空栈
{     s.base=(ElemType *)malloc(STACK_SIZE * sizeof(ElemType));
      if(!s.base) return 0;
      s.top=s.base;
      s.stacksize=STACK_SIZE;
      return 1;
}
ElemType GetTop()           //取得栈顶的值
{  if(s.top==s.base)
            exit(0);
   return *(s.top-1);
}
void Push(ElemType elem)    //将元素压入栈
{   *s.top++=elem;
}
int Pop(ElemType *elem)     //将栈顶值出栈
{     if(s.top==s.base)      return 0;
      *elem=*--s.top;
      return 1;
}
int StackEmpty()            //判断栈是否为空
{     if(s.top==s.base)    return 1;
      Else              return 0;
}
void OutputPath()           //输出马走过的路径
{     int i,f,k;
      SqStack s1=s;
      int path[N][N];
```

```
        for(i=0;s1.top!=s1.base;i++)
        {     path[(*s1.base).seat.x][(*s1.base).seat.y]=i+1;
              ++s1.base;
        }
         for(f=0;f<N;f++)
         {   printf("\n");
             for(k=0;k<N;k++)    printf("\t%d",(path[f][k]));
         }
        printf("\n");
}
int Pass(PosType curpos)   //判断当前位置是否合法
{       SqStack s1=s;
        if(curpos.x<0||curpos.x>(N-1)||curpos.y<0||curpos.y>(N-1))       return 0;
        for(;s1.top!=s1.base;)
         {   --s1.top;
             if(curpos.x==(*s1.top).seat.x&&curpos.y==(*s1.top).seat.y)  return 0;
         }
        return 1;
}
PosType NextPos(PosType curpos,int direction)    // 8个候选方向
{       switch(direction)
        {
        case 1:curpos.x+=1;curpos.y-=2;  break;
        case 2:curpos.x+=2;curpos.y-=1;  break;
        case 3:curpos.x+=2;curpos.y+=1;  break;
        case 4:curpos.x+=1;curpos.y+=2;  break;
        case 5:curpos.x-=1;curpos.y+=2;  break;
        case 6:curpos.x-=2;curpos.y+=1;  break;
        case 7:curpos.x-=2;curpos.y-=1;  break;
        case 8:curpos.x-=1;curpos.y-=2;  break;
        }
        return curpos;          //返回新点
}
void setweight()                //求各点权值
{  int i,j,k;
   PosType m;
   ElemType elem;
   for(i=0;i<N;i++)
   {    for(j=0;j<N;j++)
        {    elem.seat.x=i;
             elem.seat.y=j;
              weight[i][j]=0;
               for(k=0;k<8;k++)
               {    m=NextPos(elem.seat,k+1);
                    if(m.x>=0&&m.x<N&&m.y>=0&&m.y<N)
                        weight[i][j]++;              //(i, j)点有几个方向可以移动
               }
        }
   }
}
void setmap()   //各点的8个方向按权值递增排列
{   int a[8];
    int i,j,k,m,min,s,h;
    PosType n1,n2;
```

```
    for(i=0;i<N;i++)
    {    for(j=0;j<N;j++)
         {   for(h=0;h<8;h++)//用数组 a[8]记录当前位置的下一个位置的可行路径的条数
             {       n2.x=i;
                     n2.y=j;
                     n1=NextPos(n2,h+1);
                     if(n1.x>=0&&n1.x<N&&n1.y>=0&&n1.y<N)   a[h]=weight[n1.x][n1.y];
                     else   a[h]=0;
             }
             //对方向索引权值升序排列存入 Board[N][N][8]，不能到达的方向排在最后
              for(m=0;m<8;m++)
              {   min=9;
                  for(k=0;k<8;k++)
                  if(min>a[k])
                   {    min=a[k];
                        Board[i][j][m]=k;
                        s=k;
                   }
                a[s]=9;              //选过的设为 9
              }
         }
    }
}
int HorsePath(PosType start)         //马走过的路径
{      PosType curpos;
       int horsestep=0,off;
       ElemType elem;
       curpos=start;
       do{      if(Pass(curpos))      //如果当前位置合法
                {   horsestep++;
                    elem.di=0;
                    elem.ord=horsestep;
                    elem.seat=curpos;
                    Push(elem);
                    if(N*N==horsestep)        return 1;
                    off=Board[elem.seat.x][elem.seat.y][elem.di]+1;
                    curpos=NextPos(elem.seat,off);//取得下一个坐标点
                }
             else{  if(!StackEmpty())//栈 s 非空
                    {     while(!StackEmpty()&&elem.di==8)
                          {      Pop(&elem);
                                 if(!StackEmpty())//判断，弹出后是否为空
                                 {   elem=GetTop();
                                     horsestep = elem.ord;
                                 }
                          }
                          if(!StackEmpty()&&elem.di<8)
                          {      Pop(&elem);
                                 off=Board[elem.seat.x][elem.seat.y][++elem.di];
                                     curpos=NextPos(elem.seat,off+1);
                                 Push(elem);
                          }
                    }
             }
```

```
    }while(!StackEmpty());
    printf("走不通");
    return 0;
}
void main()
{   PosType start;
    InitStack();
    printf("输入起始位置：（0-7）\nX:");
    scanf("%d",&start.x);
    printf("Y:");scanf("%d",&start.y);
    setweight();
    setmap();
    HorsePath(start);
    OutputPath();
}
```

输出结果如图 3.16 所示。

```
"E:\chengxu\mataqipan\Debug\mataqipan.exe"
输入起始位置：（0-7）
X:1
Y:1

    31    54    15    56    29    60    13    10
    16    1     30    59    14    11    28    61
    53    32    55    46    57    62    9     12
    2     17    58    63    44    37    42    27
    33    52    45    38    47    64    23    8
    18    3     48    51    36    43    26    41
    49    34    5     20    39    24    7     22
    4     19    50    35    6     21    40    25
Press any key to continue
```

图 3.16　马踏棋盘的输出结果

应用实例三：舞伴问题的分析与实现

在编写算法模拟上述舞伴配对问题时，先入队的男士或女士亦先出队配成舞伴。因此该问题具有典型的先进先出特性，可用队列作为算法的数据结构。

在算法中，首先设置两个队列（Mdancers，Fdancers），分别存放男士和女士入队者。假设男士和女士的记录存放在一维数组中作为输入，然后依次扫描该数组的各元素，并根据性别来决定是进入男队还是女队。当这两个队列构造完成之后，依次将两队当前的队头元素出队来配成舞伴，直至某队列变空为止。此时，若某队仍有等待配对者，算法输出此队列中排在队头的等待者的名字，他（或她）将是下一轮舞曲开始时第一个可获得舞伴的人。

【算法 3.4　舞伴问题】

```
typedef struct
{   char name[20];
    char sex;                //性别，'F'表示女性，'M'表示男性
}Person;
typedef Person DataType;   //将队列中元素的数据类型改为 Person
 void DancePartner(Person dancer[],int num)
{   //结构数组 dancer 中存放跳舞的男女，num 是跳舞的人数。
    int i;
    Person p;
    Queue Mdancers,Fdancers;
    InitQueue(&Mdancers);//男士队列初始化
```

```
    InitQueue(&Fdancers);//女士队列初始化
    for(i=0;i<num;i++)//依次将跳舞者依其性别入队
    {    p=dancer[i];
         if(p.sex=='F')       EnQueue(&Fdancers.p);    //排入女队
         else                 EnQueue(&Mdancers.p);    //排入男队
     }
     printf("The dancing partners are: \n \n");
     while(!QueueEmpty(&Fdancers)&&!QueueEmpty(&Mdancers)) //依次输入男女舞伴名
     {       p=DeQueue(&Fdancers);              //女士出队
             printf("%s        ",p.name); //打印出队女士名
             p=DeQueue(&Mdancers);              //男士出队
             printf("%s\n",p.name);             //打印出队男士名
     }
    if(!QueueEmpty(&Fdancers))                  //输出女士队头女士的名字
    {
            p=QueueFront(&Fdancers);            //取队头
            printf("%s will be the first to get a partner. \n",p.name);
    }
    else    if(!QueueEmpty(&Mdancers))  //输出男队队头者名字
    {           p=QueueFront(&Mdancers);
                printf("%s will be the first to get a partner.\n",p.name);
    }
}//DancerPartners
```

以上只给出了最简单的模拟过程，还可以将问题推广，如一首曲子舞伴配对完成，输出男、女等待队列里的人数；模拟多首舞曲的配对情况；若男士 m 人和女士 n 人进入舞厅时，求 m 和 n 存在什么条件时，第 x 个（$1\leqslant x\leqslant m$）男生才有可能和他心仪的第 y 个（$1\leqslant y\leqslant n$）女生跳舞，在第几首曲子时等很有趣的问题。

总之，栈和队列的应用很广泛，利用栈和队列可以控制解决问题的顺序。实际应用中，凡是对元素的保存次序与使用顺序相反的，都可以利用栈；凡是对元素的保存次序与使用顺序相同的，都可以使用队列。例如：树和图数据结构的一些运算中，也多处有栈和队列的应用。像二叉树遍历的递归和非递归算法、图的深度优先遍历等都用到栈，而树的按层次遍历、图的广度优先遍历等则要用到队列。

3.5　算法总结——递归与分治算法

在计算机科学中，分治法是一种很重要的算法。字面上的解释是“分而治之”，就是把一个复杂的问题分成两个或更多的相同或相似的子问题，再把子问题分成更小的子问题……直到最后子问题可以简单地直接求解，原问题的解即子问题的解的合并。这个技巧是很多高效算法的基础，如排序算法（快速排序、归并排序）、傅立叶变换等。递归与分治像一对孪生兄弟，经常同时应用在算法设计之中，并由此产生许多高效算法。

任何一个可以用计算机求解的问题所需的计算时间都与其规模有关。问题的规模越小，越容易直接求解，解题所需的计算时间也越少。

例如，对于 n 个元素的排序问题，当 n=1 时，不需任何计算。

n=2 时，只要做一次比较即可排好序。n=3 时只要做 3 次比较即可，……。

而当 n 较大时，问题就不那么容易处理了。要想直接解决一个规模较大的问题，有时是相当困难的。

分治策略是：对于一个规模为 n 的问题，若该问题可以容易地解决（比如说规模 n 较小）则直接解决，否则将其分解为 k 个规模较小的子问题，这些子问题互相独立且与原问题形式相同，递归地解这些子问题，然后将各子问题的解合并得到原问题的解，这种算法设计策略叫做分治法。

如果原问题可分割成 k 个子问题，$1<k\leqslant n$ ，且这些子问题都可解并可利用这些子问题的解求出原问题的解，那么这种分治法就是可行的。由分治法产生的子问题往往是原问题的较小模式，这就为使用递归技术提供了方便。在这种情况下，反复应用分治手段，可以使子问题与原问题类型一致而其规模却不断缩小，最终使子问题缩小到很容易直接求出其解。这自然导致递归过程的产生。图 3.17 是分治法设计思想示意图，其中 n 表示问题规模。

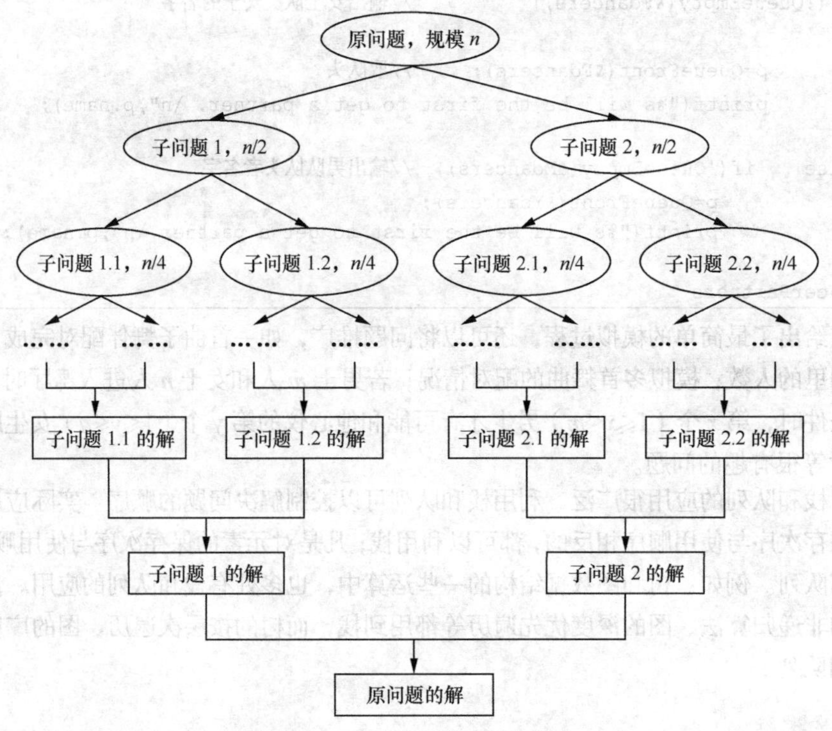

图 3.17　分治法设计思想示意图

分治法所能解决的问题一般具有以下几个特征。

（1）该问题的规模缩小到一定的程度就可以容易地解决。

（2）该问题可以分解为若干个规模较小的相同问题，即该问题具有最优子结构性质。

（3）利用该问题分解出的子问题的解可以合并为该问题的解。

（4）该问题所分解出的各个子问题是相互独立的，即子问题之间不包含公共的子问题。

上述的第一条特征是绝大多数问题都可以满足的，因为问题的计算复杂性一般是随着问题规模的增加而增加；第二条特征是应用分治法的前提，它也是大多数问题可以满足的，此特征反映了递归思想的应用；第三条特征是关键，能否利用分治法完全取决于问题是否具有第三条特征，如果具备了第一条和第二条特征，而不具备第三条特征，则可以考虑用贪心法或动态规划法。第四条特征涉及分治法的效率，如果各子问题是不独立的则分治法要做许多不必要的工作，重复地解公共的子问题，此时虽然可用分治法，但一般用动态规划法较好。

分治法在每一层递归上都有如下三个步骤。

分解：将原问题分解为若干个规模较小、相互独立，与原问题形式相同的子问题。

解决：若子问题规模较小而容易被解决则直接解，否则递归地解各个子问题。

合并：将各个子问题的解合并为原问题的解。

它的一般的算法设计模式如下。

```
Divide-and-Conquer(P)
1. if |P|≤n0
2. then return(ADHOC(P))
3. 将 P 分解为较小的子问题 P1 ,P2 ,…,Pk
4. for i←1 to k
5. do yi ← Divide-and-Conquer(Pi) △ 递归解决 Pi
6. T ← MERGE(y1,y2,…,yk) △ 合并子问题
7. return(T)
```

其中|P|表示问题 P 的规模；n_0 为一阈值，表示当问题 P 的规模不超过 n_0 时，问题已容易直接解出，不必再继续分解。ADHOC(P)是该分治法中的基本子算法，用于直接解小规模的问题 P。因此，当 P 的规模不超过 n_0 时直接用算法 ADHOC(P)求解。算法 MERGE($y_1,y_2,\cdots,y_k$)是该分治法中的合并子算法，用于将 P 的子问题 P_1 ,P_2 ,…,P_k 的相应的解 $y_1,y_2,\cdots,y_k$ 合并为 P 的解。

根据分治法的分割原则，原问题应该分为多少个子问题才较适宜？人们从大量实践中发现，在用分治法设计算法时，最好使子问题的规模大致相同。换句话说，将一个问题分成大小相等的 k 个子问题的处理方法是行之有效的。许多问题可以取 $k=2$。这种使子问题规模大致相等的做法是出自一种平衡（balancing）子问题的思想，它几乎总是比子问题规模不等的做法要好。

从分治法的一般设计模式可以看出，用它设计出的算法一般是递归算法。运用分治策略的典型例子有快速排序算法、二分搜索算法、大整数乘法和棋盘覆盖问题等，这些算法将在后续章节或后续课程“算法设计与分析”中详细介绍。

习　题

一、单项选择题

1.（2010 考研真题）若元素 a,b,c,d,e,f 依次进栈，允许进栈、退栈操作交替进行，但不允许连续三次进行退栈操作，则不可能得到的出栈序列是________。

A．d,c,e,b,f,a　　B．c,b,d,a,e,f　　C．b,c,a,e,f,d　　D．a,f,e,d,c,b

2．若某堆栈的输入序列为 1，2，3，…，n–1，n，输出序列的第 1 个元素为 n，则第 i 个输出元素为________。

A．$n-i+1$　　B．$n-1$　　C．i　　D．哪个元素都有可能

3．以数组 Q[0..m–1]存放循环队列中的元素，变量 rear 和 qulen 分别指示循环队列中队尾元素的实际位置和当前队列中元素的个数，队列第一个元素的实际位置是________。

A．rear – qulen　　B．rear – qulen + m

C．m−qulen　　　　　　　　　　　　D.（1 +（rear−qulen + m））mod m

4．设输入元素为 1，2，3，A，B，输入次序为 123AB，元素经过栈后到达输出序列，当所有元素均到达输出序列后，有________序列不可能的。

A．BA321　　B．A3B21　　C．B32A1　　D．AB321

5.（**2012 年考研真题**）已知操作符包括“+”、“−”、“*”、“/”、“(”和“)”。将中缀表达式 *a*+*b*−*a**((*c*+*d*)/*e*−*f*)+*g* 转换为等价的后缀表达式 *ab*+*acd*+*e*/*f*−*−*g*+ 时，用栈来存放暂时还不能确定运算次序的操作符。若栈初始时为空，则转换过程中同时保存在栈中的操作符的最大个数是________。

A．5　　B．7　　C．8　　D．11

二、综合题

1．循环队列的优点是什么？如何判别它的空和满？

2．回文是指正读反读均相同的字符序列，如“abba”和“abdba”均是回文，但“good”不是回文。试写一个算法判定给定的字符串是否为回文。

3．利用栈的基本操作，写一个返回 S 中结点个数的算法 int StackSize，并说明 S 为何不作为指针参数?

4．数制转换：将十进制数 *N* 转换为二进制数。

5．设算术表达式中有圆括弧、方括弧和花括弧，设计一个算法，判断表达式中的各种括弧是否配对（将表达式存于一字符数组 a[m]中）。

6．假设以带头结点的循环链表表示队列，并且只设一个指针指向队尾元素结点，试编写相应的置空队、判队空、入队和出队算法。

7．假设循环队列中只设 rear 和 quelen 来分别指示队尾元素的位置和队中元素的个数，试给出判别此循环队列的队满条件，并写出相应的入队和出队算法，要求出队时需返回队头元素。

8．在循环队列中，可以使用设置一个标志域 tag，以区分当尾指针和头指针相等时，队列状态是“空”还是“满”（tag 的值为 0 表示“空”，tag 的值为 1 表示“满”），编写此结构相应的队列初始化、入队、出队算法。

第 4 章 串

字符串是一种特殊的线性表，它的特殊性在于线性表的数据元素限定为字符集。一般使用的计算机的硬件结构主要反映数值计算的需要，而计算机上的非数值处理的对象基本上是字符串数据，因此处理字符串数据比处理整数和浮点数要复杂得多。随着程序设计语言的发展，字符串的处理也有了越来越多的研究，模式匹配也是各种串处理系统中最重要的操作之一。如在汇编和高级语言的编译程序中，源程序和目标程序都是字符串数据；在事物处理程序中，顾客的姓名、地址、货物的产地、名称等，一般也是作为字符串数据处理。另外字符串一般简称为串，并具有自身的特征，通常把一个串作为一个整体来处理。因此，这一章将把串作为一种独立的结构加以研究，给出串的定义，详细介绍串的基本存储结构和基本运算，重点讨论串的模式匹配及改进的模式匹配算法。

4.1 应用实例

字符串在实际应用中是极为广泛的，除了上面提到的计算机处理中的非数值数据、程序设计中的源程序和目标程序等，在字符编辑、情报检索、词法分析等软件系统方面，字符串均是其软件系统的重要操作对象；在多入侵检测系统、DNA 序列检测等方面，模式匹配则是其重要的描述及实现方式。

应用实例：文本编辑软件。

文本编辑程序是利用计算机进行文字加工的基本软件工具，实现对文本文件的插入、删除等修改操作，甚至用于报刊和书籍的编辑排版。常用的简单文本编辑程序 Edit，和文字处理软件 WPS、Word 等，究其实质，都是修改字符数据的形式或格式。可用于文本编辑的程序很多，功能不同且强弱差别很大，但基本操作是一样的，一般都包含串的查找、插入和删除等基本操作。

例如下面的一段源程序：

```
main()
{  int x,y,max;
   scanf("%d%d",&x,&y);
   if(x>y)
      max=x;
   else
      max=y;
   printf("max=%d",max);
}
```

对于上述的源程序，一个文本编辑软件首先必须解决的问题就是这个文本串在内存中如何存储，其次需要解决的问题是基于存储方式上实现对文本串的实际操作等。对于文本编辑软件的设计我们将在 4.5 节详细介绍。

4.2 串及其运算

在早期的程序设计语言中，串仅在输入或输出中以常量的形式出现，并不参与运算。随着计算机的发展，串在文字编辑、词法扫描、符号处理以及定理证明等许多领域得到越来越广泛的应用。在高级语言中开始引入串变量的概念，如同整型、实型变量一样，串变量也可以参加各种运算。本节将讨论串的基本概念和基本运算。

4.2.1 串的基本概念

1. 串的概念

串（string）是由零个或多个字符组成的有限序列，一般记作：$S='a_1a_2a_3\ldots a_n'$ ($n\geqslant 0$，串长度)，其中

（1）S 为串的名字。

（2）单引号括起来的字符序列为串的值；将串值括起来的单引号本身不属于串，它的作用是避免串与常数或与标识符混淆。

例：'123'是长度为 3 的数字字符串，它不同于整常数 123。

例：'xl'是长度为 2 的字符串，而 xl 通常表示一个标识符。

（3）$a_i(1\leqslant i\leqslant n)$可以是字母、数字或其他字符（取决于程序设计语言所使用的字符集）。

（4）n 为串中字符的个数，称为串的长度。

2. 常用术语

（1）空串（Null String）：长度为零的串，它不包含任何字符。

（2）空白串（Blank String）：仅由一个或多个空格组成的串，长度大于等于 1。

注：''是长度为 0 的空串； ' '是长度为 1 的空白串。

（3）子串（Sub String）：串中任意个连续字符组成的子序列称为该串的子串。

（4）主串（Master String）：包含子串的串相应地称为主串。因此子串是主串的一部分。

注：空串是任意串的子串，任意串是其自身的子串。

（5）前缀子串（Prefix Sub String）：S 的前缀子串是一个子串 U，记作

$U='a_1\ldots a_b'$ ($1\leqslant b\leqslant n$)，当 $1\leqslant b<n$ 时，则相应的 U 称为 S 的真前缀子串。

（6）后缀子串（Suffix Sub String）：S 的后缀子串是一个子串 U，记作

$U='a_{n-b+1}\ldots a_n'$ ($1\leqslant b\leqslant n$)，当 $1\leqslant b<n$ 时，则相应的 U 称为 S 的真后缀子串。

例：设 S='abaabca'

则 S 的真前缀子串是：'a'，'ab'，'aba'，'abaa'，'abaab'，'abaabc'；

则 S 的真后缀子串是：'a'，'ca'，'bca'，'abca'，'aabca'，'baabca'。

（7）位置：通常将字符在串中的序号称为该字符在串中的位置。子串在主串中的位置则以子串的第一个字符在主串中的位置来表示。

例：假设串 A、B、C、D 分别为

A='data'， B='structure'， C='datastructure'， D='data structure'，

则它们的长度分别为4、9、13和14，A和B都是C和D的子串，A在C和D中的位置都是1，B在C中的位置5，B在D中的位置6。

（8）串相等：当且仅当两个串的值相等时，称这两个串是相等的。即只有当两个串的长度相等，并且每个对应位置的字符都相等时才相等。如上例中的串A、B、C、D彼此都不相等。

（9）模式匹配：确定子串从主串的某个位置开始后，在主串中首次出现的位置的运算。在串匹配中，一般将主串称为目标串，子串称为模式串。

例：假设串A、B分别为A= 'abcaabcaaabc'，B = 'bca'，则子串B在主串中，从第1个位置开始的位置是2；子串B在主串中，从第2个位置开始的位置是6。

4.2.2 串的基本运算

串和线性表的逻辑结构极为相似，区别仅在于串的数据对象约束为字符集；而串和线性表的基本操作却有很大的区别。线性表的基本操作中，通常以"单个数据元素"作为操作对象，例如在线性表中查找某个元素，在某个位置插入一个元素或删除一个元素等；串的基本操作中，则通常以"串的整体"或"串的一部分"作为操作对象，例如在串中查找某个子串，在某个位置上插入一个子串或删除一个子串等。

串的抽象数据类型定义：

ADT String {

数据对象：D＝{ a_i | a_i∈CharacterSet，i= 1,2, …, n， n≥0 }

数据关系：R={< a_{i-1},a_i >| a_{i-1},a_i∈D，i=2,3, …, n }

基本操作：

1．StrAssign(S, chars)

初始条件：chars是字符串常量。

操作结果：生成一个串S，并使其串值等于chars。

2．StrCopy(S, T)

初始条件：串T存在。

操作结果：将串T的值赋给串S。

3．StrLength(S)

初始条件：串S存在。

操作结果：返回串S的长度，即串S中字符的个数。

4．StrInsert(S, pos, T)

初始条件：串S和T存在，1≤pos≤StrLength(S)+1。

操作结果：在串S的第pos个字符之前插入串T。

5．StrDelete(S, pos, len)

初始条件：串S存在，1≤pos≤StrLength(S)−len+1

操作结果：从串S中删除从第pos个字符开始连续len个字符后形成的子串。

6．StrCompare(S, T)

初始条件：串S和T存在。

操作结果：比较串S和串T的大小，若S<T，则返回值<0；若S=T，则返回值=0；若S>T，则返回值>0。

7．StrCat(S, T)

初始条件：串 S 和 T 存在。

操作结果：将串 T 的值连接在串 S 的后面。

8．SubString(T, S, pos, len)

初始条件：串 S 存在，1≤pos≤StrLength(S)，且 0≤len≤StrLength(S)−pos+1。

操作结果：截取串 S 中从第 pos 个字符开始连续 len 个字符形成的子串，并赋值给串 T。

9．StrIndex(S, pos, T)

初始条件：串 S 和 T 存在，1≤pos≤StrLength(S)

操作结果：若串 S 中从第 pos 个字符后存在与串 T 相等的子串，则返回串 T 在串 S 中第 pos 个字符后首次出现的位置；否则返回 0。

10．StrReplace(S, T, V)

初始条件：串 S、串 T 和串 V 存在，且串 T 是非空串。

操作结果：用串 V 替换串 S 中出现的所有与串 T 相等的不重叠的子串。

11．StrEmpty(S)

初始条件：串 S 存在。

操作结果：若串 S 为空串，则返回 TRUE；否则返回 FALSE。

12．StrClear(S)

初始条件：串 S 存在。

操作结果：将 S 清为空串。

13．StrDestroy(S)

初始条件：串 S 存在。

操作结果：销毁串 S。

} ADT String

对于串的基本操作集可以有不同的定义方法，在使用高级语言中的串类型时，应以该语言的参考手册为准。有了串的基本操作集后，其他操作均可在此基础上实现。

例如，可以利用串赋值、求子串、串连接等操作实现从串 S 中删除所有与串 T 相同的子串，并返回删除次数，如算法 4.1 所示。

【算法 4.1】

```
/*从串 S 中删除所有与 T 相同的子串，并返回删除次数*/
int Delete_SubString(String S, String T)
{    int i=1,n=0;
     while(i<=StrLength(S)-StrLength(T)+1)
     {    SubString(V,S,i,StrLength(T));       //求主串 S 从第 i 个字符起长度为串 T 长的子串 V
          if(StrCompare(V,T)==0)               //子串 V 和 T 相等时，在串 S 中删除串 T
          {    SubString(head,S,1,i-1);         //head 是串 S 的前 i-1 个字符形成的子串
               SubString(tail,S,i+StrLength(T),StrLength(S)-i-StrLength(T)+1);
                                               //tail 是串 S 中串 T 之后的字符所形成的子串
               StrCat(head,tail);               //将串 tail 连接在串 head 的后面
               StrAssign(S,head);               //使串 S 为删除子串 T 后的串值
               n++;                             //删除的次数累加
          }
          else     i++;
```

```
    }
    return n;                                   //返回删除的次数
}
```

4.2.3 串的基本运算示例

1. StrInsert(S,pos,T)，设 S='chater'，T='rac'，运行 StrInsert(S,4,T)，则 S='cha***rac***ter'。
2. StrDelete(S,pos,len)，设 S='chapter'，运行 StrDelete(S,5,3)，则 S='chap'。
3. StrCat(S,T)，设串 S='man'，运行 StrCat(S,'kind')，则 S='mankind'。
4. SubString(T,S,pos,len)，设串 S='commander'，
   运行 SubString(Sub1,S,4,3)，则 Sub1='man'；
   运行 SubString(Sub2,S,1,9)，则 Sub2='commander'；
   运行 SubString(Sub3,S,9,1)，则 Sub3='r'；
   运行 SubString(Sub4,S,5,0)，则 Sub4=''；
   运行 SubString(Sub5,S,4,7)，则 Sub5 没有结果，函数返回错误。
5. StrIndex(S,pos,T)，设 S='abcaabcaaabc', T='bca'，
   运行 StrInex(S,1,T)，则返回值是 2；运行 StrInex(S,4,T)，则返回值是 6。
6. StrReplace(S,T,V)，设 S='abcaabcaaabca'，T='bca'，
   若 V='x'，则 S='a*x*a*x*aa*x*'；
   若 V='bc'，则 S='a***bc***a***bc***aa***bc***'。

4.3 串的存储结构及实现

如果在程序设计语言中，串只是作为输入或输出的常量出现，则只需存储此串的串值，即字符序列即可。但在多数非数值处理的程序中，串也以变量的形式出现，则需要根据串操作的特点，合理地选择并设计串值的存储结构和实现方法。

串的实现方法有定长顺序串、堆串和块链串，分别介绍如下。

4.3.1 定长顺序串

串的定长顺序存储结构，与前面线性表的顺序存储结构类似，是用一组地址连续的存储单元存储串的字符序列，也称为静态存储分配的顺序串。所谓定长顺序存储是直接使用定长的字符数组来定义，为每个定义的串变量分配一个固定长度的存储区，存储分配是在编译时完成的。

1. 定长顺序串存储结构

```
#define MAXLEN 50              //字符串的最大长度
typedef struct
{
    char ch[MAXLEN+1];         //存储字符串的一维数组，每个分量存储一个字符，第 0 号单元不使用
    int len;                   //字符串的长度
}SString;
```

串的实际长度可在预定义长度 MAXLEN 的范围内随意变动，超过 MAXLEN，串值被舍去，称为"截断"。

字符串的长度可以采用以上描述的定长顺序串类型定义中的成员 len 表示，此时 0 号单元不使用（浪费一个空间）；也可以在串值后设特殊标记，隐含串长，例如 C 语言中'\0'表示串的结束。为了便于理解和操作，本节中是采用第一种方法表示串长。

2. 定长顺序串基本操作的实现

串基本运算中的串插入、串删除、串赋值运算，类同于线性表中的增加、删除、修改运算；但串基本运算中的求子串、求位置等运算不同于线性表中的常见运算。下面基于定长顺序存储结构，介绍串的几种基本操作。

（1）串插入函数

【问题分析】在进行串的插入时，插入位置 pos 将串分为两部分（假设为 *A*、*B*，长度为 *LA*、*LB*），及待插入部分（假设为 *T*，长度为 *LT*），则串由插入前的 *AB* 变为 *ATB*，可能有以下三种情况。

① 插入后串长小于等于 MAXLEN：则将 *B* 后移 *LT* 个元素位置，再将 *T* 插入，如图 4.1（a）所示。

② 插入后串长大于 MAXLEN，且 pos+*LT*⩽MAXLEN：则 *B* 后移时会有部分字符被舍弃，如图 4.1（b）所示。

③ 插入后串长大于 MAXLEN，且 pos+*LT*>MAXLEN：则 *B* 的全部字符被舍弃（不需后移），并且 *T* 在插入时也可能有部分字符被舍弃，如图 4.1（c）所示。

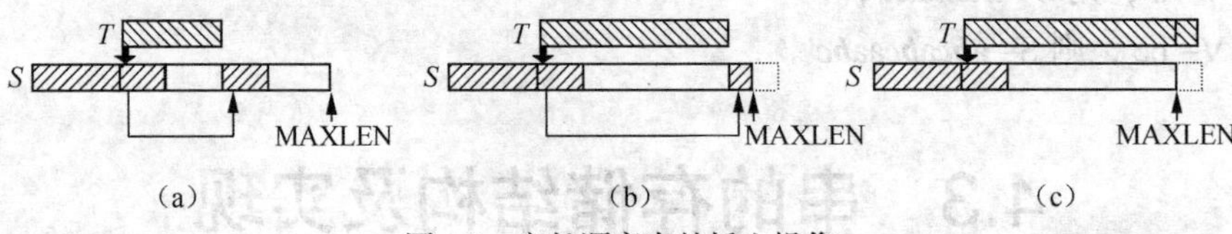

图 4.1 定长顺序串的插入操作

【算法 4.2】

```
int SStrInsert(SString * S, int pos, const SString T)
{   int i;
    if(NULL == S||NULL== S->ch||NULL == T.ch ||pos < 1||pos > S->len + 1)
        return 0;                              //插入位置不合法
    if(S->len + T.len <= MAXLEN)               //插入后串长小于等于 MAXLEN
    {   for(i = S->len + T.len; i >= pos + T.len; i--)
            S->ch[i] = S->ch[i - T.len];
        for(i = pos; i < pos + T.len; i++)
            S->ch[i] = T.ch[i - pos + 1];
        S->len = S->len + T.len;
    }
    else if(pos + T.len <= MAXLEN)      //插入后串长大于 MAXLEN，串 T 可以全部插入
    {   for(i = MAXLEN; i >= pos + T.len; i--)
            S->ch[i] = S->ch[i - T.len];
        for(i = pos; i < pos + T.len; i++)
            S->ch[i] = T.ch[i - pos + 1];
        S->len = MAXLEN;
    }
    else                                 //插入后串长大于 MAXLEN，串 T 的部分字符也可能被舍弃
    {   for(i = pos; i <= MAXLEN; i++)
            S->ch[i] = T.ch[i - pos + 1];
        S->len = MAXLEN;
```

```
    }
    return 1;
}
```

（2）串删除函数

【问题分析】在进行串的删除时，从第 pos+len 个字符开始至串尾，依次向前移动 len 个元素位置，即完成从第 pos 位置开始删除连续 len 个字符的操作，如图 4.2 所示。

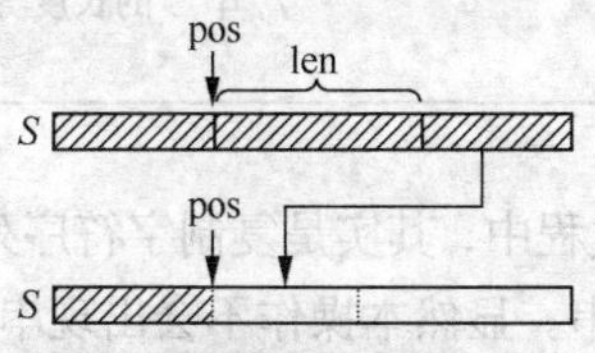

图 4.2 定长顺序串的删除操作

【算法 4.3】

```
int SStrDelete(SString * S, int pos, int len)
{   int i = 1;
    if(NULL == S || NULL == S->ch || len < 0 || pos < 1 || pos > S->len - len + 1)
        return 0;                                        //删除参数不合法
    for(i = pos; i <= S->len - len; i++)                 //移动元素
        S->ch[i] = S->ch[i + len];
    S->len = S->len - len;
    return 1;
}
```

（3）串连接函数

【问题分析】在进行串的连接时（假设原始串为 *S*，长度为 *LS*，待连接串为 *T*，长度为 *LT*），可能有以下三种情况。

① 连接后串长小于等于 MAXLEN：则直接将 *B* 连接在 *A* 的后面，如图 4.3（a）所示。

② 连接后串长大于 MAXLEN 且 *LA*<MAXLEN：则 *B* 会有部分字符被舍弃，如图 4.3（b）所示。

③ 连接后串长大于 MAXLEN 且 *LA*=MAXLEN：则 *B* 的全部字符被舍弃（不需连接），如图 4.3（c）所示。

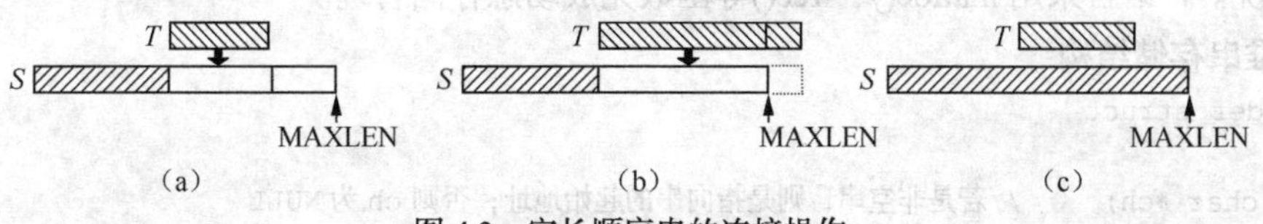

图 4.3 定长顺序串的连接操作

【算法 4.4】

```
int SStrCat(SString * S, const SString T)
{   int i = 1;
    if(NULL == S || NULL == S->ch || NULL == T.ch)        return 0; //连接参数不合法
    if(S->len + T.len <= MAXLEN)           //连接后串长小于 MAXLEN
    {   for(i = S->len + 1; i <= S->len + T.len; i++)
            S->ch[i] = T.ch[i - S->len];
        S->len = S->len + T.len;           // 更新串 S 的长度
        return 1;
```

```
    }
    else if(S->len <= MAXLEN)           //连接后串长小于 MAXLEN，串 T 的部分字符被舍弃
    {   for(i = S->len + 1; i <= MAXLEN; i++)
            S->ch[i]=T.ch[i - S->len];
        S->len = MAXLEN;
        return 0;
    }
    else    return 0;                   //串 S 的长度等于 MAXLEN，串 T 不被连接
}
```

（4）求子串函数

【问题分析】在进行求子串的过程中，其实是复制字符序列的过程。将串中从第 pos 个字符开始长为 len 的字符序列复制形成新串。显然本操作不会出现串截断的情况。

【算法 4.5】

```
int SubSString(SString * T, SString S, int pos, int len)
{   int i;
    if(NULL == T||NULL == T->ch||NULL == S.ch || len < 0 || len > S.len - pos + 1 ||
    pos < 1 || pos > S.len)
        return 0;                               //求子串参数不合法
    for(i = 1; i <= len; i++)
        T->ch[i] = S.ch[pos + i - 1];           // 提取 pos 之后的字符作为新串 T
    T->len = len;
    return 1;
}
```

通过以上的具体操作实现可以看出，在定长顺序串的操作中，可能出现串"截断"的情况。为了克服这种弊端，只有不限定串的最大长度，即动态分配串值的存储空间。

4.3.2 堆串

串的堆存储结构，与定长顺序串的存储结构类似，都是用一组地址连续的存储单元存储串的字符序列，不同的是堆串的存储空间是在程序执行过程中动态分配的。在系统中存在一个称为"堆"的自由存储区，每当建立一个新串时，可以通过动态分配函数从这个空间中分配一块实际串所需的存储空间，来存储新串的串值。只要存储空间能分配成功，则在操作的过程中就不会发生"截断"的情况。C 语言采用 malloc()、free()等函数完成动态存储管理。

1. 堆串存储结构

```
typedef struct
{
    char *ch;      //若是非空串，则是指向串的起始地址；否则 ch 为 NULL
    int len;       //字符串的长度
}HString;
```

为了便于理解和讨论，这里在给串分配存储空间时，在实际串长的基础上多分配一个存储空间，且连续空间的第 0 号单元不使用。

2. 堆串基本操作的实现

由于堆存储结构的串变量，其串值的存储空间是在程序执行过程中动态分配的。与定长顺序串相比较，这种存储方式是非常有效和方便的，但在程序执行过程中会不断的生成新串和销毁旧串。下面基于堆串存储结构，介绍串的几种基本操作。

（1）串初始化函数

【算法 4.6】

```
void HStrInit(HString *S)           //初始化空串
{    S->ch = NULL;                  // 将新定义的空串 S 的 ch 赋为 NULL
     S->len = 0;                    // 将新定义的空串 S 长度设为 0
}
```

（2）串赋值函数

【算法 4.7】

```
int HStrAssign(HString * S, const char * chars)
{    int i = 0;
     if(NULL == chars || NULL == S)     return 0;
     while(chars[i] != '\0')        i++;
     S->len = i;                                     // 串 S 的长度等于串 chars 的长度
     if(0 != S->len)
     {  if(S->ch != NULL)      free(S->ch);
        S->ch = (char *)malloc((S->len + 1) * sizeof(char));
                                                     //0 号单元不用，故比实际需求多开辟一个空间
        if(NULL == S->ch)      return 0;      //空间开辟失败
        for(i = 1; i <= S->len; i++)
            S->ch[i] = chars[i - 1];          // 将 chars 的内容逐一赋给 S->ch
     }
     else     S->ch = NULL;                   //当 chars 长度为 0 时，则串 S 为空串
     return 1;
}
```

（3）串插入函数

【算法 4.8】

```
int HStrInsert(HString * S, int pos, const HString T)
{    int i;   char *temp;
     if(NULL == S || NULL == S->ch || NULL == T.ch || pos > S->len || pos < 1)
        return 0;                         //插入位置不合法
     temp = (char *)malloc((S->len + T.len + 1) * sizeof(char));
     if(NULL == temp)      return 0;
     for(i = 1; i < pos; i++)              // 把 S 串 pos(不含 S->ch[pos])之前的字符赋给 temp
        temp[i] = S->ch[i];
     for(i = pos; i < pos + T.len; i++) // 把 temp[pos : pos + T.len]之间的部分
        temp[i] = T.ch[i - pos + 1];   // 赋成串 T 的内容
     for(i = pos + T.len; i <= S->len + T.len; i++)          // 把原 pos 之后的内容连接
        temp[i] = S->ch[i - T.len];                               // 到 temp 的尾部
     free(S->ch);
     S->ch = temp;
     S->len = S->len + T.len;                                      // 更新 S 串的长度
     return 1;
}
```

（4）串删除函数

【算法 4.9】

```
int HStrDelete(HString * S, int pos, int len)
{    int i;   char *temp;
```

```
    if(NULL == S || NULL == S->ch || len < 0 || pos < 1 || pos > S->len - len + 1)
        return 0;                          //删除位置不合法
    temp = (char *)malloc((S->len - len + 1) * sizeof(char));
    if(NULL == temp)    return 0;
    for(i = 1; i < pos; i++)          // 把S串pos(不含S->ch[pos])之前的字符复制给temp
        temp[i] = S->ch[i];
    for(i = pos; i <= S->len - len; i++)    // 把temp[pos]之后的部分改写
        temp[i] = S->ch[i + len];           // 为S[pos + len : S->len]的内容
    free(S->ch);                            // 这两句使得temp替换S->ch的位置
    S->ch = temp;
    S->len = S->len - len;                  // 更新串S的长度
    return 1;
}
```

(5) 串连接函数

【算法 4.10】

```
int HStrCat(HString * S, const HString T)
{   int i = 1;
    if(NULL == S || NULL == S->ch || NULL == T.ch)
    return 0; //连接参数不合法
    S->ch = (char *)realloc(S->ch, (S->len + T.len + 1) * sizeof(char));
                                            // 函数realloc保留了串S原有的字符内容
    if(NULL == S->ch)     return 0;
    for(i = S->len + 1; i <= T.len + S->len; i++)
        S->ch[i] = T.ch[i - S->len];
    S->len = S->len + T.len;                // 更新串S的长度
    return 1;
}
```

(6) 求子串函数

【算法 4.11】

```
int SubHString(HString * T, HString S, int pos, int len)
{   int i = 1;
    if(NULL == T||NULL == T->ch||NULL == S.ch || len < 0 || len > S.len - pos + 1 ||
pos < 1 || pos > S.len)
        return 0;                                   //求子串参数不合法
    T->len = len;
    if(NULL != T->ch)    free(T->ch);
    T->ch = (char *)malloc((T->len + 1) * sizeof(char));
    if(NULL == T->ch)    return 0;
    for(i = 1; i <= T->len; i++)
        T->ch[i] = S.ch[pos + i - 1];              // 提取pos之后的字符作为新串T
    return 1;
}
```

4.3.3 块链串

由于串是一种特殊的线性表，所以存储字符串的串值除了可以采用顺序存储结构，也可以采用链式存储结构。

在串的链式存储结构中，链表的每个结点既可以存放一个字符，也可以存放多个字符。每个结点称为块，整个链表称为块链结构。

块链串存储结构

```
#define BLOCK_SIZE 4                  //每个结点存放字符个数为 4
typedef struct block
{
    char ch[BLOCK_SIZE];
    struct block *next;
}Block;
typedef struct
{
    Block *head;                      //块链串的头指针
    Block *tail;                      //块链串的尾指针
    int len;                          //字符串长度
}LString;
```

由于在一般情况下，对串进行操作时，只需要从头向尾顺序扫描即可，则对串值不必建立双向链表。但当进行串的连接操作时，就要在第一个串的尾部进行连接，因此在块链存储中设置尾指针可以便于其操作。在连接时需要注意处理第一个串的最后一个结点中的无效字符。

块大小是指块链表中结点存放字符的个数。假设链表结点的链域 next 所需的存储空间大小为 2 字节。在块链串的存储方式中，块大小直接影响到串处理的效率。这就要求考虑串值的存储密度。存储密度定义为

$$存储密度=\frac{串值所占的存储位}{实际分配的存储位}$$

当 BLOCK_SIZE 大于 1：由于串长不一定是块大小的整倍数，则链表中的最后一个结点不一定全被串值占满，此时通常补上“#”或其他的非串值字符（通常“#”不属于串的字符集，是一个特殊的符号）。

块大小为 4 的块链表（如图 4.4（a）所示），存储密度为 1/2，存储占用量为 18 字节。存储密度较高，所占存储空间较小，但插入、删除等处理方法较为复杂，涉及结点的分拆和合并，这里不再详细讨论。

当 BLOCK_SIZE 等于 1：此时块链表结构同线性链表，插入、删除等处理方法和线性链表一样。

块大小为 1 的块链表（如图 4.4（b）所示），存储密度为 1/3，存储占用量为 27 字节。存储密度较低，所占存储空间较大。

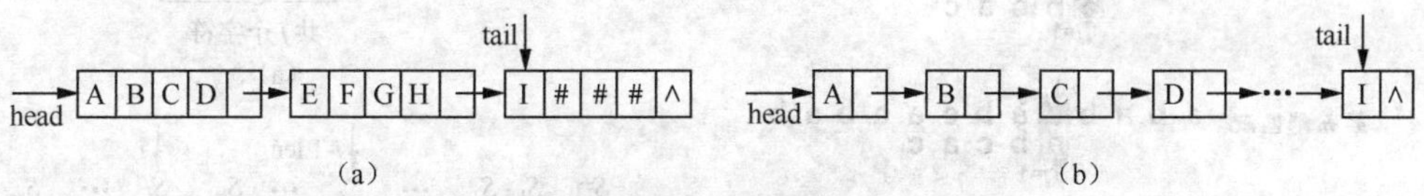

图 4.4　串的块链存储结构

4.4　串的模式匹配

子串的定位操作是找子串在主串中从第 pos 个字符后首次出现的位置，又被称为串的模式匹配或串匹配，此运算的应用非常广泛。例如，在文本编辑程序中，我们经常要查找某一特定单词

在文本中出现的位置。显然，解决此问题的有效算法能极大地提高文本编辑程序的响应性能。在串匹配中，一般将主串 *S* 称为目标串，子串 *T* 称为模式串。

模式匹配的算法很多。本章仅讨论 BF 模式匹配和 KMP 模式匹配这两种串匹配算法。

4.4.1 BF 模式匹配算法

【BF 算法思想】Brute-Force 算法又称蛮力匹配算法（简称 BF 算法），从主串 *S* 的第 pos 个字符开始，和模式串 *T* 的第一个字符进行比较，若相等，则继续逐个比较后续字符；否则回溯到主串 *S* 的第 pos+1 个字符开始再重新和模式串 *T* 进行比较。以此类推，直至模式串 *T* 中的每一个字符依次和主串 *S* 中的一个连续的字符序列全部相等，则称模式匹配成功，此时返回模式串 *T* 的第一个字符在主串 *S* 中的位置；否则主串中没有和模式串相等的字符序列，称模式匹配不成功。

【BF 算法描述】从主串 *S* 的第 pos 个字符开始的子串与模式串 *T* 比较的策略是从前到后依次进行比较。因此在主串中设置指示器 *i* 表示主串 *S* 中当前比较的字符；在模式串 *T* 中设置指示器 *j* 表示模式串 *T* 中当前比较的字符。

如图 4.5 所示，给出了一个匹配过程的例子，其中方框阴影对应的字符为主串 *S* 和模式串 *T* 比较时不相等的失配字符（假设 pos=1）。

从主串 *S* 中第 pos 个字符起和模式串 *T* 的第一个字符比较，若相等，则继续逐个比较后续字符，此时 i++; j++; 否则从主串的下一个字符(i–j+2)和模式串的第一个字符(j=1)比较，分析详见图 4.6（a）所示。

当匹配成功时，返回模式串 *T* 中第一个字符相对于在主串的位置（i–T.len）；否则返回 0，分析详见图 4.6（b）所示，其中 *m* 是模式串的长度 T.len。

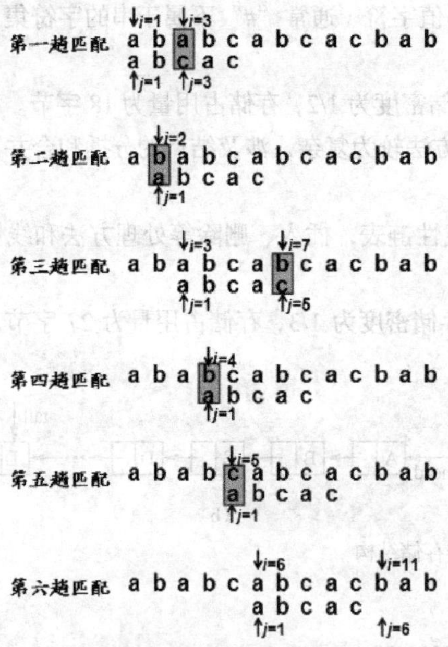

图 4.5 BF 模式匹配过程

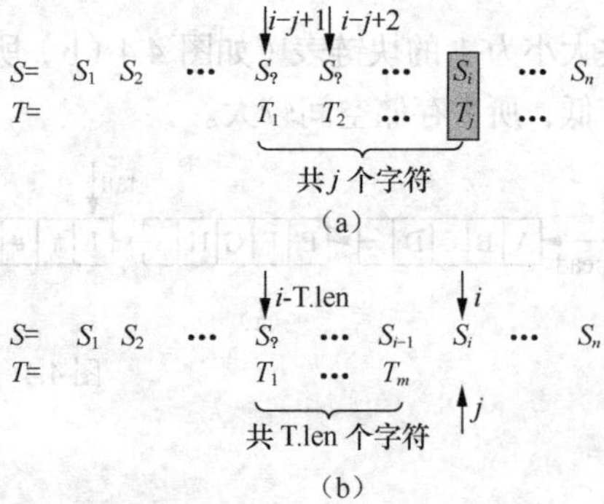

图 4.6 BF 模式匹配分析

【算法 4.12】

```
int Index(SString S, int pos, SString T)
{   int  i = pos, j =1;                  //主串从第 pos 开始，模式串从头开始
```

```
    while (i <= S.len && j <=T.len)
    {   if(S.ch[i] == T.ch[j])              //当对应字符相等时，比较后续字符
        {   i++;
            j++;
        }
        else                                //当对应字符不等时
        {   i=i-j+2;                        //主串回溯到 i-j+2 的位置重新比较
            j=1;                            //模式串从头开始重新比较
        }
    }
    if(j > T.len)  return  i-T.len;         //匹配成功时，返回匹配起始位置
    else  return 0;                         //匹配失败时，返回 0
}
```

【BF 算法分析】BF 算法的思想比较简单，但当在最坏情况下时，算法的时间复杂度为 $O(n \times m)$，其中 n 和 m 分别是主串和模式串的长度。这个算法的主要时间耗费在失配后的比较位置有回溯，因而比较次数过多。为降低时间复杂度可采用无回溯的算法。

4.4.2 KMP 模式匹配算法

【KMP 算法思想】Knuth-Morris-Pratt 算法(简称 KMP)，是由 D.E.Knuth、J.H.Morris 和 V.R.Pratt 共同提出的一个改进算法。KMP 算法是模式匹配中的经典算法，和 BF 算法相比，KMP 算法的不同点是消除 BF 算法中主串 S 指针回溯的情况，从而完成串的模式匹配，这样的结果使得算法的时间复杂度为 $O(n+m)$。

【KMP 算法描述】KMP 算法每当一趟匹配过程中出现字符比较不等时，主串 S 中的 i 指针不需回溯，而是利用已经得到的"部分匹配"结果将模式向右"滑动"尽可能远的一段距离后，继续进行比较。

回顾图 4.5 的匹配过程示例，在第三趟的匹配中，当 i=7、j=5 字符比较不等时，又从 i=4、j=1 重新开始比较。然后，经过仔细观察可发现，在 i=4 和 j=1，i=5 和 j=1 以及 i=6 和 j=1 这三次比较都是不必进行的。因为从第三趟部分匹配的结果就可得出，主串中第 4、5、6 个字符必然和模式串中的第 2、3、4 个字符相等，即都是'b'、'c'、'a'。因为模式串中的第一个字符是'a'，因此它无需再和这三个字符进行比较，而仅需将模式串向右滑动三个字符的位置继续进行 i=7、j=2 时的字符比较即可。同理，在第一趟的匹配中出现字符不等时，仅需将模式向右移动两个字符的位置进行 i=3、j=1 时的字符比较。因此，在整个匹配的过程中，i 指针没有回溯，如图 4.7 所示。

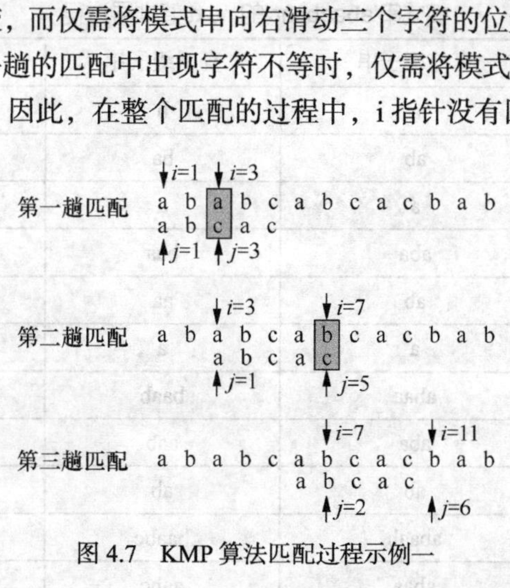

```
            ↓i=1 ↓i=3
第一趟匹配  a b a b c a b c a c b a b
            a b c a c
            ↑j=1 ↑j=3

                ↓i=3      ↓i=7
第二趟匹配  a b a b c a b c a c b a b
                a b c a c
                ↑j=1      ↑j=5

                          ↓i=7      ↓i=11
第三趟匹配  a b a b c a b c a c b a b
                        a b c a c
                          ↑j=2      ↑j=6
```

图 4.7 KMP 算法匹配过程示例一

一般情况下，假设主串为'$S_1S_2\cdots S_n$'，模式串为'$T_1T_2\cdots T_m$'，从上例的分析可知，为了实现KMP算法，需要解决以下问题：当匹配过程中产生“失配”（即 $S_i \neq T_j$）时，模式串“向右滑动”可滑动的距离有多远，也就是说，当主串中字符 S_i 与模式串中字符 T_j“失配”时，主串中字符 S_i（i 指针不回溯）应与模式串中哪个字符再进行比较？

假设此时主串中字符 S_i 应与模式中字符 T_k（$k<j$）继续进行比较，则主串 S 和模式串 T 满足如下关系。

$$S = S_1S_2\cdots S_{i-j+1}S_{i-j+2}\cdots S_{i-k+1}\cdots S_{i-1}S_i\cdots S_n$$

$$T = \quad T_1 \quad T_2 \quad \cdots T_{j-k+1}\cdots T_{j-1}T_j\cdots$$

$$T = \quad T_1 \quad \cdots T_{k-1}T_k\cdots$$

可以看出，若模式串中存在'$T_1T_2\cdots T_{k-1}$'='$T_{j-k+1}T_{j-k+2}\cdots T_{j-1}$'，且满足 $1<k<j$，则当匹配过程中 $S_i \neq T_j$ 时，仅需将模式串向右滑动至第 k 个字符和主串中第 i 个字符对齐，匹配仅需从 S_i、T_k 的比较起继续进行，无需 i 指针的回溯。在匹配过程中为了尽可能“滑动”远一段的距离，因而应选择满足条件较大的 k 值。

若令 next[j]=k，则 next[j]表明当模式中第 j 个字符与主串中相应字符“失配”时，在模式中需重新和主串中该字符进行比较的字符的位置。由此可引出模式串的 next 函数的定义：

$$\text{next[j]} = \begin{cases} 0 & \text{当 } j=1 \\ \text{Max}\{k \mid 1<k<j \text{ 且'}T_1\cdots T_{k-1}\text{'} = \text{'}T_{j-k+1}\cdots T_{j-1}\text{'}\} & \text{当此集合不为空时} \\ 1 & \text{其他情况} \end{cases}$$

由此可见 next 函数的计算仅和模式串本身有关，而和主串无关。其中'$T_1T_2\cdots T_{k-1}$'是'$T_1T_2\cdots T_{j-1}$'的真前缀子串，'$T_{j-k+1}T_{j-k+2}\cdots T_{j-1}$'是'$T_1T_2\cdots T_{j-1}$'的真后缀子串。当 next 函数定义中的集合不为空时，next[j]的值等于串'$T_1T_2\cdots T_{j-1}$'的真前缀子串和真后缀子串相等时的最大子串长度+1。

通过以上分析，推导出模式串'abaabcac'的 next 值的计算过程如表 4.1 所示。

（1）当 j=1 时，由定义得知，next[1]=0；

（2）当 j=2 时，满足 $1<k<j$ 的 k 值不存在，由定义得知 next[2]=1；

表 4.1　模式串'abaabcac'的 next 值推导过程

j 值	子　串	真前缀子串	真后缀子串	结　果
j=3	ab	a	b	串不等
j=4	aba	ab	ba	串不等
		a	a	子串长度为 1
j=5	abaa	aba	baa	串不等
		ab	aa	串不等
		a	a	子串长度为 1
j=6	abaab	abaa	baab	串不等
		aba	aab	串不等
		ab	ab	子串长度为 2
j=7	abaabc	abaab	baabc	串不等
		abaa	aabc	串不等

续表

j 值	子　串	真前缀子串	真后缀子串	结　果
j=7	abaabc	aba	abc	串不等
		ab	bc	串不等
		a	c	串不等
j=8	abaabca	abaabc	baabca	串不等
		abaab	aabca	串不等
		abaa	abca	串不等
		aba	bca	串不等
		ab	ca	串不等
		a	a	子串长度为 1

模式串'abaabcac'的 next 函数值如图 4.8 所示。

在求得模式串的 next 函数之后，匹配可如下进行：假设以指针 i 和 j 分别指示主串 S 和模式串 T 中当前比较的字符，令 i 的初始值为 pos，j 的初值为 1。若在匹配过程中 S_i=T_j，则 i 和 j 分别增 1；否则，i 不变，而 j 退到 next[j] 的位置再比较（即 S_i 和 $T_{next[j]}$进行比较），若相等，则指针各自增 1，否则 j 再退到下一个 next 值的位置，以此类推，直至下列两种可能：一种是 j 退到某个 next 值(next[next[…next[j]]])时字符比较相等，则指针各自增 1 继续进行匹配；另一种是 j 退到 next 值为 0（即与模式串的第一个字符“失配”），则此时需将主串和模式串都同时向右滑动一个位置（此时 j=0，当向右滑动一个位置时，即模式串的第一个字符），即从主串的下一个字符 S_{i+1} 和模式串 T_1 重新开始比较。图 4.9 是 KMP 匹配过程的一个例子（假设 pos=1）。

j	1 2 3 4 5 6 7 8
模式串	a b a a b c a c
next[j]	0 1 1 2 2 3 1 2

图 4.8　模式串'abaabcac'的 next 值

```
           i=1↓ ↓i=2
第一趟匹配   a c a b a a b a a b c a c a a b c
            a b a a b c a c
           j=1↑ ↑j=2  next[2]=1

              ↓i=2
第二趟匹配   a c a b a a b a a b c a c a a b c
              a b a a b c a c
              ↑j=1  next[1]=0

               ↓i=3          ↓i=8
第三趟匹配   a c a b a a b a a b c a c a a b c
                a b a a b c a c
                ↑j=1         ↑j=6 next[6]=3

                          ↓i=8          ↓i=14
第四趟匹配   a c a b a a b a a b c a c a a b c
                          a b a a b c a c
                          ↑j=3          ↑j=9
```

图 4.9　KMP 算法匹配过程示例二

【算法 4.13】

```
int Index_KMP(SString S, int pos, SString T)
{   int  i = pos,  j =1;                          //主串从第 pos 开始，模式串从头开始
    while (i <= S.len && j <=T.len)
    {   if (j==0  ||  S.ch[i] == T.ch[j])    //继续比较后续字符
        {    ++i;
             ++j;
        }
```

```
        else
            j = next[j];                        //模式串向右滑动
    }
    if (j > T.len)    return  i - T.len;        //匹配成功时，返回匹配起始位置
    else return 0;                              //匹配失败时，返回 0
}
```

【next 算法描述】

KMP 算法是在已知模式串 next 函数值的基础上执行的，那么，如何求得模式串的 next 函数值呢？

由定义得知 next[1]=0，假设 next[j]=k，这表明在模式串中存在'$T_1T_2\cdots T_{k-1}$'='$T_{j-k+1}T_2\cdots T_{j-1}$' 这样的关系，其中 k 为满足 $1<k<j$ 的某个值。此时 next[j+1]的值可能有以下两种情况。

（1）如下所示，若 $T_j = T_k$，则表明在模式串中'$T_1T_2\cdots T_k$' = '$T_{j-k+1}T_{j-k+2}\cdots T_j$'

$$\begin{aligned}T &= T_1\cdots T_{j-k+1}\cdots \quad T_{j-1}\ T_j\cdots T_m\\ T &= \underbrace{\quad T_1 \quad \cdots \quad T_{k-1}}_{\text{长度为 } k}\ T_k\cdots\end{aligned}$$

这就是说 next[j+1]= k+1，即 next[j+1] = next[j]+1。

（2）如下所示，若 $T_j \neq T_k$，则表明在模式串中'$T_1T_2\ldots T_k$' ≠ '$T_{j-k+1}T_{j-k+2}\ldots T_j$'

此时可把求 next 函数值的问题看成是一个模式匹配的问题，整个模式串既是主串又是模式串。其中 1<k'<k<j。

$$\begin{aligned}T &= T_1\cdots T_{j-k+1}\cdots T_{j-k'+1}\cdots T_{j-1}\ T_j\cdots T_m\\ T &= \quad T_1 \quad \cdots T_{k-k'+1}\cdots T_{k-1}\ T_k\cdots\\ T &= \qquad\quad T_1 \quad \cdots T_{k'-1}\ T_{k'=next[k]}\end{aligned}$$

① 若 $T_j=T_{k'}$，则 next[j]= k'+1=next[k]+1；

② 若 $T_j\neq T_{k'}$，则继续比较 T_j 和 $T_{next[k']}$，即比较 T_j 和 $T_{next[next[k]]}$；

……

然后一直重复下去，若直到最后 j=0 时都一直比较不成功，则 next[j]=1。

通过以上分析，计算第 j 个字符的 next 值时，需看第 j–1 个字符是否和第 j–1 个字符的 next 值指向的字符相等。

由此推导出模式串 T='abaabcac'的 next 值计算过程如下。

③ 当 j=1 时，由定义得知，next[1]=0。

④ 当 j=2 时，满足 $1<k<j$ 的 k 值不存在，由定义得知 next[2]=1。

⑤ 当 j=3 时，由于 $T_2\neq T_1$，且 next[1]=0，则 next[3]=1。

⑥ 当 j=4 时，由于 $T_3=T_1$，则 next[4]= next[3]+1，即 next[4]=2。

⑦ 当 j=5 时，由于 $T_4\neq T_2$，且 next[2]的值是 1，故继续比较 T_4 和 T_1，
由于 $T_4=T_1$，则 next[5]= next[2]+1，即 next[5]=2。

⑧ 当 j=6 时，由于 $T_5=T_2$，则 next[6]= next[5]+1，即 next[6]=3。

⑨ 当 j=7 时，由于 $T_6\neq T_3$，且 next[3]的值是 1，故继续比较 T_6 和 T_1，
由于 $T_6\neq T_1$，且 next[1]=0，则 next[7]=1。

⑩ 当 j=8 时，由于 T_7=T_1，则 next[8]= next[7]+1，即 next[8]=2。

模式串'abaabcac'的 next 函数值如图 4.8 所示。

【算法 4.14】

```
void Get_Next(SString T, int next[ ])
{    int  j = 1,  k =0;
     next[1]=0;
     while (j < T.len )
     { if  (k==0  ||  T.ch[j] == T.ch[k] )
         {    ++j;
              ++k;
              next[j]=k;
         }
         else     k = next[k];
     }
}
```

【nextval 算法描述】上述定义的 next 函数在某些情况下尚有缺陷。例设主串为'aaabaaaab'，模式串为'aaaab'，则模式串对应的 next 函数值如下所示。

j	1	2	3	4	5
模式串	a	a	a	a	b
next[j]	0	1	2	3	4

在求得模式串的 next 值之后，匹配过程如图 4.10（a）所示。

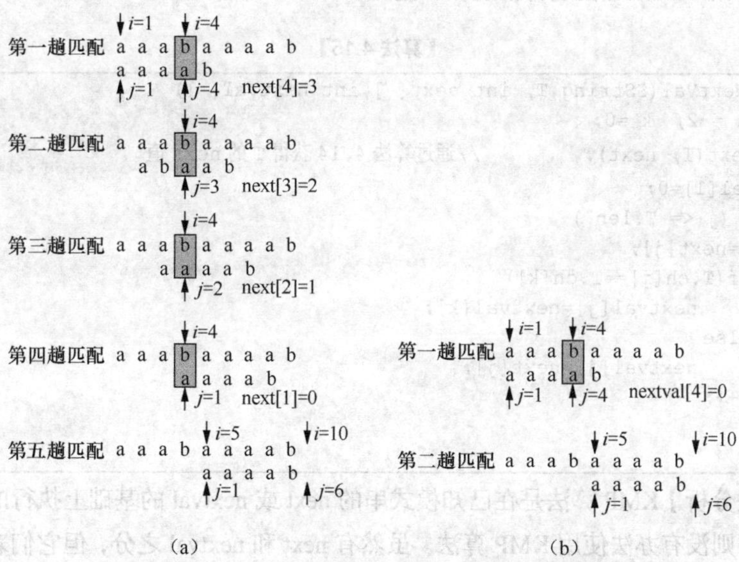

图 4.10 基于 next 和 nextval 的 KMP 匹配过程

从串匹配的过程可以看到，当 i=4，j=4 时，$S_4 \neq T_4$，由 next[j]所示还需进行 i=4、j=3；i=4、j=2；i=4、j=1 这三次比较。实际上，因为模式串中的第 1、2、3 个字符和第 4 个字符都相等（即都是'a'），因此，不需要再和主串中第 4 个字符相比较，而可以将模式一次向右滑动 4 个字符的位置直接进行 i=5、j=1 时的字符比较。

这就是说，若按上述定义得到 next[j]=k，而模式串中 T_j=T_k，则当 $S_i \neq T_j$ 时，不需要进行 S_i 和 T_k 的比较，直接和 $T_{next[k]}$进行比较；换句话说，此时的 next[j]的值应和 next[k]相同，为此将 next[j]

修正为 nextval[j]。而模式串中 $T_j \neq T_k$，则当 $S_i \neq T_j$ 时，还是需要进行 S_i 和 T_k 的比较，因此 nextval[j] 的值就是 k，即 nextval[j]的值就是 next[j]的值。

通过以上分析，计算第 j 个字符的 nextval 值时，要看第 j 个字符是否和第 j 个字符的 next 值指向的字符相等。若相等，则 nextval[j]=nextval[next[j]]；否则，nextval[j]=next[j]。由此推导出模式串 T='aaaab'的 nextval 值计算过程如下。

（1）当 j=1 时，由定义得知，nextval[1]=0。

（2）当 j=2 时，由 next[2]=1，且 $T_2=T_1$，则 nextval[2]=nextval[1]，即 nextval[1]=0。

（3）当 j=3 时，由 next[3]=2，且 $T_3=T_2$，则 nextval[3]=nextval[2]，即 nextval[2]= 0。

（4）当 j=4 时，由 next[4]=3，且 $T_4=T_3$，则 nextval[4]=nextval[3]，即 nextval[4]= 0。

（5）当 j=5 时，由 next[5]=4，且 $T_5 \neq T_4$，则 nextval[5]=next[5]，即 nextval[5]= 4。

模式串'aaaab'的 nextval 函数值如下所示。

j	1	2	3	4	5
模式串	a	a	a	a	b
next[j]	0	1	2	3	4
nextval[j]	0	0	0	0	4

在求得模式串的 nextval 值之后，匹配过程如图 4.10（b）所示。

求 nextval 函数值有两种方法，一种是不依赖 next 数组值，直接用观察法求得；另一种方法是如上所述的根据 next 数组值进行推理，在这里仅介绍第二种方法。

【算法 4.15】

```
void Get_NextVal(SString T, int next[ ],int nextval[ ])
{    int  j = 2,  k =0;
     Get_Next(T, next);          //通过算法 4.14 获得 T 的 next 值
     nextval[1]=0;
     while (j <= T.len )
     {    k=next[j];
          if(T.ch[j]==T.ch[k])
              nextval[j]=nextval[k];
          else
              nextval[j]=next[j];
          j++;
     }
}
```

【KMP 算法分析】KMP 算法是在已知模式串的 next 或 nextval 的基础上执行的，如果不知道它们二者之一，则没有办法使用 KMP 算法。虽然有 next 和 nextval 之分，但它们表示的意义和作用完全一样，因此在已知 next 或 nextval 进行匹配时，匹配算法不变。

通常，模式串的长度 m 比主串的长度 n 要小很多，且计算 next 或 nextval 函数的时间复杂度为 $O(m)$。因此，对于整个匹配算法来说，所增加的计算 next 或 nextval 是值得的。

BF 算法的时间复杂度为 $O(n \times m)$，但是实际执行近似于 $O(n+m)$，因此至今仍被采用。KMP 算法仅当模式串与主串之间存在许多"部分匹配"的情况下，才会比 BF 算法快。KMP 算法的最大特点是主串的指针不需要回溯，整个匹配过程中，主串仅需从头到尾扫描一次，对于处理从外设输入的庞大文件很有效，可以边读边匹配。

4.5 实例分析与实现

在本章的第一节，我们曾提到文本编辑软件所采用的操作对象就是字符串，现在我们对此编辑软件的实现来做详细介绍。

4.5.1 串的实例分析

文本编辑程序是利用计算机进行文字加工的基本软件工具，实现对文本文件的插入、删除等修改操作，甚至用于报刊和书籍的编辑排版。常用的简单文本编辑程序 Edit，文字处理软件 WPS、Word 等，究其实质，都是修改字符数据的形式或格式。可用于文本编辑的程序很多，功能不同且强弱差别很大，但基本操作是一样的，一般都包含串的查找、插入和删除等操作。

对用户来讲，一个文本（文件）可以包括若干页，每页可包括若干行，每行可包括若干字符。对文本编辑器来讲，可把整个文本看成一个字符串，称文本串，页是文本串的子串，行又是页的子串。

第一节提到的源程序文本串在内存中的存储映像如图 4.11 所示，其中↙为换行符。

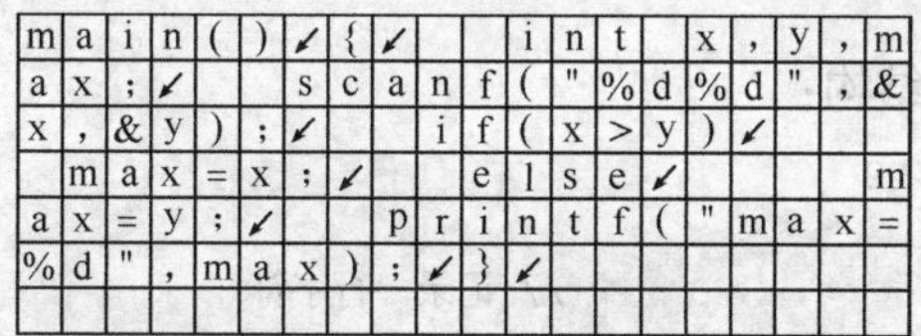

图 4.11 文本格式示例

在编辑时，当前编辑位置允许是文本中的任意位置，可能是文本中的某一页、此页中的某一行、此行中的某个字符，因此为指示当前编辑位置，程序中设立页指针、行指针和字符指针，分别指示当前页、当前行和当前字符。从而文本编辑程序还设立页表、行表便于查找当前编辑位置的所在页、所在行，分别如表 4.2、表 4.3 所示。

表 4.2 页表

页号	起始位置	长度
1	0	112

表 4.3 行表

行号	起始位置	长度
1	0	7
2	7	2
3	9	15
4	24	23
5	47	10
6	57	11
7	68	7
8	75	11
9	86	24
10	110	2

在编辑时，当在某行插入字符时，就要修改行表中该行的长度，若该行的长度超过了分配给它的存储空间，则要重新给它分配存储空间，同时修改它的起始位置和长度。如果要插入或删除

一行，就要进行行表的插入和删除，当行的插入和删除涉及页的变化时，则要对页表进行类似的修改。

4.5.2 简单文本编辑软件的实现

【问题描述】简单的文本编辑器是一种常用的应用程序，用户可以进行浏览、统计、搜索、插入等操作。本节将分析并实现一些基本文本编辑操作，感兴趣的读者可以在本案例的基础上进行扩充，做出自己的 WPS 或 Word。

【问题分析】简单文本编辑器除了文件的保存、打开等操作，还有以下最基本的操作。

（1）文本内容的输入：包括字母、标点符号、数字等。

（2）文本内容的统计：包括文本中大写字母、小写字母、数字、标点符号和空格，以及整篇文章的总字数。

（3）文本内容的查找：在查找过程中统计该字符或字符串在文章中出现的次数。

（4）文本内容的删除：查处某一字符或子串，并将后面的字符前移。

（5）文本内容的插入：在指定位置进行插入等操作。

对于一段文本在输入的过程中，不同用户的每页行数、每行字符数通常不一定相同，并且频繁地进行字符或字符串的插入或删除操作，因此对于每行采用堆存储结构表示串，对于行与行之间采用链式结构的线性表。

简单文本编辑器的存储结构：

```
typedef struct WHString
{
    char *ch;                    // 记录一行字符
    int len;                     // 记录一行字符长度
    struct WHString * next;      // 文本下一行指针
    struct WHString * pre;       // 文本上一行指针
    int row;                     // 记录整篇文本的行数
}WHString;
```

【算法描述】由于篇幅原因，本节仅列出文本内容查找、文本内容删除和文本内容插入这三个算法。其他算法，读者可在学习本节后自行编写。

（1）文本查找算法

【算法 4.16】

```
int SearchWord(WHString search, WHString head)
{   int pos=1, line=1, count=0, len, next[MAXLEN], nextval[MAXLEN];
    WHString * CurrentLine, * tobefree, End;
    HStrInit(&End);  HStrAssign(&End, "#");
    printf("\n\n\t\t 您需要查找的字符或字符串是: ");
    HStrOutput(search);
    CurrentLine = (WHString *)malloc(sizeof(WHString));
    tobefree = CurrentLine;
    * CurrentLine = head;
    len = search.len;
    HGet_NextVal(search, next, nextval);                 // 计算模式串的 nextval 函数值
    while(0 != HStrCompare(*CurrentLine, End))
    {   pos = 1;
        do
```

```
        {   pos = HStrKMP(*CurrentLine, search, pos, nextval);// 依据nextval,进行模式匹配
            if(0 != pos)
            {   printf("\n\t\t 第%d个存在于: 行: %d 列: %d ", count+1, line, pos);
                count++;
                pos = pos + len;
            }
        }while(0 != pos);
        CurrentLine = CurrentLine->next;          // 指向文本下一行
        line++;
    }
    if(0 == count)
    {   printf("\n\t\t 没有找到您需要查找的字符或字符串\n");
        return 0;
    }
    free(tobefree);
    return 1;
}
```

（2）文本删除算法

【算法 4.17】

```
int DeleteWord(WHString del, WHString * head)
{   int pos=1, line=1, count=0, len, i, back, next[MAXLEN], nextval[MAXLEN];
    int delrow[MAXLEN] = {0}, delline[MAXLEN] = {0};
    int delnum = 0;                                   // 记录具体删除的串编号
    WHString * CurrentLine, End;
    HStrInit(&End);  HStrAssign(&End, "#");
    printf("\n\n\t\t 您需要删除的字符或字符串是: ");
    HStrOutput(del);
    CurrentLine = head;
    len = del.len;
    HGet_NextVal(del, next, nextval);                 // 计算模式串的 nextval 函数值
    while(0 != HStrCompare(*CurrentLine, End))        // 查找可删除的所有位置
    {   pos = 1;
        do
        {   pos = HStrKMP(*CurrentLine, del, pos, next);
            if(0 != pos)
            {   delline[count] = line;                // 将可删除的位置逐一存入数组中
                delrow[count] = pos;
                count++;
                pos = pos + len;
            }
        }while(0 != pos);
        CurrentLine = CurrentLine->next;              // 指向文本下一行
        line++;
    }
    if(0 == count)
    {   printf("\n\t\t 没有找到您需要删除的字符或字符串\n"); return 0;
    }
    else
    {   printf("\n\t\t 您需要删除的串: \n");
        for(i = 0; i < count; i++)
```

```
            printf("\n第%d个存在于: 行: %d 列: %d ", i + 1, delline[i], delrow[i]);
        printf("\n\n\t\t 请输入您要删除的串编号:\n");
        scanf("%d", &delnum);                                // 输入删除的串编号
        if(delnum>count)                                     //输入的串编号大于可删除串的总个数
        {   printf("\n\t\t 输入有误!\n\t\t ");  return 0;
        }
        CurrentLine = head;
        i = 1;   line = 1;
        while(1)
        {   if(delline[delnum - 1] == line)
            {   printf("\n\已删除第%d个, 位于行: %d 列: %d \n", delnum,
                                delline[delnum-1],delrow[delnum - 1]);
                HStrDelete(CurrentLine, delrow[delnum - 1], len);
                break;
            }
            else
            {   CurrentLine = CurrentLine->next;                 // 指向文本下一行
                line++;                                          // 文本行号累加
            }
        }
    }
    return 1;
}
```

（3）文本插入算法

【算法 4.18】

```
void InsertWord(WHString ins, WHString * head, int insline, int insrow)
{   WHString * CurrentLine;
    int i=1, line=1;
    CurrentLine = head;
    while(1)
    {   if(insline == line)
        {   printf("\n\t\t 已位于行: %d 列: %d 插入", insline, insrow);
            HStrOutput(ins);
            printf("串\n");
            HStrInsert(CurrentLine, insrow, ins);        // 插入文本串
            break;
        }
        else
        {   CurrentLine = CurrentLine->next;             // 指向文本下一行
            line++;                                      // 文本行号累加
        }
    }
}
```

4.6 算法总结

（1）字符串是一种特殊的线性表，其特殊性在于组成线性表的数据元素仅是一个单字符。

（2）字符串常用的存储方式有定长顺序串、堆串和块链串三种。

（3）顺序串是以一维数组作为存储结构，其运算实现方法类似于线性表的顺序存储结构。

（4）堆串是以动态一维数组作为存储结构，其运算实现方法和顺序串在存储管理上有所不同。

（5）块链串以链表作为存储结构，其运算实现方法类似于链表。

（6）串的模式匹配算法是本章的难点，BF模式匹配算法处理思路简单，但由于需要进行失配后主串回溯的处理，故而时间复杂度较高。改进的KMP模式匹配算法计算失配后模式串向右滑动的最大位置，由于失配后无回溯，故而匹配速度较高。

习　题

一、选择题

1．下面关于串的的叙述中，______是不正确的？

A．串是字符的有限序列　　B．空串是由空格构成的串

C．模式匹配是串的一种重要运算　　D．串既可以采用顺序存储，也可以采用链式存储

2．串是一种特殊的线性表，其特殊性体现在_______。

A．可以顺序存储　　B．数据元素是一个字符

C．可以链接存储　　D．数据元素可以是多个字符

3．串的长度是指________。

A．串中所含不同字母的个数　　B．串中所含字符的个数

C．串中所含不同字符的个数　　D．串中所含非空格字符的个数

4．设有两个串 p 和 q，其中 q 是 p 的子串，求 q 在 p 中首次出现的位置的算法称为_______。

A．求子串　B．联接　C．匹配　D．求串长

5．若串 S='software'，其子串的个数是________。

A．8　B．37　C．36　D．9

二、填空题

1．含零个字符的串称为________串。任何串中所含________的个数称为该串的长度。

2．空格串是指________，其长度等于________。

3．当且仅当两个串的________相等并且各个对应位置上的字符都________时，这两个串相等。一个串中任意个连续字符组成的序列称为该串的________串，该串称为它所有子串的________串。

4．设串 *s*= 'ABCDEFG '，*t*= 'EFG '，*q*= 'XYZ '，下列操作的结果分别是：

StrLength(s)，结果是________；　　StrReplace(s, t, q)，串 *s* 是________；

StrIndex(s, t, 3)，结果是________；　　SubString(str, s, 3, 5)，串 *str* 是________；

StrCat(s, q)，串 *s* 是________。

5．设串 *s*1='ABCDEFG '，*s*2= 'PQRST '，则执行下列操作后，串 *t*1，串 *t*2 分别是：

SubString(t1,s1,2,StrLength(s2))，串 *t*1 是________；

SubString(t2,s1,StrLength(s2),2)，串 *t*2 是________；

StrCat(t1,t2)，串 *t*1 是________。

6．模式串 *s*='abcabaa'的 next 函数值序列是________，nextval 函数值序列是________；模式串 t='abcaabbabcabaacbacba'的 next 函数值序列是________，nextval 函数值序列是________。

三、完成题

1．空串与空格串有何区别?

2．两个字符串相等的充要条件是什么?

3．已知 s='(xyz)+*'，t='(x+z)*y'。利用连接、求子串和置换等基本运算，将 s 转化为 t。

4．已知主串 s= 'adbadbbaabadabbadada'，模式串 t= 'adabbadada'，写出模式串的 nextval 函数值，并由此画出 KMP 算法的匹配过程。

四、算法设计题

1．假定下面所有的串均是顺序串，参数 ch，ch1 和 ch2 均是字符型，编写下列算法。

（1）将串 r 中所有其值为 ch1 的字符换成 ch2 的字符。

（2）将串 r 中所有字符按照相反的次序仍存放在 r 中。

（3）将串 r 中删除其值等于 ch 的所有字符。

（4）从串 r1 中第 index 个字符起求出首次与串 r2 相同的子串的起始位置。

2．编写算法，实现顺序串的基本操作 StrCompare(S,T)。

3．编写算法，实现顺序串的基本操作 StrReplace(S,T,V)。

4．编写算法，实现顺序串的求逆串操作 StrReverse(S,T)，即求串 S 的逆串 T。

5．假定 S 和 T 均是顺序串，编写算法，求串 S 和串 T 的一个最长公共子串。

6．假定 S 和 T 均是顺序串，编写算法，求串 T 在串 S 中出现的次数，如果串 T 不出现则为 0。

7．编写算法，实现堆串的基本操作 StrCompare(S,T)。

8．编写算法，实现堆串的基本操作 StrReplace(S,T,V)。

9．编写算法，实现堆串的求逆串操作 StrReverse(S,T)，即求串 S 的逆串 T。

10．假定 S 和 T 均是结点大小为 1 的块链串，编写算法，求串 S 中第一个不在串 T 中出现的字符。

11．假定 S 和 T 均是结点大小为 1 的块链串，编写算法，将串 S 中首次与串 T 匹配的子串逆置。

12．假定 S 和 T 均是结点大小为 4 的块链串，编写算法，在串 S 的第 k 个字符后插入串 T。

第 5 章 多维数组和广义表

前几章我们介绍的都是简单的线性结构，即其中的数据元素都是非结构的原子类型，元素的值是不可再分的。然而，在有些应用程序中简单的线性表并不能满足需要。因而，可以对简单的线性表进行扩展，实现一些功能更强大、具有更多操作的高级线性结构。多维数组和广义表都可以看成是线性表的扩展，即它们的数据元素构成线性表，而数据元素本身又是一个线性结构。

5.1 应 用 实 例

魔方阵是一个古老的智力问题，它要求在一个 $N\times N$ 的方阵中填入 $1\sim N^2$ 的数字（N 要求为奇数），使得每一行、每一列、每条对角线的累加和都相等。图 5.1、图 5.2 所示为三阶魔方阵和五阶魔方阵。

$$\begin{bmatrix} 6 & 1 & 8 \\ 7 & 5 & 3 \\ 2 & 9 & 4 \end{bmatrix}$$

图 5.1　三阶魔方阵

$$\begin{bmatrix} 15 & 8 & 1 & 24 & 17 \\ 16 & 14 & 7 & 5 & 23 \\ 22 & 20 & 13 & 6 & 4 \\ 3 & 21 & 19 & 12 & 10 \\ 9 & 2 & 25 & 18 & 11 \end{bmatrix}$$

图 5.2　五阶魔方阵

5.2 多 维 数 组

数组的使用非常广泛，在高级程序设计语言中，都提供了数组这种数据类型，而线性表的顺序存储也是用一维数组来实现的。除此之外，数组还是一种数据结构。

多维数组是一维数组的扩展，数组的数组就是多维数组。例如，二维数组可以看成是由“一维数组”的数据元素构成的一维数组，如图 5.3 所示。

同理，三维数组可以看成是由“二维数组”的数据元素构成的一维数组。以此类推，一个 n 维数组可以看成是由“n-1 维数组”的数据元素构成的一维数组。因此，多维数组可以看成是一种特殊的线性表，其特殊性在于表中的数据元素本身也是一个线性表。

数组一旦被定义，它的维数和维界就不再改变。因此，除了结构的初始化和销毁之外，数组的操作只有获得特定位置的元素值和修改特定位置的元素值。这两种操作的关键都是数据元素的定位，即确定给定元素的下标，得到该元素在计算机中的存放位置。其本质都是地址计算问题。

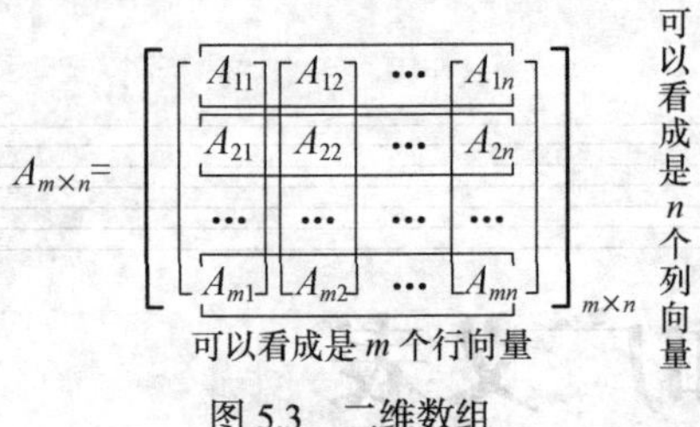

图 5.3　二维数组

对于一维数组，可以使用顺序的存储方式，但是对于多维数组，如何将多维的结构放入一维的地址空间，即如何解决多维数组的存储问题。可以按照某种次序将数组中的所有元素排列成一个线性序列，然后将这个线性序列存放在一维的地址空间，这就是数组的顺序存储结构。

为讨论方便，以下实例数组元素都从下标 1 开始。

1. 一维数组的存储

一维数组的每个元素只含一个下标，实质就是线性表，存储方法同顺序表。假设一维数组为 $A=(A_1,A_2,\cdots,A_i,\cdots A_n)$，每个元素占 L 个存储单元，则元素 A[i]的存储地址为

$$LOC(\text{A[i]})=LOC(\text{A[1]})+(i-1)\times L$$

2. 二维数组的存储

二维数组可以有两种存储方式，行序主序和列序主序。

假设二维数组为 A_{mxn}，每个元素占 L 个存储单元，则元素 A[i][j]的存储地址如下。

行序主序：

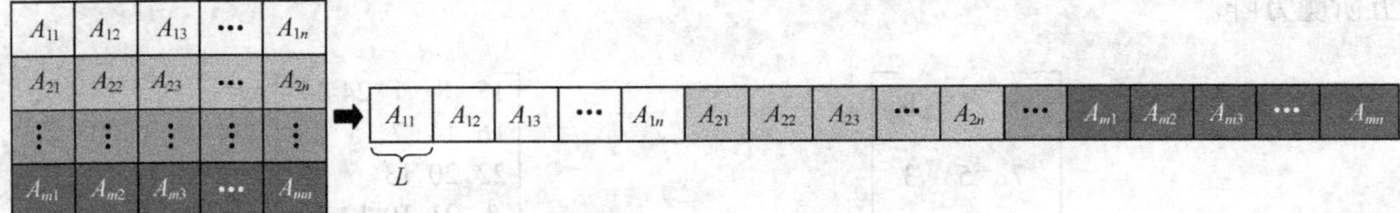

$$LOC(\text{A[i][j]})=LOC(\text{A[1][1]})+(n\times(i-1)+(j-1))\times L$$

列序主序：

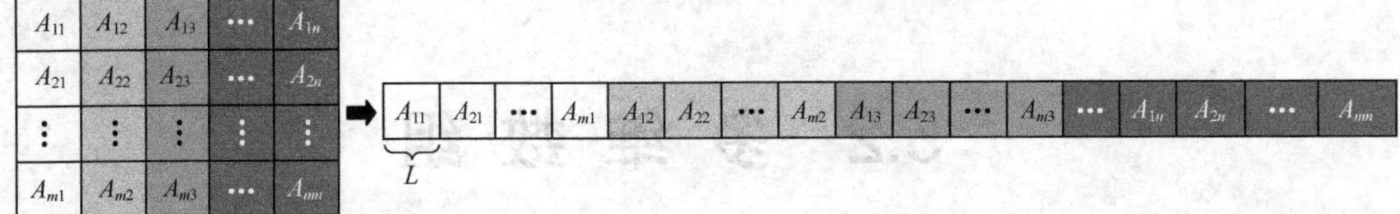

$$LOC(\text{A[i][j]})=LOC(\text{A[1][1]})+(m\times(j-1)+(i-1))\times L$$

3. 三维数组的存储

假设三维数组 $A_{r\times m\times n}$，每个元素占 L 个存储单元，则元素 A[i][j][k]的存储地址为

$$LOC(\text{A[i][j][k]})=LOC(\text{A[1][1][1]})+((i-1)\times m\times n+(j-1)\times n+(k-1))\times L$$

如果以 j_1, j_2, j_3 代替数组元素下标 i, j, k，并且 j_1, j_2, j_3 的下限分别为 c_1,c_2,c_3，上限分别为 d_1,d_2,d_3，每个元素占 size 个存储单元，则 A[j_1][j_2][j_3]的存储地址为

$$LOC(\text{A}[j_1][j_2][j_3])=LOC(\text{A}[c_1][c_2][c_3])+((j_1-c_1)\times(d_2-c_2+1)\times(d_3-c_3+1)+(j_2-c_2)\times(d_3-c_3+1)+(j_3-c_3))\times size$$

4. *n* 维数组的存储

由以上分析推广到一般情况，在 n 维数组中，某数据元素存储位置的映象关系为

$$LOC(\mathrm{A}[\mathrm{j}_1][\mathrm{j}_2]\cdots[\mathrm{j}_n]=LOC(\mathrm{A}[\mathrm{c}_1][\mathrm{c}_2]\cdots[\mathrm{c}_n])+\sum_{i=1}^{n}\alpha_i\times(j_i-c_i),\ 1\leqslant i\leqslant n$$

其中：$\alpha_i = size\times\prod_{k=j+1}^{n}(d_k-c_k+1),(1\leqslant i\leqslant n)$

可以看出，数组元素的存储位置是其下标的线性函数，一旦确定了数组的各维的长度，c_i 就是常数。由于计算各个元素存储位置的时间相等，所以存取数组中任一元素的时间也相等。满足这一特点的存储结构被称为随机存储结构。显然，数组具备随机存储的特征。

【例 5.1】设有二维数组 A[10][20]，其中每个元素占 2 个字节，第一个元素 A[1][1]的存储地址为 100，计算按行优先顺序存储元素 A[4][6]的存储地址，以及按列优先顺序存储时元素 A[5][8]的存储地址。

解：按行优先：A[4][6]=100+[(4−1)×20+(6−1)]×2=230

按列优先：A[5][8]=100+[(8−1)×10+(5−1)]×2=248

5.3　矩阵的压缩存储

在许多科学计算、工程数学，尤其是数值分析等计算问题中，经常都涉及矩阵的运算。有些软件，如 MatLab 提供了矩阵操作，但大多数程序设计语言并没有提供。因此，在编写程序时，通常使用二维数组来表示矩阵。事实上，在一些高阶矩阵中，同时存在许多值相同的元素或者值为零的元素，并且这些元素的分布存在一定的规律，我们称这类矩阵叫做特殊矩阵。

对于这类特殊矩阵，如果按照传统的二维数组进行存储，会有很大的空间浪费。为了节省存储空间，可以对这类矩阵进行压缩存储。

5.3.1　特殊矩阵

1. 三角矩阵

三角矩阵分为上三角矩阵和下三角矩阵两种。

上三角矩阵：指矩阵的主对角线（不包括对角线）下方的元素均为零或常数 c，如图 5.4 所示。

$$\begin{bmatrix} A_{11} & A_{12} & A_{13} & \cdots & A_{1n} \\ c & A_{22} & A_{23} & \cdots & A_{2n} \\ c & c & A_{33} & \cdots & A_{3n} \\ \cdots & \cdots & \cdots & \cdots & \cdots \\ c & c & c & \cdots & A_{nn} \end{bmatrix}$$

图 5.4　上三角矩阵

由于上三角矩阵的有效元素个数只有 $n(n+1)/2$，因而我们可以只将这些有效的元素压缩存储到一维数组中，如果常数 c 不为零，可以将常数 c 放到一维数组的最后一个元素单元中。那么，上三角矩阵中元素 A[i][j]在一维数组中按行序为主序的存储地址为：

LOC(A[i][j])=LOC(A[1][1]) + 前 i−1 行非零元素＋第 i 行中 A[i][j]前非零元素 = LOC(A[1][1]) + $(i-1)(2n-i+2)/2+j-i$

同理，对于下三角矩阵，如图 5.5 所示，元素 A[i][j]在一维数组中按行序为主序的存储地址为：

LOC(A[i][j])=LOC(A[1][1]) + 前 i−1 行非零元素＋第 i 行中 A[i][j]前非零元素 = LOC(A[1][1]) + $i(i-1)/2+j-1$

2. 对角矩阵

对角矩阵是指矩阵中的所有有效元素均集中在以主对角线为中心的带状区域中。我们以三对角矩阵为例讲述对角矩阵的压缩存储。三对角矩阵是指三条对角线以外的元素均为零或者常数，且第一行和最后一行只有两个有效元素，其他行均有三个非零元素，如图 5.6 所示。

$$\begin{bmatrix} A_{11} & c & c & c & c \\ A_{21} & A_{22} & c & c & c \\ A_{31} & A_{32} & A_{33} & c & c \\ \cdots & \cdots & \cdots & \cdots & \cdots \\ A_{n1} & A_{n2} & A_{n3} & \cdots & A_{nn} \end{bmatrix}$$

图 5.5　下三角矩阵

$$\begin{bmatrix} A_{11} & A_{12} & c & c & c & \cdots & c \\ A_{21} & A_{22} & A_{23} & c & c & \cdots & c \\ c & A_{32} & A_{33} & A_{34} & c & \cdots & c \\ c & c & A_{43} & A_{44} & A_{45} & \cdots & c \\ c & c & c & \cdots & \cdots & \cdots & c \\ c & c & c & c & \cdots & A_{nn-1} & A_{nn} \end{bmatrix}$$

图 5.6　三对角矩阵

那么，对于三对角矩阵，元素 A[i][j]在一维数组中按行序为主序的存储地址为：

LOC(A[i][j])=LOC(A[1][1])+3(i–1)–1+j–i+1= LOC(A[1][1])+2(i–1)+j–1

5.3.2　稀疏矩阵

当矩阵中只有极少的非零元素，而且分布也不规律，如果非零元素个数只占矩阵元素总数的25%~30%或低于这个百分数时，这样的矩阵称为稀疏矩阵。

同样，如果按照传统方式进行存储，会有大量的空间浪费（存储了大量零元素）。因此，在实际存储稀疏矩阵时，只需存储少量的非零元素，而不存大量的零元素，从而达到压缩存储的目的。但是，由于稀疏矩阵中的非零元素的分布没有规律，因此存储非零元素时必须增加一些辅助信息，即每一个元素除了元素值本身以外，还要存储它们在矩阵中的位置（行号和列号）。

稀疏矩阵的压缩存储结构一般有两类：三元组顺序表（顺序结构）和十字链表（链式结构）。

1．三元组顺序表

（1）三元组顺序表表示

对于稀疏矩阵中的非零元素来说，行号、列号以及元素值三项值可以唯一地确定该元素。三元组顺序表中的三元恰好反映了这三项值，即（row,col,value），row 代表行号，col 代表列号，value 代表元素值，如图 5.7 所示。

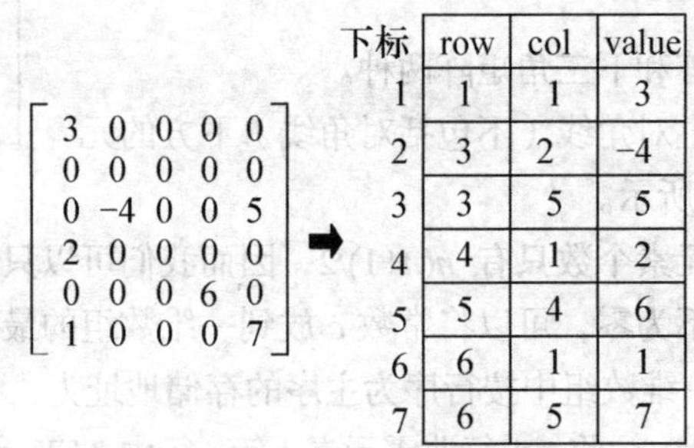

$$\begin{bmatrix} 3 & 0 & 0 & 0 & 0 \\ 0 & 0 & 0 & 0 & 0 \\ 0 & -4 & 0 & 0 & 5 \\ 2 & 0 & 0 & 0 & 0 \\ 0 & 0 & 0 & 6 & 0 \\ 1 & 0 & 0 & 0 & 7 \end{bmatrix}$$

下标	row	col	value
1	1	1	3
2	3	2	-4
3	3	5	5
4	4	1	2
5	5	4	6
6	6	1	1
7	6	5	7

图 5.7　三元组顺序表

可以看出，矩阵中有 7 个非零元素，把三元组按行号递增的顺序排列，如果行号相同则按照列号递增的顺序方式（先行序后列序）。然而，这样仍不能唯一地确定一个稀疏矩阵。例如，图 5.7 所示的矩阵，如果给末行添加两行全零元素的行，那么三元组表并不会发生变化。因此，对于三元组表来说，还必须给出矩阵的总行数、总列数以及非零元素的总数，这样才能唯一地确定一个稀疏矩阵。

由于稀疏矩阵的三元组表是用顺序结构来存储，因而称为三元组顺序表。

三元组顺序表的数据类型描述为：

```
#define MAXSIZE  1000
typedef struct
{
       int    row, col;
       ElementType   value;
}Triple;
 typedef struct
{
       Triple  data[MAXSIZE+1];
       int rows,cols,nums;
}TSMatrix;
```

（2）转置运算

由于三元组顺序表实质是顺序结构，所以这种结构要进行插入、删除等动态操作来说相对复杂。因而，采用这种结构时，还是尽量避免这些动态操作。事实上，对于矩阵来说，经常碰到的操作有转置操作。

矩阵的转置就是把矩阵中的每个元素的行号和列号互换，即把三元组（row,col,value）改变为（col,row,value）。

当稀疏矩阵用三元组顺序表表示时，是以先行序后列序的原则存放非零元素的，这样存放有利于稀疏矩阵的很多运算。但是，如果按照上面的方式进行转置后，三元组顺序表显然不满足这个存放原则了，如图 5.8 所示。

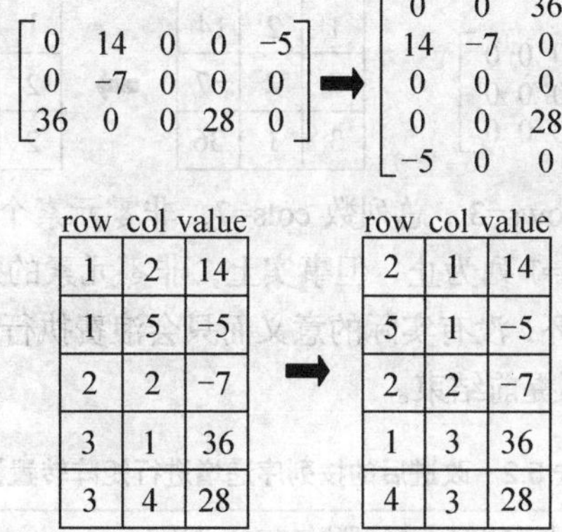

$$\begin{bmatrix} 0 & 14 & 0 & 0 & -5 \\ 0 & -7 & 0 & 0 & 0 \\ 36 & 0 & 0 & 28 & 0 \end{bmatrix} \Rightarrow \begin{bmatrix} 0 & 0 & 36 \\ 14 & -7 & 0 \\ 0 & 0 & 0 \\ 0 & 0 & 28 \\ -5 & 0 & 0 \end{bmatrix}$$

row	col	value
1	2	14
1	5	−5
2	2	−7
3	1	36
3	4	28

➡

row	col	value
2	1	14
5	1	−5
2	2	−7
1	3	36
4	3	28

图 5.8　三元组顺序表的转置

如果转置后依然保持行序主序的规则，就必须对转置后的三元组顺序表按照 row 值进行重新排序，这样，虽然可以满足要求，但是时间代价较大。为了避免这种情况，可以改变转置的思路。

① **按列序递增进行转置**：扫描原三元组，并按照先列序后行序的原则进行。即第 1 遍从原三元组的第一行开始向下搜索列号为 1 的元素，只要找到则顺序存入转置后的三元组表；

第 2 遍仍然从原三元组的第一行开始向下搜索列号为 2 的元素，只要找到则顺序存入转置后的三元组表；

……

第 *n* 遍将列号为 *n* 的元素，依次填入转置后的三元组表。

【算法 5.1　按列序递增进行矩阵转置】

```
void TransposeTSMatrix1(TSMatrix *A,TSMatrix *B)
{
        int i,j,k;
        B->rows=A->cols;
        B->cols=A->rows;
        B->nums=A->nums;
        if(B->nums>0)
        {
            j=1;
            for(k=1; k<=A->cols; k++)
                for(i=1; i<=A->nums; i++)
                    if(A->data[i].col==k)
                    {
                        B->data[j].row=A->data[i].col;
                        B->data[j].col=A->data[i].row;
                        B->data[j].value=A->data[i].value;
                        j++;
                    }
        }
}
```

该段算法的时间主要消耗在双重循环中，时间复杂度为 O(A.cols×A.nums)，而用二维数组存储矩阵进行的转置算法的时间复杂度 O(A.rows×A.cols)，在矩阵为稀疏矩阵的情况下，显然前者的效率要好。实际上，该段算法还可以进行一些改进。

$$\begin{bmatrix} 0 & 14 & 0 & 0 & 0 & 0 & 0 \\ 0 & -7 & 0 & 0 & 0 & 0 & 0 \\ 36 & 0 & 0 & 0 & 0 & 0 & 0 \end{bmatrix}$$

row	col	value
1	2	14
2	2	−7
3	1	36

➡

row	col	value
1	3	36
2	1	14
2	2	−7

【例 5.2】 该矩阵的总行数 rows=3，总列数 cols=7，非零元素个数 nums=3，按照上述方法，外重循环必须从第 1 列找到 cols=7 列为止，但事实上，非零元素的列值变化到 2 就已经结束了，后面第 3～7 列的循环都是空循环，没有实际的意义而只会浪费执行时间。因而，可以利用非零元素的个数加以控制，让外重循环提前结束。

【算法 5.2　改进后的按列序递增进行矩阵转置】

```
void TransposeTSMatrix2(TSMatrix *A,TSMatrix *B)
{
    int i,j,k;
    B->rows=A->cols;
    B->cols=A->rows;
    B->nums=A->nums;
    if(B->nums>0)
    {
        j=1;
            for(k=1; k<=A->cols; k++)
            {
                for(i=1; i<=A->nums; i++)
                    if(A->data[i].col==k)
                    {
                    B->data[j].row=A->data[i].col;
                    B->data[j].col=A->data[i].row;
```

```
                    B->data[j].value=A->data[i].value;
                    j++;
                    }
                if(j>A->nums)  break;
            }
        }
}
```

$$\begin{bmatrix} 2\,0\,0\,0\,0\,0\,0\,0\,0\,0\,1 \\ 0\,0\,0\,0\,0\,3\,0\,0\,0\,0\,0 \\ 0\,0\,0\,0\,0\,0\,0\,0\,0\,0\,0 \end{bmatrix}$$

row	col	value
1	1	2
2	6	3
1	11	1

➡

row	col	value
1	1	2
6	2	3
11	1	1

【例 5.3】该矩阵的总行数 rows=3，总列数 cols=11，非零元素个数 nums=3，按照上述方法，外重循环必须从第 1 列找到 cols=11 列为止，但事实上，找到第 1 列元素之后，第 2 ~ 5 列是空循环，找到第 6 列元素后，第 7 ~ 10 列又为空循环，最后找到第 11 列元素。像这样总列数很大，而且非零元素的列值之间跨度很大的稀疏矩阵，转置时，外重循环可以将控制改为每次找到当前的最小列值，而不是无条件的从第 1 列自增到最后一列。

【算法 5.3　进一步改进后的按列序递增进行矩阵转置】

```
void TransposeTSMatrix3(TSMatrix A,TSMatrix *B)
{
    int i,j,min;
    B->rows=A.cols;
    B->cols=A.rows;
    B->nums=A.nums;
    i=1;
    while(i<=A.nums)
    {
        min=1;
        for(j=2;j<=A.nums;j++)
          if(A.data[j].col<A.data[min].col )   min=j; //记录最小列值的下标
        B->data[i].row=A.data[min].col;
        B->data[i].col=A.data[min].row;
        B->data[i].value=A.data[min].value;
        i++;
        A.data[min].col=A.cols+1;  //考察完的列值标记为最大列值+1，即下次不再考虑
    }
}
```

基于列序递增的转置方法，无论对算法如何进行改进，最终不能摆脱对被转置矩阵的三元组表进行多次扫描，即双重循环，以保证按被转置矩阵列序递增进行。为了彻底改善时间性能，必须将循环重数降低为一重，即对被转置矩阵的三元组表只扫描一次。

② **一次定位快速转置**：该算法是对被转置矩阵的三元组表只扫描一次，使得所有的非零元素一次性存放到转置后的三元组表中。如果可以预先确定原矩阵中每一列的第一个非零元素在转置矩阵中应有的位置，那么在对原矩阵的三元组依次作转置时，便可直接放到转置矩阵的三元组的恰当位置上。为了确定这些位置，在转置前，应先求得原矩阵的每一列中非零元素的个数，进而求得每一列的第一个非零元素在转置矩阵中应有的位置。

具体步骤如下。

a. 扫描原矩阵 A 的三元组表，统计出其中每一列的非零元素的个数，存放到数组 num[col]中（num[col]存放原矩阵 A 中第 col 列的非零元素个数）。

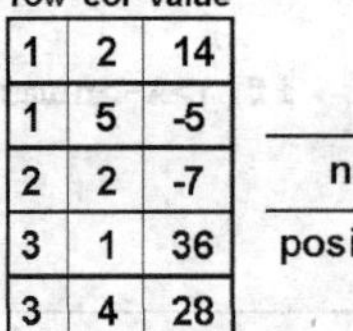

row	col	value
1	2	14
1	5	-5
2	2	-7
3	1	36
3	4	28

col	1	2	3	4	5
num[col]	1	2	0	1	1
position[col]	1	2	4	4	5

```
for(col=1;col<=A.cols;col++)
    num[col]=0;
for(t=1;t<=A->nums;t++)
    num[A->data[t].col]++;
```

b. 计算转置矩阵的每一行在其三元组表中的开始位置，并存放到数组 position[col]中，（position[col] 存放转置矩阵中第 col 行开始位置）。

$$\begin{bmatrix} 0 & 14 & 0 & 0 & -5 \\ 0 & -7 & 0 & 0 & 0 \\ 36 & 0 & 0 & 28 & 0 \end{bmatrix}$$

row	col	value
1	2	14
1	5	-5
2	2	-7
3	1	36
3	4	28

```
position[1] = 1;
for(col=2;col<=A.cols;col++)
   position[col] = position[col-1]+num[col-1];
```

c. 再次扫描原矩阵 A 的三元组表，根据非零元素的列号 col，确定它转置后的行号，查 position 表，按查到的位置直接将该项存入转置三元组表中，并修改 position[col]，将其指向该行下一个元素的存储位置(position[col]++)。

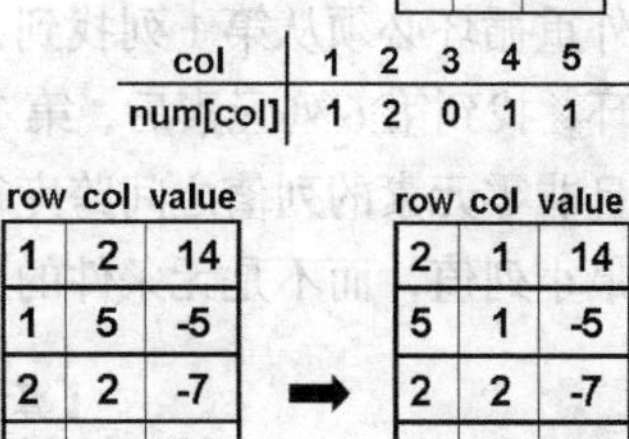

col	1	2	3	4	5
num[col]	1	2	0	1	1

row	col	value
1	2	14
1	5	-5
2	2	-7
3	1	36
3	4	28

➡

row	col	value
2	1	14
5	1	-5
2	2	-7
1	3	36
4	3	28

```
for(p=1;p<=A->nums;p++)
 {
    col=A->data[p].col;
    q=position[col];
    B->data[q].row=A->data[p].col;
    B->data[q].col=A->data[p].row;
    B->data[q].value=A->data[p].value;
    position[col]++;
 }
```

【算法 5.4　一次定位快速转置】

```
void Fast TransposeTSMatrix(TSMatrix *A,TSMatrix *B)
{
    int num[MAXSIZE] ,position[MAXSIZE] ;
    B->rows=A->cols;
    B->cols=A->rows;
    B->nums=A->nums;
    if(B->nums)
    {
           for(col=1;col<=A.cols;col++)
                  num[col]=0;
           for(t=1;t<=A->nums;t++)
                  num[A->data[t].col]++;
           position[1] = 1;
           for(col=2;col<=A.cols;col++)
              position[col] = position[col-1]+num[col-1];
           for(p=1;p<=A->nums;p++)
           {
                col=A->data[p].col;
                q=position[col];
                B->data[q].row=A->data[p].col;
                B->data[q].col=A->data[p].row;
                B->data[q].value=A->data[p].value;
```

```
                    position[col]++;
                }
            }
}
```

2. 十字链表

前面已提到，当矩阵采用三元组顺序表进行存储时，对于矩阵的动态操作来说相对困难，因此，采用链式存储结构表示三元组的线性表更为恰当。用十字链表进行存储，能够灵活地处理因插入或删除运算而产生的新的非零元素，从而方便地实现矩阵的各种运算。

（1）十字链表表示

在十字链表中，矩阵的每一个非零元素用一个结点来表示，每个结点的结构如图 5.9 所示。

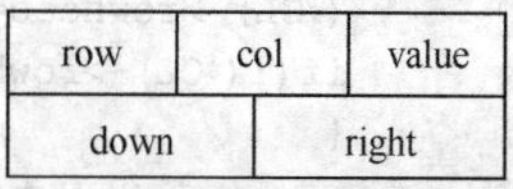

row	col	value
down		right

图 5.9　十字链表结点结构

其中，除了结点的行号、列号以及元素值以外，又增加了两个方向指针（right, down)，分别指向行和列。right：用于链接同一行中的下一个元素；down：用于链接同一列中的下一个元素。整个矩阵构成了一个十字交叉的链表，因此称为十字链表。每一行和每一列的头指针，用两个一维的指针数组来存放。

【例 5.4】如图 5.10 所示的矩阵，图 5.11 为其对应的十字链表存储结构。

$$M=\begin{bmatrix} -3 & 0 & 0 & -5 \\ 0 & -1 & 0 & 0 \\ 8 & 0 & 0 & 7 \end{bmatrix}$$

图 5.10　矩阵

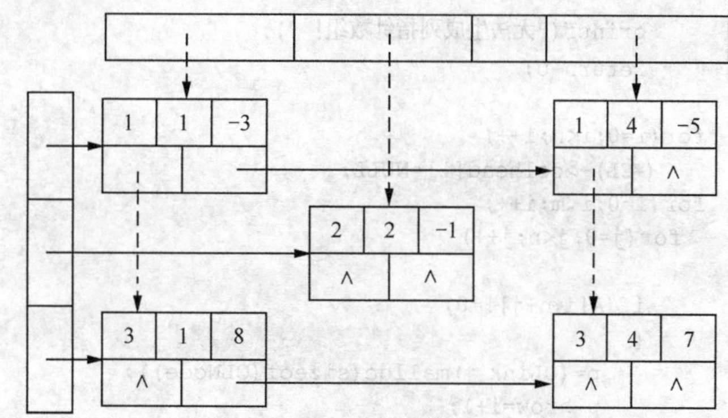

图 5.11　图 5.10 矩阵对应的十字链表

十字链表的数据类型描述为：

```
typedef struct OLNode
{
    int row,col;
    Elemtype value;
    struct OLNode *right,*down;
}OLNode,*OLink;
typedef struct
{
    OLink *rowhead,*colhead;
    int rows,cols,nums;
}*CrossList;
```

（2）十字链表的建立

【算法 5.5　建立十字链表】

```
int InitCrossList(CrossList *CL,Elemtype *A,int m,int n)
{
  int i,j;
```

```
OLNode p,q;
(*CL)=(CrossList)malloc(sizeof(CrossList));
if(!(*CL)->rowhead)
{
    printf("无法生成十字链表! ");
    return 0;
}
(*CL)->rows=m;
(*CL)->cols=n;
(*CL)->nums=0;
(*CL)->rowhead=(OLink *)malloc(m*sizeof(OLink));
if(!(*CL)->rowhead)
{
    printf("无法生成行指针数组! ");
    return 0;
}
for(i=0;i<m;i++)
    (*CL)->rowhead[i]=NULL;
(*CL)->colhead=(OLink *)malloc(n*sizeof(OLink));
if(!(*CL)->colhead)
{
    printf("无法生成列指针数组! ");
    return 0;
}
for(i=0;i<n;i++)
    (*CL)->colhead[i]=NULL;
for(i=0;i<m;i++)
  for(j=0;j<n;j++)
  {
    if(A[i*n+j]!=0)
    {
        p=(OLink *)malloc(sizeof(OLNode));
        p->row=i+1;
        p->col=j+1;
        p->value= A[i*n+j];
        p->right=NULL;
        p->down=NULL;
        (*CL)->nums++;
        if((*CL)->rowhead[i]!=NULL)
        {
            q=(*CL)->rowhead[i];
            while(q->right!=NULL&&q->col<j+1)
                q=q->right;
            p->right=q->right;
            q->right=p;
        }
        else   (*CL)->rowhead[i]=p;
        if((*CL)->colhead[j]!=NULL)
        {
          q=(*CL)->colhead[j];
          while(q->down!=NULL&&q->row<i+1)
              q=q->down;
          p->down=q->down;
          q->down=p;
        }
```

```
            else   (*CL)->colhead[j]=p;
        }
      }
    return 1;
  }
```

5.4 广 义 表

5.4.1 广义表的概念

线性表要求它的每个数据元素必须是结构上不可再分的单个元素，而广义表中的数据元素可以是单个元素，也可以又是一个广义表。因此，广义表可以认为是线性表的推广，线性表是广义表的特例。著名的人工智能语言 Lisp 和 Prolog 都是以广义表作为数据结构。

广义表是 n（$n \geqslant 0$）个元素的有限序列，记作 $LS = (d_1, d_2, \cdots, d_n)$。

其中：

d_i 或者为原子项（原子，一般用小写字母表示），或者为广义表（子表，一般用大写字母表示），n 为广义表的长度。

原子：是作为结构上不可分割的成分，它可以是一个数或一个结构。

子表：若广义表 LS 中的某个元素 d_i 本身也是一个广义表，则称 d_i 为广义表 LS 的子表。

长度：广义表 LS 中元素的个数为 LS 的长度（Length），注意只计算 LS 中直接元素的个数，即 d_i 的个数。

空表：表内没有元素，即长度为 0 的广义表称为空表。

表头与表尾：LS 不为空时，称 d_1 为表头（head），称其余元素组成的子表（$d_2, d_3, \cdots, d_n$）为表尾（tail）。显然，广义表的表尾一定是广义表，但表头不一定。

深度：广义表 LS 的深度 Depth（LS）递归地定义为：

$$\text{Depth(LS)}=\begin{cases}0 & \text{(若LS为原子项)}\\ 1 & \text{(若LS为空表)}\\ 1+\max_i(\text{Depth}(d_i)) & \text{(其他情况)}\end{cases}$$

可以看出，广义表的深度相当于广义表中表达式括号的最大嵌套层数。

递归表：若广义表 LS 中某元素包含其自身，则称 LS 为递归表。

例如：

（1）A=( )空表　Length=0　Depth=1

（2）F=(d,(e))　Length=2　Depth=2　head(F)=d　tail(F)=((e))

（3）D=((a,(b,c)),F)　Length=2　Depth=3　head(D)=(a,(bc))　tail(D)=(F)

（4）C=(A,D,F)　Length=3　Depth=1　head(C)=A　tail(C)=(D,F)

（5）B=(a,B)=(a,(a,(a,···,)))　Length=2　Depth=∞　head(B)=a　tail(B)=(B)递归表

广义表，其实是一种特殊的结构，若不考虑它的元素的内部结构，它是一个线性表，即元素之间的关系是线性关系；但是如果从元素的分层方面讲，广义表是类似树的层次结构；如果从元素的递归性和共享性等方面讲，它具有图结构的特点，特别是它的递归性，使得广义表具有强有力的语言表达能力，这也是广义表最重要的特性。

5.4.2 广义表的存储

由于广义表($d_1,d_2,d_3,\cdots d_n$)中的数据元素可以具有不同的结构（或是原子，或是广义表），因此，除了在少数情况下用顺序存储结构表示外，通常都采用链式存储结构来表示。

1. 头尾链表存储结构

广义表中的每个元素用一个结点来表示，结点有两种类型，一种是原子结点，另外一种是表结点。因而，结点中需设置一个标志域以区分是哪一种结点；其次，原子结点中还有一个域用来说明该元素的数据，而表结点一定可以分解为表头和表尾两部分，因此表结点还有指向表头和指向表尾的两个域，如图 5.12 所示。

图 5.12 广义表的结点结构

数据类型描述为：

```
typedef struct GLNode
{
    int tag;                        //标志域，tag=0 为原子结点，tag=1 为表结点
    union
   {
     AtomType atom;                 //原子结点
     struct
      {
         struct GLNode *head,*tail;    //head 指向表头、tail 指向表尾
      }LNode;                       //表结点
   }atom_LNode;
}GLNode,*GList;
```

【例 5.5】LS_1=(a,(b,c,d))，LS_2= (a, LS_2) = (a, (a, (a,⋯,)))，它们对应的头尾链式存储结构分别如图 5.13、图 5.14 所示。

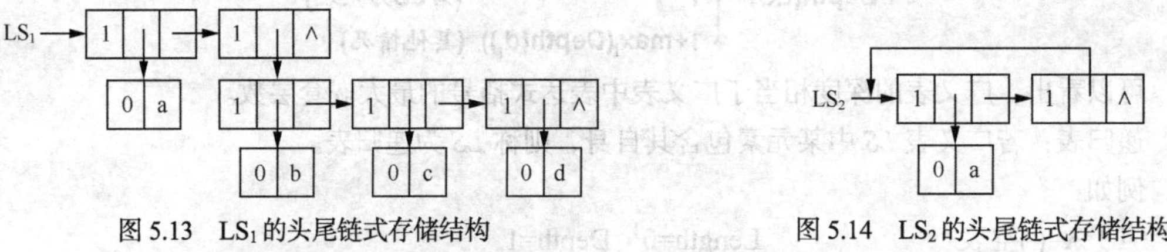

图 5.13 LS_1 的头尾链式存储结构　　图 5.14 LS_2 的头尾链式存储结构

2. 扩展的线性链表存储结构（孩子兄弟存储结构）

在扩展的线性链表存储结构中，原子结点由于不存在孩子结点，所以除了标志域外只用一个 tail 指向兄弟；表结点仍然是三个域，但 head 用来指示第一个孩子，tail 用来指示第一个兄弟，如图 5.15 所示。

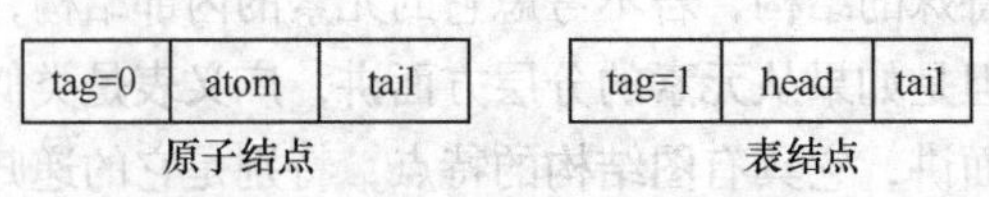

图 5.15 扩展的线性链表结点结构

数据类型描述为：

```
typedef struct GLNode
{
    int tag;
    union
    {
        AtomType atom;
        struct GLNode *head;
    }atom_LNode;
    struct GLNode *tail;
}GLNode,*GList;
```

对于例 5.5 中的两个广义表，对应的扩展的线性链表存储结构分别如图 5.16、图 5.17 所示。

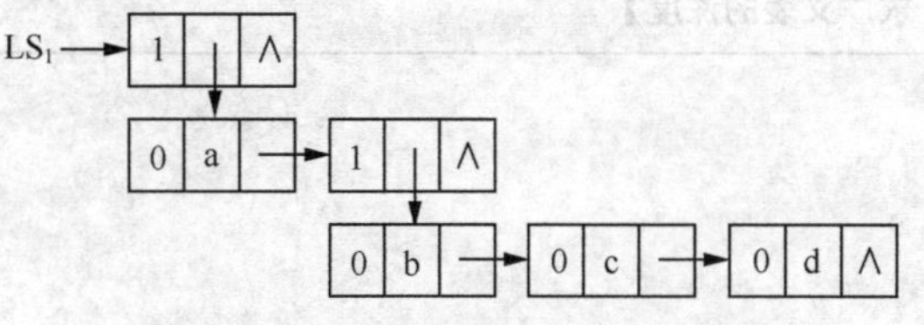

图 5.16　LS_1 的扩展的线性链表存储结构

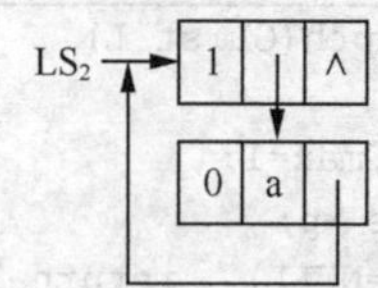

图 5.17　LS_2 的扩展的线性链表存储结构

5.4.3　广义表的操作

在广义表的各种操作中，求广义表的表头和表尾是最重要的操作，通过它们可以递归地处理整个广义表，也可以实现很多其他操作。前面提到的 Lisp 语言和 Prolog 语言，都是通过求表头表尾实现对象的操作。

现在以广义表的头尾链表存储结构介绍广义表的几种操作。

1. 求广义表的表头

【算法 5.6　求广义表的表头】

```
GList LSHead(GList L)
{
    if(L==NULL)  return NULL;
    if(L->tag==0) exit(0);
    else return(L->atom_LNode.LNode.head);
}
```

2. 求广义表的表尾

【算法 5.7　求广义表的表尾】

```
GList LSTail(GList L)
{
    if(L==NULL)  return NULL;
    if(L->tag==0) exit(0);
    else return(L->atom_LNode.LNode.tail);
}
```

3. 求广义表的长度

【算法 5.8　求广义表的长度】

```
int LSLength (GList L)
{
    int len=0;
```

```
    GLNode *p;
    if(L==NULL)   return 0;
    if(L->tag==0) exit(0);
    p=L;
    while(p)
    {
      len++;
      p=p->atom_LNode.LNode.tail;
    }
    return len;
}
```

4. 求广义表的深度

【算法 5.9 求广义表的深度】

```
int LSDepth(GList L)
{
    int d,max=1;
    GLNode *p;
    if(L==NULL)   return 1;
    if(L->tag==0) return 0;
    p=L;
    while(p)
    {
      d=LSDepth(p->atom_LNode.LNode.head);
      if(d>max) max=d;
      p=p->atom_LNode.LNode.tail;
    }
    return max+1;
}
```

5. 求广义表中的原子结点个数

【算法 5.10 求广义表中的原子结点个数】

```
int CountAtom(GList L)
{
    if(L==NULL)   return 0;
    if(L->tag==0) return 1;
    return CountAtom(L->atom_LNode.LNode.head)+ CountAtom(L->atom_LNode.LNode.tail);
}
```

6. 复制广义表

【算法 5.11 复制广义表】

```
int LSCopy(GList L, GList *LCopy)
{
  if(L==NULL)
  {
    *LCopy=NULL;
    return 1;
  }
  *LCopy=(GLNode *)malloc(sizeof(GLNode));
  if(*LCopy==NULL)  return 0;
   (*LCopy)->tag=L->tag;
  if(L->tag==0)   (*LCopy)->atom=L->atom;
  else
```

```
    {
        LSCopy(L->atom_LNode.LNode.head,&((*LCopy)->atom_LNode.LNode.head));
        LSCopy(L->atom_LNode.LNode.tail,&((*LCopy)->atom_LNode.LNode.tail));
    }
    return 1;
}
```

5.5 实例分析与实现

解决魔方阵问题的方法很多，这里采用如下生成规则。

（1）由 1 开始填数，将 1 放在第 0 行的中间位置。

（2）将魔方阵想象成上下、左右相接，每次往左上角走一步，则出现以下情况。

① 左上角超出上边边界，则在最下边相对应的位置填入下一个数字。

② 左上角超出左边边界，则在最右边相对应的位置填入下一个数字。

③ 如果按照上述方法找到的位置已填入数据，则在同一列下一行填入下一个数字。

以图 5.1 所示的三阶魔方阵说明该生成规则，为了方便描述，将矩阵以表格形式表示，具体过程如图 5.18 所示，其中⑦-1，⑦-2 为第 7 步可能出现的两种情况。

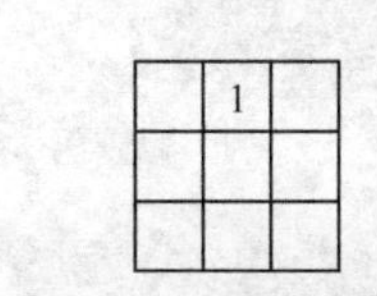

①(3-1)/2=1，将 1 填入(0，1)的位置

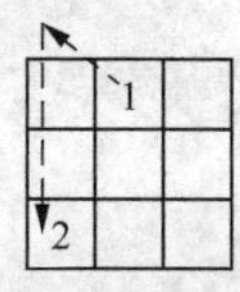

②(0，1)的左上角为(-1，0)，超出上方边界调整到最下边的位置(2，0)，将 2 填入

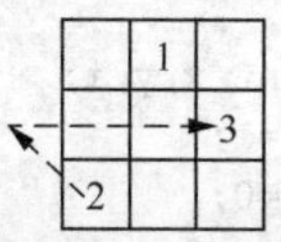

③(2，0)的左上角为(1，-1)，超出左边边界调整到最右边的位置(1，2)，将 3 填入

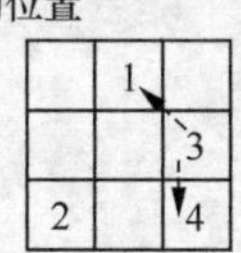

④(1，2)的左上角为(0，1)，已有数字调整到同列下一行的位置(2，2)，将 4 填入

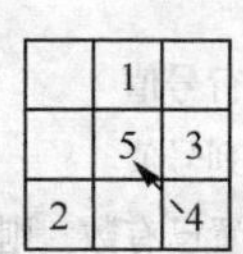

⑤(2，2)的左上角为(1，1)，将 5 填入

⑥(1，1)的左上角为(0，0)，将 6 填入

⑦-1(0，0)的左上角为(-1，-1)，超出上方边界调整到最下边的位置(2，-1)，超出左边界再调整到最右边的位置(2，2)，已有数字调整到同列下一行的位置(1，0)，将 7 填入

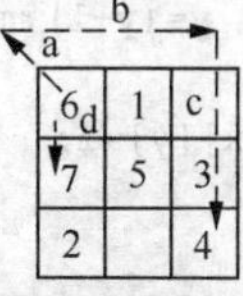

⑦-2(0，0)的左上角为(-1，-1)，超出左边界调整到最右边的位置(-1，2)，超出上方边界再调整到最下边的位置(2，2)，已有数字调整到同列下一行的位置(1，0)，将 7 填入

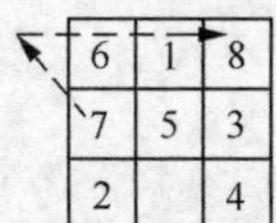

⑧(1，0)的左上角为(0，-1)，超出左边界调整到最右边的位置(0，2)，将 8 填入

⑨(0，2)的左上角为(-1，1)，超出上方边界调整到最下边的位置(2，1)，将 9 填入

图 5.18　三阶魔方阵的生成规则

由以上分析过程可以看出，在一个 *m* 阶魔方阵中，假设某一元素的位置为(x,y)，则它的左上角的位置为$(x-1, y-1)$，那么：

（1）如果 $x-1\geqslant 0$，不用调整，直接填入，否则调整为（$x-1+m$）；

（2）如果 $y-1\geqslant 0$，不用调整，直接填入，否则调整为（$y-1+m$）；

（3）如果所求的位置已经填入数据，则在同一列下一行填入下一个数字。而此时的 *x* 和 *y* 已调整为之前的上一行上一列，所以调整的位置为 *x* 跨两行，*y* 跨一列，即（$x+2, y+1$）。

由于将魔方阵想象成上下、左右相接，故所有的位置都需对 *m* 求模运算。

源代码 5.12 实现了魔方阵的求解。

【源代码 5.12　三阶魔方阵的求解】

```
#include<stdio.h>
#define M 30
void MagicsquareInit(int MS[M][M],int m)
{
    int i,j;
    for(i=0;i<m;i++)
        for(j=0;j<m;j++)
            MS[i][j]=0;  //初始矩阵全部清 0
}
void Magicsquare(int MS[M][M],int m)
{
    int x,y,i;
    i=1;
    x=0;
    y=m/2;
    MS[x][y]=i;          //第 0 行中间位置填 1
    for(i=2;i<=m*m;i++)
    {
        x=(x-1+m)%m;       //左上角的行号值
        y=(y-1+m)%m;       //左上角的列号值
        if(MS[x][y]!=0)    //如果该位置已有数，则填入当前列的下一行
        {
            x=(x+2)%m;
            y=(y+1)%m;
        }
        MS[x][y]=i;
    }
}
void MagicsquarePrint(int MS[M][M],int m)
{
    int i,j;
    for(i=0;i<m;i++)
    {
        for(j=0;j<m;j++)
            printf("%4d",MS[i][j]);
        printf("\n");
    }
}
main()
{
    int MS[M][M];
```

```
    int m;
    printf("请输入要生成的魔方阵的阶数m(m<%d, 且m为奇数):",M);
    scanf("%d",&m);
    MagicsquareInit(MS,m);
    Magicsquare(MS,m);
    MagicsquarePrint(MS,m);
}
```

习　题

一、单项选择题

1．假设整型数组 A（1..8，-2..6，0..6），按行优先存储，第一个元素的首地址是 78，每个数组元素占用 4 个存储单元，那么元素 A[4,2,3]的存储首地址为________。

A．955　　B．958　　C．950　　D．900

2．将一个 A[1..100,1..100]的三对角矩阵，按行优先存入一维数组 B[1..298]中，A 中元素 $A_{66,65}$ 在 B 数组中的位置 k 为________。

A．198　　B．197　　C．196　　D．195

3．若对 n 阶对称矩阵 A 以行序为主序方式将其下三角形的元素（包括主对角线上所有元素）依次存放于一维数组 B［1..(n(n+1))/2］中，则在 B 中确定 a_{ij}（$i<j$）的位置 k 的关系为________。

A．$i\times(i-1)/2+j$　　B．$j\times(j-1)/2+i$　　C．$i\times(i+1)/2+j$　　D．$j\times(j+1)/2+i$

4．设 A 是 $n\times n$ 的对称矩阵，将 A 的对角线及对角线上方的元素以列为主的次序存放在一维数组 B[1..n(n+1)/2]中，对上述任一元素 $a_{ij}(1\leqslant i,\ j\leqslant n$，且 $i\leqslant j)$在 B 中的位置为________。

A．$i(i-1)/2+j$　　B．$j(j-1)/2+i$　　C．$j(j-1)/2+i-1$　　D．$i(i-1)/2+j-1$

5．tail（head（((a,b,c,d,e))））=________。

A．a　　B．b c　　C．Φ　　D．(b,c,d,e)

二、完成题

1．已知数组 A[3..8,2..6]以列序为主序顺序存储，起始地址为 1000，且每个元素占 4 个存储单元，求：

（1）数组 A 的元素总数；

（2）分别计算 A[4][5]和 A[6][3]的地址；

（3）表示元素 A[i][j]的地址计算公式。

2．写出 n 维数组按列序为主序进行存储的地址计算公式。

3．一个 n 阶对称矩阵 A，其上三角各元素按行序为主序存放于一维数组 B 中，请编写算法给出 B[k]和 A[i][j]的关系。

4．设有三对角矩阵 $A_{n\times n}$，将其三条对角线上的元素逐行压缩存储到一个大小为 $3n$-2 的一维数组 B 中（下标从 1 开始），使得 B[k]=A[i][j]，求：

（1）用 i、j 表示 k 的下标变换公式；

（2）用 k 表示 i、j 的下标变换公式。

三、算法设计题

1．鞍点是指矩阵中的元素 A[i][j]是第 i 行中值最小的元素，同时又是第 j 列中值最大的元素。试设计一个算法求矩阵 A 的所有鞍点。

2. 设计一个算法，实现将一维数组 A（下标从 1 开始）中的元素循环右移 *k* 位，要求只用一个元素大小的辅助空间，并给出算法的时间复杂度。

3. 已知两个稀疏矩阵 *A* 和 *B* 以三元组顺序表进行存储，编写算法实现 *A*+*B*。

4. 编写程序以三元组格式输出十字链表表示的矩阵。

5. 编写用十字链表存储稀疏矩阵的转置算法。

6. 编写十字链表的删除操作的算法。

7. 已知一个广义表 *A*，设计算法实现计算 *A* 中原子结点值的和。

8. 已知一个广义表 *A*，设计算法实现在 *A* 中查找值为 *x* 的结点。

9. 设计算法判断两个广义表是否相同的算法。

第 6 章 树

前面的第 2 至 5 章讨论的数据结构均属于线性结构，线性结构的特点是数据元素间具有唯一前驱、唯一后继的关系，其主要用于对客观世界中线性数据关系进行描述。而客观世界中许多事物间的关系并非如此简单，例如，人类社会的族谱以及各种社会机构的组织结构等，这些事物间的关系是一对多的层次关系；另如，城市的道路交通以及通信网络等，这些事物间的关系又是多对多的网状关系。本章与下章将要介绍的树和图，即是对这些非线性结构的讨论。

本章讨论的树形结构是元素之间具有分支，且具有层次关系的结构，其分支、分层的特征类似于自然界中的树木。本章重点讨论树特别是二叉树的特性、存储及其操作实现，并介绍树的几个应用实例。

6.1 应用实例

树形结构在客观世界中的应用极为广泛，除上面提到的人类社会的族谱结构、各种社会机构的组织结构等，在现代的数据通信、数据压缩、等价类问题处理方面，以及在计算机领域中编译系统的语法结构描述、数据库系统的信息组织与检索、操作系统中的文件目录组织结构等方面，树形结构均为重要的描述及实现工具。

应用实例一：数据压缩问题

在信息传输、数据压缩问题中，我们总是希望找到一种编码能将待处理数据压缩得尽可能的短。此类问题我们可以用即将学习的哈夫曼树及其编码加以解决。

例如，我们要传输的数据为‘ABACABADAB’，应将其转换为二进制 0，1 表示的字符串以便传输。上述数据由 4 个不同的字符 A、B、C、D 组成，若采用等长编码，则可如表 6.1（a）所示，每个字符编码为两位，上述数据为 10 个字符，其编码结果总长为 20 位。若希望进一步压缩编码结果长度，可根据 A、B、C、D 出现的频率，给出现频率高的字符尽可能短的编码，出现频率不高的字符编码可以略长一些，即可按表 6.1（b）进行编码，则上述数据编码结果为‘01001100100111010’，总长是 17 位。

上述表 6.1（b）中的编码，是以字符 A、B、C、D 在数据串‘ABACABADAB’中出现的次数 5、3、1、1 为权值，构造如图 6.1 所示的哈夫曼树而得到的哈夫曼编码，有关哈夫曼树及其编码的内容，我们将在 6.7 节详细介绍。

表 6.1　　字符的不同编码方案

（a）

字　符	编　码
A	00
B	01
C	10
D	11

（b）

字　符	编　码
A	0
B	10
C	110
D	111

应用实例二：表达式的树形表示

任意一个表达式，均可以用树形结构来表示，由于大部分的算术运算符有两个操作数，所以可用二叉树来表示一个算术表达式，如图 6.2 所示的二叉树表示的是表达式(A+B)*(C/D-E)，可见表达式树中并无括号，但其结构却有效地表达了其运算符间的运算次序。另外，利用二叉树的遍历等操作，还可得到表达式的三种不同的表示形式：前缀表达式、中缀表达式、后缀表达式，并可以实现表达式的求值运算，相关内容我们将在 6.8 节详细介绍。

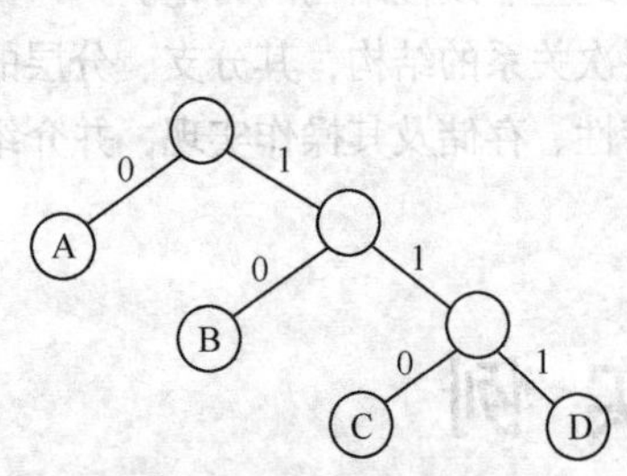

图 6.1　哈夫曼树及编码示例

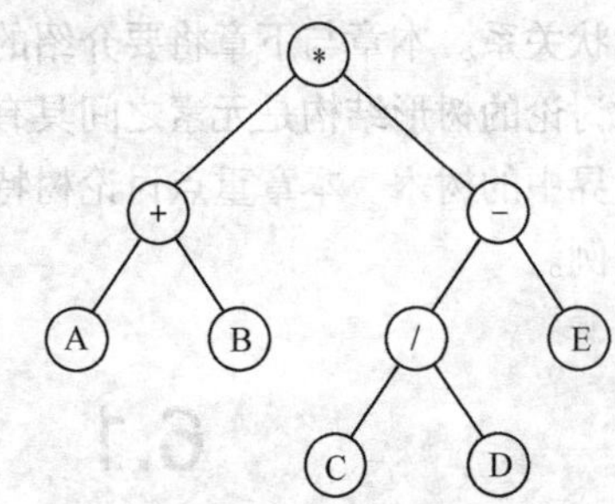

图 6.2　表达式树

应用实例三：等价类划分问题

等价关系是现实世界中广泛存在的一种关系，许多应用问题可归结为按给定的等价关系将集合划分为等价类的问题。问题可描述为：若 R 是集合 S 上的一个等价关系，则由 R 可得到集合 S 的唯一划分，即可以按 R 将 S 划分为若干个不相交的子集 S_1，S_2，…，这些子集的并集等于 S，子集 S_i 称为 S 的 R 等价类。

集合结构的存储与操作可由多种方法实现，上述等价类划分问题需对集合进行三种操作：其一是构造单元素集合，其二是判定某元素所在的子集，其三是归并两个子集为一个集合。一种高效的实现上述操作的办法是选用树形结构表示集合。例如，现有集合 S_1={1，2，3，4}和 S_2={5，6，7}，要实现 S_1 与 S_2 的“并”运算，即求 S_3= $S_1 \cup S_2$，则可如图 6.3 所示，用树形结构实现。其具体内容，我们将在 6.8 节详细介绍。

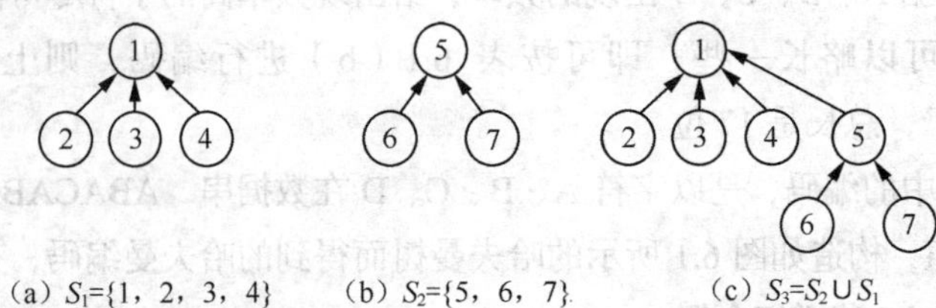

图 6.3　等价类的表示与实现

应用实例四：*N*皇后问题

*N*皇后问题要求在一个 $N\times N$ 格的棋盘上放置 *N* 个皇后，使其互不攻击。按规则，互不攻击的约束条件为：任意两个皇后不能处于同一行、同一列或同一对角线上，现要求给出满足约束条件的所有棋盘布局。

求解 *N* 皇后问题有多种方法，一种常用且有效的方法是回溯法，其用树形结构描述问题的求解过程。图 6.4 表示的是 N=4 时求解过程中棋盘变化的情况，可见树形结构恰好反映了棋盘布局变化的规律，6.8 节将介绍回溯法用树的遍历求解该问题的具体方法。

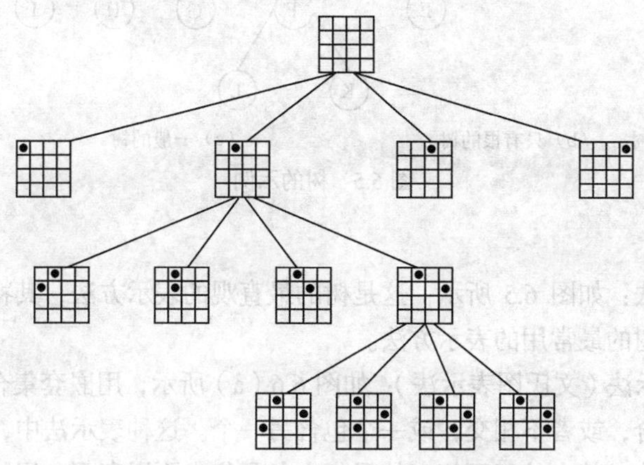

图 6.4 四皇后问题棋盘布局状态树局部

上述各问题的解决，均要应用树形结构，而每个问题应用树结构的方式方法、应用角度是不尽相同的，因此，我们有必要从树的基本概念、特性、存储及基本操作学起，从而不仅可以学会解决上述问题，还可以学会用树形结构解决更广泛领域的更多问题。

6.2 树的概念

6.2.1 树的定义与表示

1. 树的定义

树（Tree）是 *n*（$n\geqslant 0$）个结点的有限集合。当 n=0 时，称为空树；当 n>0 时，该集合满足如下条件。

（1）有且仅有一个称为根（root）的特定结点，该结点没有前驱结点，但有零个或多个直接后继结点。

（2）除根结点之外的 n–1 个结点可划分成 $m(m\geqslant 0)$个互不相交的有限集 T_1，T_2，T_3，…，T_m，每个 T_i 又是一棵树，称为根的子树（Subtree）。每棵子树的根结点有且仅有一个直接前驱，其前驱就是树的根结点，同时可以有零个或多个直接后继结点。

树的定义采用了递归定义的方法，即树的定义中又用到了树的概念，这正好反映了树的固有特性。

如图 6.5 所示，（a）是一棵空树，（b）是只有一个根结点的树，（c）是有 13 个结点的一棵树，A 是根结点，其余结点分为三个互不相交的子集：T_1={B，E，F，K，L}，T_2={C，G}，T_3={D，

H，I，J，M}，T_1、T_2 及 T_3 自身均是一棵树且为树根 A 的子树。在 T_1 中，根为 B，其余结点分为两个互不相交的子集：T_{11}={ E }，T_{12}={F，K，L}，T_{11} 和 T_{12} 均为 B 的子树。整体看来图 6.5（c）就如同一棵倒长的大树。

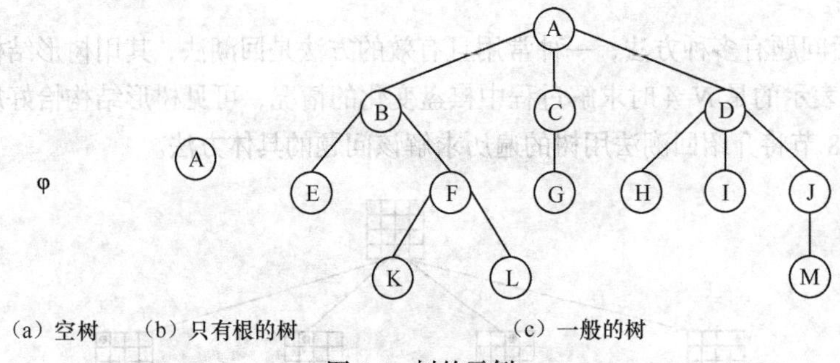

（a）空树　（b）只有根的树　（c）一般的树

图 6.5　树的示例

2. 树的表示方法

（1）树形图表示法：如图 6.5 所示，这是树的最直观的表示方法，其特点是对树的逻辑结构描述非常直观，它是树的最常用的表示方法。

（2）嵌套集合表示法（文氏图表示法）：如图 6.6（a）所示，用嵌套集合的形式表示树，嵌套集合即指任意两个集合，或者不相交，或一个包含另一个。这种表示法中，根结点表示为一个大的集合，其各棵子树构成其中的互不相交的子集，各子集中再嵌套下一层的子集，如此构成整棵树的嵌套表示。

（3）广义表表示法（嵌套括号表示法）：如图 6.6（b）所示，以广义表的形式表述树，将根作为由各子树组成的广义表的名字写在表的左边，形成广义表表示法。

（4）凹入表示法：如图 6.6（c）所示，用位置的缩进表示其层次，类似于书的目录，常见的程序的锯齿形书写形式即是这种表示结构。

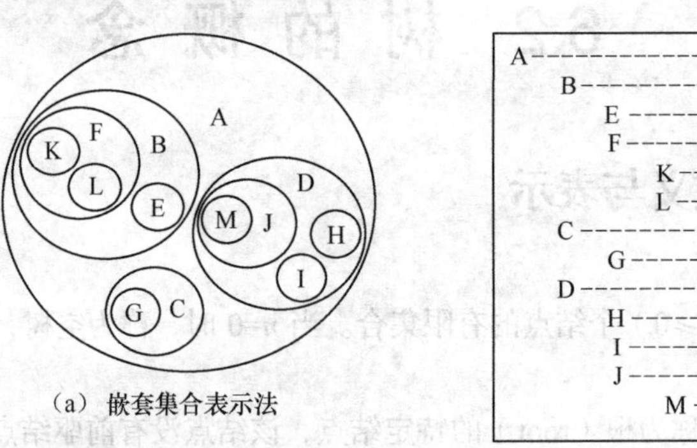

（a）嵌套集合表示法

A(B，(E，F(K，L))，C(G)，D(H，I，J(M)))

（b）广义表表示法

```
A-------------
   B-----------
      E---------
      F---------
         K
         L
   C-----------
      G---------
   D-----------
      H---------
      I
      J---------
         M------
```

（c）凹入表示法

图 6.6　树的表示方法

6.2.2　树的基本术语

以下列出一些有关树的基本术语。

结点（Node）：包含一个数据元素及若干指向其子树的分支。如图 6.5（c）中的树有 A、B、

C、D、E 等 13 个结点。

结点的度（Degree）：结点拥有子树的个数称为该结点的度。如图 6.5（c）中结点 A 的度为 3，结点 B 的度为 2。

树的度：树中所有结点的度的最大值。如图 6.5（c）树的度为 3。

叶子结点（Leaf）：度为 0 的结点称为叶子结点，也称终端结点。如图 6.5（c）中结点 E、K、L、G 等均为叶子结点。

内部结点（Lnternal node）：度不为 0 的结点称为内部结点，也称为分支结点或非终端结点。如图 6.5（c）中结点 B、C、D 等均为内部结点。

我们借助人类族谱的一些术语，描述树中结点之间的关系，以便直观理解。

孩子结点（Child）：结点的子树的根（即直接后继）称为该结点的孩子结点。如图 6.5（c）中结点 B、C、D 是 A 结点的孩子结点，结点 E、F 是 B 结点的孩子结点。

双亲结点（Parent）：结点是其子树的根的双亲，即结点是其孩子的双亲。如图 6.5（c）中结点 A 是 B、C、D 的双亲结点，结点 D 是 H、I、J 的双亲结点。

兄弟结点（Sibling）：同一双亲的孩子结点之间互称兄弟结点。如图 6.5（c）中结点 H、I、J 互为兄弟结点。

堂兄弟：双亲是兄弟或堂兄弟的结点间互称堂兄弟结点。如图 6.5（c）中结点 E、G、H 互为堂兄弟，结点 L、M 也互为堂兄弟。

祖先结点（Ancestor）：结点的祖先结点是指从根结点到该结点的路径上的所有结点。如图 6.5（c）中结点 K 的祖先是 A、B、F 结点。

子孙结点（Descendant）：结点的子孙结点是指该结点的子树中的所有结点。如图 6.5（c）中结点 D 的子孙有 H、I、J、M 结点。

结点的层次（Level）：结点的层次从树根开始定义，根为第一层，根的孩子为第二层。若某结点在第 k 层，则其孩子就在第 k+1 层，依此类推。如图 6.5（c）中结点 C 在第二层，结点 M 在第四层。

树的深度（Depth）：树中所有结点层次的最大值称为树的深度，也称树的高度。如图 6.5（c）中的树的深度为 4。

前辈：层号比该结点层号小的结点，都可称为该结点的前辈。如图 6.5（c）中结点 A、B、C、D 都可称为结点 E 的前辈。

后辈：层号比该结点层号大的结点，都可称为该结点的后辈。如图 6.5（c）中结点 K、L、M 都可称为结点 E 的后辈。

森林（Forest）：$m(m\geqslant 0)$棵互不相交的树的集合称为森林。在数据结构中，树和森林不像自然界中有明显的量的差别，可以称 0 棵树、1 棵树为森林。任意一棵非空的树，删去根结点就变成了森林；反之，给森林中各棵树增加一个统一的根结点，就变成了一棵树。

有序树（Ordered tree）和无序树（Unordered tree）：树中结点的各棵子树从左到右是有特定次序的树称为有序树，否则称为无序树。

6.2.3　树的抽象数据类型定义

下面给出树的抽象数据类型定义。

ADT　Tree

数据对象 D：D 是具有相同特性的数据元素的集合。

数据关系 R：若 D 为空集，则 Tree 为空树；若 D 非空，则 R={H}，H 为如下二元关系：

（1）在 D 中存在唯一的称为根的数据元素 root，它在关系 H 下没有前驱；

（2）除 root 以外 D 中每个元素在关系 H 下都有且仅有一个直接前驱。

基本操作 P：

初始化操作 InitTree(Tree)：将 Tree 初始化为一棵空树。

销毁树操作 DestoryTree(Tree)：销毁树 Tree。

创建树操作 CreateTree(Tree)：创建树 Tree。

清空树操作 ClearTree(Tree)：将 Tree 清为空树。

树判空函数 TreeEmpty(Tree)：若 Tree 为空则返回 TRUE，否则返回 FALSE。

求树深函数 TreeDepth(Tree)：返回树 Tree 的深度（高度）。

求树根函数 Root(Tree)：返回树 Tree 的根。

求双亲函数 Parent(Tree,x)：树 Tree 存在，x 是 Tree 中的某个结点，若 x 为非根结点则返回它的双亲，否则返回“空”。

求首孩子函数 FirstChild(Tree,x)：树 Tree 存在，x 是 Tree 中的某个结点，若 x 为非叶子结点，则返回它的第一个孩子（即最左孩子）结点，否则返回“空”。

求右兄弟函数 NextSibling(Tree,x)：树 Tree 存在，x 是 Tree 中的某个结点，若 x 不是其双亲的最后一个孩子，则返回 x 右边的兄弟结点，否则返回“空”。

求结点值函数 Value(Tree,x)：树 Tree 存在，x 是 Tree 中的某个结点，函数返回结点 x 的值。

结点赋值操作 Assign(Tree,x,v)：树 Tree 存在，x 是 Tree 中的某个结点，将 v 的值赋给 x 结点。

插入操作 InsertChild(Tree,p,Child)：树 Tree 存在，p 指向 Tree 中某个结点，非空树 Child 与 Tree 不相交，将 Child 插入 Tree 中，成为 p 所指结点的一颗子树。

删除操作 DeleteChild(Tree,p,i)：树 Tree 存在，p 指向 Tree 中某个结点，删除 p 所指结点的第 i 棵子树（1≤i≤d，d 为 p 所指结点的度）。

遍历操作 TraverseTree((Tree,Visit())：树 Tree 存在，Visit()是对结点进行访问的函数。按照某种次序对 Tree 中的每个结点调用 Visit()函数访问且仅访问一次。一旦 Visit()失败，则操作失败。

树的应用极为广泛，在不同的应用系统中，树的基本操作集以及各操作的定义不尽相同。

6.3 二 叉 树

在讨论一般树的存储及操作之前，我们先研究一种简单而非常重要的树形结构——二叉树。因为一般树都可以转化为二叉树进行处理，而二叉树的存储及操作均较为简单，适合于计算机处理，所以二叉树是学习的重点。

6.3.1 二叉树的定义

二叉树（Binary Tree）是 n（$n\geqslant 0$）个结点的有限集合。当 n=0 时，称为空二叉树；当 n>0 时，该集合由一个根结点及两棵互不相交的，被分别称为左子树和右子树的二叉树组成。

以前面定义的树为基础，二叉树可以理解为是满足以下两个条件的树形结构。

（1）每个结点的度不大于 2。

（2）结点每棵子树的位置是明确区分左右的，不能随意改变。

由上述定义可以看出：二叉树中的每个结点只能有0、1或2个孩子，而且孩子有左右之分，即使仅有一个孩子，也必须区分左右。位于左边的孩子（或子树）叫左孩子（左子树），位于右边的孩子（或子树）叫右孩子（右子树）。

二叉树也是树形结构，故上一节所介绍的有关树的术语都适用于二叉树。

图6.7展示了二叉树的五种基本形态。

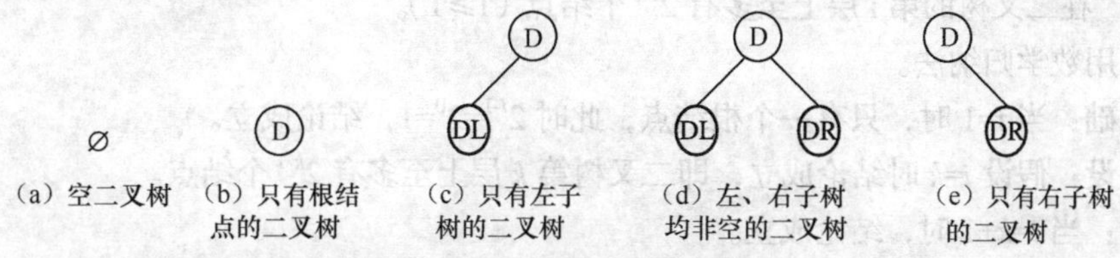

图6.7 二叉树的五种基本形态

图6.7（a）所示为一棵空的二叉树；图6.7（b）所示为一棵只有根结点的二叉树；图6.7（c）所示为一棵右子树为空，只有左子树的二叉树，其左子树仍是一棵二叉树；图6.7（d）所示为左、右子树均非空的二叉树，其左、右子树也均为二叉树；图6.7（e）所示为一棵左子树为空，只有右子树的二叉树，其右子树也是一棵二叉树。

下面给出二叉树的抽象数据类型定义。

ADT BinaryTree

数据对象D：D是具有相同特性的数据元素的集合。

数据关系R：若D为空集，则BinaryTree为空二叉树；若D非空，则R={H}，H为如下二元关系：

（1）在D中存在唯一的称为根的数据元素root，它在关系H下没有前驱；

（2）除root以外D中每个元素在关系H下都有且仅有一个直接前驱，且最多可有两个分别被称为左孩子和右孩子的直接后继。

基本操作P：

初始化操作Initiate(bt)：将bt初始化为空二叉树。

创建二叉树操作Create(bt)：创建一棵非空二叉树bt。

销毁二叉树操作Destory(bt)：销毁二叉树bt。

清空二叉树操作Clear(bt)：将bt置为空树。

二叉树判空函数IsEmpty(bt)：若bt为空，返回TRUE，否则返回FALSE。

求二叉树根函数Root(bt)：求二叉树bt的根结点。若bt为空二叉树，则函数返回"空"。

求二叉树深函数Depth(bt)：返回二叉树bt的深度（高度）。

求双亲函数Parent(bt,x)：求二叉树bt中结点x的双亲结点。若结点x是二叉树的根结点或二叉树bt中无结点x，则返回"空"。

求左孩子函数LeftChild(bt,x)：求二叉树bt中结点x的左孩子，若x无左孩子或bt中无结点x，则返回"空"。

求右孩子函数Righchild(bt,x)：求二叉树bt中结点x的右孩子，若x无右孩子或bt中无结点x，则返回"空"。

先序遍历操作PreOrder(bt)：按先序次序访问二叉树中每个结点一次且仅一次。

中序遍历操作 InOrder(bt)：按中序次序访问二叉树中每个结点一次且仅一次。

后序遍历操作 PostOrder(bt)：按后序次序访问二叉树中每个结点一次且仅一次。

层次遍历操作 LevelOrder(bt)：按层次依次访问二叉树中每个结点一次且仅一次。

6.3.2 二叉树的性质

二叉树具有以下重要性质。

性质 1 在二叉树的第 i 层上至多有 2^{i-1} 个结点（i≥1）。

证明：用数学归纳法。

归纳基础：当 i=1 时，只有一个根结点，此时 $2^{i-1}=2^0=1$，结论成立。

归纳假设：假设 $i=k$ 时结论成立，即二叉树第 k 层上至多有 2^{k-1} 个结点。

欲证明：当 $i=k+1$ 时，结论成立。

因二叉树中每个结点的度最大为 2，则第 k+1 层的结点数最多为第 k 层上结点数的 2 倍，又由归纳假设可知，第 k 层至多有 2^{k-1} 个结点，所以，第 k+1 层上结点数至多为：

$$2\times2^{k-1}=2^k=2^{i-1} \qquad \text{故结论成立。}$$

性质 2 深度为 k 的二叉树至多有 2^k-1 个结点（k≥1）。

证明：二叉树结点总数的最大值应该是：将二叉树上每层结点数的最大值相加。所以，深度为 k 的二叉树的结点总数至多为：

$$\sum_{i=1}^{k} \text{第 } i \text{ 层结点数的最大值} = \sum_{i=1}^{k} 2^{i-1}=2^k-1 \qquad \text{故结论成立。}$$

性质 3 对任意一棵二叉树 T，若终端结点数为 n_0，度为 2 的结点数为 n_2，则 $n_0= n_2+1$。

证明：设二叉树中结点总数为 N，度为 1 的结点数为 n_1。因为，二叉树中只存在度为 0、1 或 2 的结点，所以：

$$N = n_0 + n_1 + n_2 \tag{6-1}$$

再设二叉树中分支条数为 B。因为，二叉树中除根结点外，每个结点均对应一条由其双亲结点射出的，且进入该结点的分支，所以有：

$$N = B + 1 \tag{6-2}$$

又因为，二叉树中的分支都是由度为 1 和度为 2 的结点射出，度为 1 的结点射出 1 条分支到其孩子，度为 2 的结点射出 2 条分支到其孩子，所以有：

$$B = n_1 + 2n_2 \tag{6-3}$$

由式（6-1）、式（6-2）和式（6-3），可得到：

$$n_0 + n_1 + n_2 = N = B+1 = n_1 + 2n_2 + 1 \tag{6-4}$$

整理后可得到：

$$n_0 = n_2 + 1 \qquad \text{故结论成立。}$$

下面给出两种特殊的二叉树，然后讨论其相关性质。

满二叉树：深度为 k 且含有 2^k-1 个结点的二叉树称为满二叉树。

在深度为 k 的满二叉树中，1 至 k–1 层上每个结点均有两个孩子，每层都具有最大结点数，即每层结点都是满的。如图 6.8（a）所示即为一棵深度为 4 的满二叉树。

满二叉树结点的连续编号：对含有 n 个结点的满二叉树，约定从根开始，按层从上到下，每层内从左到右，逐个对每一结点进行编号 1，2，…，n。

按上述约定，图 6.8（a）的满二叉树其结点编号为 1 至 15，如图所示。

完全二叉树：深度为 k，结点数为 n（$n \leqslant 2^k-1$）的二叉树，当且仅当其 n 个结点与满二叉树中连续编号为 1 至 n 的结点位置一一对应时，称为完全二叉树。如图 6.8（b）所示即为一棵深度为 4，结点数为 12 的完全二叉树。

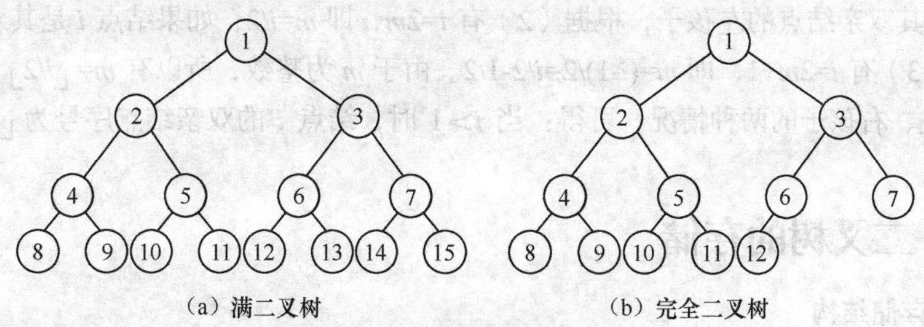

（a）满二叉树　　（b）完全二叉树

图 6.8　满二叉树与完全二叉树

完全二叉树有两个重要特征：其一，所有叶子结点只可能出现在层号最大的两层上；其二，对任意结点，若其右子树的层高为 k，则其左子树的层高只可为 k 或 k+1。

由定义可知，满二叉树必为完全二叉树，而完全二叉树不一定是满二叉树。

性质 4　具有 n 个结点的完全二叉树的深度为 $\lfloor \log_2 n \rfloor +1$。

证明：假设 n 个结点的完全二叉树的深度为 k，根据性质 2 可知，k-1 层满二叉树的结点总数 n_1 为：$n_1 = 2^{k-1}-1$；k 层满二叉树的结点总数 n_2 为：$n_2 = 2^k-1$。

根据完全二叉树的定义，显然有 $n_1 < n \leqslant n_2$，进而可推出：

$$2^{k-1} \leqslant n < 2^k$$

取对数后可得到：　　　　$k\text{-}1 \leqslant \log_2 n < k$

又因为 k 是整数，所以有：

$k = \lfloor \log_2 n \rfloor +1$　　　故结论成立。

性质 5　对于具有 n 个结点的完全二叉树，如果按照对满二叉树结点进行连续编号的方式，对所有结点从 1 开始顺序编号，则对于任意序号为 i 的结点有：

（1）如果 i=1，则结点 i 为根，其无双亲结点；如果 i>1，则结点 i 的双亲结点序号为 $\lfloor i/2 \rfloor$。

（2）如果 $2i \leqslant n$，则结点 i 的左孩子结点序号为 $2i$，否则，结点 i 无左孩子。

（3）如果 $2i+1 \leqslant n$，则结点 i 的右孩子结点序号为 $2i$+1，否则，结点 i 无右孩子。

可以先用归纳法证明（2）和（3），然后由（2）和（3）证明（1）。

归纳基础：当 i=1 时，由完全二叉树的定义可知，结点 i 的左孩子是 2 =2i 号结点，其右孩子是 3=2i+1 号结点；此时，若 n<2，即不存在 2 号结点，则结点 i 无左孩子；若 n<3，即不存在 3 号结点，则结点 i 无右孩子；（2）和（3）结论成立。

归纳假设：假设 i=k 时，（2）和（3）结论成立。即当 $2k \leqslant n$ 时，结点 i 的左孩子存在且序号为 $2k$，而当 $2k>n$ 时，结点 i 无左孩子；当 $2k+1 \leqslant n$ 时，结点 i 的右孩子存在且序号为 $2k$+1，而当 $2k+1>n$ 时，结点 i 的右孩子不存在。

欲证明：当 i=k+1 时，（2）和（3）结论成立。

根据完全二叉树的定义，若结点 k+1 的左孩子存在，则其序号必定是 k 结点右孩子的序号加 1，等于$(2k+1)+1=2(k+1)=2i$，并且有 $2(k+1) \leqslant n$；而如果 $2(k+1)>n$，则结点$(k+1)$的左孩子不存在。

若结点 k+1 的右孩子存在，则其序号必定是其左孩子结点的序号加 1，即等于 $2(k+1)+1$，并且有 $2(k+1)+1 \leqslant n$；而如果 $2(k+1)+1>n$，则结点 i 的右孩子不存在。

由此，（2）和（3）结论成立。

而由（2）和（3）很容易证明（1）。

当 i=1 时，显然该结点为根结点，无双亲结点。当 i>1 时，设结点 i 的双亲结点序号为 m，如果结点 i 是其双亲结点的左孩子，根据（2）有 i=2m，即 m=i/2；如果结点 i 是其双亲结点的右孩子，根据（3）有 i=2m+1，即 m=(i-1)/2=i/2-1/2。由于 m 为整数，所以有 m=$\lfloor i/2 \rfloor$。综合 i 结点为其双亲的左、右孩子的两种情况，可得：当 i>1 时，结点 i 的双亲结点序号为 $\lfloor i/2 \rfloor$，故结论成立。

6.3.3 二叉树的存储

1．顺序存储结构

对于满二叉树和完全二叉树来说，可以按照对满二叉树结点连续编号的次序，将各结点数据存放到一组连续的存储单元中，即用一维数组作存储结构，将二叉树中编号为 i 的结点存放在数组的第 i 号分量中。根据二叉树的性质 5，可知数组中下标为 i 的结点的左孩子下标为 2i，右孩子下标为 2i+1，双亲结点的下标为 $\lfloor i/2 \rfloor$。如图 6.9 所示。

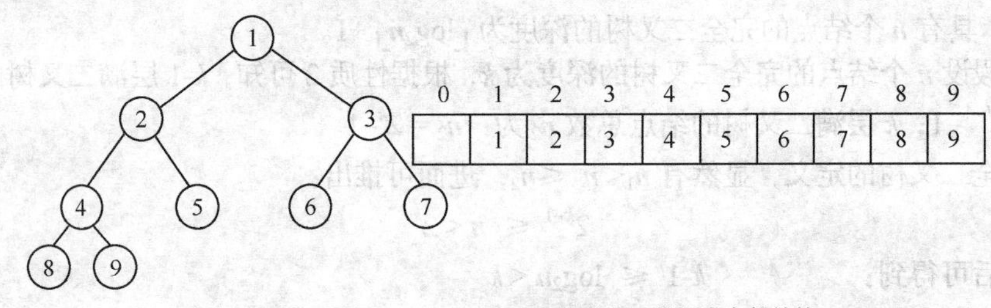

图 6.9 完全二叉树及其顺序存储结构

二叉树的顺序存储结构可描述如下：

```
#define MAX 100
typedef struct
{ datatype SqBiTree[MAX+1];        /* 0 号单元不用 */
 int nodemax;                      /* 数组中最后一个结点的下标 */
}Bitree;
```

显然，这种存储方式对于一棵满二叉树或完全二叉树来说是非常方便的，因为这种顺序存储结构既无空间的浪费，又可以很方便地计算出每一个结点的左、右孩子及其双亲的下标位置，各种操作均容易实现。

对于一般的二叉树，却不能将结点连续的存储在一维数组中，因为无法体现各结点间的逻辑关系，导致无法找到结点的孩子及双亲。解决的办法是用“空结点”将一般的二叉树补成一棵“完全二叉树”来存储，但这样空结点将占用一定的空间。

一种极端的情况如图 6.10 所示，可以看出，对于一个深度为 k 的二叉树，在每个结点只有右孩子的情况下，虽然二叉树只有 k 个结点，但却需要占用 2^k 个存储单元，空间浪费很大。因此，顺序存储结构仅适用于满二叉树或完全二叉树。

2．链式存储结构

对于任意的二叉树来说，每个结点除自身的数据外，最多只有两个孩子，因此可以设计包括三个域：数据域、左孩子域和右孩子域的结点结构，用这种结点结构所得的二叉树存储结构称为二叉链表。

（a）单支二叉树 T　　（b）T 的顺序存储结构

图 6.10　二叉树及其顺序存储结构

二叉链表的结点结构如下所示，其中，LChild 域指向该结点的左孩子，Data 域记录该结点的数据，RChild 域指向该结点的右孩子。

LChild	Data	RChild

图 6.11 展示了二叉树的二叉链表存储结构。

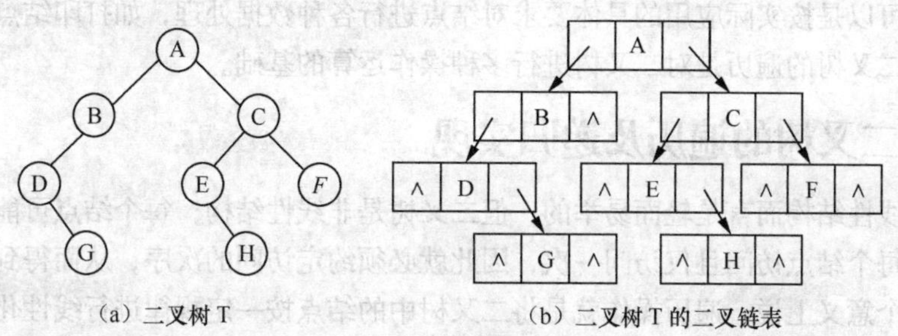

（a）二叉树 T　　（b）二叉树 T 的二叉链表

图 6.11　二叉树及其二叉链表

二叉链表结点结构的描述如下：

```
typedef struct Node
{  DataType data;
   Struct Node * Lchild;
   Struct Node * Rchild;
} BiTNode, * BiTree;
```

容易看出，一个二叉树含有 n 个结点，则它的二叉链表中必含有 $2n$ 个指针域，而仅有 n-1 个指针域指向其孩子，其余的 n+1 个指针域为空的链域。在 6.5 节中将介绍利用这些空链域可以存储其他有用的信息，从而得到另一种二叉树的表示——线索二叉树。

在一些应用操作中，还需要方便地找到双亲结点，可以在二叉链表结点结构中增加 Parent 域，以指向该结点的双亲，其结点结构如下所示，采用这种结点结构的二叉树存储结构称为三叉链表。

Parent	LChild	Data	RChild

图 6.12 展示了图 6.11 中二叉树 T 的三叉链表存储结构。

在不同的存储结构上，实现二叉树的操作算法也不同。如求某个结点的双亲结点，在三叉链表中很容易实现，而在二叉链表中则需要从根出发一一查找。因此，在实际应用中，要根据二叉树的形态和具体要进行的操作来选择决定采用哪种存储结构。

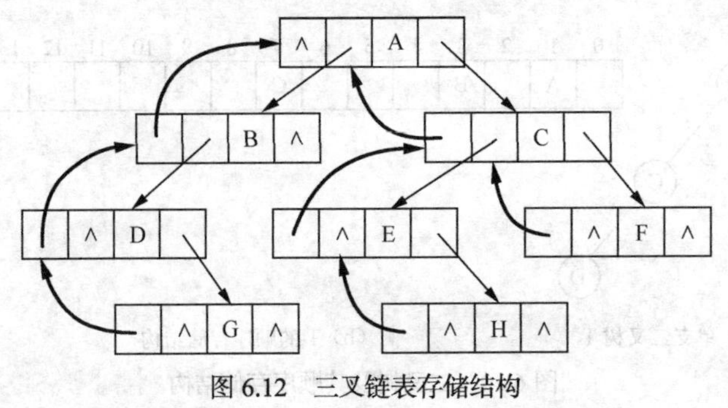

图 6.12　三叉链表存储结构

6.4　二叉树的遍历

二叉树的遍历是指按某种规律对二叉树中的每个结点进行访问且仅访问一次的过程。其中对结点的访问，可以是按实际应用的具体要求对结点进行各种数据处理，如打印结点的信息或任何其他的操作。二叉树的遍历是对二叉树进行多种操作运算的基础。

6.4.1　二叉树的遍历及递归实现

遍历对于线性结构而言是轻而易举的，但二叉树是非线性结构，每个结点可能有两个后继，要通过遍历对每个结点访问且仅访问一次，因此就必须约定访问的次序，从而得到结点的访问顺序序列。从这个意义上说，遍历操作就是将二叉树中的结点按一定规律进行线性化的操作，将非线性化结构变成线性化的访问序列。

1．二叉树的遍历

由二叉树的定义可知，二叉树的基本结构是由根结点、左子树和右子树三个部分构成，如图 6.13 所示。因此只要确定了遍历这三个部分的先后次序，就可以遍历整个二叉树。

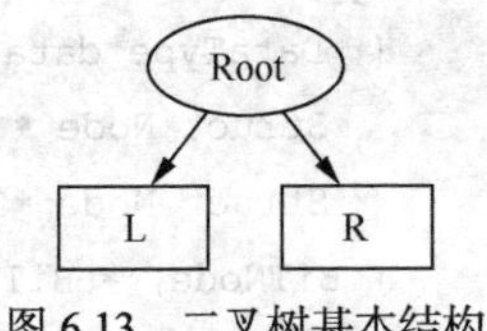

图 6.13　二叉树基本结构

一般而言二叉树可以有三种遍历策略：

（1）先上（根）后下（子）的层次遍历；

（2）先左（子树）后右（子树）的深度遍历；

（3）先右（子树）后左（子树）的深度遍历。

考虑到子树间互不相交的结构特性和子树遍历序列的完整性要求，以及通常的先左后右的顺序习惯，我们将重点讨论第 2 种遍历策略，即先左子树后右子树的深度遍历。

图 6.14 中的虚线展示了先左后右深度遍历二叉树时的局部搜索路线。在搜索过程中，先后三次经过根结点 A（事实上每个结点都要先后经过三次），由于遍历操作要求每个结点访问且仅能访问一次，因此，现在的问题是：哪一次经过 A 时访问 A 结点?

其实可以在任何一次经过 A 时访问它，但仅可访问一次，因此便形成了三种不同的遍历方式。若用 D、L、R 分别表示访问根结点、遍历左子树、遍历右子树，那么三种遍历方式分别是：

（1）第一次经过时访问，按 DLR 次序访问：访问根结点，遍历左子树，遍历右子树。

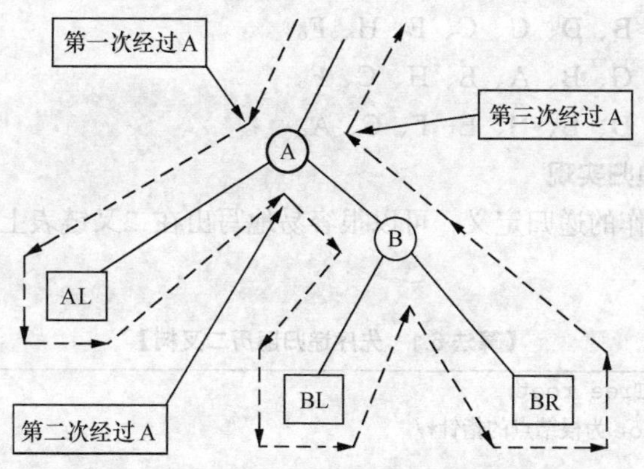

图 6.14　二叉树的搜索路线

（2）第二次经过时访问，按 LDR 次序访问：遍历左子树，访问根结点，遍历右子树。

（3）第三次经过时访问，按 LRD 次序访问：遍历左子树，遍历右子树，访问根结点。

我们依据对根结点访问的先后次序不同，命名二叉树的访问方式，分别称 DLR 为先序遍历（或先根遍历），LDR 为中序遍历（或中根遍历），LRD 为后序遍历（或后根遍历）。

下面给出二叉树三种遍历方式的递归定义。

（1）先序遍历二叉树的操作定义为：

若二叉树为空，则空操作，否则依次执行如下 3 个操作。

① 访问根结点。

② 按先序遍历左子树。

③ 按先序遍历右子树。

（2）中序遍历二叉树的操作定义为：

若二叉树为空，则空操作，否则依次执行如下 3 个操作。

① 按中序遍历左子树。

② 访问根结点。

③ 按中序遍历右子树。

（3）后序遍历二叉树的操作定义为：

若二叉树为空，则空操作，否则依次执行如下 3 个操作。

① 按后序遍历左子树。

② 按后序遍历右子树。

③ 访问根结点。

需要特别注意的是：先序、中序、后序遍历均是递归定义的，在各子树的遍历中，必须按相应的遍历次序规律对子树的各结点进行遍历。

如图 6.15 所示的二叉树，其先序、中序、后序遍历的结点序列如下。

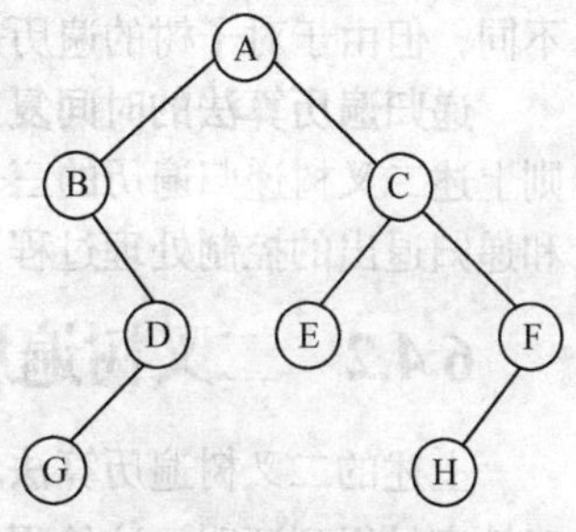

图 6.15　二叉树

先序遍历序列：A、B、D、G、C、E、F、H。

中序遍历序列：B、G、D、A、E、C、H、F。

后序遍历序列：G、D、B、E、H、F、C、A。

另外，图 6.11 所示的二叉树 T，其先序、中序、后序遍历的结点序列如下。

先序遍历序列：A、B、D、G、C、E、H、F。

中序遍历序列：D、G、B、A、E、H、C、F。

后序遍历序列：G、D、B、H、E、F、C、A。

2. 二叉树遍历的递归实现

根据二叉树遍历操作的递归定义，可以很容易地写出在二叉链表上实现二叉树遍历的递归算法。

【算法 6.1 先序递归遍历二叉树】

```
void  PreOrder(BiTree root)
/*先序遍历二叉树，root 为根结点的指针*/
{ if (root)
   { Visit(root->data);                          /*访问根结点*/
     PreOrder(root->LChild);                     /*先序遍历左子树*/
     PreOrder(root->RChild);                     /*先序遍历右子树*/
   }
}
```

【算法 6.2 中序递归遍历二叉树】

```
void InOrder(BiTree root)
/*中序遍历二叉树，root 为根结点的指针*/
{ if (root)
  { InOrder(root)->LChild;                       /*中序遍历左子树*/
    Visit(root->data);                           /*访问根结点*/
    InOrder(root->RChild);                       /*中序遍历右子树*/
  }
}
```

【算法 6.3 后序递归遍历二叉树】

```
void PostOrder(BiTree root)
/*后序遍历二叉树，root 为根结点的指针*/
{ if(root)
  { PostOrder(root->LChild);                     /*后序遍历左子树*/
    PostOrder(root->RChild);                     /*后序遍历右子树*/
    Visit(root->data);                           /*访问根结点*/
  }
}
```

上述算法语句简单、结构清晰，非常便于形式上的掌握。但值得注意的是：递归遍历时一定要按约定的次序访问每一个局部的子树。形式上，三种遍历算法的区别仅表现在 Visit 函数的位置不同，但由于对子树的遍历是递归调用，所以三种遍历的结果差别是很大的。

递归遍历算法的时间复杂度：对于有 n 个结点的二叉树，设访问每个结点的时间是常量级的，则上述二叉树递归遍历的三个算法的时间复杂度均为 $O(n)$，其中，对每个结点都要经过递归调用和递归退出的控制处理过程。

6.4.2 二叉树遍历的非递归实现

上述的二叉树遍历算法均是以递归形式给出的，递归形式的算法简洁、可读性强，而且其正确性容易得到证明，这给程序的编写与调试带来很大的方便。但是递归算法运行效率低，消耗的时间、空间资源均较多，因此，需要给出二叉树遍历的非递归算法。

大多数递归问题的非递归算法设计中，需要用栈消除递归。栈既是一种存储容器，同时又提供一种控制结构。对应于递归算法的调用与退出，栈可以提供先进后出的控制结构，同时，调用时可用栈保留必要的信息，退出时可从栈中取出信息，进行后续处理。因此，设计二叉树遍历的非递归算法，需要分析二叉树遍历过程的特征，以及调用时需要保留的信息，退出时需要进行的处理等问题，以便合理地运用栈。

回顾图6.14中所展示的二叉树遍历过程的搜索路线，可以看出，三种不同的遍历方式，其遍历过程的搜索路线是相同的，不同的仅是三次经过结点时哪一次访问结点。但无论哪次经过时访问结点，在第一次经过结点时（进入左子树访问前），均应保留该结点的信息，以备下次经过时使用结点的信息，否则，从左子树返回时，找不到该结点信息，无法进行该结点及其右子树的访问遍历。因此，进入左子树前，用栈保留结点信息是必要的。而访问完左子树后，第二次经过结点时，可访问该结点（对中序遍历而言），还要进入右子树，所以，应从栈中取得结点信息，进行访问（中序遍历），并取得其右孩子指针进入右子树。之后，对后序遍历而言，结点信息应继续保留于栈中，以便访问完右子树后访问该结点；而对先序、中序遍历而言，因为访问完右子树后，对该结点已没有需要处理的工作，可直接退到再上层，所以，该结点信息无需保留于栈中。

分析了遍历过程中，栈保留结点信息的控制及使用情况后，再加上三种不同的遍历方式中细节的不同处理，便可实现二叉树的非递归遍历。

1. 先序遍历二叉树的非递归实现

利用栈实现二叉树的先序非递归遍历过程如下。

（1）访问根结点，根结点入栈并进入其左子树，进而访问左子树的根结点并入栈，再进入下一层左子树，……，如此重复，直至当前结点为空。

（2）如栈非空，则从栈顶退出上一层的结点，并进入该结点的右子树。

重复上述（1）、（2）两步骤，直至当前结点及栈均为空，结束。

上述遍历过程，可简单地概括为如下算法。

从根开始，当前结点存在或栈不为空，重复如下两步操作。

（1）访问当前结点，当前结点进栈，进入其左子树，重复直至当前结点为空。

（2）若栈非空，则退栈顶结点，并进入其右子树。

【算法6.4　先序非递归遍历二叉树】

```
void  PreOrder(BiTree root)
{ SeqStack *S;
  BiTree p;
  InitStack(S); p=root;
  while(p!=NULL || !IsEmpty(S))                      /*当前结点指针及栈均空，则结束*/
  { while (p!=NULL)
     { Visit(p->data); Push(S,p); p=p->LChild; }     /*访问根结点,根指针进栈,进入左子树*/
     if(!IsEmpty(S))
     { Pop(S,&p); p=p->RChild; }                      /*根指针退栈，进入其右子树*/
  }
}
```

2. 中序遍历二叉树的非递归实现

利用栈实现二叉树的中序非递归遍历过程如下。

（1）根结点入栈，进入其左子树，进而左子树的根结点入栈，进入下一层左子树，……，如此重复，直至当前结点为空。

（2）若栈非空，则从栈顶退出上一层的结点，访问出栈结点，并进入其右子树。

重复上述（1）、（2）两步骤，直至当前结点及栈均为空，结束。

上述遍历过程，可简单的概括为如下算法。

从根开始，当前结点存在或栈不为空，重复如下两步操作。

（1）当前结点进栈，进入其左子树，重复直至当前结点为空。

（2）若栈非空，则退栈，访问出栈结点，并进入其右子树。

【算法 6.5　中序非递归遍历二叉树-1】

```
void  InOrder1 (BiTree root)
{ SeqStack *S;
  BiTree p;
  InitStack(S); p=root;
  while(p!=NULL || !IsEmpty(S))
  { while (p!=NULL)
     { Push(S,p); p=p->LChild; }
     if(!IsEmpty(S))
     { Pop(S,&p); Visit(p->data); p=p->RChild; }
  }
}
```

也可以改变上述算法的控制结构，形成如下的算法。

从根开始，当前结点存在或栈不为空，重复如下两步操作。

（1）若当前结点存在，则当前结点进栈，并进入其左子树。

（2）否则，退栈并访问出栈结点，然后进入其右子树。

【算法 6.6　中序非递归遍历二叉树-2】

```
 void  InOrder2 (BiTree root)
{ SeqStack *S;
  BiTree p;
  InitStack(S); p=root;
  while(p!=NULL || !IsEmpty(S))
   {  if (p!=NULL)
       { Push(S,p);  p=p->LChild; }
       else
       { Pop(S,&p); Visit(p->data); p=p->RChild;}
   }
}
```

上述两个算法的控制结构虽有所不同，但其功能是相同的，读者可以分析比较，以加深理解。事实上，中序非递归遍历算法的控制结构还可以有多种，此外，先序非递归遍历算法以及后序非递归遍历算法也都可以灵活地设计控制结构，实现相应的遍历。

3. 后序遍历二叉树的非递归实现

后序遍历的非递归算法比先序、中序遍历算法复杂。在先序、中序遍历算法中，从左子树返回时，上一层结点先退栈，再访问其右子树。而后序遍历中，左、右子树均访问完成后，从右子树返回时，上一层结点才能退栈并被访问。由此产生如下问题：当从子树返回时，如何有效地判断是从左子树返回的，还是从右子树返回的，以便确定栈顶的上一层结点是否应出栈。

解决该问题的方法有多种。方法之一是设置标记，每个结点入栈时加上一个标记位 tag 同时入栈，进左子树访问时置 tag=0，进右子树访问时置 tag=1，当从子树返回时，通过判断 tag 的值决定下一步的动作，此方法的算法实现留给读者自己完成。

在此介绍另一种方法：判断刚访问的结点是不是当前栈顶结点的右孩子，以确定是否是从右子树返回。具体做法是从子树返回时，判断栈顶结点 p 的右子树是否为空？刚访问过的结点 q 是否是 p 的右孩子，是，说明 p 无右子树或右子树刚访问过，此时应退栈、访问出栈的 p 结点，并将 p 赋给 q（q 始终记录刚访问的结点），然后将 p 赋为空（p 置空可避免再次进入该棵树访问）；不是，说明 p 有右子树且右子树未访问，则应进入 p 的右子树访问。

综上所述，利用栈实现二叉树的后序非递归遍历过程如下。

（1）根结点入栈，进入其左子树，进而左子树的根结点入栈，进入下一层左子树，……，如此重复，直至当前结点为空。

（2）若栈非空，如果栈顶结点 p 的右子树为空，或者 p 的右孩子是刚访问的结点 q，则退栈、访问 p 结点，并将 p 赋给 q，然后 p 置为空；如果栈顶结点 p 有右子树且右子树未访问，则进入 p 的右子树。

重复上述（1）、（2）两步骤，直至当前结点及栈均为空，结束。

上述遍历过程，可简单地概括为如下算法。

从根开始，当前结点存在或栈不为空，重复如下两步操作。

（1）当前结点进栈，并进入其左子树，重复直至当前结点为空。

（2）若栈非空，判栈顶结点 p 的右子树是否为空、右子树是否刚访问过，是，则退栈、访问 p 结点，p 赋给 q，p 置为空；不是，则进入 p 的右子树。

【算法 6.7 后序非递归遍历二叉树】

```
void  PostOrder (BiTree root)
{ SeqStack *S;
  BiTree p,q;
  InitStack(S); p=root; q=NULL;
  while(p!=NULL || !IsEmpty(S))
   {
      while (p!=NULL)
     { Push(S,p); p=p->LChild; }
     if(!IsEmpty(S))
     {    Top(S,&p);
          if((p->RChild==NULL)||(p->RChild==q))
                         /*判栈顶结点的右子树是否为空，右子树是否刚访问过*/
            { Pop(S,&p);visit(p->data); q=p; p=NULL ;}
        else  p=p->RChild;
     }
   }
}
```

非递归算法的时间复杂度：上述 4 个算法的控制结构不尽相同，有双重循环，有单重循环，但本质上均是控制每个结点进栈、出栈一次，每个结点访问一次，对有 n 个结点的二叉树，设访问每个结点的时间是常量级的，则上述二叉树非递归遍历算法的时间复杂度均为 $O(n)$。

非递归算法的空间复杂度：对于深度为 k 的二叉树，上述 4 个算法所需的栈空间与二叉树的深度 k 成正比，因此，算法的空间复杂度为 $O(k)$。

表面上看递归算法好像并没有使用栈，实际上递归算法的执行需要反复多次地自己调用自己，系统内部有隐含的工作栈在控制递归调用的运行，保留本层参数、临时变量与返回地址等。因此递归算法比非递归算法占用的时间、空间资源都多。

4．二叉树的层次遍历

虽然考虑到左、右子树结构的互不相交性质以及子树遍历的完整性，二叉树的遍历一般选用上述介绍的先左后右的深度遍历方式，但在有些应用场合更强调结构的层次特性，因此还需要讨论先上（根）后下（子）的层次遍历。

所谓二叉树的层次遍历，是指从二叉树的第一层（根结点）开始，自上而下逐层遍历，同层内按从左到右的顺序逐个结点进行访问。如图 6.15 的二叉树，其层次遍历的结果序列为：A、B、C、D、E、F、G、H。

由二叉树层次遍历的要求可知，当一层访问完之后，按该层结点访问的次序，再对各结点的左、右孩子进行访问（即对下一层从左到右进行访问），这一访问过程的特点是：先访问的结点其孩子也将先访问，后访问的结点其孩子也将后访问，这与队列的操作控制特点吻合，因此在层次遍历的算法中，将应用队列进行结点访问次序的控制。

利用队列实现二叉树层次遍历的算法如下。

首先根结点入队，当队列非空时，重复如下两步操作。

（1）队头结点出队，并访问出队结点。

（2）出队结点的非空左、右孩子依次入队。

【算法 6.8　二叉树的层次遍历】

```
void LevelOrder(BiTree root)
{ SeqQueue *Q;
  BiTree p;
  InitQueue(Q); EnterQueue(Q, root);
  while(!IsEmpty(Q))
    { DeleteQueue(Q, &p); visit (p->data);
      if(p->LChild!=NULL)
      EnterQueue(Q, p->LChild);
      if(p->Rchild!=NULL )
      EnterQueue(Q, p->RChild);
    }
}
```

6.4.3　遍历算法的应用

二叉树的遍历是二叉树多种操作运算的基础。在实际应用中，首先，要根据实际情况确定访问结点的具体操作，其次，应根据具体问题的需求合理选择遍历的次序。以下讨论几个典型的二叉树遍历算法的应用问题。

1．统计二叉树中的结点数

统计二叉树中的结点并无次序要求，因此可用 3 种遍历方法中的任何一种来实现，只需将访问操作具体变为累计计数操作即可。下面给出采用先序遍历实现的算法。

【算法 6.9　先序遍历统计二叉树中的结点数】

```
 void PreOrder(BiTree root)
/* Count 为统计结点数目的全局变量，调用前初始值为 0*/
{ if(root)
  { Count++;                         /*统计结点数*/
```

```
    PreOrder(root->LChild);                 /*先序遍历左子树*/
    PreOrder(root->RChild);                 /*先序遍历右子树*/
  }
}
```

2. 输出二叉树中的叶子结点

三种遍历方法输出的二叉树叶子结点次序是一样的，因此可任意选择三种遍历方法。但要输出叶子，则应在遍历过程中，每到一个结点均测试是否满足叶子结点的条件。下面给出采用中序遍历实现的算法。

【算法 6.10　中序遍历输出二叉树叶子结点】

```
 void InOrder(BiTree root)
{ if(root)
  { InPreOrder(root->LChild);
    if(root->LChild==NULL && root->RChild==NULL)
    pritf(root->data);                          /*输出叶子结点*/
    InOrder(root->EChild);
  }
}
```

3. 统计叶子结点数目

方法一：使用全局变量的方法。参考上述两个算法，可以方便地设计出使用全局变量统计二叉树中叶子结点数目的算法，读者可自己完成。

方法二：通过函数值返回的方法。采用递归求解的思想，如果是空树，返回 0；如果是叶子，返回 1；否则，返回左、右子树的叶子结点数之和。此方法中必须在左、右子树的叶子结点数求出之后，才可求出树的叶子结点数，因此要用后序遍历。

【算法 6.11　后序遍历统计叶子结点数目】

```
int leaf(BiTree root)
{ int nl,nr;
  if(root==NULL) return 0;
  if((root->LChild==NULL)&&(root->RChild==NULL)) return 1;
  nl=leaf(root->LChild);                    /*递归求左子树的叶子数*/
  nr=leaf(root->RChild);                    /*递归求左子树的叶子数*/
  return(nl+nr);
}
```

4. 求二叉树的高度

方法一：使用全局变量的方法。二叉树根结点为第一层的结点，第 h 层结点的孩子在 h+1 层，故增设层次参数 h，通过递归调用参数的变化，获得二叉树中每个结点的层次，用全局变量记录二叉树中结点层次的最大值，即为二叉树的高度。

【算法 6.12　全局变量法求二叉树的高度】

```
void TreeDepth(BiTree root, int h)
/* h 为 root 结点所在的层次，首次调用前初始值为 1*/
/*depth 为记录当前求得的最大层次的全局变量，调用前初始值为 0*/
{ if(root)
  { if(h>depth) depth=h;                   /*当前结点层次大于 depth，则更新*/
    TreeDepth(root->Lchild,h+1);           /*遍历左子树，子树根层次为 h+1*/
```

```
    TreeDepth(root->RChild,h+1);          /*遍历右子树，子树根层次为 h+1*/
  }
}
```

方法二：通过函数值返回的方法。采用递归求解的思想，如果是空树，则高度为 0；否则，树高应为其左、右子树高度的最大值加 1。此方法中必须在左、右子树的高度求出之后，才可求出树的高度，因此要用后序遍历。

【算法 6.13　求二叉树的高度】

```
 int PostTreeDepth(BiTree root)
{  int hl,hr,h;
   if(root==NULL) return 0;
    else{ hl=PostTreeDepth(root->LChild);          /*递归求左子树的高度*/
          hr=PostTreeDepth(root->RChild);          /*递归求右子树的高度*/
          h=(hl>hr? hl:hr)+1;                      /*计算树的高度*/
          return h;
         }
}
```

5. 求结点的双亲

求特定结点双亲的方法是：在遍历过程中，若当前结点非空且当前结点的左孩子或右孩子就是特定结点，则已找到双亲；否则可先在左子树中找，找到，则返回双亲结点指针；未找到，再在右子树中找。

【算法 6.14　求二叉树中某结点的双亲】

```
 BiTree parent(BiTree root, BiTree current)
/*在以 root 为根的二叉树中找结点 current 的双亲 */
{ BiTree  * p;
  if(root==NULL) return NULL;
  if(root->lchild==current||root->rchild==current)
     return  root;                                   /*root 即为 current 的双亲*/
  p=parent(root->lchild,current);                    /*递归在左子树中找*/
  if (p!= NULL) return p;
  else return(parent(root->rchild,current));         /*递归在右子树中找*/
}
```

6. 二叉树相似性判定

所谓二叉树 t1 与 t2 相似，是指 t1 和 t2 或均为空二叉树；或 t1 的左子树与 t2 的左子树相似，同时 t1 的右子树与 t2 的左子树相似。

判定两棵二叉树是否相似，可以采用递归求解的思想，如果两棵二叉树均是空树，则返回 1；如果两棵二叉树，一棵为空，另一棵非空，则返回 0；两棵二叉树均非空，则两棵二叉树的左子树相似且右子树相似，返回 1，否则，返回 0。

【算法 6.15　二叉树相似性判定】

```
 int  like(BiTree  t1,  BiTree  t2)
{  int like1, like2;
   if (t1==NULL && t2==NULL) return 1;          /*t1,t2 均空，则相似*/
   else if(t1==NULL||t2==NULL) return 0;        /*t1,t2 仅一棵空,则不相似*/
       else
```

```
    { like1=like(t1->LChild,t2->LChild);   /*递归判左子树是否相似*/
      like2=like(t1->Rchild,t2->RChild);   /*递归判右子树是否相似*/
      return (like1 && like2);
    }
}
```

7. 按树状打印二叉树

假设在以二叉链表存储的二叉树中，每个结点所含数据元素均为单字母。现要求实现二叉树的横向显示，即按图 6.16 所示的树状打印二叉树。

分析图 6.16 可知，这种树形打印格式要求先打印右子树，再打印根，最后打印左子树，即按先右后左的策略中序遍历二叉树。此外，在这种输出格式中，结点的横向位置由结点在树中的层次决定，所以算法中设置了表示结点层次的参数 h，以控制结点输出时的左右位置。

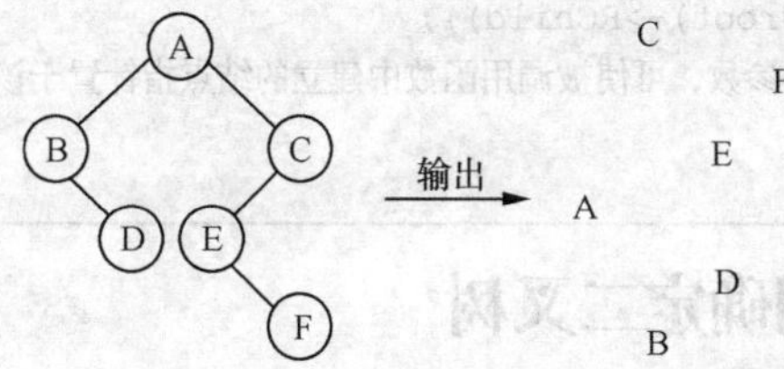

图 6.16　树状打印二叉树示意图

【算法 6.16　按树状打印二叉树】

```
void PrintTree(BiTree root, int h)
{ if(root=NULL) return;
  PrintTree(root->RChild, h+1);                /*先打印右子树*/
  for(int i=0;i<h;i++) Printf(" ");            /*层次决定结点的左右位置*/
  Printf("%c\n",root->data);                   /*输出结点*/
  PrintTree(root->LChild,h+1);                 /*后打印左子树*/
}
```

8. 建立二叉链表存储的二叉树

对二叉树的遍历以及各种操作，必须先建立起二叉树的存储，否则一切均是空谈。如何建立二叉树的存储呢？我们在此介绍一种根据二叉树的“扩展的遍历序列”创建二叉链表的方法。

在前述的遍历序列中，均忽略空子树，而在“扩展的遍历序列”中，用特定的元素表示空子树，如可用‘^’表示空子树，则图 6.17 中二叉树的“扩展的先序遍历序列”为 ABD^G^^^CE^H^^F^^。

给定通常的二叉树遍历序列，是不能唯一确定一棵二叉树的，但先序、后序或层次遍历的“扩展的遍历序列”是能够唯一地确定一棵二叉树的。因为，在通常的遍历序列中无空子树的表示，也就没有了叶子结点与非叶子结点的区分，所以建立存储时就没有层次结束的控制标志。而“扩展的遍历序列”中，区分了空与非空子树，建立树时，就可以确定子树是否为空，可以控制子树的结束，因此可利用“扩展的遍历序列”创建二叉树的存储。

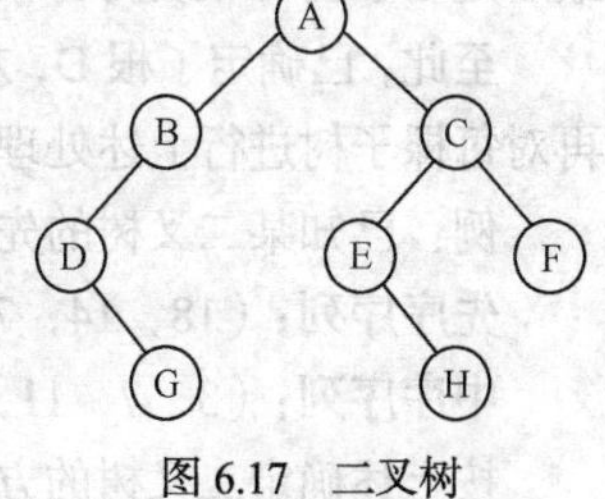

图 6.17　二叉树

算法 6.17 以“扩展的先序遍历序列”作为输入数据，采用先序遍历的递归算法创建二叉树的存储。算法的形参采用指针变量，实参为结点孩子域地址，以便传递孩子结点的指针，建立父子结点间的联系。算法读入结点数据，若是‘^’，则当前树置空；否则申请结点空间，存入结点数据，并分别以该结点的左孩子域和右孩子域地址为实参进行递归调用，进而创建左、右子树，同时传递左、右子树指针置于孩子指针域。

【算法 6.17 用“扩展先序遍历序列”创建二叉链表】

```
void CreateBiTree(BiTree * root)
{  char ch;
   ch=getchar();
   if(ch=='^')   *root=NULL;
   else
   { *root=(BiTree)malloc(sizeof(BiTNode));
     (*root)->data=ch;
    CreateBiTree(&((*root)->LChild));
      /*以左子树域地址为参数，可使被调用函数中建立的结点指针置于该域中*/
    CreateBiTree(&((*root)->RChild));
      /*以右子树域地址为参数，可使被调用函数中建立的结点指针置于该域中*/
    }
}
```

6.4.4 由遍历序列确定二叉树

由二叉树的遍历可知，任意一棵二叉树的先序、中序、后序遍历序列均是唯一的。同时，前面也讨论过，由二叉树的先序、中序、后序遍历序列中的任意一个序列是不能唯一确定一棵二叉树的。那么，给定二叉树的两个遍历序列是否可以唯一确定一棵二叉树呢？答案是：由先序和中序序列，或由中序和后序序列，均可以唯一确定一棵二叉树。

1. 由先序和中序序列确定二叉树

根据二叉树遍历的定义可知，二叉树的先序遍历是先访问根结点 D，其次遍历左子树 L，最后遍历右子树 R，即在先序序列中，第一个结点必是根 D；而另一方面，由于中序遍历是先遍历左子树 L，其次访问根 D，最后遍历右子树 R，即在中序序列中，根结点前是左子树序列，后是右子树序列。因此，由先序和中序序列确定二叉树的方法如下。

（1）由先序序列中的第一个结点确定根结点 D。

（2）由根结点 D 分割中序序列：D 之前是左子树 L 的中序序列，D 之后是右子树 R 的中序序列，同时获得 L 和 R 的结点个数。

（3）根据左子树 L 的结点个数，分割先序序列：第一结点根 D，之后是左子树 L 的先序序列，最后是右子树 R 的先序序列。

至此，已确定了根 D，左子树 L 的先序和中序序列，右子树 R 的先序和中序序列。如此类推，再对每棵子树进行上述处理，便可确定整棵二叉树。

例：已知某二叉树的先序遍历序列和中序遍历序列分别为：

先序序列：（18，14，7，3，11，22，35，27）

中序序列：（3，7，11，14，18，22，27，35）

按上述确定二叉树的方法，求二叉树的过程如下。

首先，由先序序列得知二叉树的根为 18，其次，由中序序列和先序序列可确定：

18 的左子树的中序序列为（3，7，11，14）；

18 的右子树的中序序列为（22，27，35）；

18 的左子树的先序序列为（14，7，3，11）；

18 的右子树的先序序列为（22，35，27）。

进而对 18 的左右子树分别类推进行处理，便可确定整棵二叉树，如图 6.18 所示。

2. 由中序和后序序列确定二叉树

类似于上述由先序和中序序列确定二叉树的方法，可得到由中序和后序序列确定二叉树的方法如下。

（1）由后序序列中的最后一个结点确定根结点 D。

（2）由根结点 D 分割中序序列：D 之前是左子树 L 的中序序列，D 之后是右子树 R 的中序序列，同时获得 L 和 R 的结点个数。

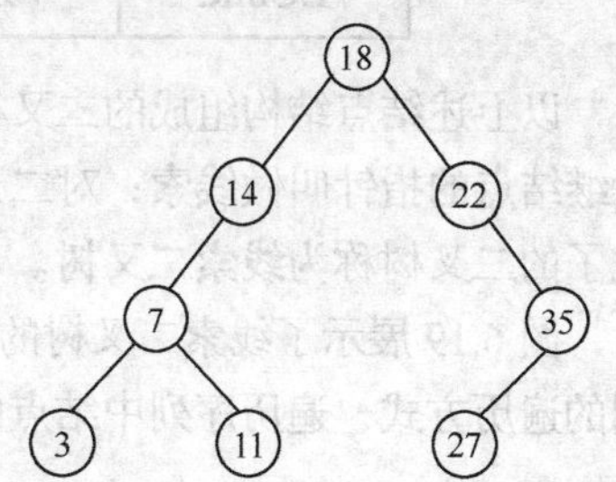

图 6.18　由先序和中序序列构造二叉树

（3）根据左子树 L 的结点个数，分割后序序列：首先是左子树 L 的后序序列，随后是右子树 R 的后序序列，最后是根结点 D。

至此，已确定了根 D，左子树 L 的中序和后序序列，右子树 R 的中序和后序序列。如此类推，再对每棵子树进行上述处理，便可确定整棵二叉树。

思考：由先序和后序序列是否可以确定一棵二叉树？为什么？

6.5　线索二叉树

6.5.1　线索二叉树的基本概念

由上节讨论可知，对二叉树进行遍历，可以将二叉树中所有结点按一定规律排列为一个线性序列。在该序列中，每一结点有且仅有一个直接前驱（第一结点除外）和一个直接后继（最后结点除外），但用前面定义的二叉链表作为存储结构时，只能找到结点的左、右孩子信息，而不能直接得到结点在遍历序列中的前驱和后继的信息，想要得到这些信息，只能在遍历过程中动态得到。

此外，由前面的介绍还可以知道，用二叉链表存储二叉树时，n 个结点的二叉树中就有 $n+1$ 个空的指针域。于是，人们设想利用二叉链表中空的指针域，将遍历过程中结点的前驱、后继信息保存下来，这既充分的利用了空间，也节省了动态遍历二叉树求取结点在遍历序列中的前驱和后继所需的时间，一举两得。由此，便产生了我们将要讨论的线索二叉树。

线索二叉树的结点结构定义如下。

（1）若结点有左子树，则 LChild 域仍指向其左孩子；否则，LChild 域指向其某种遍历序列中的直接前驱结点。

（2）若结点有右子树，则 RChild 域仍指向其右孩子；否则，RChild 域指向其某种遍历序列中的直接后继结点。

（3）为避免混淆，结点结构增设两个布尔型的标志域：Ltag 和 Rtag，其含义如下：

$$\text{Ltag} = \begin{cases} 0 & \text{LChild 域指示结点的左孩子} \\ 1 & \text{LChild 域指示结点的遍历前驱} \end{cases}$$

$$\text{Rtag} = \begin{cases} 0 & \text{RChild 域指示结点的右孩子} \\ 1 & \text{RChild 域指示结点的遍历后继} \end{cases}$$

线索二叉树的结点结构如下所示。

LChild	Ltag	Data	Rtag	RChild

以上述结点结构组成的二叉树的存储结构，叫做**线索链表**；在这种存储结构中，指向前驱和后继结点的指针叫做**线索**；对二叉树以某种次序进行遍历并且加上线索的过程叫做**线索化**；线索化了的二叉树称为**线索二叉树**。

图 6.19 展示了线索二叉树的一个实例，图中虚线为线索，实线仍为孩子指针。由图可见，不同的遍历方式，遍历序列中结点的次序不同，其线索树差别很大。

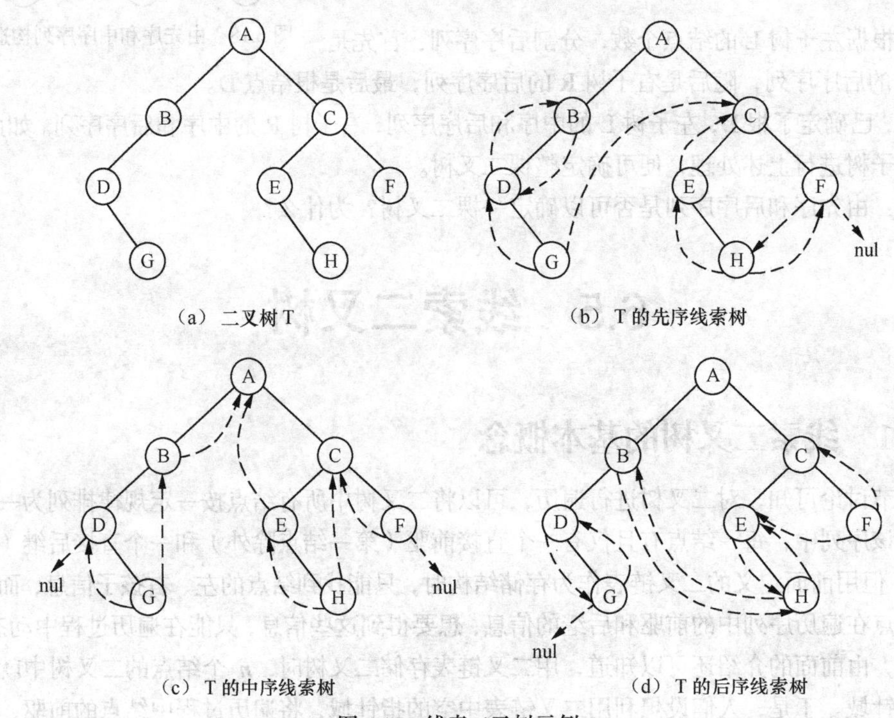

图 6.19 线索二叉树示例

6.5.2 线索二叉树的基本操作

1. 二叉树的线索化

线索化实质上是将二叉链表中的空指针域填上结点的遍历前驱或后继指针的过程，而遍历前驱和后继的指针只能在动态的遍历过程中才能得到。因此线索化的过程即为在遍历过程中修改空指针域的过程。对二叉树按照不同的遍历次序进行线索化，可以得到不同的线索二叉树。

在线索化算法中，需要解决的问题是：当遍历中遇到空指针域时，如何确定应填写的内容，现分如下两种情况讨论。

（1）当遍历中遇到左孩子指针域为空时，此时要填入的内容应该是当前结点遍历前驱的结点指针，而遍历前驱结点是哪个结点呢？其实就是刚才访问过的最后一个结点。因此可设置一个指针 pre，始终记录刚刚访问过的结点，当遍历到左孩子指针域为空的结点时，将 pre 赋给其左孩子域，并将 Ltag 域置为 1 即可。pre 应初始化为 NULL，即遍历的第一个结点的遍历前驱为空。

（2）当遍历中遇到右孩子指针域为空时，此时要填入的内容应该是当前结点遍历后继的结点指针，而遍历后继结点是哪个结点呢？其实就是下一个访问的结点，但当前并不知道，只有访问到下一个结点时才能确定。因此，空的右孩子指针域暂时无法填写，只能遍历到下一个结点时再来回填。其实，当前结点就是 pre 结点的遍历后继，所以，在遍历到每一个结点时，均应回填 pre 的后继指针。应判 pre 的右孩子域是否为空，若为空，则将当前结点的指针赋给 pre 的右孩子域，同时应将 pre 结点的 Rtag 域置为 1。

根据上述讨论，对于中序遍历，可得到下述线索化算法。

【算法 6.18　二叉树的中序线索化算法】

```
void Inthread(BiTree root)
{ if(root!=NULL)
  { Inthread(root->LChild);                      /*线索化左子树*/
    if(root->LChild==NULL)
      { root->LChild=pre; root->Ltag=1;}         /*置前驱线索*/
    if(pre!=NULL&&pre->RChild==NULL)
      { pre->RChild=root; pre->Rtag=1;}          /*置后继线索*/
    pre=root;      /*记录当前访问结点，将成为下一个访问结点的前驱*/
    Inthread(root->RChild);                      /*线索化右子树*/
  }
}
```

对上述算法稍加修改，便可得到先序、后续线索化的算法。对于同一棵二叉树，不同遍历次序的线索化算法，将得到不同的线索二叉树。

2. 在线索二叉树中查找前驱、后继结点

虽然，线索二叉树中有 n+1 个线索，记录了遍历前驱或后继的信息，但仍有 n-1 个遍历前驱或后继信息没有记录，所以，还要讨论无线索指示的遍历前驱和后继结点的快速查找方法。我们以中序线索二叉树为例，来讨论如何在线索二叉树中查找任意结点的遍历前驱和后继。

（1）中序线索树中找结点的直接前驱

根据线索二叉树结点结构的定义可知，对于结点 p，当 p–>Ltag=1 时，p–>Lchild 即指向 p 的遍历前驱；当 p–>Ltag=0 时，p–>LChild 指向 p 的左孩子。而由中序遍历的规律可知，p 结点的前驱结点，是中序遍历 p 的左子树时访问的最后一个结点，也就是左子树中“最右下端”的结点，即左子树中沿右孩子链走到最下端（没有右孩子）的结点。其查找算法如下。

【算法 6.19　中序线索树中找结点的前驱】

```
BiThrTree InPre(BiThrTree p)
{   if(p->Ltag==1) pre=p->LChild;              /*直接利用线索*/
    else                                       /*在 p 的左子树中查找“最右下端”结点*/
     { for(q=p->LChild; q->Rtag==0; q=q->RChild);
       pre=q;
     }
    return(pre);
}
```

（2）中序线索树中找结点的直接后继

根据线索二叉树结点结构的定义可知，对于结点 p，当 p–>Rtag=1 时，p–>Rchild 即指向 p 的遍历后继；当 p–>Rtag=0 时，p–>RChild 指向 p 的右孩子。而由中序遍历的规律可知，p 结点的后继结点，是中序遍历 p 的右子树时访问的第一个结点，也就是右子树中“最左下端”的结点，即右子树中沿左孩子链走到最下端（没有左孩子）的结点。其查找算法如下。

【算法 6.20 中序线索树中找结点的后继】

```
BiThrTree InNext(BiThrTree p)
{   if(p->Rtag= =1) next=p->RChild;                    /*直接利用线索*/
    else                                                /*在 p 的右子树中查找"最左下端"结点*/
    { for(q=p->RChild; q->Ltag==0; q=q->LChild);
      next=q;
    }
    return(next);
}
```

上述算法解决了在中序线索树中找结点的遍历前驱和后继的问题。在先序线索树中找结点的遍历后继，以及在后序线索树中找结点的遍历前驱，也可以按上述方法分析和实现。但在先序线索树中找结点的遍历前驱、在后序线索树中找结点的遍历后继，需要结点的双亲信息，在此不做更多的讨论。

3. 遍历中序线索树

遍历线索树的过程可分成两步：第一步是求出第一个被访问的结点（对中序遍历而言就是树中“最左下端”的结点，)；第二步是不断求出刚访问结点的遍历后继，进行访问，直至所有的结点均被访问。

以下给出遍历中序线索树的算法。

【算法 6.21 在中序线索树中求遍历的第一个结点】

```
BiThrTree InFirst(BiThrTree bt)
{ BiThrTree p=bt;
   if(p==NULL) return(NULL);
   while(p->Ltag==0) p=p->LChild;
   return p;
}
```

【算法 6.22 遍历中序二叉线索树】

```
void TinOrder(BiThrTree root)
{   BiThrTree p;
    p=InFirst(root);
    while(p!=NULL)
   {  Visit(p->data); p=InNext(p);
    }
}
```

可见，通过调用 InFirst 和 InNext，实现对中序线索树的中序非递归遍历，不需要使用栈。

6.6 树和森林

在对二叉树进行了较为详细的介绍之后，我们再回到对于一般树的讨论上来。

6.6.1 树的存储

在实际应用中，人们曾使用各种方式来存储树，在此，我们仅介绍三种最常用的树的存储结构。

1. 双亲表示法

双亲表示法是用一个顺序表来存储树中的结点，同时为表示结点间的关系，在每个结点中附设一个指示器来指示其双亲结点在此表中的位置，其结点结构如下。

Data	Parent

双亲表示法的存储结构定义为：

```
#define  MAX  100
typedef struct TNode
{ DataType data;
  int parent;
 }TNode;
typedef struct                          /*树的定义*/
{ TNode tree[MAX];
 int root;                              /*该树的根结点在表中的位置*/
 int num;                               /*该树的结点个数*/
}PTree;
```

图 6.20 展示了一棵树及其双亲表示法。

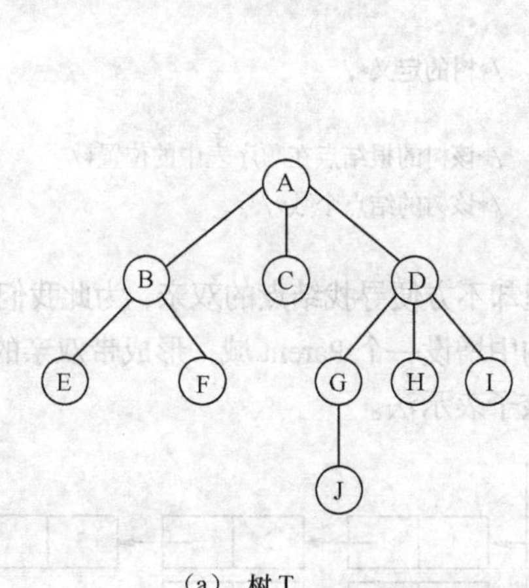

（a） 树 T

	Data	Parent
0	A	−1
1	B	0
2	C	0
3	D	0
4	E	1
5	F	1
6	G	3
7	H	3
8	I	3
9	J	6

（b） 树 T 的双亲表示法

图 6.20 树的双亲表示法示例

双亲表示法利用的是树中每个结点（根结点除外）只有一个双亲的性质，使得其存储结构很简单，用双亲表示法查找某个结点的双亲非常容易。反复使用求双亲结点的操作，也可以较容易地找到树根结点。但是，在这种存储结构中，求某个结点的孩子时需要在整个数组中搜寻，以找出其双亲为该结点的所有结点。

2. 孩子表示法

孩子表示法是把每个结点的孩子存到一个单链表中，称为孩子链表，n 个结点共有 n 个孩子链表(叶子结点的孩子链表为空链表)。n 个结点的数据和 n 个孩子链表的头指针又用一个顺序表存储。图 6.21 展示了图 6.20 中树 T 的孩子表示法。

孩子表示法的存储结构定义如下：

```
typedef struct ChildNode                    /*孩子链表结点结构定义*/
{ int Child;
```

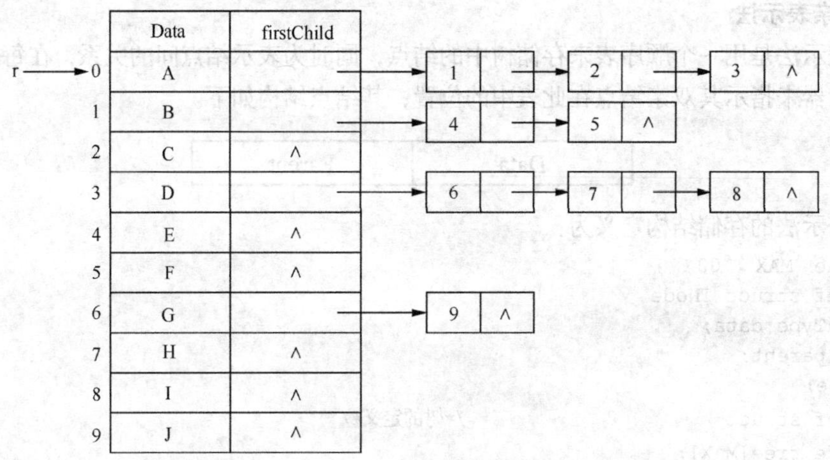

图 6.21　树 T 的孩子表示法

```
  Struct ChildNode * next;
 }ChildNode;
typedef struct                               /*顺序表结点结构定义*/
{ DataType data;
  ChildNode * FirstChild;
 }DataNode;
typedef struct                               /*树的定义*/
{ DataNode nodes[MAX];
  int root;                                  /*该树的根结点在顺序表中的位置*/
  int num;                                   /*该树的结点个数*/
}CTree;
```

孩子表示法可以方便地找到结点的孩子，但却不方便寻找结点的双亲，为此我们可以将孩子表示法与双亲表示法结合起来，即在每个结点结构中增设一个 Parent 域，形成带双亲的孩子表示法。

图 6.22 展示了图 6.20 中树 T 的带双亲的孩子表示法。

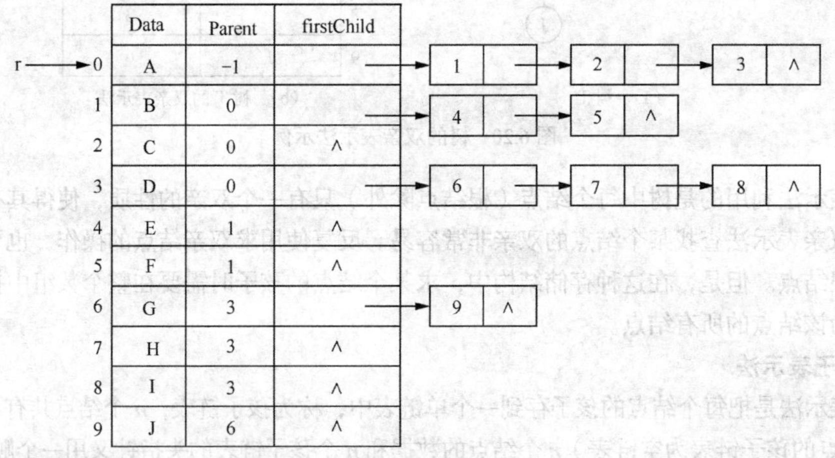

图 6.22　树 T 的带双亲的孩子表示法

3. 孩子兄弟表示法

孩子兄弟表示法又称为树的二叉链表表示法，即以二叉链表作为树的存储结构。链表中每个结点有两个指针域，分别指向结点的第一个孩子和结点的右兄弟。

图 6.23 展示了图 6.20 中树 T 的孩子兄弟表示法。

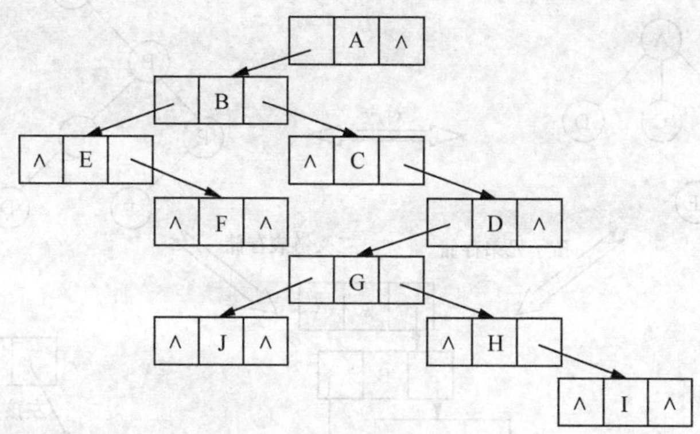

图 6.23　树 T 的孩子兄弟表示法

孩子兄弟表示法的存储结构定义如下：

```
typedef struct CSNode
{ DataType data;                        /*结点信息*/
 Struct CSNode * FirstChild;            /*第一个孩子指针*/
 Struct CSNode * NextSibling;           /*右兄弟指针*/
}CSNode, * CSTree;
```

孩子兄弟表示法便于实现树的各种操作，例如，若要访问结点 x 的第 i 个孩子，可先从 FirstChild 域找到第一个孩子结点，然后沿着结点的 Nextsibling 域连续走 i-1 步，便可找到 x 的第 i 个孩子。如果在孩子兄弟表示法中为每个结点增设一个 Parent 域，则同样可以方便地实现查找双亲的操作。

孩子兄弟表示法的本质是二叉链表结构，在下一小节中将介绍，这种存储结构还可以帮助我们实现树与二叉树间的相互转换，可见孩子兄弟表示法是树的非常有效且非常重要的存储结构。

6.6.2　树、森林与二叉树的转换

前面我们分别介绍了二叉树的存储结构和树的存储结构，从中可以看到，二叉树的二叉链表结构与树的孩子兄弟二叉链表结构在物理结构上是完全相同的，只是它们的逻辑含义不同，因此以二叉链表结构为媒介，可以导出树与二叉树之间的一一对应关系。也就是说，给定一棵树，可以找到唯一的一棵二叉树与之对应，反之，给定一棵二叉树，也可以找到唯一的一棵树（或森林）与之对应。

图 6.24 展示了树与二叉树之间的对应关系。

由图可见，树与二叉树之间对应关系的本质是：对以孩子兄弟二叉链表存储的树按二叉树的二叉链表来解释即成为一棵二叉树，对以二叉链表存储的二叉树（右子树为空）按树的孩子兄弟二叉链表来解释即成为一棵树。

由树的孩子兄弟二叉链表定义可知，任意一棵树的二叉链表其根结点的右兄弟指针均为空，因此其对应的二叉树的右子树必为空。那么，一棵右子树非空的二叉树如何对应到树呢？其实，可以将森林中各棵树的根结点间视为兄弟，该问题便迎刃而解。对于一棵右子树非空的二叉树，可以将其对应为一个森林：二叉树的根及其左子树对应为森林中的第一棵树；右子树将对应为森林中的其他树，其中，右子树的根以及该根的左子树将对应为森林中的第二棵树；右子树的右子树将对应为森林中的第三棵树及其后面的其他树，如此类推，便可得到整个森林。

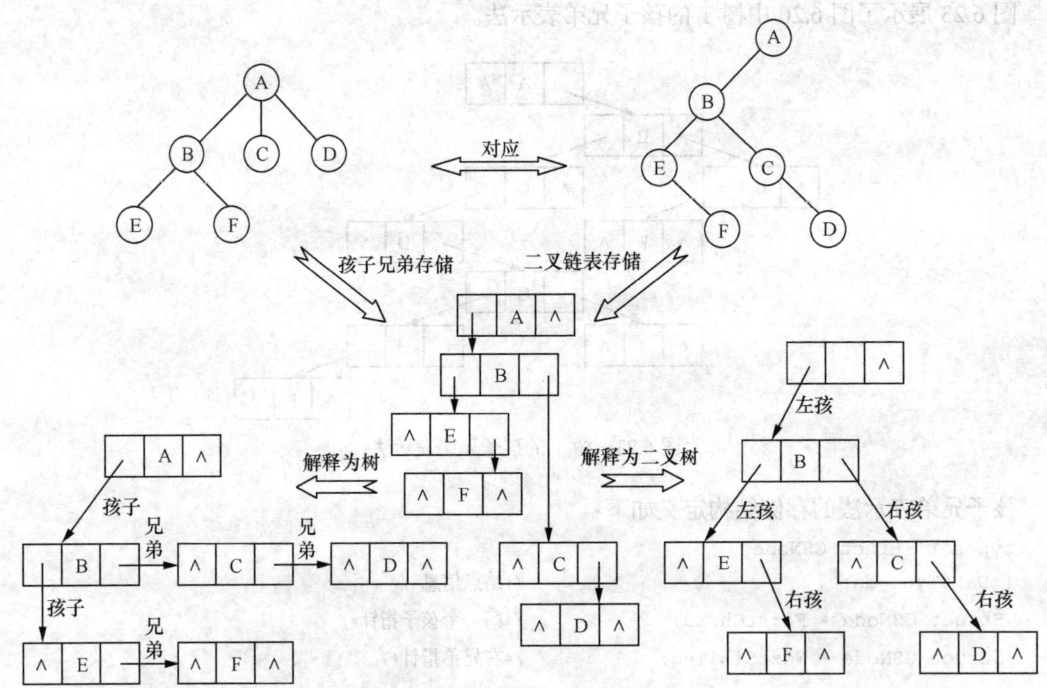

图 6.24　树与二叉树的对应

图 6.25 展示了右子树非空的二叉树与森林之间的对应关系。图中虚线环绕的部分就是上面说到的：二叉树右子树的根以及该根的左子树对应为森林中的第二棵树。

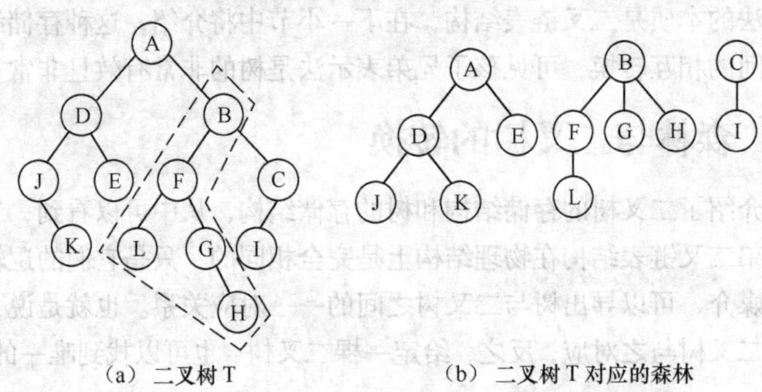

（a）二叉树 T　　（b）二叉树 T 对应的森林

图 6.25　二叉树与森林的对应

以下给出由树形图表示法进行树、森林与二叉树间的转换方法。

1. 树转换为二叉树

将一棵由树形图表示的树转换为二叉树的方法如下。

（1）加线：树中所有相邻兄弟之间加一条连线。

（2）删线：对每个结点，只保留其与第一个孩子结点之间的连线，删掉该结点与其他孩子结点之间的连线。

（3）旋转调整：以树的根结点为轴心，将整棵树顺时针旋转一定的角度，使之层次结构清晰、左右子树分明。

图 6.26 展示了树形图表示的树转换为二叉树的过程。

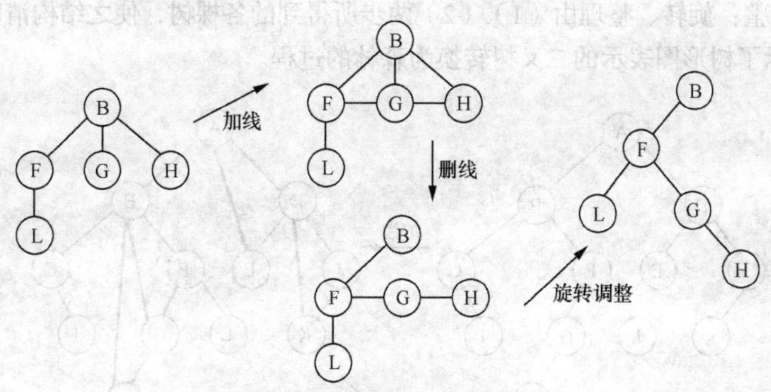

图 6.26　树到二叉树的转换

2. 森林转换为二叉树

将一个由树形图表示的森林转换为二叉树的方法如下。

（1）转换：将森林中的每一棵树均转换成相应的二叉树。

（2）加线：将相邻的各棵二叉树的根结点之间加线，使之连为一体。

（3）旋转调整：以第一棵二叉树的根结点为轴心，将整棵树顺时针旋转一定的角度，使之层次结构清晰、左右子树分明。即依次把后一棵二叉树的根结点调整到作为前一棵二叉树根结点的右孩子的位置。

图 6.27 展示了树形图表示的森林转换为二叉树的过程。

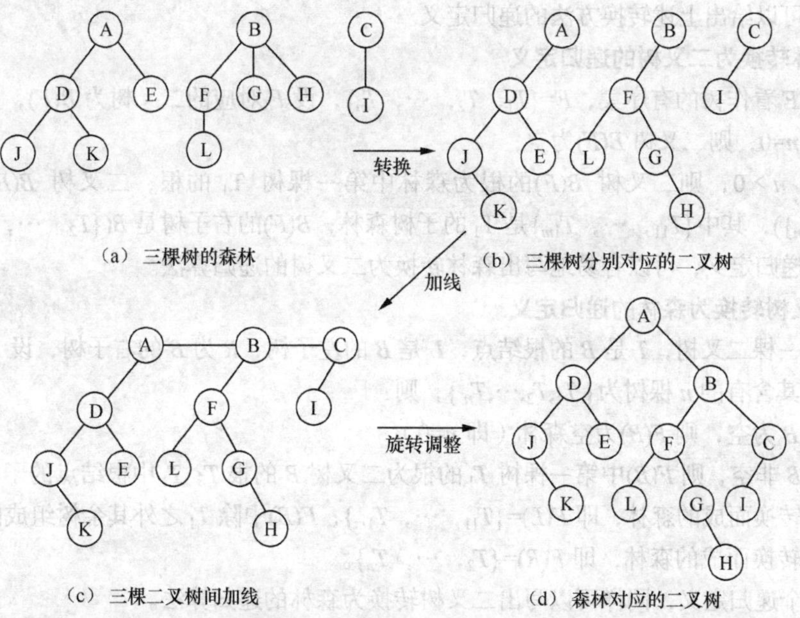

图 6.27　森林到二叉树的转换

3. 二叉树转换为森林

将一棵由树形图表示的二叉树转换为森林的方法如下。

（1）加线：若某结点是其双亲的左孩子，则把该结点的右孩子、右孩子的右孩子、……都与该结点的双亲结点间加上连线。

（2）删线：删掉原二叉树中所有双亲结点与右孩子间的连线。

（3）旋转调整：旋转、整理由（1）、（2）两步所得到的各棵树，使之结构清晰、层次分明。

图 6.28 展示了树形图表示的二叉树转换为森林的过程。

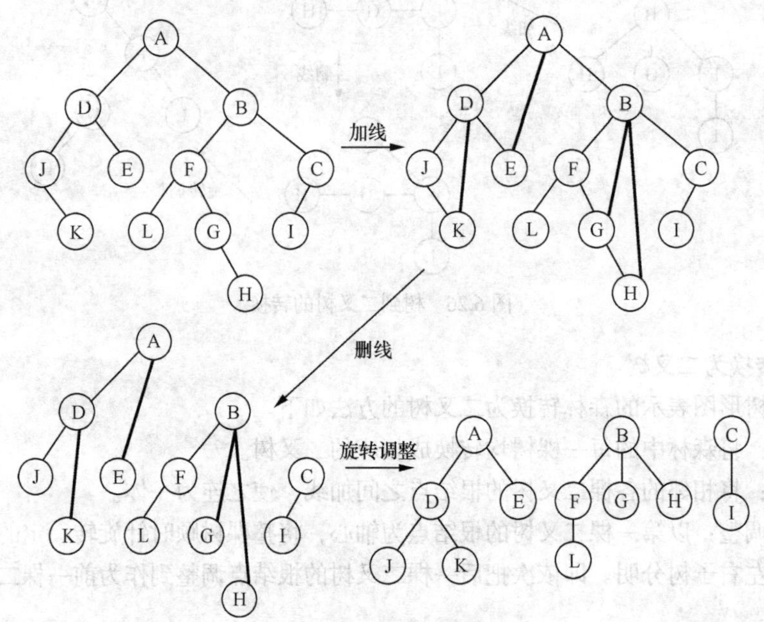

图 6.28　二叉树到森林的转换

我们还可以给出上述转换方法的递归定义。

4．森林转换为二叉树的递归定义

将森林 F 看作树的有序集，$F=\{T_1, T_2, \cdots, T_n\}$，设 F 对应的二叉树为 $B(F)$，则：

（1）若 $n=0$，则二叉树 $B(F)$ 为空；

（2）若 $n>0$，则二叉树 $B(F)$ 的根为森林中第一棵树 T_1 的根；二叉树 $B(F)$ 的左子树为 $B(\{T_{11},\cdots,T_{1m}\})$，其中 $\{T_{11}, \cdots, T_{1m}\}$ 是 T_1 的子树森林；$B(F)$ 的右子树是 $B(\{T_2, \cdots, T_n\})$。

根据此递归定义，可以容易地写出森林转换为二叉树的递归算法。

5．二叉树转换为森林的递归定义

若 B 是一棵二叉树，T 是 B 的根结点，L 是 B 的左子树，R 为 B 的右子树，设 B 对应的森林为 $F(B)$，且其含有的 n 棵树为 $\{T_1,T_2,\cdots,T_n\}$，则：

（1）若 B 为空，则 $F(B)$ 为空森林（即 $n=0$）；

（2）若 B 非空，则 $F(B)$ 中第一棵树 T_1 的根为二叉树 B 的根 T；T_1 中根结点的子树森林是由 B 的左子树 L 转换而成的森林，即 $F(L)=\{T_{11}, \cdots, T_{1m}\}$；$F(B)$ 中除 T_1 之外其余树组成的森林是由 B 的右子树 R 转换而成的森林，即 $F(R)=\{T_2, \cdots, T_n\}$。

根据这个递归定义，同样可以写出二叉树转换为森林的递归算法。

6.6.3　树和森林的遍历

1．树的遍历

根据树的结构定义可以引出两种树的遍历方法。

（1）先根遍历

若树非空，则按如下规则遍历。

① 访问根结点。

② 从左到右，依次先根遍历根结点的每一棵子树。

例如，图 6.20 中树 T 的先根遍历结点序列为：A、B、E、F、C、D、G、J、H、I。

（2）后根遍历

若树非空，则按如下规则遍历。

① 从左到右，依次后根遍历根结点的每一棵子树。

② 访问根结点。

例如，图 6.20 中树 T 的后根遍历结点序列为：E、F、B、C、J、G、H、I、D、A。

仔细观察可发现，树的遍历序列与由树转换的二叉树的遍历序列有如下对应关系。

（1）树的先根遍历序列对应于转换的二叉树的先序遍历序列。

（2）树的后根遍历序列对应于转换的二叉树的中序遍历序列。

2. 树的遍历算法

依据上述树的遍历规则，或仿照二叉树的遍历算法，可以方便地给出树的遍历算法。

以下给出以孩子兄弟二叉链表为存储结构的树的先根遍历算法，第一个算法完全是依据树的遍历规则而设计的，第二个算法完全是仿照二叉树的先序递归遍历算法而设计的。

【算法 6.23　树的先根遍历算法-1】

```
void RootFirst(CSTree root)
{ if (root!=NULL)
   { Visit(root->data);                    /*访问根结点*/
     p=root->FirstChild;
     While(p!=NULL)                        /*依次遍历每一棵子树*/
     { RootFirst(p);  p=p->NextSibling; }
   }
}
```

【算法 6.24　树的先根遍历算法-2】

```
void RootFirst(CSTree root)
{ if (root!=NULL)
   { Visit(root->data);                    /*访问根结点*/
     RootFirst(root->FirstChild);          /*先根遍历首子树*/
     RootFirst(root->NextSibling);         /*先根遍历兄弟树*/
   }
}
```

3. 森林的遍历

依据森林与树的关系，以及树的两种遍历方法，可以推出森林的两种遍历方法。

（1）先序遍历

若森林非空，则按如下规则遍历。

① 访问森林中第一棵树的根结点。

② 先序遍历第一棵树中根结点的子树森林。

③ 先序遍历除去第一棵树之后剩余的树构成的森林。

例如，图 6.28 中由二叉树转换得到的森林，其先序遍历结点序列为：ADJKEBFLGHCI。

（2）中序遍历

若森林非空，则按如下规则遍历。

① 中序遍历森林中第一棵树的根结点的子树森林。

② 访问第一棵树的根结点。

③ 中序遍历除去第一棵树之后剩余的树构成的森林。

例如，图 6.28 中由二叉树转换得到的森林，其中序遍历结点序列为：JKDEALFGHBIC。

仔细观察可以发现，森林的先序遍历、中序遍历序列与相应的二叉树的先序遍历、中序遍历序列是对应相同的；另外，把一棵树看成是森林，则森林的先序遍历和中序遍历分别与树的先根遍历和后根遍历相对应。森林的遍历算法可以采用其对应的二叉树的遍历算法来实现。

6.7 哈夫曼树及其应用

哈夫曼（Huffman）树，又称最优二叉树，是带权路径长度最短的树，可用来构造最优编码，用于信息传输、数据压缩等方面，是一种应用广泛的二叉树。

6.7.1 哈夫曼树

1. 哈夫曼树相关基本概念

在介绍哈夫曼树之前，先介绍几个与哈夫曼树相关的基本概念。

路径：从树中一个结点到另一个结点之间的分支序列构成两个结点间的路径。

路径长度：路径上分支的条数称为路径长度。

树的路径长度：从树根到每个结点的路径长度之和称为树的路径长度。

6.3 节介绍的完全二叉树，是结点数给定的情况下路径长度最短的二叉树。

结点的权：给树中结点赋予一个数值，该数值称为结点的权。

带权路径长度：结点到树根间的路径长度与结点的权的乘积，称为该结点的带权路径长度。

树的带权路径长度：树中所有叶子结点的带权路径长度之和，称为树的带权路径长度，通常记为 *WPL*：

$$WPL=\sum_{k=1}^{n} W_K \times L_K$$

其中，n 为叶子数，W_K 为第 K 个叶子的权值，L_K 为第 K 个叶子到树根的路径长度。

最优二叉树：在叶子个数 n 以及各叶子的权值 W_K 确定的条件下，树的带权路径长度 *WPL* 值最小的二叉树称为最优二叉树。

给定 n 个具有确定权值的叶子结点，我们可以构造出若干棵形态各异的二叉树，图 6.29 所示的三棵二叉树均是由权值分别为{9，6，3，1}的 4 个叶子构造而成，其带权路径长度分别为：

（a）$WPL=9\times2+6\times2+3\times2+1\times2=38$

（b）$WPL=9\times3+6\times3+3\times2+1\times1=52$

（c）$WPL=9\times1+6\times2+3\times3+1\times3=33$

可见，完全二叉树并不是树的带权路径长度 *WPL* 值最小的二叉树。可以验证，图 6.29 所示的（c）树是有 4 个叶子且权值分别为{9，6，3，1}的一棵最优二叉树。

由于哈夫曼最早给出了建立最优二叉树的方法，因此最优二叉树又称为**哈夫曼树**。

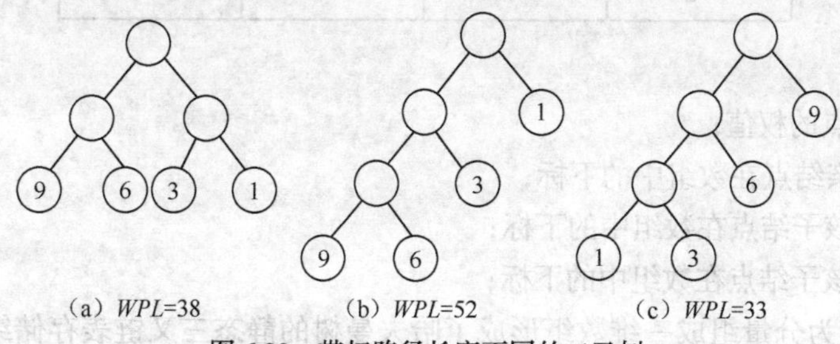

图 6.29　带权路径长度不同的二叉树

2. 哈夫曼树的建立

由哈夫曼最早给出的建立最优二叉树的带有一般规律的算法，俗称哈夫曼算法。描述如下。

（1）初始化：根据给定的 n 个权值（W_1，W_2，…，W_n），构造 n 棵二叉树的森林集合 $F=\{T_1, T_2, \cdots, T_n\}$，其中每棵二叉树 T_i 只有一个权值为 W_i 的根结点，左、右子树均为空。

（2）找最小树并构造新树：在森林集合 F 中选取两棵根的权值最小的树做为左、右子树构造一棵新的二叉树，新二叉树的根结点为新增加的结点，其权值为左、右子树根的权值之和。

（3）删除与插入：在森林集合 F 中删除已选取的两棵根的权值最小的树，同时将新构造的二叉树加入到森林集合 F 中。

重复（2）和（3）步骤，直至森林集合 F 中只含一棵树为止，这棵树便是哈夫曼树，即最优二叉树。由于（2）和（3）步骤每重复一次，森林集合 F 中将删除两棵树，增加一棵树，所以，（2）和（3）步骤重复 n–1 次即可获得哈夫曼树。

图 6.30 展示了图 6.29 中（c）树的建立构造过程。

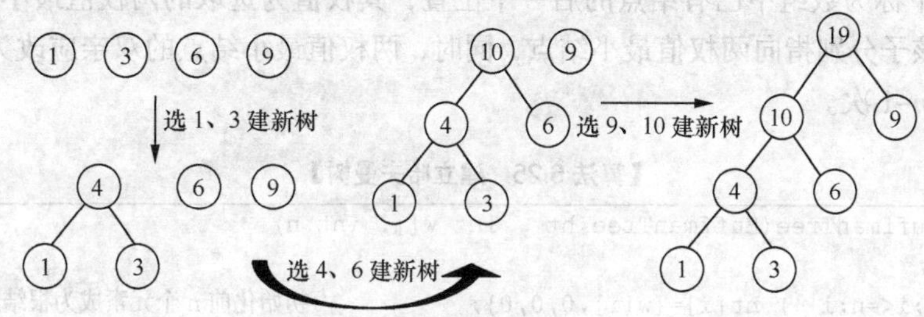

图 6.30　哈夫曼树的建立过程

3. 哈夫曼算法的实现

（1）存储结构

哈夫曼树是一棵二叉树，当然可以采用前面介绍的二叉树的存储方法，但哈夫曼树有其自己的特点，因而一般采用如下介绍的静态三叉链表来存储。

由哈夫曼树的建立算法可知，哈夫曼树中没有度为1的结点，这类二叉树又称正则二叉树。结合6.3节介绍的二叉树性质3可知，n个叶子的哈夫曼树，恰有n–1个度为2的结点，所以哈夫曼树共有2n-1个结点，可以存储在一个大小为2n–1的一维数组中。

在后续将要介绍的哈夫曼树的应用中，既需要从根结点出发走一条从根到叶子的路径，又需要从叶子结点出发走一条从叶子到根的路径。所以每个结点既需要孩子的信息，又需要双亲的信息，因此，每个结点可设计成如下所示的三叉链表结点结构。

weight	Parent	Lchild	Rchild

其中：

weight：为结点的权值；

Parent：为双亲结点在数组中的下标；

Lchild：为左孩子结点在数组中的下标；

Rchild：为右孩子结点在数组中的下标；

上述结点结构为分量组成一维数组形成了哈夫曼树的静态三叉链表存储结构，其类型定义如下：

```
#define N  30
#define M 2*N-1
typedef struct
{ int  weight;
  int  parent, Lchild, Rchild;
}HTNode, HuffmanTree[M+1];          /*0 号单元不使用*/
```

静态三叉链表数组中，前 n 个元素存储叶子结点，后 n–1 个元素存储分支结点即不断生成的新结点，最后一个元素将是哈夫曼树的根结点。

（2）哈夫曼算法的实现

哈夫曼算法可分为初始化和构建哈夫曼树两个部分。

初始化所有结点：首先，构造 n 个根结点，即将数组前 n 个元素视为根结点，其权值置为 W_i，孩子和双亲指针全置 0；其次，置空后 n–1 个元素，初始时各域均置 0。

构建哈夫曼树：在数组的已有结点中选双亲为 0（即树根）且权值最小的两结点，构造新结点，新结点下标为数组中已有结点的后一个位置，其权值为选取的两权值最小结点的权值之和，其左、右孩子分别指向两权值最小结点，同时，两权值最小结点的双亲应改为指向新结点。此过程要重复 n–1 次。

【算法 6.25　建立哈夫曼树】

```
void CrtHuffmanTree(HuffmanTree ht , int w[], int n)
{ m=2*n-1;
  for(i=1;i<=n;i++) ht[i]={w[i],0,0,0};           /*初始化前 n 个元素成为根结点*/
  for(i=n+1;i<=m;i++) ht[i]={0,0,0,0};            /*初始化后 n-1 个空元素*/
  for(i=n+1;i<=m;i++)                             /*从第 n+1 个元素开始构造新结点*/
   { select(ht,i-1,&s1,&s2);
                    /*在 ht 的前 i-1 项中选双亲为 0 且权值最小的两结点 s1、s2*/
     ht[i].weight=ht[s1].weight+ht[s2].weight;   /*建新结点，赋权值*/
     ht[i].Lchild=s1; ht[i].Rchild=s2;           /*赋新结点左、右孩子指针*/
     ht[s1].parent=i; ht[s2].parent=i;           /*改 s1、s2 的双亲指针*/
   }
}
```

图 6.31 展示了建立如图 6.30 的哈夫曼树时，上述算法中的 ht 的初始化状态及最终状态。算法中函数 select 的实现较为简单，具体算法留给读者自己完成。

	Weight	Parent	Lchild	Rchild
1	1	0	0	0
2	3	0	0	0
3	6	0	0	0
4	9	0	0	0
5	0	0	0	0
6	0	0	0	0
7	0	0	0	0

（a）ht的初态

	Weight	Parent	Lchild	Rchild
1	1	5	0	0
2	3	5	0	0
3	6	6	0	0
4	9	7	0	0
5	4	6	1	2
6	10	7	5	3
7	19	0	6	4

（b）ht的终态

图 6.31　哈夫曼树 ht 的初态与终态

6.7.2　哈夫曼编译码

在本章的第 1 节，我们曾提到可以用哈夫曼树解决信息编码、数据压缩的问题，现在我们来做详细介绍。

1．哈夫曼编码的概念

本章第 1 节中我们看到等长编码并不能使信息得到有效的压缩，因此要设计压缩效率更高的编码，应是不等长的编码，而不等长的编码要使各编码间无须加分界符即可识别，则其编码必须是前缀编码。

前缀编码：同一字符集中任何一个字符的编码都不是另一个字符编码的前缀（最左子串），这种编码称为前缀编码。

例如，对于字符集{A，B，C，D}，编码集对应为{1，01，000，001}，则是前缀编码，对于任何有效的编码串均可以唯一地识别、译码。而如果编码集对应为{0，1，00，01}，则不是前缀编码，不加分界符是无法识别编码串的，例如对于编码串“001011”，无法识别其为“AABABB”还是“ADDB”或是“CBDB”。

另一方面，若想有效地压缩信息，则应使待处理的字符集中出现频率高的字符编码尽可能的短，而出现频率不高的字符编码可以略长一些。仔细观察哈夫曼树可以发现，哈夫曼树中权值大的叶子距根近，权值小的叶子距根远，因此，可以用哈夫曼树中根到各叶子的路径设计编码：每个字符对应一个叶子；字符出现的频率对应权值，权值大的叶子（频率高的字符）距根近，其编码短；权值小的叶子（频率低的字符）距根远，其编码长。这便是哈夫曼编码的基本思想。

在哈夫曼树中约定左分支表示符号‘0’，右分支表示符号‘1’，用根结点到叶子结点路径上的分支符号组成的串，作为叶子结点字符的编码，这就是哈夫曼编码。

图 6.32 为哈夫曼树及其编码的一个示例，本章第 1 节的图 6.1 为哈夫曼树及其编码的另一个示例。

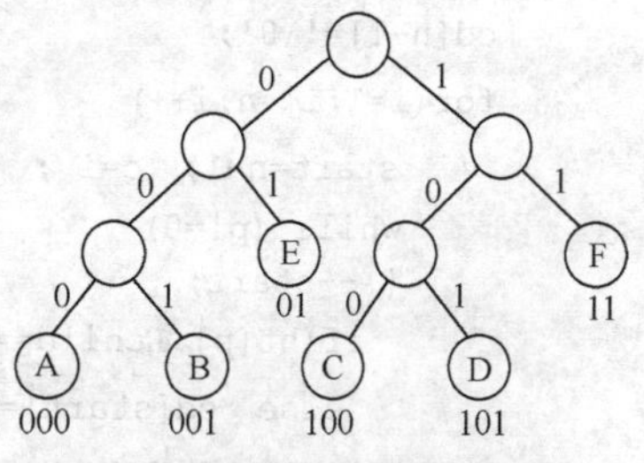

图 6.32　哈夫曼树及其编码示例

可以证明的是，哈夫曼编码是可以使信息压缩达到最短的二进制前缀编码，即最优二进制前缀编码。

首先，由于每个字符的哈夫曼编码是从根到相应叶子的路径上分支符号组成的串，字符不同，相应的叶子就不同，而从根到每个叶子的路径均是不同的，两条路经的前半部分可能相同，但两条路经的最后一定分叉，所以，一条路径不可能是另一条路径的前缀。因此有结论：**哈夫曼编码是前缀码。**

其次，假设由 N 个字符组成的待处理信息中，每个字符出现的次数为 W_i，其编码长度为 L_i，则信息编码的总长为 $\sum_{i=1}^{n} W_i L_i$。若以 W_i 为叶子的权值构造哈夫曼树，叶子结点编码的长度 L_i 恰为从根到叶子的路径长度，则 $WPL=\sum_{i=1}^{n} W_i L_i$ 恰为哈夫曼树的带权路径长度，如前所述，哈夫曼树是 WPL 最小的树，因此，哈夫曼编码是可以使信息压缩达到最短的编码。因此有结论：**哈夫曼编码是最优二进制前缀编码。**

2. 哈夫曼编码的算法实现

实现哈夫曼编码的算法可以分为以下两大部分。

（1）构造哈夫曼树。

（2）在哈夫曼树上求各叶子结点的编码。

构造哈夫曼树的算法前面已经介绍过，下面讨论在哈夫曼树上求各叶子结点编码的算法。

由于每个哈夫曼编码的长度不等，因此可以按编码的实际长度动态分配空间，但要使用一个指针数组，存放每个编码串的头指针，其定义如下：

```
typedef char * Huffmancode[N+1];
```

在哈夫曼树上求各叶子结点的编码可以按如下方法进行。

（1）从叶子结点开始，沿结点的双亲链追溯到根结点，追溯过程中，每上升一层，则经过了一个分支，便可得到一位哈夫曼编码值，左分支得到‘0’，右分支得到‘1’。

（2）由于从叶子追溯到根的过程所得到的码串，恰为哈夫曼编码的逆串，因此，在产生哈夫曼编码串时，使用一个临时数组 cd，每位编码从后向前逐位放入 cd 中，由 start 指针控制存放的次序。

（3）到达根结点时，一个叶子的编码构造完成，此时将 cd 数组中 start 为开始的串复制到动态申请的编码串空间即可。

以下是按上述方法思想编写的求哈夫曼编码的算法。

【算法 6.26　哈夫曼编码】

```
void CrtHuffmanCode1(HuffmanTree ht,HuffmanCode hc,int n)
 /*从叶子到根，逆向求各叶子结点的编码*/
{  char *cd;
   int start;
   cd=(char * )malloc(n * sizeof(char ));          /*临时编码数组*/
   cd[n-1]='\0';              /*从后向前逐位求编码，首先放编码结束符*/
   for(i=1;i<=n;i++)          /*从每个叶子开始，求相应的哈夫曼编码*/
    {    start=n-1;  c=i ;  p=ht[i].parent;        /*c 为当前结点，p 为其双亲*/
         while (p!=0)
         { --start;
           if(ht[p].Lchild==c) cd[start]='0';      /*左分支得'0'*/
            else  cd[start]= '1';                  /*右分支得'1'*/
           c=p; p=ht[p].parent;                    /*上溯一层*/
         }
```

```
        hc[i]=(char *)malloc((n-start)*sizeof(char));  /*动态申请编码串空间*/
        strcpy(hc[i],&cd[start]);                              /*复制编码*/
    }
    free(cd);
}
```

图 6.33 展示了图 6.32 的哈夫曼树中各叶子结点的哈夫曼编码。

3. 哈夫曼编码的译码

任何经编码压缩、传输的数据，使用时均应进行译码。译码的过程是分解、识别各个字符，还原数据的过程。对用哈夫曼编码压缩的数据，译码时要使用哈夫曼树，其译码方法如下。

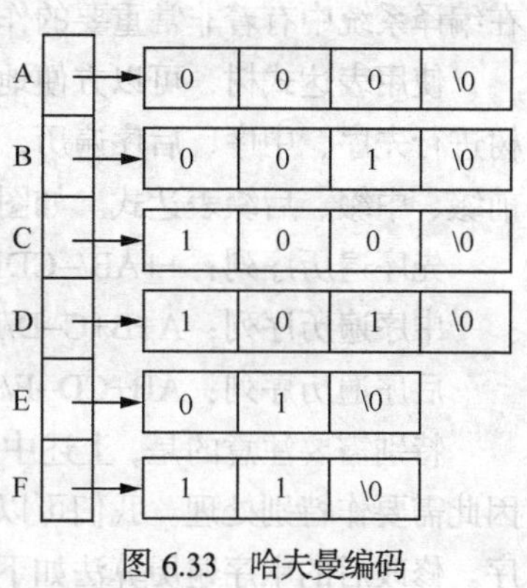

图 6.33 哈夫曼编码

从哈夫曼树的根出发，根据每一位编码的‘0’或‘1’确定进入左子树或右子树，直至到达叶子结点，便识别了一个相应的字符。重复此过程，直至编码串处理结束。

译码算法的实现较为简单，留给读者自己完成。

哈夫曼树除了在信息编码、数据压缩等方面的应用外，还广泛的应用于许多领域，如最佳判定过程的设计、指令编码的设计等多个方面，感兴趣的读者可参阅相关书籍，在此不再赘述。

6.8 实例分析与实现

6.8.1 表达式树

本章第 1 节我们给出了表达式树，并指出任意一个表达式，均可以用树形结构来表示并实现求值，现在我们来做详细介绍。

1. 表达式与表达式树

由于大部分算术运算符有两个操作数，所以一般可以用二叉树来表示一个算术表达式，称为表达式树。表达式树和表达式是一一对应的。其递归定义如下。

（1）若表达式为常数或简单变量，则相应的二叉树为仅有一个根结点的二叉树，其数据域存放该表达式的信息。

（2）若表达式为“第一操作数、运算符、第二操作数”的形式，则相应二叉树的左子树表示第一操作数，右子树表示第二操作数，根结点的数据域存放运算符。

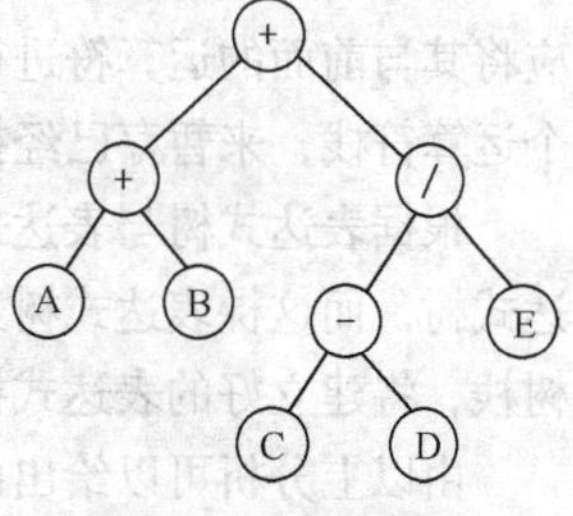

图 6.34 表达式树

（3）若运算符为一元运算符，则左子树为空，右子树表示操作数，根结点的数据域存放运算符。

（4）操作数本身又可以是表达式。

如图 6.34 所示的二叉树对应的表达式为：

(A+B)+(C-D)/E

可见表达式树中并无括号，但其结构却有效地表达了运算符间的运算次序。

在表达式的表现形式方面，根据运算符所处的位置不同，表达式可分为前缀表达式、中缀表达式和后缀表达式。

前缀表达式：运算符在操作数前面的表达式，又称为波兰式。

中缀表达式：双目运算符放在两个操作数之间的表达式，即常规使用的形式。

后缀表达式：运算符放在操作数后面的表达式，又称为逆波兰式。

在三种表达式中，中缀表达式必须使用括号，才可以准确地表达其运算符间的运算次序，而前缀表达式可以在不加括号的情况下进行求值，后缀表达式的求值处理则最为简单，因此，它们在编译系统中有着非常重要的作用。

使用表达式树，可以方便地得到表达式的前缀、中缀、后缀表达式。事实上，通过对表达式树进行先序、中序、后序遍历，可以得到其前序、中序、后序遍历序列，而这正对应于表达式的前缀、中缀、后缀表达式。如图 6.34 的表达式树的三种遍历序列如下。

先序遍历序列：++AB/–CDE　　对应前缀表达式

中序遍历序列：A+B+C–D/E　　对应中缀表达式

后序遍历序列：AB+CD–E/+　　对应后缀表达式

特别需要注意的是，上述中序遍历序列，丢失了原表达式中的括号，不能正确表示运算次序，因此需要作特别处理。我们可以适当修改遍历算法，为每个子表达式均加上括号，以体现运算次序。修改后的中序遍历算法如下。

二叉树为空，则空操作；为叶子结点，则输出结点；否则依次执行如下 5 步操作。

（1）输出一个左括号；（2）按中序遍历左子树；（3）输出根结点；（4）按中序遍历右子树；（5）输出一个右括号。

用上述算法遍历图 6.34 的表达式树，所得到的遍历序列为：((A+B)+((C-D)/E))。虽然多了一些可省略的括号，但却准确地表达了其运算符间的运算次序。此外，也可以通过比较前后两个运算符的优先次序，决定是否输出括号，从而得到与普通书写习惯一致的中缀表达式，其算法的编写留给读者自己完成。

2. 表达式树的建立与求值

以下讨论由表达式构建表达式树的方法。给定的表达式为常规使用的中缀表达式，并假设运算符均为双目运算符。

表达式是由运算符和操作数组成的字符序列，其对应的表达式树中叶子结点均是简单的操作数，分支结点均是运算符。因此，在扫描表达式构建表达式树的过程中，当遇到操作数时就要建立相应的叶子结点，当遇到运算符时则对应要建立分支结点及其子树。

考虑到建立的表达式树要准确的表达运算次序，所以当遇到运算符时不能急于建立结点，而应将其与前面的运算符进行优先级比较，依据比较的结果，决定相应的后续处理。这样就需要一个运算符栈，来暂存已经扫描到的、待比较的、还未处理的运算符。

根据表达式树与表达式对应关系的递归定义，每两个操作数和一个运算符就可以建立一棵表达式树，而这棵表达式树又可以整体地作为另一个运算符结点的一棵子树。因此需要一个表达式树栈，将建立好的表达式树的根指针存入栈中，以便其作为另一个运算符结点的子树而被引用。

由以上分析可以给出由表达式构建相应的表达式树的方法如下。

（1）在运算符栈底及表达式尾部放入表达式的起始及结尾符号“#”。

（2）从左到右依次扫描表达式字符串，进行如下处理。

① 当前字符为操作数，则以该字符为根构造一棵只有根结点的二叉树，且将该树入表达式树栈，并继续扫描表达式字符串。

② 当前字符为运算符，则将运算符栈顶的运算符与当前字符进行优先级的比较，依比较结果

进行如下处理。

ⓐ 若栈顶运算符优先级低，则当前字符入运算符栈，并继续扫描表达式字符串。

ⓑ 若栈顶运算符优先级高，则应生成栈顶运算符相应的表达式树：将表达式树栈出栈两次，运算符栈出栈一次。并以第二次出栈的表达式树为左子树，出栈的运算符为根的数据，第一次出栈的表达式树为右子树建立一棵表达式树，并将该树入表达式树栈。

ⓒ 若栈顶运算符与当前字符优先级相等，则将运算符栈顶元素出栈，并继续扫描表达式字符串。

（3）重复步骤（2）直至运算符栈为空且扫描到“#”，结束。

由上述方法建立的表达式树，还可以方便地实现表达式的求值，其算法如下。

【算法 6.27 表达式树的求值】

```
int  Calculate(BiTree T)
{  int oper1=0;        /*前操作数变量*/
   int oper2=0;        /*后操作数变量*/
   if(T->lchild==NULL &&T->rchild==NULL)          /*是操作数*/
      return(T->data-'0');                        /*返回转换为数字的操作数*/
   else
   { Oper1=calculate(T->lchild);                  /*求左子树表达式的值*/
    Oper2=calculate(T->rchild);                   /*求右子树表达式的值*/
    return Get_Value(T->data,oper1,oper2);        /*计算本子树表达式的值*/
   }
}
```

6.8.2 树与等价类的划分

本章第 1 节我们给出了等价类划分问题，讲到等价关系是现实世界中广泛存在的一种关系，许多应用问题可以归结为按给定的等价关系划分集合为等价类的问题，并指出树形结构是实现集合等价类划分操作的有效工具，现在我们来做详细介绍。

1. 等价类的划分

在离散数学中，对等价关系和等价类的定义如下。

设 R 为定义在集合 S（$S\neq\varnothing$）上的一个二元关系（$R\leqslant S\times S$），若 R 是自反的、对称的和传递的，则称 R 为一个等价关系。R 的任意元素可用形如$(x,y)(x,y\in S)$的等价偶对来表示。

设 R 是非空集合 S 上的等价关系，对任何 $x\in S$，定义：$[x]_R=\{y|y\in S\wedge xRy\}$，是 x 关于 R 的等价类。可以按 R 将 S 划分为若干个互不相交的等价类（子集）：S_1，S_2，…，它们的并集等于 S。

划分等价类的一般方法是先把每个元素看作是一个单元素集合，然后将属于同一等价类的元素所在的集合合并。

假设集合 S 有 n 个元素，m 个等价偶对确定了等价关系 R，求 S 的 R 等价类划分算法如下。

（1）令 S 中每个元素各自形成一个只含单个元素的子集，记作 S_1，S_2，…，S_n。

（2）重复读入 m 个偶对，对每个偶对（x，y）判定 x 和 y 所属子集。不失一般性，假设 $x\in S_i$，$y\in S_j$，若 $S_i\neq S_j$，则将 S_j 并入 S_i，也可以将 S_i 并入 S_j。

（3）当 m 个偶对都被处理后，S_1，S_2，…，S_n 中所有非空子集即为 S 的 R 等价类。

从上述算法可见，划分等价类需要对集合进行的主要操作有以下三个。

（1）构造只含单个成员的集合。

（2）判定某个元素 x 所在的子集。

（3）归并两个互不相交的集合为一个集合。

2. 树与等价类

一种高效的实现集合等价类划分操作的办法是用树形结构表示集合。

规定以森林 $F=(T_1, T_2, \cdots, T_n)$ 表示 S 的当前划分，森林中的每一棵树 T_i（i=1，2，…，n）表示 S 划分中的一个子集，树中每个结点表示子集中的一个元素 x。根据集合元素间的关系特性，树中结点间的父子关系等均无意义，仅仅是表示结点元素同在一个子集中。为操作方便，采用双亲表示法，每个结点中含有一个指向其双亲的指针，并约定根结点元素的序号做为子集的名称。显然，这样的存储结构易于实现上述三个操作。判定某个元素所在集合的操作，只需从该元素结点出发，顺双亲指针找到树的根结点即可；而将一棵子集树的根指向另一棵子集树的根，便可实现归并操作。

假设集合 $S=\{a, b, c, d, e, f, g\}$，$R$ 是 S 上的一个等价关系，$R=\{(a, b), (a, c), (b, d), (e, f), (f, g), (c, f)\}$，求 S 的等价类。

图 6.35 展示了上述 S 等价类的树形表示及操作过程。

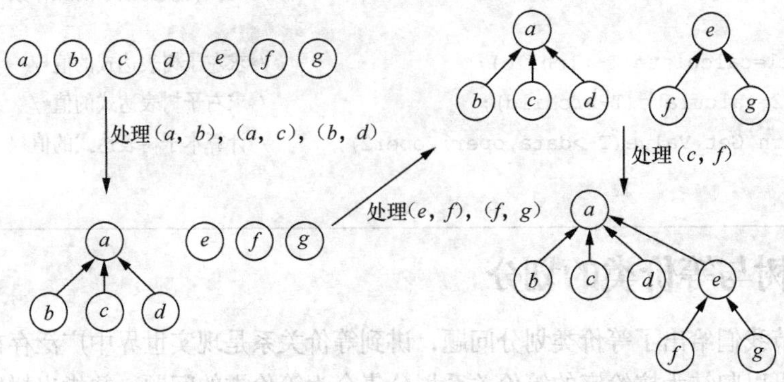

图 6.35　等价类的表示及操作

上述方法中，表示集合的树深度与树的形成过程（即集合归并的过程）有关。试看一个极端的例子：假设有 n 个子集 $S_1, S_2, \cdots, S_n$，每个子集只有一个成员 $S_i=\{i\}$ (i=1，2，…，n)，初始时用 n 棵只有一个根结点的树表示。若每次归并都是含结点多的根结点指向含结点少的根结点，则当进行了 n–1 次归并操作后，得到的集合树的深度为 n。而查找元素所在子集的操作，其时间效率取决于树的深度，因此有必要调整归并方法，使树的高度控制在合理的范围内。

可用归纳法证明，若每次归并操作均令含元素少的树根结点指向含元素多的树根结点，则所构造的树的深度不超过$[\log_2 n]+1$，其中，n 为树中结点的个数。

为此，需要在树根结点中记录树中结点的个数，相应地可修改存储结构的内涵：令根结点的 parent 域存储树中结点的个数，同时为避免混淆，根结点的 parent 域规定为负值，即树中结点个数的负值。

3. 等价类划分的实现

集合树采用上述改进后的双亲表示法，其存储类型定义为：`typedef Ptree MFSet`。实现划分等价类的三个操作的算法如下。

【算法 6.28 等价类的初始化操作】

```
void  InitMFset(MFSet S,int n)
 { For (i=0;i<n;i++)
   { S.tree[i].parent=-1;                    /*每个元素自成一个等价类*/
   c=getchar; S.tree[i].data=c;
   }
   S.num=n;
 }
```

【算法 6.29 等价类的查找操作】

```
int  findMFset (MFSet S,  int  i)
 /*在集合树 S 中找 i 所在子集的根*/
 { if(i<1 || i>S.num)  return -1;
   while (S.tree[i]. parent>0)  i=S.tree[i].parent ;
   return i;
 }
```

【算法 6.30 等价类的归并操作】

```
void unionMfset(MFSet &S, int i,int j)
 /*S.tree[i]和 S.tree[j]为 S 的两个子集 Si 和 Sj 的根结点,求并集 SiUSj*/
 { if(i<1)||i>S.num|| j<1||j>S.num} return -1;
  if (S.tree[i]. parent>S.tree[j].parent)              /*Si 含元素数比 Sj 少*/
   { S.tree[j].parent+=S.tree[i].parent;
     S.tree[i].parent=j;
   }
  else{ S.tree[i].parent+=S.tree[j].parent;
      S.tree[j].parent=i;
      }
 }
```

上述查找操作算法的时间复杂度为 $O(h)$，其中 h 为树的深度；归并操作算法的时间复杂度为 $O(1)$。

在划分等价类的操作中，每处理一个等价偶对（i，j），必须确定 i 和 j 各自所属的集合，若这两个集合相同，则无须做处理，否则就要归并这两个集合。显然，随着子集逐步归并，树的深度必定越来越大。为了进一步减少查找元素所在子集的操作时间，应进一步压缩树的深度。我们可以改进算法 6.29，在算法中增加“压缩路径”的功能，把从 i 结点到根的路径上的结点都变成树根的孩子。其改进的算法如下。

【算法 6.31 改进的等价类查找操作】

```
int findMFset (MFSet S, int i)
 /*确定 i 所在子集，并将从 i 到根的路径上所有结点变成根的孩子*/
 { if(i<1 || i>S.num)  return -1;
   for(j=i; S.tree[j].parent>0; j=S.tree[j].parent);      /*找根*/
    for(k=i; k!=j; k=t)                 /*使 i 到根路径上所有结点的双亲指针指向根*/
    { t=S.tree[k].parent; S.tree[k].parent=j;}
    return j;
 }
```

可以证明，利用改进后的算法划分大小为 n 的集合为等价类的时间复杂度为 $O(n\,\alpha(n))$，其中

$\alpha(n)$是一个增长极其缓慢的函数，对于通常所见到的正整数 n 而言，$\alpha(n)\leqslant 4$。

6.8.3 回溯法与 N 皇后问题

本章第 1 节我们给出了 N 皇后问题，并指出其常用且有效的求解方法是回溯法，须用树形结构描述问题的求解，现在我们来做详细介绍。

1. 回溯法与解空间树

有许多实际应用问题，是求解满足特定条件的全部解或最优解。例如 N 皇后问题要求给出在 N×N 的棋盘上放置 N 个皇后，并使彼此不受攻击的所有可能的棋盘布局，这是一个求全部解的问题；而另一个经典的问题是旅行售货员问题，要求给出售货员到 N 个城市推销商品的最佳旅行路线，这是一个求最优解的问题。此类问题，一般没有特定的计算规则来进行求解，通常是利用试探性的方法，在包含问题所有解的解空间树中，将可能的结果搜寻一遍，从而获得满足条件的解。搜索过程采用深度遍历策略，并随时判定结点是否满足条件要求，满足要求就继续向下搜索，若不满足要求则回溯到上一层，这种解决问题的方法称为回溯法（Backtracking）。

回溯法是一类非常重要的算法设计方法，有“通用解题法”之称。用回溯法求解问题，重点是设计问题的解空间树，其解题过程则是深度遍历解空间树的过程。解空间树是依据待解问题的特性，用树结构表示问题的解结构、用叶子表示问题所有可能的解的一棵树。对解空间树的遍历可搜索到问题所有可能的解，因此，可获得满足要求的全部解，也可通过对所有解的比较选择获得最优解，由此可见，解空间树是十分重要的。回溯法解题的重要步骤之一便是分析问题，设计解空间树的结构，进而设计遍历算法，求解问题。

我们可以把求解问题的过程当作一系列的决定来考虑，回溯法对每一个决定都系统地分析所有可能的结果。而每一次决定即为解空间树中的一个分支结点，各种可能的结果便形成了各棵不同的子树，问题最终所有可能的解将展现在所有的叶子上。这便是解空间树的形成过程。

图 6.36 即为四皇后问题解空间树的局部。树中第 i 层的结点决定第 i 行皇后的摆放位置，均有四种不同的选择，便形成了四个孩子结点，但其中包含不符合要求的布局。

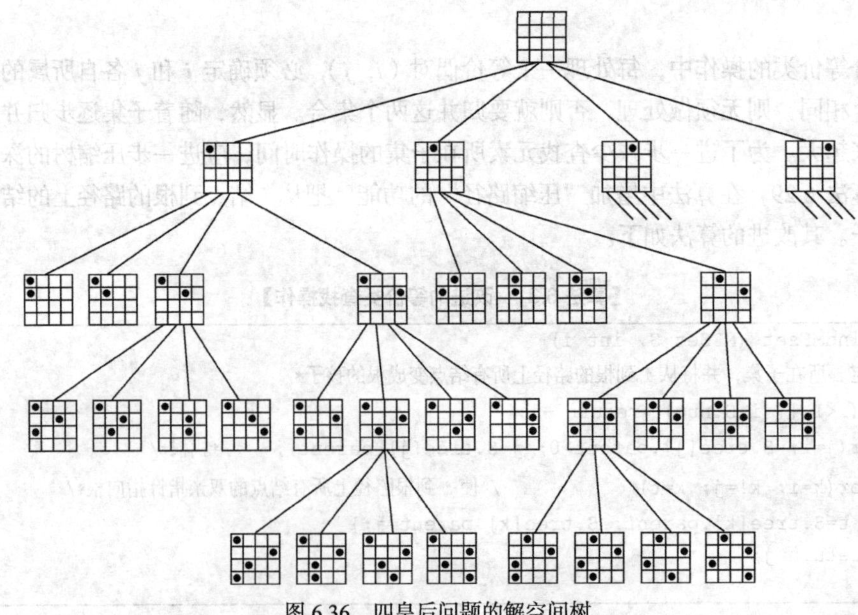

图 6.36　四皇后问题的解空间树

下面我们来看旅行售货员问题的解空间树。

图 6.37 给出了有 A、B、C、D 四座城市的示意图，各城市间的连线权值表示旅行的耗费。设售货员当前在 A 城市，要去 B、C、D 城市推销商品，最后回到 A 城市。

该问题首先要决定的是，应该先去 B、C、D 三个城市中的哪个城市？因此树根便有了三个孩子 B、C、D；每个孩子结点又要决定下一步到哪个城市？因为此时均只剩两个城市可选择，所以 B、C、D 三个结点均有两个孩子，B 的孩子为 C、D，C 的孩子为 B、D，D 的孩子为 B、C；再下一步仅剩一个城市可选择，所以下一层的结点均只有一个孩子，到此已产生出各种可能的旅行线路的解，由各叶子结点代表。

该问题的解空间树如图 6.38 所示。解空间树中最右边的叶子所代表的旅行线路是：A 城→D 城→C 城→B 城→A 城。

解旅行售货员问题需要遍历解空间树，通过对各叶子相应解的比较选择，从而获得最优解。

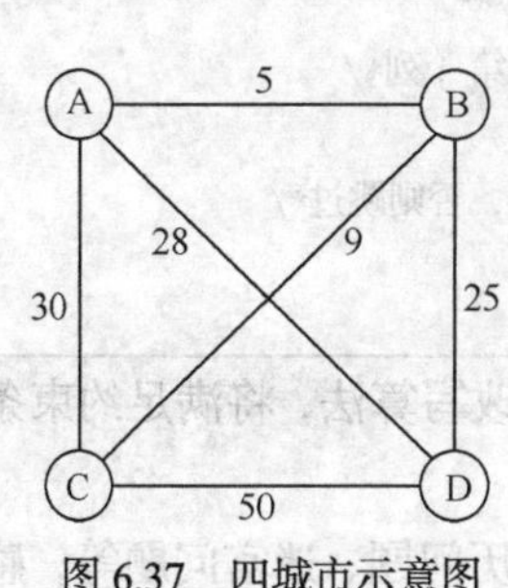

图 6.37 四城市示意图

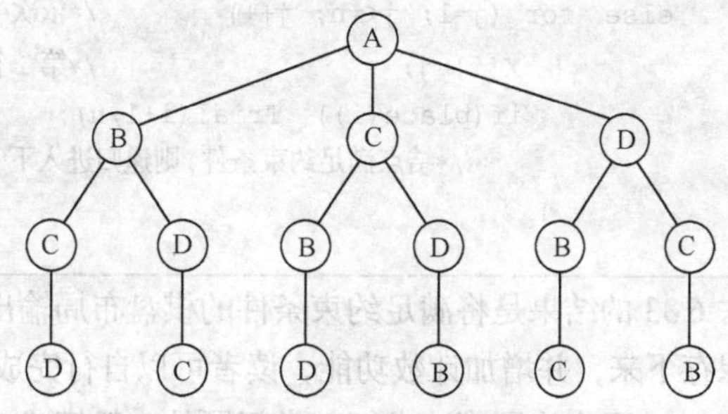

图 6.38 旅行售货员问题的解空间树

对于回溯法，需要特别强调的是，在算法实现中，无须真正地建立并存储解空间树，只是根据解空间树的结构特点，设计遍历过程的控制结构，即虽然没有解空间树的物理存在，但在算法中要体现解空间树的结构特性及其遍历过程。

2. 求解 *N* 皇后问题的回溯法

N 皇后问题要求求解在 $N \times N$ 的棋盘上放置 *N* 个皇后，并使各皇后彼此不受攻击的所有可能的棋盘布局。皇后彼此不受攻击的约束条件是：任何两个皇后均不能在棋盘上同一行、同一列或者同一对角线上出现。

由于 *N* 皇后问题不允许两个皇后在同一行，所以，可用一维数组 X 表示 *N* 皇后问题的解，X[i]表示第 *i* 行的皇后所在的列号。例如一个满足要求的棋盘布局如图 6.39 所示，其结果 X 数组的值为：[2，4，1，3]。

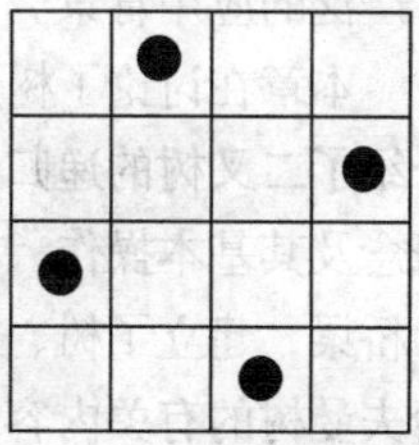

由上述 X 数组求解 *N* 皇后问题，保障了任意两个皇后不在同一行上，而判定皇后彼此不受攻击的其他条件，可以描述如下。

（1）X[i]= X[s]，则第 i 行与第 s 行皇后在同一列上。

（2）如果第 i 行的皇后在第 j 列，第 s 行的皇后在第 t 列，即 X[i]=j 和 X[s]=t，则只要 i-j=s-t 或者 i+j=s+t，说明两个皇后在同一对角线上。对两个等式进行变换后，得到结论：只要|i-s|=|j-t|（即|i-s|=|X[i]-X[s]|），则皇后在同一对角线上。

图 6.39 4 皇后棋盘布局

解 *N* 皇后问题需要遍历解空间树，遍历中要随时判定当前结点棋盘布局是否符合要求，符合要求则继续向下遍历，直至判断得到一个满足约束条件的叶子结点，从而获得一个满足要求的棋盘布局；不符合要求的结点将被舍弃（称之为剪枝），并回溯到上一层的结点继续遍历。当整棵树遍历结束时，已获得所有满足要求的棋盘布局。

综上所述，用回溯法递归遍历解空间树，求解 N 皇后问题的算法如下。

【算法 6.32　皇后位置满足约束条件的判定函数】

```
void place(int s)
    /*判定 s 行 X[s]位置上的皇后，与 1 至 s-1 行上各皇后的位置是否满足约束条件*/
    {  for (i=1; i<s; i++)
           if((abs(i-s)==abs(X[i]-X[s]))||( X[i] ==X[s]))  return false;
       return true;
    }
```

【算法 6.33　求解 N 皇后问题的回溯算法】

```
void  Tria(int i, int n)
  /*棋盘为 n×n，函数从第 i 行起求解皇后的布局，本函数初始调用为 Tria(1,n)*/
  {   if(i>n)  输出 X 数组;                      /*获得一个满足约束条件的棋盘布局*/
      else  for (j=1; j<=n; j++)            /*依次生成各孩子结点*/
              {  X[i]=j;                      /*第 i 行的皇后放入第 j 列*/
                 if(place(i))  Trial(i+1,n);
                      /*结点满足约束条件,则递归进入下一层继续遍历，否则跳过*/
              }
  }
```

算法 6.33 的结果是将满足约束条件的棋盘布局输出，也可以改写算法，将满足约束条件的棋盘布局保存下来，并增加计数功能，读者可以自行完成。

算法 6.33 可作为回溯法求解某类问题的一般模式，如骑士游历问题、迷宫问题等，感兴趣的读者可阅读相关书籍。

6.9　算 法 总 结

1. 本章内容总结

本章讨论的是元素之间具有分支及层次关系的树形结构，相对于前几章介绍的线性结构，树形结构无论是其存储还是应用操作，都较为复杂，所以，本章介绍的内容较多，且具有一定的学习难度，但需要强调的是，本章是课程学习的重点，应很好地掌握，因为，树形结构在现实中拥有广泛的应用背景。

本章在讨论了树形结构的概念后，重点介绍了二叉树的定义、性质、存储结构，特别是详细介绍了二叉树的递归、非递归遍历算法以及遍历算法的多种应用实例，然后介绍了线索二叉树的概念及其基本操作；在介绍完二叉树的有关内容后，介绍了树的存储结构，并以孩子兄弟表示法为桥梁，建立了树、森林与二叉树之间的转换关系，并讨论了树和森林的遍历；之后重点介绍了哈夫曼树的有关内容，包括哈夫曼树的相关概念、哈夫曼树的构造及其实现算法、哈夫曼编译码及其实现；最后，对第一节给出的表达式树、等价类划分、N 皇后问题等进行了较为详细的讨论。这些广泛的内容，将有助于读者熟练掌握树形结构的概念，充分理解树形结构的应用，进一步提升算法的编写能力。

本章所讨论的内容涉及顺序与非顺序存储结构的灵活选用，其中有二叉树、树、森林的顺序与非顺序存储结构的选择与运用，哈夫曼树的静态链表存储结构设计，以及哈夫曼编码、等价类集合树的存储结构选择等相关内容，这对于读者更加深刻地理解存储结构的相关概念，学习掌握各种存储结构的特性及其应用选择是十分重要的。

树形结构其本质上就具有递归特性，因此本章的许多算法即为递归算法，它们恰当地反映了树形结构相关问题求解的主要特征。然而，为避免递归算法效率不高的问题，在 6.4.2 小节，特别十分详细地介绍了二叉树非递归遍历算法的设计思想与实现，这对于读者解决树形结构相关问题，设计非递归算法具有示范作用。此外，在讨论二叉树遍历算法的多个应用问题时，介绍了使用全局变量方法以及使用参数传递方法解决问题的不同思路，其本质仍然是递归思想与非递归思想的不同，读者可以认真体会。另一方面，树的遍历算法，可以作为对树形结构进行各种访问操作、解决实际问题的基础算法，灵活地加以运用，需要修改的是访问操作的具体内容。但同时必须特别注意，要认真分析应用问题的特定要求，合理地选用不同遍历次序的基础算法，如按树状打印二叉树问题，应选择先右后左的中序遍历方法；而二叉树相似性判定等用递归思想求解的问题，则应选择后序遍历方法。

通过本章的学习，读者应熟练掌握二叉树、树、森林的结构特性；熟悉二叉树、树各种存储结构的特点与适用范围；重点掌握二叉树的递归、非递归遍历算法及其应用；理解线索二叉树的相关概念及其基本操作；熟悉树、森林与二叉树之间的相互转换；掌握哈夫曼树的概念、构造算法以及哈夫曼编译码的方法；了解树形结构的广泛应用。

2. 相关算法介绍

作为一个应用实例，我们介绍了 N 皇后问题的回溯法求解算法，并简要介绍了回溯法与解空间树的相关内容，回溯法是一类非常重要的算法设计方法，有“通用解题法”之称，在算法设计领域有着广泛的应用。同时，可以看到解空间树是使用回溯法解决问题的核心，用回溯法解决问题的第一步，就是要分析问题、设计解空间树的结构，进而设计深度遍历解空间树的算法，求解问题。事实上，解空间树不仅是回溯法求解问题的关键，在算法设计领域的另一类重要的算法设计方法——分支限界法中也起到了同样重要的作用。

分支限界法与回溯法类似，都是围绕解空间树，设计遍历解空间树的算法，求解问题。所不同的是，回溯法一般以搜索所有可能的解为目标，采用深度遍历方法搜索解空间树；而分支限界法则以求解满足约束条件的一个解或最优解为目标，采用自上而下的层次遍历或最小耗费优先的策略搜索解空间树。分支限界法的搜索策略是，从根结点开始，对当前结点，首先生成其所有可能的儿子结点，计算儿子结点的限界函数值（即与问题要求相关的，用于判定解的优劣的一个数值），并将各儿子结点及其限界函数值一同放入一个被称之为“优先队列”的表中，然后再从优先队列中，依据各结点的限界函数值，选择一个可能得到最优解的结点出队，作为下一个当前结点，继续生成其儿子结点，计算限界函数值并入队，如此类推，直至到达叶子结点，找到满足要求的一个解，或搜索到最优解。上述方法中，从优先队列中选择下一个当前结点时，是依据限界函数值选取的，只要限界函数设计的合理，则可以使得搜索朝着解空间树上代表最优解的叶子结点快速推进，以便尽快找到最优解，由此可见，分支限界法更强调算法的效率，其限界函数的设计极为重要。一般情况下，对于同样是求最优解的问题，分支限界法的效率要优于回溯法，对于分支限界法感兴趣的读者可阅读相关书籍。

习　题

一、选择题

1．树最适合用来表示的结构是______。

A．元素间的有序结构　　　　　　　　B．元素间具有分支及层次关系的结构

C．元素间的无序结构　　　　　　　　D．元素间无联系的结构

2．设一棵二叉树的结点个数为 18，则它的高度至少为________。

A．4　　　B．5　　　C．6　　　D．18

3．任意一棵二叉树的叶子结点在其先序、中序、后序序列中的相对位置________。

A．肯定发生变化　　　　　　　　B．有时发生变化

C．肯定不发生变化　　　　　　　D．无法确定

4．判断线索二叉树中某结点 P 有左孩子的条件是________。

A．p!=NULL　　　　　　　　B．p->lchild!=NULL

C．p->LTag=0　　　　　　　 D．p->LTag=1

5．二叉树在线索化后，仍不能有效求解的问题是________。

A．先序线索化二叉树中求先序后继　　B．中序线索化二叉树中求中序后继

C．中序线索化二叉树中求中序前驱　　D．后序线索化二叉树中求后序后继

6．设森林 T 中有 4 棵树，其结点个数分别为 n_1,n_2,n_3,n_4，那么当森林 T 转换成一棵二叉树后，则根结点的右子树上有________个结点。

A．n_1-1；　　B．n_1；　　C．$n_1+n_2+n_3$；　　D．$n_2+n_3+n_4$。

7．由权值分别为 9、2、5、7 的 4 个叶子结点构造一棵哈夫曼树，则该树的带权路径长度为________。

A．23　　　B．37　　　C．44　　　D．46

8．设 T 是一棵哈夫曼树，有 8 个叶结点，则树 T 的高度最高可以是________。

A．4　　　B．6　　　C．8　　　D．10

二、填空题

1．在树形结构中，树根结点没有________结点，其余每个结点有且仅有________结点；树叶结点没有________结点，其余每个结点的________结点数不受限制。

2．对于一棵具有 n 个结点的树，树中所有结点的度之和为________。

3．在二叉树的顺序存储中，下标为 5 的结点，它的双亲结点的下标为________，若它存在左孩子，则左孩子的下标为________；若它存在右孩子，则右孩子结点的下标为________。

4．若某叶子结点是二叉树中序遍历序列中的最后一个结点，则它必定是该二叉树的先序遍历序列中的________。

5．一棵完全二叉树按层次遍历的序列为 ABCDEFG，则在先序遍历中结点 E 的直接前驱是________，后序遍历中结点 B 的直接后继是________。

6．已知某二叉树的中序序列为 ABCDEFG，后序序列为 BDCAFEG，则该二叉树结点的前序序列为________，该二叉树对应的森林包括________棵树。

7．我们把由树转化得到的二叉树称为该树对应的二叉树，则树的先根遍历序列与该树对应的二叉树的________遍历序列相同，树的后根遍历序列与该树对应的二叉树的________遍历序列相同。

8．在哈夫曼树中，若编码长度只允许小于等于 4，则除了已确定两个字符的编码为 0 和 10 外，还可以最多对________个字符进行编码。

三、完成题

1．已知一棵二叉树的后序序列为：ABCDEFG，中序序列为：ACBGEDF。试完成下列操作：

（1）画出该二叉树的树形图；

（2）给出该二叉树的先序序列；

（3）画出该二叉树的顺序存储结构示意图。

2．已知一棵树的双亲表示法如下所示，试完成下列操作：

（1）画出该树的树形图；

（2）画出该树的孩子兄弟二叉链表存储结构示意图；

（3）画出对应二叉树的中序线索二叉树。

data	A	B	C	D	E	F	G	H	I	J	K	L	M	N	O
parent	-1	1	1	1	2	2	3	3	4	4	5	6	6	7	8

3．假设某通信报文的字符集由 A，B，C，D，E，F 等 6 个字符组成，它们在报文件中出现的次数分别为 16,5,9,20,3,1。试构造一棵哈夫曼树，并完成如下操作：

（1）计算哈夫曼树的带权路径长度；

（2）写出各叶子结点对应字符的哈夫曼编码。

四、算法设计题

1．编写算法，在以二叉链表存储的二叉树中，求度为 2 的结点的个数。

2．编写算法，在以二叉链表存储的二叉树中，交换二叉树各结点的左右子树。

3．编写算法，在以二叉链表存储的二叉树中，利用叶子结点的空链域，将所有叶子结点自左至右链接成一个单链表，算法返回最左叶子结点（链头）的指针。

4．设已建立的二叉树的三叉链表存储结构中，结点的数据域、孩子域已填好内容，现要求编写算法给双亲域填上指向其双亲的指针。

5．类似于书中 6.5 节介绍的不使用栈的中序非递归算法，设计一个在先序线索二叉树中实现先序遍历的不使用栈的非递归算法。

6．编写算法，在以二叉链表存储的二叉树中，输出从根结点到每个叶子结点的路径。如题图 6.1 的二叉树，其所对应的输出结果为：

G：A B D

E：A C

H：A C F

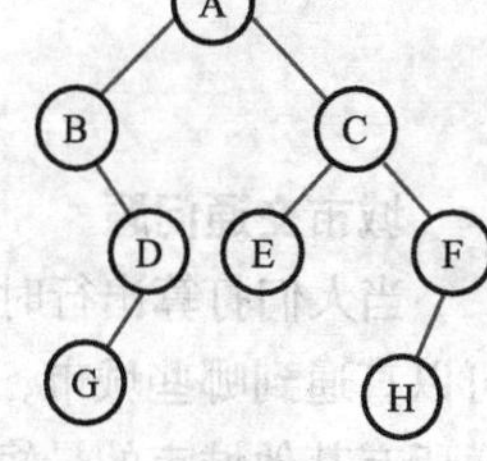

题图 6.1

7．编写算法，在以二叉链表存储的二叉树中，按先序次序输出各结点的内容及相应的层次数，要求以二元组的形式输出，如题图 6.1 的二叉树，其所对应的输出结果为：

（A,1）(B,2) (D,3) (G,4) (C,2) (E,3) (F,3) (H,4)

8．编写算法，在以孩子兄弟二叉链表存储的树中，求树（或森林）的叶子结点数。

9．编写算法，在以孩子兄弟二叉链表存储的树中，求树（或森林）的高度。

10．编写算法，实现对顺序存储在一维数组的完全二叉树的先序遍历。

第7章 图

图在各个领域都有着广泛的应用，如城市交通、电路网络分析、管理与线路的铺设、印刷电路板与集成电路的布线、十字路口交通灯的设置等，都是直接与图相关的问题，需使用图的相关知识进行处理；另外像工作的分配、工程进度的安排、课程表的制订、关系数据库的设计等许多实际问题，如果结合图型结构，处理起来也会相对方便。这些技术领域都是把图作为解决问题的主要数学手段来使用。因此，如何在计算机中表示和处理图型结构，是计算机科学应该研究的一项重要课题。

图（Graph）是一种较线性表和树更为复杂的数据结构。在线性结构中，数据元素之间仅存在线性关系——一对一，即除了第一个和最后一个结点之外每个数据元素只有一个直接前驱和一个直接后继；在树型结构中，数据元素之间存在明显的一对多的层次关系，即除了根结点和叶子结点之外每个数据元素都只有一个直接前驱而有多个直接后继；而在图型结构中，结点之间是多对多的任意关系，即图中每个数据元素都有多个直接前驱和多个直接后继，任意两个数据元素之间都可能相关。

本章主要讨论图型结构的逻辑表示，在计算机中的存储方法及一些相关的算法和应用。

7.1 应用实例

城市交通问题

当人们打算出行时，最想了解的就是出行地点的交通情况。如图 7.1 所示，查看出发城市可以直通到哪些城市，距离有多远；找到出发城市到目的城市的一条最短路线；从出发城市连通所有其他城市的最短路线等；如果是作为路政建设人员，还可以兴建新的路线或废弃某条路线等。

对于这样的实际问题，如何利用计算机快速准确地解决呢?

首先，逻辑结构。分析该应用中数据元素（城市）之间的逻辑关系，各个城市之间连通与否是任意的关系，即多对多的，因而可以确定采用“图”这种逻辑结构进行表示，如图 7.2 所示，即图中每一个顶点代表一个城市，顶点和顶点之间的关系就是城市与城市之间的连通情况。

其次，存储结构。图 7.2 所示的“交通图”如何存储在计算机中。大致的方向仍然是两种，顺序方式和非顺序方式。这在后面的 7.3 小节中我们会介绍到。

最后，实际操作。确定了逻辑结构，并且可以存储于计算机中，就可以在此基础上进行各种相关操作了。例如，查询某城市基本信息，计算从某一城市到达另外一个城市的最短路线，从某一城市出发连通所有其他城市的最短路线，添加路线，撤销路线等，在后面的小节中都会一一介绍。

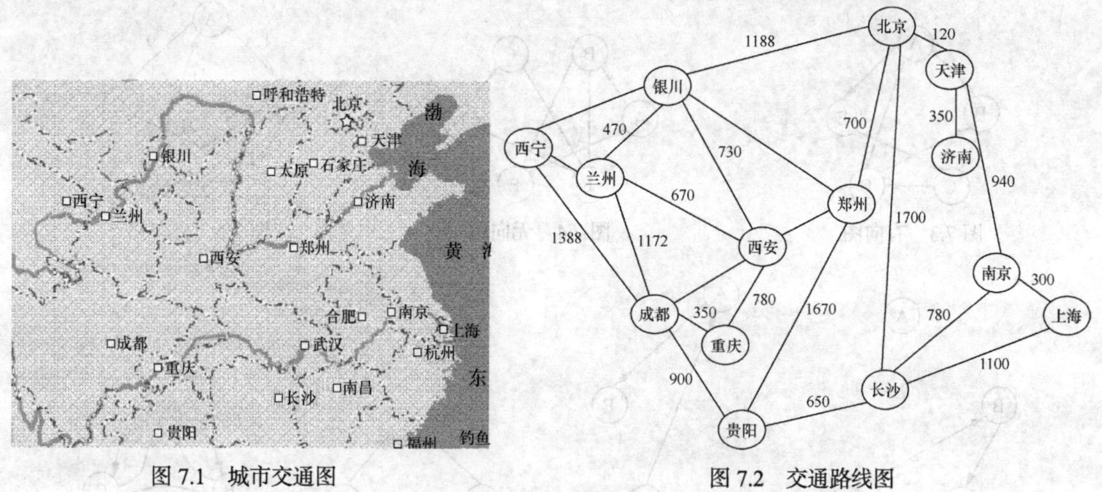

图 7.1 城市交通图　　　　图 7.2 交通路线图

7.2 图的基本概念

事实上，很多实际问题都可转化为在图这种数据结构中实现的各种操作，为此先介绍一些与图型结构相关的基本概念。

图的定义：图是由顶点集 V 和弧集 R 构成的数据结构，$Graph = (V, R)$，

其中：$V=\{v|v\in DataObject\}$

$R=\{VR\}$

$VR=\{<v,w>|\ P(v,w)$且$(v,w\in V)\}$

$<v,w>$表示从 顶点 v 到顶点 w 的一条弧，并称 v 为弧尾，w 为弧头。

谓词 $P(v,w)$ 定义了弧 $<v,w>$的意义或信息，表示从 v 到 w 的一条单向通道。

若 $<v,w>\in VR$ 必有$<w,v>\in VR$，则以（v,w）代替这两个有序对，称 v 和 w 之间存在一条边。

有向图：由顶点集和弧集构成的图称为有向图。如图 7.3 所示。其中：

$V1=\{A, B, C, D, E\}$

$VR1=\{<A,B>, <A,E>, <B,C>, <C,D>, <D,A>, <D,B>, <E,C>\}$

无向图：由顶点集和边集构成的图称为无向图。如图 7.4 所示。其中：

$V2=\{A,B,C,D,E,F\}$

$VR2=\{(A,B),(A,E),(B,E),(B,F),(C,D),(C,F),(D,F)\}$

有向网或无向网：有向图或无向图中的弧或边带权后的图分别称为有向网或无向网。如图 7.5 所示。

子图：设图 $G=(V,\{VR\})$和图 $G'=(V',\{VR'\})$，且 $V'\subseteq V, VR'\subseteq VR$，则称 G' 为 G 的子图。例如，图 7.6 和图 7.7 为图 7.3 的子图。

完全图：图中有 n 个顶点，$n(n-1)/2$ 条边的无向图称为完全图，如图 7.8 所示。

有向完全图：图中有 n 个顶点，$n(n-1)$条弧的有向图称为有向完全图，如图 7.9 所示。

稀疏图：假设图中有 n 个顶点 e 条边（或弧），若边（或弧）的个数 $e<n\log n$，则称为稀疏图，否则称为稠密图。

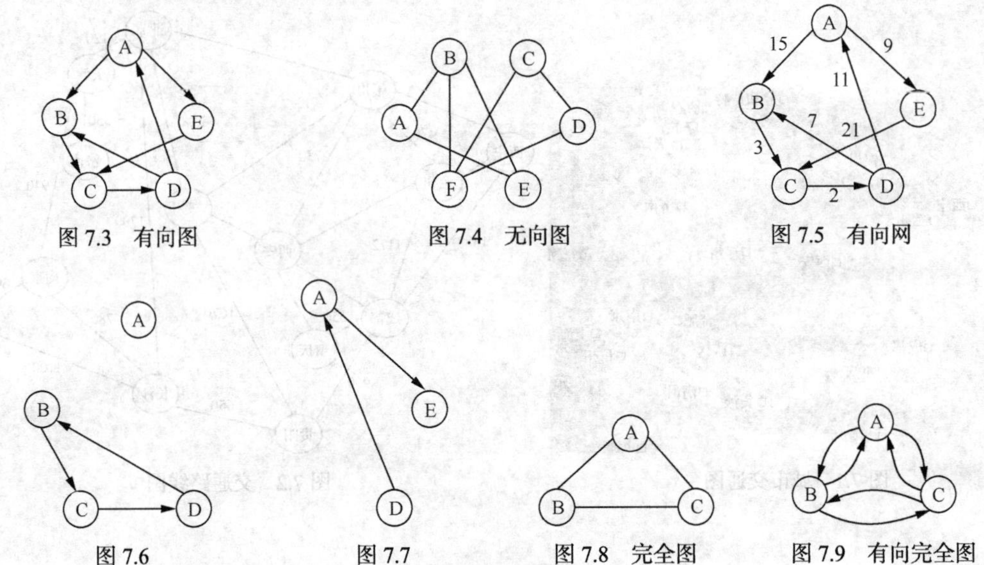

图 7.3　有向图　　图 7.4　无向图　　图 7.5　有向网

图 7.6　　图 7.7　　图 7.8　完全图　　图 7.9　有向完全图

邻接点：若无向图中顶点 v 和 w 之间存在一条边(v,w)，则称顶点 v 和 w 互为邻接点，称边(v,w)依附于顶点 v 和 w 或边(v,w)与顶点 v 和 w 相关联。

顶点的度：在无向图中与顶点 v 关联的边的数目定义为 v 的度，记为 $TD(\mathrm{v})$。

例如，图 7.4 所示的无向图中，$TD(B)=3$，$TD(A)=2$。

可以看出：在无向图中，其总度数等于总边数的两倍。

对于有向图，若顶点 v 和 w 之间存在一条弧$<v,w>$，则称顶点 v 邻接到顶点 w，顶点 w 邻接自顶点 v，称弧$<v,w>$与顶点 v 和 w 相关联。

以 v 为尾的弧的数目定义为 v 的出度，记为 $OD(\mathrm{v})$。

以 v 为头的弧的数目定义为 v 的入度，记为 $ID(\mathrm{v})$。

顶点的度（TD）=出度（OD）+入度（ID）。

例如，图 7.3 所示的有向图中，$OD(B)=1$，$ID(B)=2$，$TD(B)=1+2=3$。

可以看出：在有向图中，其总入度、总出度和总边数相等。

路径：设图 $G=(V,\{VR\})$中的$\{u=v_{i,0},v_{i,1},\cdots,v_{i,m}=w\}$顶点序列中，有 $(v_{i,j-1},v_{i,j})\in VR(1\leqslant j\leqslant m)$，则称从顶点 u 到顶点 w 之间存在一条路径。路径上边的数目称为路径长度，有向图的路径也是有向的。

简单路径：顶点不重复的路径称为简单路径。

回路：首尾顶点相同的路径称为回路。

简单回路：除了首尾顶点，中间任何一个顶点不重复的回路称为简单回路。

例如，图 7.3 所示的有向图中，

顶点 A 和顶点 D 之间存在路径：$\{A,B,C,D\}$,$\{A,E,C,D\}$，路径长度都为 3；

$\{A,E,C,D\}$为一条简单路径；

$\{B,C,D,B\}$，$\{A,E,C,D,B,C,D,A\}$为两条回路；

$\{A,E,C,D,A\}$为一条简单回路。

连通图：在无向图中，若顶点 V_i 到 V_j 有路径存在，则称 V_i 和 V_j 是连通的。若无向图中任意两个顶点之间都有路径相通，即是连通的，则称此图为连通图，如图 7.4 所示；否则，称其为非连通图，如图 7.10 所示。无向图中各个极大连通子图称为该图的连通分量，图 7.11 为图 7.10 的两个连通分量。

强连通图：在有向图中，若任意两个顶点之间都存在一条有向路径，则称此有向图为强连通图。否则，称其为非强连通图，如图 7.3 所示。有向图中各个极大强连通子图称为该图的强连通分量，图 7.12 为图 7.3 的 3 个强连通分量。

生成树：包含连通图中全部顶点的极小连通子图称为该图的生成树，即假设一个连通图有 n 个顶点和 e 条边，其中 n 个顶点和 n-1 条边构成一个极小连通子图，该极小连通子图为此连通图的生成树，图 7.13 为图 7.4 的一棵生成树。对非连通图，由各个连通分量的生成树构成的集合称为该非连通图的生成森林。

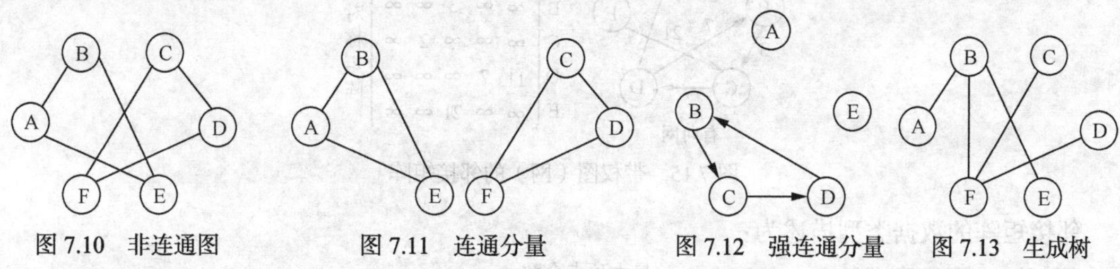

图 7.10　非连通图　　图 7.11　连通分量　　图 7.12　强连通分量　　图 7.13　生成树

7.3　图的存储结构

与图有关的信息主要包括顶点信息和边（或弧）的信息，因此研究图的存储结构主要是研究这些信息如何在计算机内表示。

图的存储结构有很多种，本节我们将介绍常用的 4 种存储结构：邻接矩阵、邻接表、十字链表和多重链表。

7.3.1　邻接矩阵

图的邻接矩阵是表示顶点之间相邻关系的矩阵，是顺序存储结构，故也称为数组表示法。它采用两个数组分别来存储图的顶点和边（或弧）的信息。其中，用一个一维数组来存储顶点信息，一个二维数组来存储边（或弧）的信息。事实上，这里的邻接矩阵主要指的是这个二维数组。

设图 G 是一个具有 n 个顶点的图，它的顶点集合 $V=\{v_0,v_1,v_2,\cdots,v_{n-1}\}$，则顶点之间的关系可用如下形式的矩阵 A 来描述，即矩阵 A 中每个元素 A[i][j]满足：

$$A[i,j]=\begin{cases}1 & 若<V_i,V_j>或(V_i,V_j)\in VR \\ 0 & 反之\end{cases}$$

如图 7.14 所示。

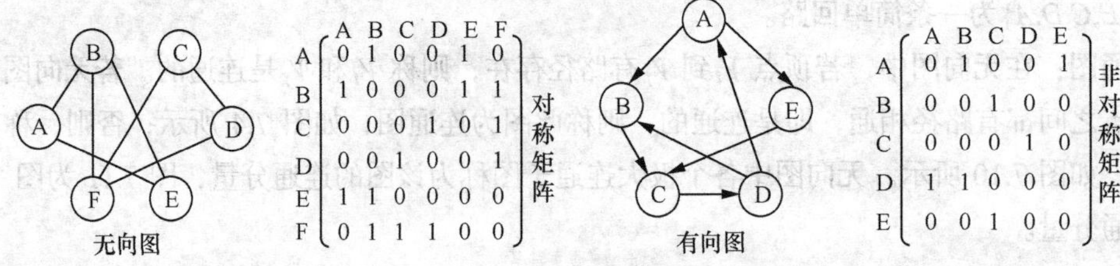

图 7.14　无向图或有向图的邻接矩阵

对于带权图（网），邻接矩阵 *A* 中每个元素 A[i][j]满足：

$$A[i,j]=\begin{cases}W_{ij}\text{若}<V_i,V_j>\text{或}(V_i,V_j)\in VR\\ \infty\text{反之}\end{cases}$$

如图 7.15 所示。

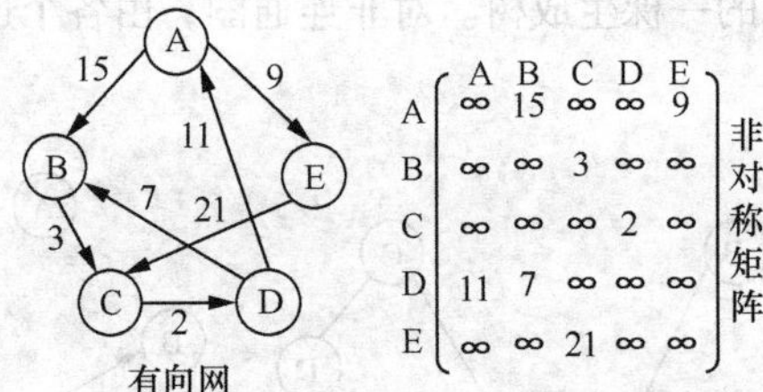

图 7.15　带权图（网）的邻接矩阵

邻接矩阵的数据类型描述为：

```
#define  MAXVEX 20                  //最大顶点个数
#define INFINITY 32767              //表示极大值∞
typedef struct
{
    int arcs[MAXVEX][MAXVEX];       //边（或弧）信息
    Vextype vex[MAXVEX];            //顶点信息，顶点类型根据实际情况自行定义
    int vexnum;                     //顶点数目
    int arcnum;                     //边（或弧）数目
}AdjMatrix;                         //邻接矩阵
```

【算法 7.1　用邻接矩阵创建无向网】

```
void Create(AdjMatrix *G)
{
    int i,j,k,weight; char vex1,vex2;
    printf("请输入无向网中的顶点数和边数:\n");
    scanf("%d,%d",&G->vexnum,&G->arcnum);
    for(i=1;i<=G->vexnum;i++)
      for(j=1;j<=G->vexnum;j++)
        G->arcs[i][j]=INFINITY;                    //如果不是网，则赋值 0
    printf("请输入无向网中%d 个顶点:\n",G->vexnum);
    for(i=1;i<=G->vexnum;i++)
    {
        printf("No.%d 个顶点:顶点 V",i);
        scanf("%d",&G->vex[i]);
    }
    printf("请输入无向网中%d 条边: \n",G->arcnum);
    for(k=0;k<G->arcnum;k++)
    {
```

```
            printf("\nNo.%d条边:\n    顶点V",k+1);
            scanf("%c",&vex1);
            printf("<--->顶点V");
            scanf("%c",&vex2);
            printf("权值:");
            scanf("%d",&weight);
            i=LocateVex(G,vex1);
            j=LocateVex(G,vex2);
            G->arcs[i][j]=weight;                  //如果不是网，则赋值1
            G->arcs[j][i]=weight;                  //如果是有向网，删掉此句
        }
}
int LocateVex(AdjMatrix *G, char v)
{   int i;
    for(i=1;i<=G->vexnum;i++)
        if(G->vex[i]==v)
            return i;
    return 0;
}
```

可以看出采用邻接矩阵存储图，具有以下特点。

（1）存储空间：由于无向图的邻接矩阵是对称矩阵，由前面的内容可知，采用特殊矩阵的压缩存储，即下三角矩阵即可完成。因而，具有 n 个顶点的无向图，只需要 $n(n-1)/2$ 个空间即可。但是，对于有向图而言，邻接矩阵不一定是对称的，所以仍然需要 n^2 个空间。

（2）运算：采用邻接矩阵可以方便的判定图或网中顶点与顶点之间是否有关联，即根据矩阵中元素的值可直接判定。另外，对于求解各个顶点的度也是非常方便。

对于无向图：第 i 个顶点的度就等于矩阵中第 i 行非零元素个数。$TD(v_i)=\sum_{j=1}^{n} A[i,j]$

对于有向图：第 i 个顶点的出度就等于矩阵中第 i 行非零元素个数。$OD(v_i)=\sum_{j=1}^{n} A[i,j]$

第 i 个顶点的入度就等于矩阵中第 i 列非零元素个数。$ID(v_i)=\sum_{j=1}^{n} A[i,j]$

7.3.2　邻接表

当图中的边（或弧）数远远小于图中的顶点数时，即为稀疏图时，邻接矩阵就成为稀疏矩阵，此时用邻接矩阵存储图就会造成空间的浪费。一个较好的解决方法是采用邻接表。

邻接表是图的链式存储结构，它克服了邻接矩阵的缺点，只存储顶点之间有关联的信息。邻接表由边表和顶点表组成，如图 7.16 所示。边表就是对图中的每个顶点建立一条单链表，表中存放与该顶点邻接的所有顶点，相当于邻接矩阵中的所有非零元素。实际上，单链表中的邻接点与该顶点可以组成一条边，因此认为边表中存放的就是边的信息。顶点表用于存放图中每个顶点的信息以及指向该顶点边表的头指针。顶点表通常采用顺序结构存储，但要注意的是，事实上，所有顶点之间是平行关系，不存在顺序关系。如图 7.17 所示。

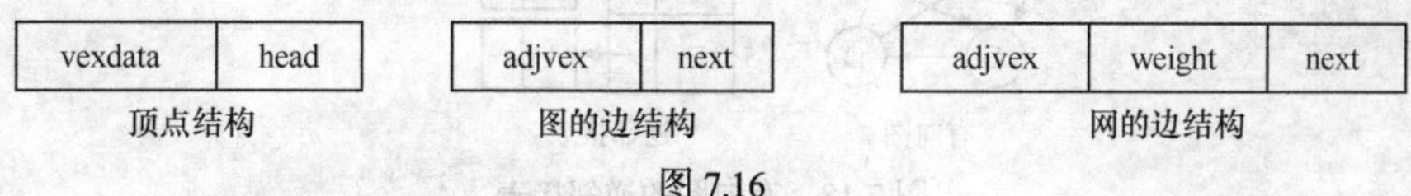

图 7.16

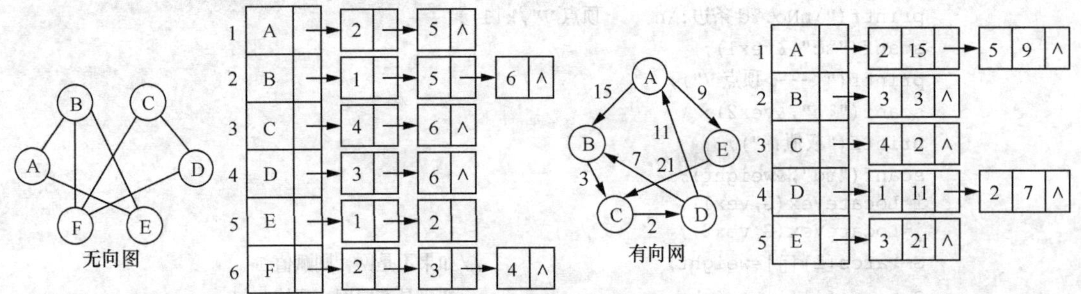

图 7.17　无向图或有向网的邻接表

邻接表的数据类型描述为：

```
#define MAXVEX 20
typedef struct ArcNode
{
   int adjvex;
   int weight;
   struct ArcNode *next;
}ArcNode;
typedef struct VertexNode
{
   char vexdata;
   ArcNode *head;
}VertexNode;
typedef struct
{
   VertexNode vertex[MAXVEX];
   int vexnum;                    //顶点数
   int arcnum;                    //弧数
}AdjList;
```

请读者结合链表一章内容思考利用邻接表创建图的算法。

采用邻接表存储图，具有以下特点。

（1）存储空间：对于有 n 个顶点 e 条边的无向图，采用邻接表存储，需要 n 个表头结点和 $2e$ 个表结点。显然，在稀疏图中，用邻接表比邻接矩阵的存储空间要节省。

（2）运算：对于无向图，$TD(v_i)$= 第 i 个单链表上结点的个数，对于有向图（网），$OD(v_i)$=第 i 个单链表上结点的个数，但是要求第 i 个结点的入度 ID，必须遍历整个邻接表，统计该结点出现的次数。显然，这种操作耗费时间较大。为了方便这类操作，可以为图建立一个逆邻接表，如图 7.18 所示。逆邻接表的结构与邻接表完全相同，只是边表中每个结点存放的是该顶点通过入度弧所邻接的所有顶点。

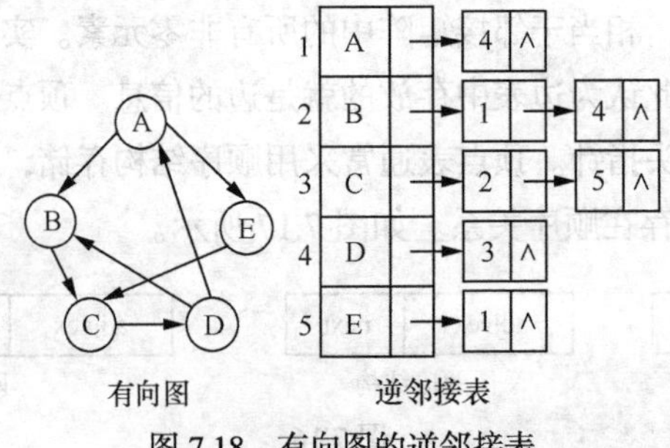

图 7.18　有向图的逆邻接表

7.3.3 十字链表

十字链表是有向图的另一种链式存储结构，可以看成是邻接表和逆邻接表的结合。它仍然由边表和顶点表组成，如图 7.19 所示。

其中，边表中的结点用于表示一条弧，它总共由 5 个域构成：

headvex：弧头（终点）的顶点序号；

tailvex：弧尾（起点）的顶点序号；

hnextarc：指向具有同一弧头顶点的下一条弧；

tnextarc：指向具有同一弧尾顶点的下一条弧；

info：表示弧权值等信息。

顶点表有 3 个域构成：

vexdata：顶点的相关数据信息；

head：以该顶点为弧头的边表头指针；

tail：以该顶点为弧尾的边表头指针。

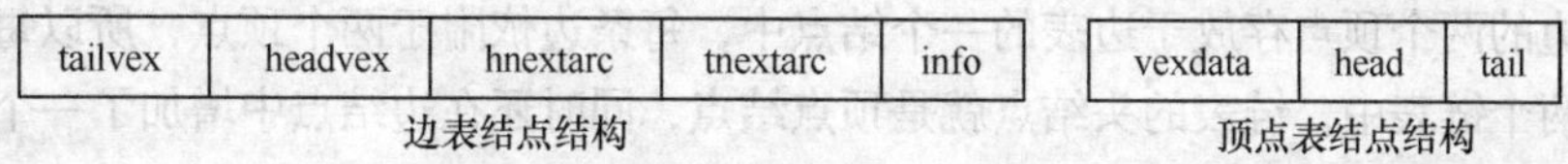

图 7.19 十字链表结点结构

图 7.20 为有向图对应的十字链表，图中的每条弧存在于两个链表中，弧头相同的弧被链在同一链表上，弧尾相同的弧也被链在同一链表上，两个链表在该弧处交叉形成十字，因此称为十字链表。在十字链表中，从顶点 V_i 的 head 出发，由 tailvex 域连接起来的链表，正好是原来的邻接表结构，统计这个链表中的结点个数，可以得到顶点 V_i 的出度；由 headvex 域连接起来的链表，正好是原来的逆邻接表结构，统计这个链表中的结点个数，可以得到顶点 V_i 的入度。

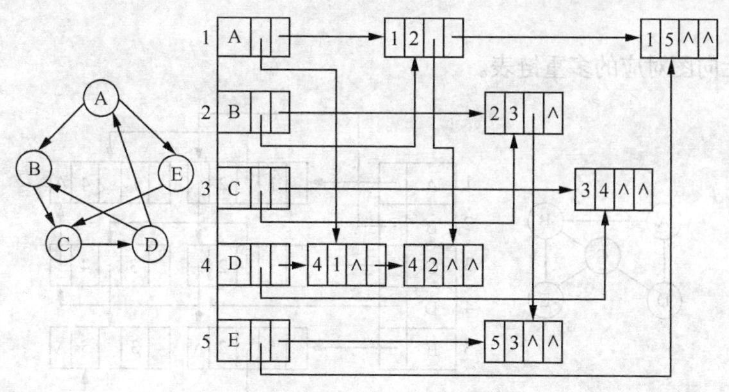

图 7.20 十字链表存储结构

数据类型描述为：

```
#define MAXVEX 20
typedef struct ArcNode
{
   int tailvex,headvex;
   int weight;
   struct ArcNode *hnextarc,*tnextarc;
}ArcNode;
```

```
typedef struct VertexNode
{
   char vexdata;
   ArcNode *head,*tail;
}VertexNode;
typedef struct
{
    VertexNode vertex[MAXVEX];
    int vexnum;                          //顶点数
    int arcnum;                          //弧数
}OrthList;
```

7.3.4 多重链表

多重链表是适用于无向图的链式存储结构。它是邻接表的改进形式，主要解决了在邻接表中对边表操作不方便的问题。在邻接表的存储方式下，每一条边在邻接表中对应着两个结点，它们分别在第 i 个边链表和第 j 个边链表中，对于图的有些操作，例如检测某条边是否被访问过等问题来说不是很方便。而在多重链表中边表中存放的是真正的边，依附于相同顶点的边被链在同一链表上，即边的两个顶点存放于边表的一个结点中，每条边依附于两个顶点，所以每个边结点同时被链接在两个链表中，链表的头结点就是顶点结点，同时还在边结点中增加了一个访问标志，如图 7.21 所示。

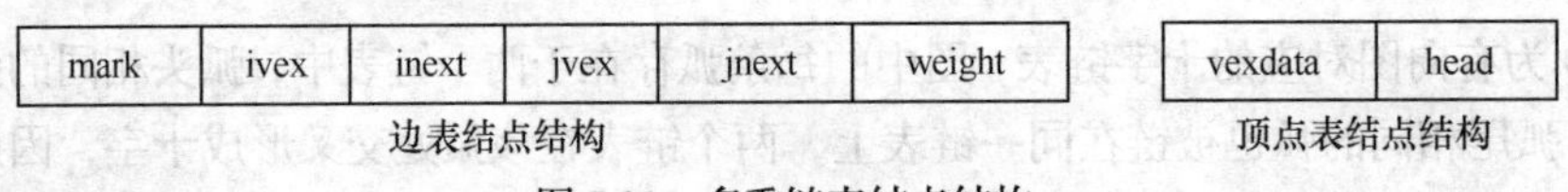

图 7.21 多重链表结点结构

其中，mark 为标志域，用来标记该边是否被访问过；ivex 和 jvex 分别存放边的两个顶点在顶点表中的序号；inext 指向依附于同一顶点 ivex 的下一条边；jnext 指向依附于同一顶点 jvex 的下一条边。

图 7.22 为无向图对应的多重链表。

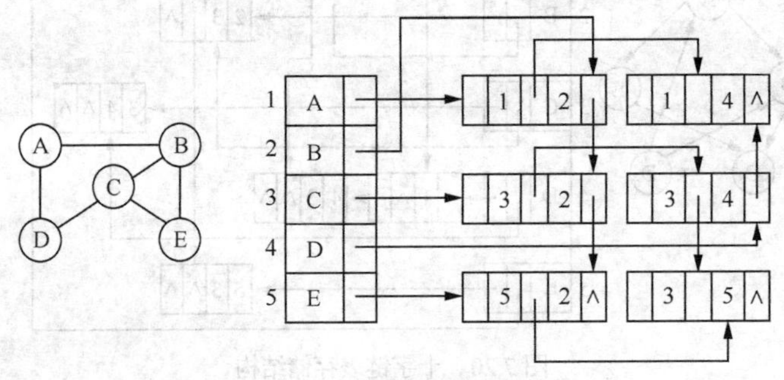

图 7.22 多重链表存储结构

数据类型描述为：

```
#define MAXVEX 20
typedef struct ArcNode
{
   int mark,ivex,jvex;
   int weight;
   struct ArcNode *inext,*jnext;
```

```
}ArcNode;
typedef struct VertexNode
{
    char vexdata;
    ArcNode *head;
}VertexNode;
typedef struct
{
    VertexNode vertex[MAXVEX];
    int vexnum;                  //顶点数
    int arcnum;                  //弧数
}AdjMultipleList;
```

7.4 图的遍历

与树的遍历类似，图的遍历也是图各种操作的基础。例如，求图的连通分量，最小生成树和拓扑排序等。图的遍历是指从图中某个顶点出发，访遍图中其余顶点，并且使图中的每个顶点仅被访问一次的过程。

由于图中每一个顶点都可能和其他顶点相邻接，当某一个顶点被访问后，还可能经过其他路径又回到这个顶点。因而，图的遍历要比树的遍历复杂一些，为了避免重复访问同一个顶点，在图的遍历过程中应该记下顶点是否已经被访问，若遇到已访问的顶点则不再访问。为此，在图的遍历算法中，设置一个访问数组 visited[n]，用于标记图中每个顶点是否被访问过，它的初值为 0，一旦被访问过就置为 1，以表示该顶点已被访问。

图的遍历方法主要有两种：深度优先搜索遍历（Depth-First Search,DFS）和广度优先搜索遍历（Breadth-First Search,BFS）。这两种遍历算法对无向图和有向图均适用。

7.4.1 深度优先搜索遍历

深度优先搜索遍历是类似于树的先序遍历，尽可能先对纵深方向进行搜索。基本思想为从图中某个顶点 V_0 出发，访问此顶点，然后依次从 V_0 的各个未被访问的邻接点出发深度优先搜索遍历图，直至图中所有和 V_0 有路径相通的顶点都被访问到，若图是连通图，则遍历过程结束；否则，图中还有顶点未被访问，则另选图中一个未被访问的顶点作为新的出发点，重复上述过程，直至图中所有顶点都被访问到。

【例 7.1】 对图 7.23 从顶点 *A* 开始进行深度优先搜索遍历的过程为：

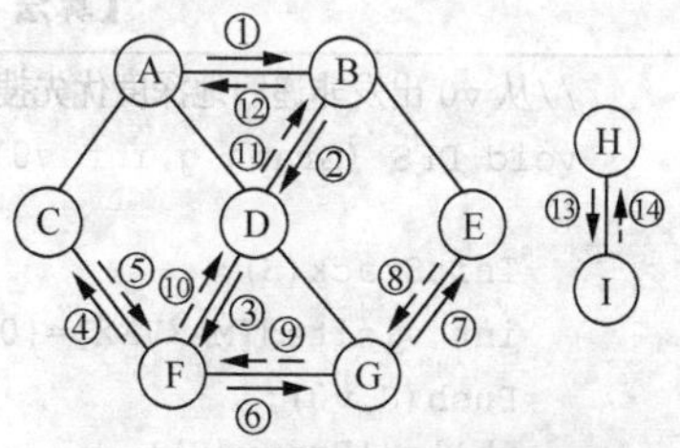

图 7.23 图的深度优先搜索遍历

首先访问出发点 A，然后访问顶点 A 其中的一个邻接点 B（顶点 C、D 也可以），再访问顶点 B 其中的一个邻接点 D（顶点 E 也可以，但顶点 A 已被访问过，不能再选），接下来访问顶点 D 其中的一个邻接点 F（G 也可以），再访问顶点 F 其中的一个邻接点 C（顶点 G 也可以，但顶点 D 已被访问过，不能再选），此时顶点 C 的邻接点都已访问，回退到顶点 F，顶点 F 还有没有访问的邻接点 G，所以访问顶点 G，再访问顶点 G 其中的一个邻接点 E（顶点 D 已被访问过，不能再选），此时，顶点 E 的邻接点已全部访问，回退到顶点 G，顶点 G 的邻接点已全部访问，回退到顶点 F，顶点 F 的邻接点也已全部访问，回退到顶点 D，依次，回退到顶点 B、顶点 A，即回到了出发点，但这时，图中还有未被访问的顶点，所以重新选择一个出发点——顶点 H，再访问顶点 I，同上，最后回到顶点 H。至此，图中所有顶点全部被访问到。

深度优先搜索遍历的结果为 ABDFCGEHI。

根据以上遍历过程可以得到：

（1）图中顶点没有首尾之分，因此必须指定访问的出发顶点；

（2）在遍历过程中，必须设置顶点是否被访问的标志，保证每个顶点都只被访问一次；

（3）一个顶点可能有多个邻接点，而这些邻接点的访问次序是任意的，因此图的顶点遍历序列不唯一。

【算法 7.2　递归深度优先搜索遍历连通子图】

```
int visited[MAXVEX]={0};          //访问标志数组
//从 v0 出发递归地深度优先搜索遍历连通子图
void DFS(Graph g,int v0)
{
    visit(v0);
    visited[v0]=1;
    w=FirstAdjVex(g,v0);            //图 g 中顶点 v0 的第一个邻接点
    while(w!=-1)
    {
        if(!visited[w])  DFS(g,w);
        w=NextAdjVex(g,v0,w);     //图 g 中顶点 v0 的下一个邻接点
    }
}
```

【算法 7.3　深度优先搜索遍历图 g】

```
void TraverseG(Graph g)
{
    for(v=0;v<g.vexnum;v++)
         visited[v]=0;
    for(v=0;v<g.vexnum;v++)
         if(!visited[v])   DFS(g,v);
}
```

显然，DFS 的递归算法可以借助栈转化为非递归形式，算法 7.4 为深度优先搜索遍历图的非递归实现代码。

【算法 7.4　非递归地深度优先搜索遍历连通子图】

```
//从 v0 出发非递归地深度优先搜索遍历连通子图
void DFS (Graph g,int v0)
{
    InitStack(S);
    int visited[MAXVEX]={0};            //访问标志数组
    Push(S,v0);
    while(!Empty(S))
    {
        v=Pop(S);
        if(!visited[v])
        {
            visit(v);
```

```
        visited[v]=1;
    }
    w=FirstAdjVex(g,v);           //图 g 中顶点 v 的第一个邻接点
    while(w!=-1)
    {
       if(!visit[w])    Push(S,w);
       w=NextAdjVex(g,v,w);        //图 g 中顶点 v 的下一个邻接点
    }
  }
}
```

图的遍历实际就是搜索图中每个顶点的过程，时间主要耗费在从该顶点出发搜索它的所有邻接点上。分析上述算法，对于具有 n 个顶点和 e 条边的无向图或有向图，深度优先搜索图中每个顶点至多调用一次 DFS()函数。用邻接矩阵存储，共需检查 n^2 个矩阵元素，即时间复杂度为 $O(n^2)$；用邻接表存储，找邻接点需将邻接表中所有边结点检查一遍，故需要时间为 $O(e)$，对应的深度优先搜索遍历算法的时间复杂度为 $O(n+e)$。

7.4.2　广度优先搜索遍历

图的广度优先搜索遍历类似于树的按层次遍历。基本思想为从图中的某个顶点 V_0 出发，在访问此顶点之后依次访问 V_0 的所有未被访问的邻接点，之后按这些邻接点被访问的先后次序依次访问它们的邻接点，直至图中所有和 V_0 有路径相通的顶点都被访问到。若此时图中尚有顶点未被访问，则另选图中一个未被访问的顶点作为新的出发点，重复上述过程，直至图中所有顶点都被访问到。

【例 7.2】对图 7.24 从顶点 A 作为出发点进行广度优先搜索遍历。

首先从出发点 A 开始，访问顶点 A 的所有未被访问的邻接点 B、C、D，然后分别访问这三个顶点的所有未被访问的邻接点，先访问顶点 B 的所有未被访问的邻接点 E（A、D 均访问过），然后访问顶点 C 的所有未被访问的邻接点 F（A 已访问），最后访问顶点 D 的所有未被访问的邻接点 G（A、F 均访问过），这时，A 所在的连通子图已访问完成，但图中还有未被访问的顶点，所以重新选择一个出发点——顶点 H，再访问顶点 I。至此，图中所有顶点全部被访问到。

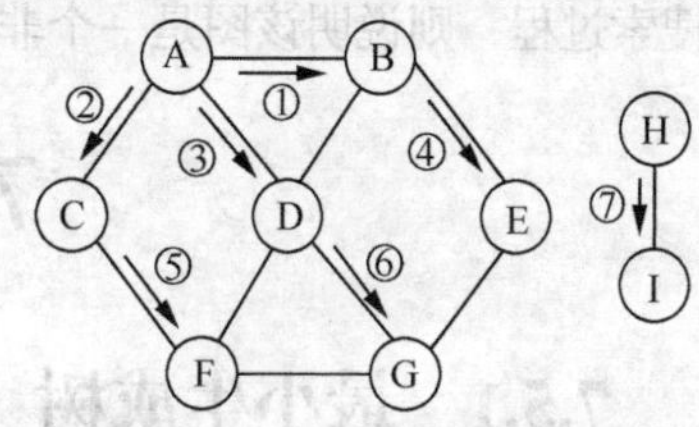

图 7.24　图的广度优先搜索遍历

广度优先搜索遍历的结果为 *ABCDEFGHI*。

由于广度优先搜索遍历类似于树的按层次遍历，因此，可以借助队列保存已访问过的顶点，利用队列 FIFO 的特点，使得先访问顶点的邻接点在下一轮被优先访问到。在搜索过程中，每访问到一个顶点都将其入队，当队头元素出队时将其未被访问的邻接点入队，每个顶点入队一次。

【算法 7.5　广度优先搜索遍历连通子图】

```
//从 v0 出发广度优先搜索遍历连通图
void BFS(Graph g,int v0)
{
   visit(v0);
   visited[v0]=1;
   InitQueue(&Q);
   EnterQueue(&Q,v0);               //入队
   while ( ! Empty(Q))
   {
```

```
        DeleteQueue(&Q, &v);            //出队
        w=FirstAdjVex(g,v);             //图g中顶点v的第一个邻接点
        while (w!=-1 )
        {
          if (!visited(w))
          {
            visit(w);
            visited[w]=1;
            EnterQueue(&Q, w);
          }
        w=NextAdjVex(g, v, w);          //图g中顶点v的下一个邻接点
        }
      }
    }
```

【算法 7.6　广度优先搜索遍历图 g】

```
void TraverseG(Graph g)
{
  for(v=0;v<g.vexnum;v++)
    visited[v]=0;
  for(v=0;v<g.vexnum;v++)
    if(!visited[v])    BFS(g,v);
}
```

广度优先搜索遍历实质上与深度优先搜索遍历只是访问顺序不同而已，二者的时间复杂度相同。

在对图进行遍历时，对于连通图，无论是深度还是广度优先搜索遍历，仅需要调用一次搜索过程，即从任一个顶点出发就可以遍历访问到图中的所有顶点。但是，对于非连通图，则需要多次调用搜索过程，而每次调用得到的顶点序列恰好就是各连通分量中的顶点。

因此，可以利用图的遍历过程来判断一个图是否连通，如果在遍历的过程中，不止一次调用搜索过程，则说明该图是一个非连通图，而且调用几次遍历过程，说明该图有几个连通分量。

7.5　图的应用

7.5.1　最小生成树

对于城市交通问题，有一个要解决的问题就是如何使这 n 个城市之间在最节省经费的情况下建立交通线路，即保证连通 n 个城市，在所有的线路中如何选择 n–1 条代价最小的。最小生成树就可以解决这一类问题。

图 G 的生成树是指该图的一个极小连通子图，含有图中的全部 n 个顶点，但只有足以构成一棵树的 n–1 条边，显然，生成树不唯一，可能有多棵。

在一个连通网的所有生成树中，选中的 n–1 条边权值（代价）之和最小的生成树被称为该连通网的最小代价生成树（Minimum-cost Spanning Tree,MST）。

MST 性质：设图 $G=<V,R>$是一个带权的连通图，即连通网，集合 U 是顶点集 V 的一个非空子集。构建生成树时需要一条边连通顶点集合 U 和 $V–U$。如果（u,v）$\in R$，其中，$u\in U$，$v\in V–U$，且边（u,v）是具有最小权值的一条边，那么一定存在一棵包含边（u,v）的最小生成树。

该性质可用反证法予以证明。

假设网 G 中不存在这样一棵包含边（u,v）的最小生成树，显然当把边（u,v）加入到 G 中的

一棵最小生成树 *T* 时，由生成树的定义将产生一个含有边（*u*,*v*）的回路，且回路中必存在另一条边（*u*′,*v*′）的权值大于等于边（*u*,*v*）的权值。删除（*u*′,*v*′）则得到一棵代价小于等于 *T* 的生成树 *T*′，且 *T*′为一棵包含边（*u*,*v*）的最小生成树。这与假设矛盾，故该性质得证。

因此，最小生成树要解决的两个问题如下。

（1）尽可能选取权值小的边，但不能构成回路。

（2）选取 *n*-1 条恰当的边以连接网中的 *n* 个顶点。

构造最小生成树有多种算法，本节将介绍 Prim 和 Kruskal 两种算法，这两种算法都属于贪心算法，利用的就是上述 MST 性质。

1. Prim 算法

基本思想：从连通网络 $N=\{v, E\}$ 中的某一顶点 u_0 出发，选择与它关联的具有最小权值的边(u_0, *v*)，将其顶点加入到生成树的顶点集合 U 中。以后每一步从一个顶点在 U 中，而另一个顶点不在 U 中的各条边中选择权值最小的边（*u*, *v*），把它的顶点加入到集点 V 中，这意味着（*u*,*v*）也加入到生成树的边集合中。如此继续下去，直到网络中的所有顶点都加入到生成树顶点集合 U 中为止。

因此，Prim 算法也称为加点法。

具体地：记 *N* 是连通网的顶点集，*U* 是求得生成树的顶点集，*TE* 是求得生成树的边集。

（1）开始时，$U=\{U_0\}$，$TE=\Phi$。

（2）修正 *U* 到其余顶点 *N*-*U* 的最小极值，将具有最小极值的边纳入 *TE*，对应的顶点纳入 *U*；

（3）重复（2）直到 *N*=*N*。

经过上述步骤，*TE* 中包含了 *G* 中的 *n-1* 条边，此时选取到的所有顶点及边恰好就构成了 *G* 的一棵最小生成树。

【例 7.3】对于图 7.25，从顶点 J 开始构造最小生成树。其中，图 7.26 中的小角标说明加入顶点的先后顺序。

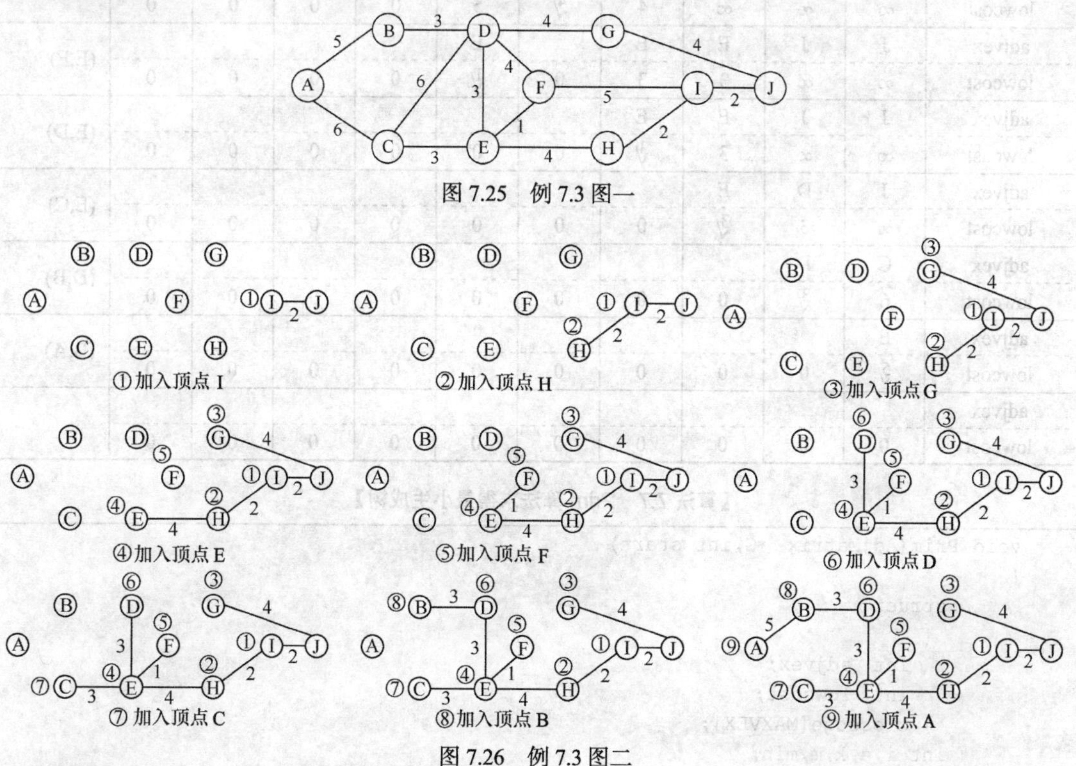

图 7.25 例 7.3 图一

图 7.26 例 7.3 图二

可以看出，从不同的顶点出发进行遍历，可以得到不同的生成树；其次，在每次选择最小权值的边时可能有多条权值相同的边可选，此时任选其一。但是，在出发点固定，存储结构及算法确定的情况下最小生成树是唯一确定的。

为了实现这一算法，连通网用带权的邻接矩阵表示，并设置一个辅助数组 closedge[]，数组元素下标对应当前 *V-U* 集合中的顶点序号，元素值则记录该顶点和 *U* 集合中相连接的代价最小（最近）边的顶点序号 adjvex 和权值 lowcost。即对 $v \in V\text{-}U$ 的每个顶点，closedge[v]记录所有与 *v* 邻接的、从 *U* 到 *V-U* 的那组边中的最小权值信息。

$$\text{closedge}[v].\text{low}\cos\text{t} = \begin{cases} \min\{\text{cost}(u,v) \mid u \in u, v \in v-u\} \\ 0 \qquad v \in u \end{cases}$$

辅助数组表示为 closedge[*v*].adjvex 存放 *U* 中与 *v* 最近的顶点序号。

对于图 7.25，表 7.1 给出了 closedge[]数组的变化过程。

表 7.1　　Prim 算法生成最小生成树过程

[v] / closedge	A	B	C	D	E	F	G	H	I	J	(u,v)
adjvex	J	J	J	J	J	J	J	J	J		(J,I)
lowcost	∞	∞	∞	∞	∞	∞	4	∞	2√	0	
adjvex	J	J	J	J	J	I	J	I			(I,H)
lowcost	∞	∞	∞	∞	∞	5	4	2√	0	0	
adjvex	J	J	J	J	H	I	J				(J,G)
lowcost	∞	∞	∞	∞	4	5	4√	0	0	0	
adjvex	J	J	J	G	H	I					(H,E)
lowcost	∞	∞	∞	4	4√	5	0	0	0	0	
adjvex	J	J	E	E		E					(E,F)
lowcost	∞	∞	3	3	0	1√	0	0	0	0	
adjvex	J	J	E	E							(E,D)
lowcost	∞	∞	3	3√	0	0	0	0	0	0	
adjvex	J	D	E								(E,C)
lowcost	∞	3	3√	0	0	0	0	0	0	0	
adjvex	C	D									(D,B)
lowcost	6	3√	0	0	0	0	0	0	0	0	
adjvex	B										(B,A)
lowcost	5√	0	0	0	0	0	0	0	0	0	
adjvex											
lowcost	0	0	0	0	0	0	0	0	0	0	

【算法 7.7　Prim 算法求得最小生成树】

```
void Prim(AdjMatrix  *G,int start)
{
    struct
     {
       int  adjvex;
       int  lowcost;
     } closedge[MAXVEX];
    int i,e,k,m,min;
```

```
        closedge[start].lowcost=0;          //标志顶点 u 已加入到 U-生成树集合
        //对除了出发点以外的所有顶点初始化对应的 closedge 数组
        for (i=1;i<=G->vexnum;i++)
          if ( i!=start)
          {
            closedge[i].adjvex=start;
            closedge[i].lowcost=G->arcs[start][i];
          }
        for (e=1;e<=G->vexnum-1;e++)        //控制选中的 n-1 条符合条件的边
        {
         //选择最小权值的边
        min=INFINITY;
        for(k=1;k<=G->vexnum;k++)
        {
            if(closedge[k].lowcost!=0&&closedge[k].lowcost<min)
            {  m=k;
               min=closedge[k].lowcost;
            }
        }
        closedge[m].lowcost=0;              //标志顶点 Vm 加入到 U-生成树集合,
        //当 Vm 加入后，更新 closedge 数组信息
         for ( i=1;i<=G->vexnum;i++)
            if ( i!=m&&G->arcs[m][i] <closedge[i].lowcost)
              //一旦发现有更小的权值边出现，则替换原有信息
            {
                closedge[i].lowcost= G->arcs[m][i];
                closedge[i].adjvex=m;
            }
      }
    }
```

可以看出，Prim 算法中的距离值不需要累积，直接采用离集合最近的边距。所以，整个算法通过比较 closedge 数组元素确定代价最小的边，因而所需时间为 $O(n^2)$；取出最小的顶点后，修改该数组总共需要时间 $O(e)$，因此该算法时间复杂度为 $O(n^2)$。由此得出，Prim 算法的时间代价取决于顶点个数，因而它更适合稠密图（顶点少边多）。

2. Kruskal 算法

Kruskal 算法使用的贪心准则是从剩下的边中选择不会产生环路且具有最小权值的边加入到生成树的边集中。

基本思想：先构造一个只含 n 个顶点的子图 SG，然后从权值最小的边开始，若它的添加不使 SG 中产生回路，则在 SG 上加入该边，依次按照权值递增的次序，选择合适的边进行添加，如此重复，直至加完 n–1 条边为止。因此，Kruskal 算法也称为加边法。

在实现 Kruskal 算法时，对于连通网 G，首先将 e 条边按照从小到大的顺序进行排序（利用后面讲到的堆排序算法），并且将 n 个顶点看成是 n 个独立集合，然后按权值由小到大选择边，所选边应满足两个顶点不在同一个顶点集合内，将该边放到生成树边的集合中。同时将该边的两个顶点所在的顶点集合合并。重复此过程，直到所有的顶点都在同一个顶点集合内，即选择出 n–1 条边。

【例 7.4】对于图 7.25，利用 Kruskal 方法构造最小生成树的过程为
按照权值大小排序的边依次为

权值 1 2 2 3 3 3 4 4 4 4 5 5 6 6
顶点 (E,F)(H,I)(I,J)(B,D)(C,E)(D,E)(D,F)(D,G)(E,H)(G,J)(A,B)(F,I)(A,C)(C,D)

顶点集合为{A}, {B}, {C}, {D}, {E}, {F}, {G}, {H}, {I}, {J}

边集合为空集

1✓ 2 2 3 3 3 4 4 4 4 5 5 6 6
① (E,F)(H,I)(I,J)(B,D)(C,E)(D,E)(D,F)(D,G)(E,H)(G,J)(A,B)(F,I)(A,C)(C,D)

顶点集合为{A},{B},{C},{D},{E,F},{G},{H},{I},{J}

边集合为{(E,F)}

1✓ 2✓ 2 3 3 3 4 4 4 4 5 5 6 6
② (E,F)(H,I)(I,J)(B,D)(C,E)(D,E)(D,F)(D,G)(E,H)(G,J)(A,B)(F,I)(A,C)(C,D)

顶点集合为{A},{B},{C},{D},{E,F},{G},{H,I},{J}

边集合为{(E,F),(H,I)}

1✓ 2✓ 2✓ 3 3 3 4 4 4 4 5 5 6 6
③ (E,F)(H,I)(I,J)(B,D)(C,E)(D,E)(D,F)(D,G)(E,H)(G,J)(A,B)(F,I)(A,C)(C,D)

顶点集合为{A},{B},{C},{D},{E,F},{G},{H,I,J}

边集合为{(E,F),(H,I),(I,J)}

1✓ 2✓ 2✓ 3✓ 3 3 4 4 4 4 5 5 6 6
④ (E,F)(H,I)(I,J)(B,D)(C,E)(D,E)(D,F)(D,G)(E,H)(G,J)(A,B)(F,I)(A,C)(C,D)

顶点集合为{A},{B,D},{C},{E,F},{G},{H,I,J}

边集合为{(E,F),(H,I),(I,J),(B,D)}

1✓ 2✓ 2✓ 3✓ 3✓ 3 4 4 4 4 5 5 6 6
⑤ (E,F)(H,I)(I,J)(B,D)(C,E)(D,E)(D,F)(D,G)(E,H)(G,J)(A,B)(F,I)(A,C)(C,D)

顶点集合为{A},{B,D},{C,E,F},{G},{H,I,J}

边集合为{(E,F),(H,I),(I,J),(B,D),(C,E)}

1✓ 2✓ 2✓ 3✓ 3✓ 3✓ 4 4 4 4 5 5 6 6
⑥ (E,F)(H,I)(I,J)(B,D)(C,E)(D,E)(D,F)(D,G)(E,H)(G,J)(A,B)(F,I)(A,C)(C,D)

顶点集合为{A},{B,D,C,E,F},{G},{H,I,J}

边集合为{(E,F),(H,I),(I,J),(B,D),(C,E),(D,E)}

1✓ 2✓ 2✓ 3✓ 3✓ 3✓ 4✗ 4 4 4 5 5 6 6
⑦ (E,F)(H,I)(I,J)(B,D)(C,E)(D,E)(D,F)(D,G)(E,H)(G,J)(A,B)(F,I)(A,C)(C,D)

由于顶点 D 和 F 已经落在同一个集合中，即将该边加入会形成回路，因而不能加入，舍去。

1✓ 2✓ 2✓ 3✓ 3✓ 3✓ 4✗ 4✓ 4 4 5 5 6 6
⑧ (E,F)(H,I)(I,J)(B,D)(C,E)(D,E)(D,F)(D,G)(E,H)(G,J)(A,B)(F,I)(A,C)(C,D)

顶点集合为{A},{B,D,C,E,F,G,H,I,J}

边集合为{(E,F),(H,I),(I,J),(B,D),(C,E),(D,E),(D,G)}

1✓ 2✓ 2✓ 3✓ 3✓ 3✓ 4✗ 4✓ 4✓ 4 5 5 6 6
⑨ (E,F)(H,I)(I,J)(B,D)(C,E)(D,E)(D,F)(D,G)(E,H)(G,J)(A,B)(F,I)(A,C)(C,D)

顶点集合为{A},{B,D,C,E,F,G,H,I,J}

边集合为{(E,F),(H,I),(I,J),(B,D),(C,E),(D,E),(D,G),(E,H)}

1✓ 2✓ 2✓ 3✓ 3✓ 3✓ 4✗ 4✓ 4✓ 4✗ 5 5 6 6
⑩ (E,F)(H,I)(I,J)(B,D)(C,E)(D,E)(D,F)(D,G)(E,H)(G,J)(A,B)(F,I)(A,C)(C,D)

由于顶点 E 和 H 已经落在同一个集合中，即将该边加入会形成回路，因而不能加入，舍去。

⑪ (E,F)[1] (H, I)[2] (I, J)[2] (B,D)[3] (C,E)[3] (D,E)[3] (D, F)[4] (D,G)[4] (E,H)[4] (G, J)[4] (A,B)[5] (F, I)[5] (A,C)[6] (C,D)[6]

顶点集合为**{A,B,D,C,E,F,G,H,I,J}**

边集合为**{(E,F),(H,I),(I,J),(B,D),(C,E),(D,E),(D,G),(E,H),(A,B)}**

至此，所有的顶点都落到同一个集合中，*n*-1 条边也已选完。

图 7.27 中的小角标说明加入边的先后顺序。

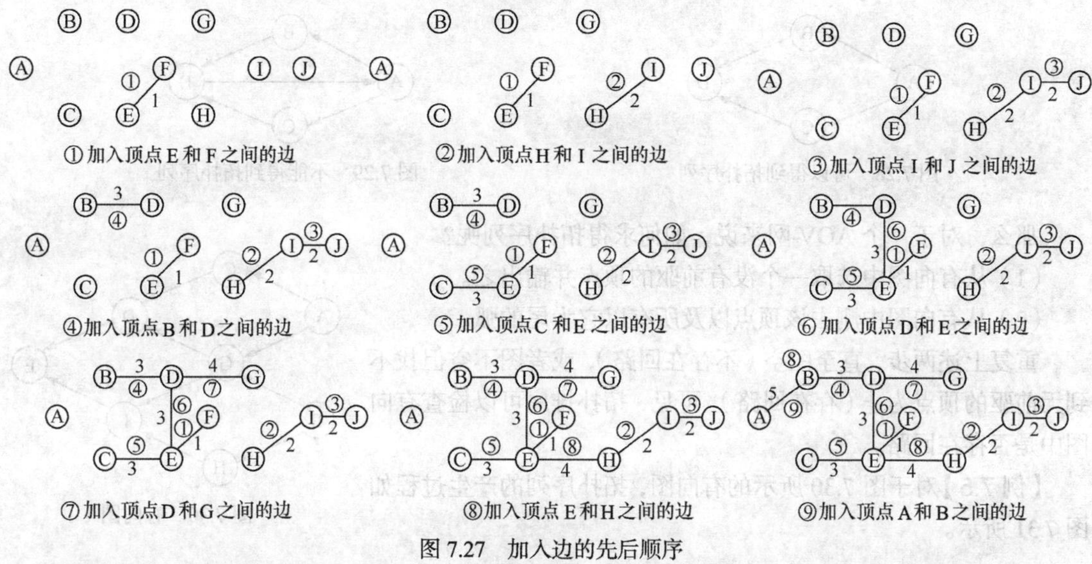

图 7.27 加入边的先后顺序

Kruskal 算法的实现主要由边的排序、判断以及合并连通分量三部分完成。判断、合并连通分量可采用第 6 章介绍的等价类划分的方法来实现，其时间代价低于边的排序。边的排序可采用第 9 章介绍的时间性能较好的堆排序，即达到 $O(e\log_2 e)$的时间复杂度。可见，Kruskal 算法的时间代价主要依赖边数 e，所以适合稀疏图。

7.5.2 拓扑排序

有向图的弧可以看成是顶点之间制约关系的一种描述。在实际生活中，有很多问题都受到一定条件的约束。例如，汽车装配工程可分解为以下任务：将底盘放上装配线，装轴，将座位装在底盘上，上漆，装刹车，装门等。显然，各项任务之间具有一定的先后关系，例如在装轴之前必须先将底板放上装配线；另外，像教学计划的设置问题，必须确定哪些课程作为基础课程先修，据此保证另外一些课程再开始，当然有一些课程可以独立于其他课程。

假设以有向图表示一个工程的施工图或程序的数据流图，每个顶点代表一个活动，弧$<v_i, v_j>$表示活动 *i* 必须先于活动 *j* 进行。我们将顶点表示活动，弧表示活动间优先关系的有向无环图，称为顶点表示活动的网，简称为 AOV-网（Activity On Vertex），图中不允许出现回路，如图 7-28 所示。

对于一个 AOV-网，若存在满足以下性质的一个线性序列，则这个线性序列称为拓扑序列。

（1）网中的所有顶点都在该序列中。

（2）若顶点 V_i 到顶点 V_j 存在一条路径，则在线性序列中，V_i一定排在 V_j之前。

构造拓扑序列的操作称为拓扑排序。

实际上，拓扑排序就是离散数学中由某个集合上的一个偏序得到该集合上的一个全序的操作。

若 AOV-网表示一个工程计划，顶点表示子工程，则对 AOV-网的拓扑排序就是检验该工程计划能否顺利实现的一种手段。若拓扑排序失败，则说明网中存在回路，意味着某个子工程要以自身任务的完成作为先决条件，显然矛盾。若拓扑排序成功，则说明依照该计划工程可以顺利完成。同样，安排工程的各项活动时，必须遵循拓扑序列中的次序，工程才可以进行。

例如：

图 7.28 可以得到拓扑序列：ABCD 或 ACBD，其中，B、C 之间没有先后顺序。

图 7.29 不能得到拓扑序列，由于 A、B、D 之间构成了回路，即存在互为前驱的情况。

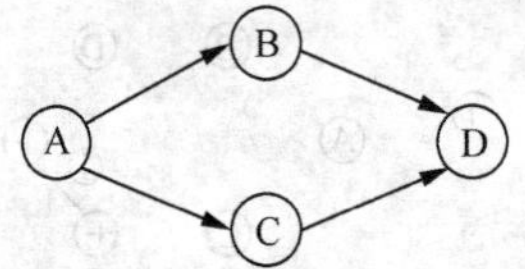

图 7.28 可以得到拓扑序列

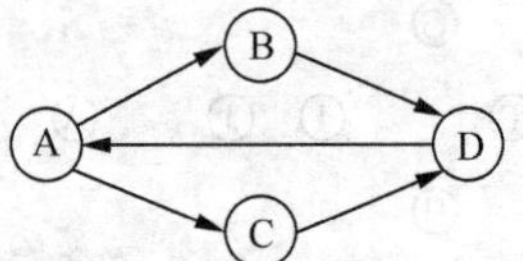

图 7.29 不能得到拓扑序列

那么，对于一个 AOV-网来说，如何求得拓扑序列呢？

（1）从有向图中选取一个没有前驱的顶点并输出之。

（2）从有向图中删去该顶点以及所有以它为尾的弧。

重复上述两步，直至图空（不存在回路），或者图不空但找不到无前驱的顶点为止（存在回路）。可见，拓扑排序可以检查有向图中是否存在回路。

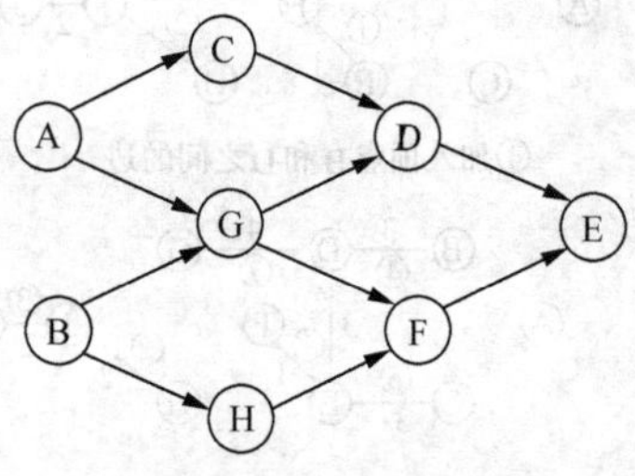

图 7.30 有向图

【例 7.5】对于图 7.30 所示的有向图，拓扑序列的产生过程如图 7.31 所示。

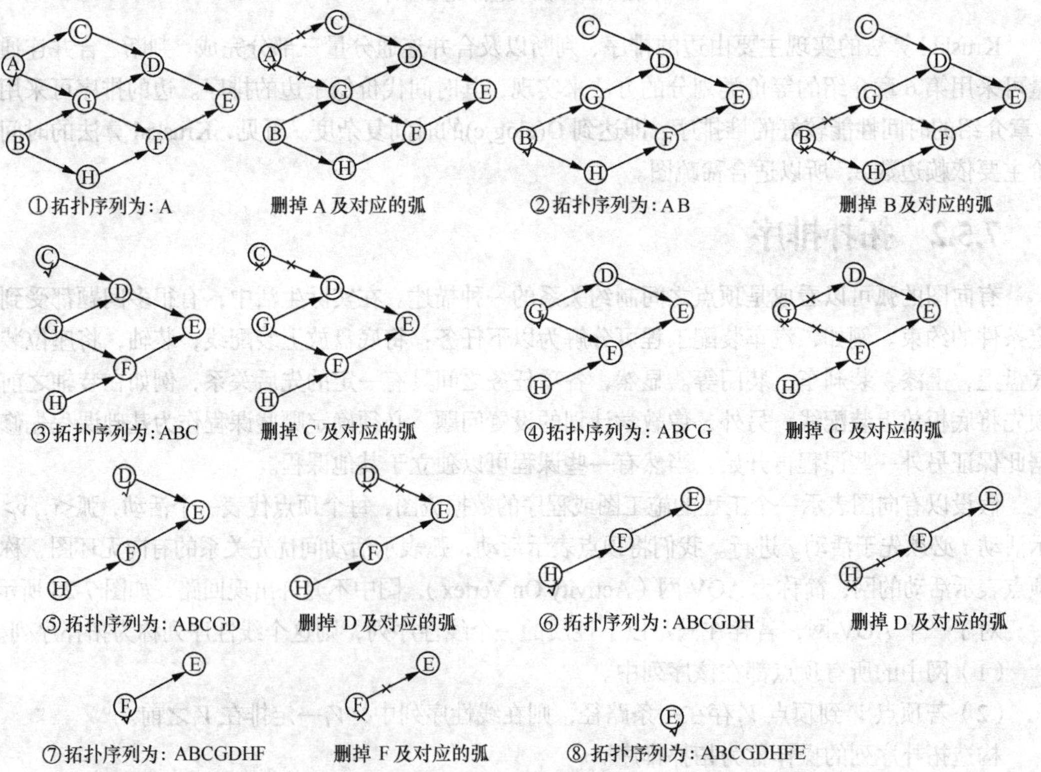

图 7.31 拓扑序列生成过程

可以看出，由于可能同时存在多个没有前驱的顶点，因而拓扑序列是不唯一的，但是一旦存储结构及算法确定，拓扑序列就是唯一确定的。

拓扑排序具体实现时，采用邻接表作为存储结构，将寻找没有前驱的顶点转化为寻找入度为 0 的顶点，删除以该顶点为弧尾的顶点转化为将该顶点的入度减 1。由此，可看出整个算法的关键始终和顶点的入度值相关联。因而，必须时刻记录每个顶点当前的入度值，为此，设置一个辅助数组 indegree[]用来记录每个顶点的入度值。该数组元素初值都为 0，通过扫描邻接表的各条链，遇到顶点 V_i，便将对应的 indegree[i]值加 1，最终获得该图中每个顶点的入度值，如图 7.32 所示。

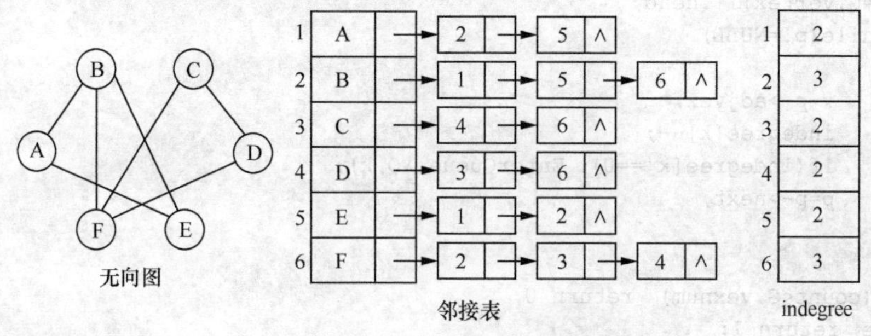

图 7.32　拓扑排序实现过程

【算法 7.8　获取图中每个顶点入度值】

```
void FindID( AdjList G,  int indegree[MAXVEX])
//求各个顶点的入度值
{
        int i;
        ArcNode *p;
        for(i=0;i<G.vexnum;i++)
            indegree[i]=0;        //初始化 indegree 数组
        for(i=0;i<G.vexnum;i++)
        {
           p=G.vertex[i].head;
           while(p!=NULL)
          {
               indegree[p->adjvex]++;
                 p=p->next;
          }
        }
}
```

在进行拓扑排序的过程中，为了避免重复查找度为 0 的顶点，可以设置一个队列暂存入度为 0 的顶点，使得每次查找入度为 0 的顶点时只须做出队操作，取出队头元素即可，而不必每次查找整个 indegree[]数组。当某个顶点的入度一旦减为 0 就做入队操作。

【算法 7.9　拓扑排序】

```
int TopoSort (AdjList G)
 {
    Queue Q;              /*队列*/
    int indegree[MAXVEX];
    int i, count, k;
    ArcNode *p;
    FindID(G,indegree);
```

```
    InitQueue(&Q);
    for(i=0;i<G.vexnum;i++)
        if(indegree[i]==0)
            EnterQueue(&Q,i);
    count=0;
    while(!IsEmpty(Q))
    {
      DeleteQueue(&Q,&i);
      printf("%c",G.vertex[i].data);
      count++;
      p=G.vertex[i].head;
      while(p!=NULL)
      {
          k=p->adjvex;
          indegree[k]--;
          if(indegree[k]==0)  EnterQueue(&Q,k);
          p=p->next;
      }
    }
    if (count<G.vexnum)  return 0;
    else  return 1;
}
```

还可以将 indegree 数组简化，将邻接表的顶点结构中加入一个域—indegree，记录每个顶点的入度，将入度为 0 的顶点形成一个静态链表来处理。

对于有 n 个顶点和 e 条边的图来说，若其存储结构用邻接表来表示，建立入度为 0 的顶点队列需要检查所有顶点一次，所需的时间为 $O(n)$，排序中每个顶点输出一次，更新顶点的入度需要检查每条边共计 e 次，因此执行时间的总代价为 $O(n+e)$。

7.5.3 关键路径

我们已经介绍了 AOV-网可以表示一个工程的子工程之间的优先关系，即哪些子工程必须先完成才能保证下一个子工程开始。但一个工程仅仅知道这些还不够，还需要知道完成整个工程所需的最短时间或者哪些活动会影响整个工程的工期。

在带权有向图，即有向网中，如果用顶点表示事件，用有向边表示活动，边上的权值表示活动持续的时间，则称这样的有向网为弧表示活动的网（Acticity On Edge，AOE-网）。通常，AOE-网可用来估算工程的完成时间。

它具有如下性质：

（1）只有在某顶点所代表的事件发生后，从该顶点发出的所有有向边所代表的活动才能开始；

（2）只有在进入某一顶点的各有向边所代表的活动均已完成，该顶点所代表的事件才能发生。

对一个只有开始点和一个完成点的工程，可用 AOE-网来表示。网中仅有一个入度为 0 的顶点称为**源点**，表示工程的开始；同时，也仅有一个出度为 0 的顶点称为**汇点**，表示工程的结束。

如图 7.33 所示的 AOE-网中，其中有 12 项活动，$a_1,a_2,\ldots,a_{12}$，7 个事件，$V_1,V_2,\ldots,V_7$，V_1 表示整个活动的开始（源点），V_7 表示整个活动的结束（汇点），V_4 表示 a_3 和 a_5 已经完成，a_9 可以开始。每个活动所对应的权值表示该活动完成所需要的时间。例如 a_3 活动需要 2 天，a_7 需要 5 天等。

显然，在 AOE-网中，从源点到汇点之间可能有多条路径，这些路径中具有最长路径长度的路径被称为**关键路径**。关键路径上的活动称为关键活动。这些活动中的任意一项活动未能按期完成，则整个工程的完成时间就要推迟。相反，如果能够加快关键活动的进度，则整个工程可以提前完成。关键活动持续时间的总和（关键路径的长度）就是完成整个工程的最短工期。

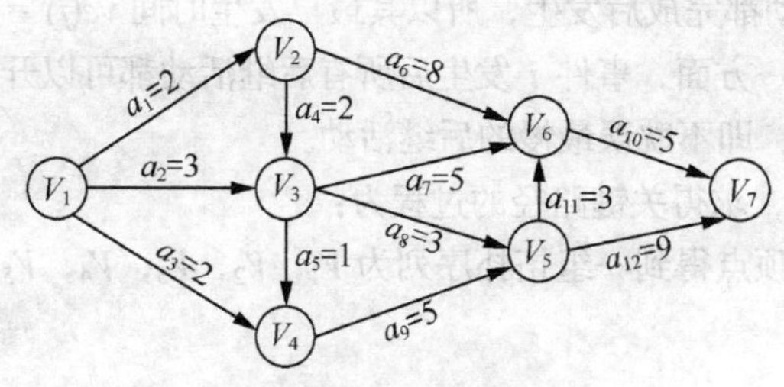

图 7.33　AOE-网

对于源点 V_1，从 V_1 到 V_i 的最长路径长度称为 V_i 的最早发生时间。这个时间决定了所有以 V_i 为尾的弧所表示的活动的最早开始时间。用 $e(a_i)$表示活动 a_i 的最早开始时间，$l(a_i)$表示活动 a_i 的最晚开始时间，即在不推迟整个工程完成的前提下，活动 a_i 最晚必须开始进行的时间。两者之差 $l(a_i)$-$e(a_i)$代表了完成活动 a_i 的时间余量，当 $l(a_i)=e(a_i)$时，活动 a_i 被称为关键活动。显然，关键路径上的所有活动都是关键活动，因此，提前完成非关键活动并不能加快工程的进度，进而，分析关键路径的目的就是确认哪些活动是关键活动，以便争取提高关键活动的工效，从而缩短整个工期。

综上所述，确认关键活动就是找到 $l(a_i)=e(a_i)$的活动。为了找到活动 a_i 的 $l(a_i)$和 $e(a_i)$，首先应该得到事件的最早发生时间 $ve(j)$和最晚发生时间 $vl(j)$。

$ve(j)$——事件（顶点）的最早发生时间：从源点到顶点 j 的最长路径长度。

求 $ve(j)$的值可从源点开始，按拓扑顺序向汇点递推。

$$\begin{cases} ve(1)=0, \\ ve(j)=\max\{ve(*)+a(*,j)\} \end{cases}$$

其中*为任意前驱事件

$vl(i)$——事件（顶点）的最迟发生时间：从顶点 i 到汇点的最短路径长度。

在保证汇点按其最早发生时间发生这一前提下，求事件的最晚发生时间是在求出 $ve(i)$的基础上，从汇点开始，按逆拓扑顺序向源点递推。

$$\begin{cases} vl(n)=ve(n), \\ vl(i)=\min\{vl(*)-a(i,*)\} \end{cases}$$

其中*为任意后继事件

假设活动 a_i(第 i 条弧)为<j,k>,有以下结论。

$e(a_i)$——活动（弧）的最早开始时间：$e(a_i)=e(j\text{-}k)=ve(j)$。

$l(a_i)$——活动（弧）的最晚开始时间：$l(a_i)=l(j\text{-}k)=vl(k)-d(<j,k>)$。

结论：工程总用时 $ve(n)$，关键活动是 $e(a_i)=l(a_i)$的活动。

关键路径的求解步骤可总结如下：

（1）对顶点进行拓扑排序，求出每个事件的最早发生时间；

（2）按照顶点的逆拓扑序列，求出每个事件的最迟发生时间；

（3）计算每个活动的最早开始时间和最晚发生时间；

（4）找出关键活动，即 $e(a_i)=l(a_i)$的活动。

注意：

（1）若只求工程的总用时只要进行步骤（1）~（2）即可求得。

（2）如何理解计算 $ve(j)$和 $vl(i)$的公式：

事件 j 在所有前驱活动都完成后发生，所以其最早发生时间 $ve(j) = \max\{ve(*)+a(*,j)\}$，即取决于最慢的前驱活动。另一方面，事件 i 发生后所有后继活动都可以开始了，所以其最晚发生时间 $vl(i) = min\{vl(*)-a(i,*)\}$，即不耽误最慢的后继活动。

【例 7.6】对于图 7.33，求得关键路径的过程为：

（1）按拓扑有序排列顶点得到一组拓扑序列为 V_1，V_2，V_3，V_4，V_5，V_6，V_7；

（2）计算 ve(j)：

$ve(V_1)=0$

$ve(V_2)=ve(V_1)+2=2$

$ve(V_3)=\max\{ve(V_2)+2,ve(V_1)+3\}=\max\{2+2,0+3\}=4$

$ve(V_4)=\max\{ve(V_3)+1,ve(V_1)+2\}=\max\{4+1,0+2\}=5$

$ve(V_5)=\max\{ve(V_3)+3,ve(V_4)+5\}=\max\{4+3,5+5\}=10$

$ve(V_6)=\max\{ve(V_2)+8,ve(V_3)+5,ve(V_5)+3\}=\max\{2+8,4+5,10+3\}=13$

$ve(V_7)=\max\{ve(V_5)+9,ve(V_6)+5\}=\max\{10+9,13+5\}=19$

（3）计算 $vl(i)$：

$vl(V_7)=ve(V_7)=19$

$vl(V_6)=vl(V_7)-5=19-5=14$

$vl(V_5)=\min\{vl(V_7)-9,vl(V_6)-3\}=\min\{19-9,14-3\}=10$

$vl(V_4)=vl(V_5)-5=10-5=5$

$vl(V_3)=\min\{vl(V_6)-5,vl(V_5)-3,vl(V_4)-1\}=\min\{14-5,10-3,5-1\}=4$

$vl(V_2)=\min\{vl(V_6)-8,vl(V_3)-2\}=\min\{14-8,4-2\}=2$

$vl(V_1)=\min\{vl(V_4)-2,vl(V_3)-3,vl(V_2)-2\}=\min\{5-2,4-3,2-2\}=0$

（4）计算 $e(a_i)$和 $l(a_i)$：

$e(a_1)=e(V_1\text{-}V_2)=ve(V_1)=0$　　$l(a_1)=l(V_1\text{-}V_2)=vl(V_2)-2=2-2=0$

$e(a_2)=e(V_1\text{-}V_3)=ve(V_1)=0$　　$l(a_2)=l(V_1\text{-}V_3)=vl(V_3)-3=4-3=1$

$e(a_3)=e(V_1\text{-}V_4)=ve(V_1)=0$　　$l(a_3)=l(V_1\text{-}V_4)=vl(V_4)-2=5-2=3$

$e(a_4)=e(V_2\text{-}V_3)=ve(V_2)=2$　　$l(a_4)=l(V_2\text{-}V_3)=vl(V_3)-2=4-2=2$

$e(a_6)=e(V_2\text{-}V_6)=ve(V_2)=2$　　$l(a_6)=l(V_2\text{-}V_6)=vl(V_6)-8=14-8=6$

$e(a_5)=e(V_3\text{-}V_4)=ve(V_3)=4$　　$l(a_5)=l(V_3\text{-}V_4)=vl(V_4)-1=5-1=4$

$e(a_8)=e(V_3\text{-}V_5)=ve(V_3)=4$　　$l(a_8)=l(V_3\text{-}V_5)=vl(V_5)-3=10-3=7$

$e(a_7)=e(V_3\text{-}V_6)=ve(V_3)=4$　　$l(a_7)=l(V_3\text{-}V_6)=vl(V_6)-5=14-5=9$

$e(a_9)=e(V_4\text{-}V_5)=ve(V_4)=5$　　$l(a_9)=l(V_4\text{-}V_5)=vl(V_5)-5=10-5=5$

$e(a_{11})=e(V_5\text{-}V_6)=ve(V_5)=10$　　$l(a_{11})=l(V_5\text{-}V_6)=vl(V_6)-3=14-3=11$

$e(a_{12})=e(V_5\text{-}V_7)=ve(V_5)=10$　　$l(a_{12})=l(V_5\text{-}V_7)=vl(V_7)-9=19-9=10$

$e(a_{10})=e(V_6\text{-}V_7)=ve(V_6)=13$　　$l(a_{10})=l(V_6\text{-}V_7)=vl(V_7)-5=19-5=14$

（5）工程总用时 $ve(n)=19$，关键活动是 $e(a_i)=l(a_i)$的活动 a_i，

即$(V_1,V_2)(V_2,V_3)(V_3,V_4)(V_4,V_5)(V_5,V_7)$。

算法实现时，根据前面讲到的首先对顶点进行拓扑排序，求出每个事件的最早发生时间，那么我们可以在拓扑排序算法的基础上加入求每个事件的最早发生时间部分。

【算法 7.10　关键路径】

```
int TopoSort_Ve(AdjList G)
 {
   Queue Q;            /*队列*/
   int indegree[MAXVEX],ve[MAXVEX];
   int i, count, k;
   ArcNode *p;
   FindID(G,indegree);
   InitQueue(&Q);
   for(i=0;i<G.vexnum;i++)
      if(indegree[i]==0)
         EnterQueue(&Q,i);
   count=0;
   for(i=0;i<G.vexnum;i++)
      ve[i]=0;
   while(!IsEmpty(Q))
   {
     DeleteQueue(&Q,&i);
     printf("%c",G.vertex[i].data);
     count++;
     p=G.vertex[i].head;
     while(p!=NULL)
     {
       k=p->adjvex;
       indegree[k]--;
       if(indegree[k]==0) EnterQueue(&Q,k);
       if(ve[j]+p->weight>ve[k])
          ve[k]=ve[j]+p->weight;
       p=p->next;
      }
   }
   if (count<G.vexnum)  return 0;
   else return 1;
  }
int CriticalPath(AdjList G)
{
  ArcNode *p;
  int i,j,k,a,ei,li,flag=0;
  int vl[MAXVEX];
  Stack S;
  if(!TopoSort_Ve(G))
    return(0);
  for(i=0;i<G.vexnum;i++)
    vl[i]=ve[G.vexnum-1];
  while(!IsEmpty(S))
 {
  pop(S,&j);
  p=G.vertex[j].head;
  while(p)
  {
   k=p->adjvex;
   a=p->weight;
   if(vl[k])-a<vl[j])
      vl[j]=vl[k]-a;
   p=p->next;
```

```
        }
    }
    for(i=0;i<vexnum;i++)
    {
      p=G.vextex[i].head;
      while(p)
     {
      k=p->adjvex;
      a=p->weight;
      ei=ve[j];
      li=vl[k]-a;
      if(ei==li)    flag=1;
      p=p->next;
      }
    }
}
```

7.5.4 最短路径

在城市交通实例中，如果想找到城市 A 与城市 B 之间一条中转次数最少的路线，即找到一条从顶点 A 到 B 所含边的数目最少的路径，只需要从顶点 A 出发对该图进行广度优先搜索遍历，一旦遇到顶点 B 就停止。这是最简单的图的最短路径问题。但在很多情况下，还需要解决的问题有找到城市之间的最短线路，或者城市之间最节省的交通费用等问题。此时，路径长度的度量就不再是路径上边的数目，而是路径上的权值，即所代表的相关信息，例如，两个城市之间的距离，或者途径所需的时间，再或者交通费用等。这类问题涉及的都是最短路径问题。

最短路径问题一般分为两种情况：单源最短路径问题（即从图中某个顶点到其余顶点的最短路径问题）和每对顶点之间的最短路径问题。下面将介绍两种常用的解决这两种问题的算法 Dijkstra 算法和 Floyd 算法。

1. 单源最短路径

解决单源最短路径的一个常用算法是 Dijkstra 算法，它是由 E.W.Dijkstra 提出的一种按照路径长度递增的次序分别产生到各顶点最短路径的贪心算法。

算法把带权图中的所有顶点分成两个集合 S 和 V-S。集合 S 中存放已找到最短路径的顶点，V-S 中存放当前还未找到最短路径的顶点。算法将按照最短路径长度递增的顺序逐个将 V-S 集合中的元素加入到 S 集合中，直至所有顶点都进入到 S 集合为止。

其实，这里用到一个很重要的定理：下一条最短路径或者是弧（v_0,v_i），或者是中间经过 S 集合中的某个顶点，而后到达 v_i 的路径。

这条定理可以用反证法证明。假设下一条最短路径上有一个顶点 v_j 不在 S 集合中，即此路径为（$v_0,\cdots,v_j,\cdots,v_i$）。显然，（$v_0,\cdots,v_j$）的长度小于（$v_0,\cdots,v_j,\cdots,v_i$）的长度，故下一条最短路径应为（$v_0,\cdots,v_j$），这与题设的下一条最短路径（$v_0,\cdots,v_j,\cdots,v_i$）相矛盾。所以，下一条最短路径上不可能有不在 S 中的顶点 v_j。

其中第一条最短路径是从源点 v_0 到各点路径长度集合中长度最短者，在这条路径上，必定只含一条弧，并且这条弧的权值最小（设为 $v_0 \rightarrow v_k$）；

下一条路径长度次短的最短路径只可能有两种情况：或者是直接从源点到该点 v_i（只含一条弧），或者是从源点经过已求得最短路径的顶点 v_k，再到达 v_i（由两条弧组成）。

再下一条路径长度次短的最短路径也可能有两种情况：或者是直接从源点到该点（只含一条

弧），或者是从源点经过顶点 v_k、v_i 再到达该顶点（由多条弧组成）。

其余最短路径它或者是直接从源点到该点（只含一条弧），或者是从源点经过已求得最短路径的顶点，再到达该顶点。

具体的算法思想如下。

（1）初始时，集合 S 中仅包含源点 v_0，集合 $V\text{-}S$ 中包含除源点 v_0 以外的所有顶点，v_0 到 $V\text{-}S$ 中各顶点的路径长度或着为某个权值（如果它们之间有弧相连），或者为∞（没有弧相连）。

（2）按照最短路径长度递增的次序，从集合 $V\text{-}S$ 中选出到顶点 v_0 路径长度最短的顶点 v_k 加入到 S 集合中。

（3）加入 v_k 之后，为了寻找下一个最短路径，必须修改从 v_0 到集合 $V\text{-}S$ 中剩余所有顶点 v_i 的最短路径。若在路径上加入 v_k 之后，使得 v_0 到 v_i 的路径长度比原来没有加入 v_k 时的路径长度短，则修正 v_0 到 v_i 的路径长度为其中较短的。

（4）重复以上步骤，直至集合 $V\text{-}S$ 中的顶点全部被加入到集合 S 中为止。

【例 7.7】对于图 7.33，利用 Dijkstra 算法求得最短路径的过程如表 7.2 所示。

表 7.2　　Dijkstra 算法求得最短路径的过程

顶点 V_1 到其余各顶点的距离						选中顶点	路径	最短距离	S 集合	$V\text{-}S$ 集合
V_2	V_3	V_4	V_5	V_6	V_7					
2	3	2	∞	∞	∞	V_2	(1,2)	2	$\{V_1,V_2\}$	$\{V_3,V_4,V_5,V_6,V_7\}$
////	3	2	∞	10	∞	V_4	(1,4)	2	$\{V_1,V_2,V_4\}$	$\{V_3,V_5,V_6,V_7\}$
////	3	////	7	10	∞	V_3	(1,3)	3	$\{V_1,V_2,V_3,V_4\}$	$\{V_5,V_6,V_7\}$
////	////	////	6	8	∞	V_5	(1,3,5)	6	$\{V_1,V_2,V_3,V_4,V_5\}$	$\{V_6,V_7\}$
////	////	////	////	8	15	V_6	(1,3,6)	8	$\{V_1,V_2,V_3,V_4,V_5,V_6\}$	$\{V_7\}$
////	////	////	////	////	13	V_7	(1,3,6,7)	7	$\{V_1,V_2,V_3,V_4,V_5,V_6,V_7\}$	

Dijkstra 算法实现时，用带权的邻接矩阵存储该带权有向图，借助一个辅助的一维数组 dist[] 记录从源点到其余各顶点的最短距离值，二维数组 path[][]记录某顶点是否加入到集合 S 中，如果 path[i][0]=1，则表示顶点 V_i 加入到集合 S 中，并且 path[i]所在的行最终记录了从源点到 V_i 的最短路径上的各个顶点，否则，path[i][0]=0，则表示顶点 V_i 还在集合 $V\text{-}S$ 中。

若 $v_i \in S$,dist[i] 表示源点到 v_i 的最短路径长度；

若 $v_i \in V\text{-}S$,dist[i]表示源点到 v_i 的只包括 S 中的顶点为中间顶点的最短路径。

初始：$S=\{v_0\}$，v_0 为源点，dist[i]= g.arcs[0][i].adj; ($v_i \in V\text{-}S$)

第一条最短路径：dist[k]=min{dist[i] |$v_i \in V\text{-}S$}

　　最短路径为（v_0，v_k），$S=S\cup\{v_k\}$

　　修改 $V\text{-}S$ 中顶点的 dist 值　　$i \in V\text{-}S$

　　dist[i]=min{dist[i]，dist[k]+ g.arcs[k][i].adj}

下一条最短路径：dist[j]=min {dist[i] | $v_i \in V\text{-}S$}，v_j 并入集合 S

重复上述过程 n-1 次，直到 v_0 出发可以到达的所有顶点都包含在 S 中。

【算法 7.11　采用 Dijkstra 算法求得从源点到其余各顶点的最短路径】

```
void Dijkstra(AdjMatrix *G,int start,int end,int dist[],int path[][MAXVEX])
{
    //dist 数组记录各条最短路径长度，path 数组记录对应路径上的各顶点
```

```
    int mindist,i,j,k,t=1;
    for(i=1;i<=G->vexnum;i++)        //初始化
    {
        dist[i]=G->arcs[start][i];
        if(G->arcs[start][i]!=INFINITY)
            path[i][1]=start;
    }
    path[start][0]=1;
    for(i=2;i<=G->vexnum;i++)      //寻找各条最短路径
    {
        mindist=INFINITY;
        for(j=1;j<=G->vexnum;j++)    //选择最小权值的路径
            if(!path[j][0]&&dist[j]<mindist)
            {
                k=j;
                mindist=dist[j];
            }

            if(mindist==INFINITY) return;
            path[k][0]=1;
            for(j=1;j<=G->vexnum;j++)      //修改路径
            {
                if(!path[j][0]&&G->arcs[k][j]
                    <INFINITY&&dist[k]+ G->arcs[k][j]<dist[j])
                {
                    dist[j]=dist[k]+G->arcs[k][j];
                    t=1;
                    while(path[k][t]!=0)      //记录最新的最短路径
                    {
                        path[j][t]=path[k][t];
                        t++;
                    }
                    path[j][t]=k;
                    path[j][t+1]=0;
                }
            }
    }
```

对于有 n 个顶点和 e 条边的图，图中的任何一条边都可能在最短路径中出现，因此，单源最短路径算法对每条边至少都要检查一次。在选择最小边时，如果采用堆排序，则每次改变最短路径长度时需要对堆进行一次重排，此时的时间复杂度为 $O((n+e)\log e)$，适合稀疏图。如果选择最小边，通过直接比较每个数组元素，那么确定最小边的时间代价就为 $O(n^2)$，再取出最短路径长度最小的顶点后，修改最短路径长度共需时间 $O(e)$，因此，总共需要的时间花费为 $O(n^2)$，这种方法则适合稠密图。

2. 每对顶点之间的最短路径

由已经介绍的 Dijkstra 算法也可以解决每对顶点之间的最短路径问题，只需要每次以一个顶点作为源点，重复调用 Dijkstra 算法 n 次即可。显然，这样执行下来时间复杂度将达到 $O(n^3)$。解决这个问题还有一个比较直接的算法——Floyd 算法。这个算法属于典型的动态规划算法，先自底向上分别求解子问题的解，然后由这些子问题的解得到原问题的解。虽然这个算法的时间复杂度为也达到了 $O(n^3)$，但是形式相对简单一些。

具体地：

首先设置一个矩阵 F，用于记录路径长度。初始时，顶点 v_i 到 v_j 的最短路径长度 F[i][j]=weight[i][j]，即弧 $<V_i,V_j>$ 上的权值。若不存在弧 $<V_i,V_j>$，则 F[i][j]=∞。此时，把矩阵记作 F_0。F_0 考虑了有弧相连的顶点间直接到达的路径，显然这个路径的长度不可能都是最短路径长度。为了求得最短路径长度，需要进行 n 次试探。

（1）让路径经过顶点 V_0（第一个顶点），并比较路径（V_i,V_j）与路径（V_i,V_0,V_j）的长度，取其中较短者作为最短路径长度。其中，路径（V_i,V_0,V_j）的长度等于路径（V_i,V_0）与路径（V_0,V_j）长度之和，即 F_1[i][j]=F_0[i][0]+F_0[0][j]。把此时得到的矩阵 F 记作 F_1，F_1 是考虑了各顶点间除了直接到达的路径（弧）之外，还存在经过顶点 V_0 到达的路径，只有取它们较短者才是当前最短路径长度，并称 F_1 为路径上的顶点序号不大于 1 的最短路径长度。

（2）在 F_1 的基础上让路径经过顶点 V_1（第二个顶点），并依据步骤（1）的方法求得最短路径长度，得到 F_2，并称 F_2 为路径上的顶点序号不大于 2 的最短路径长度。

……

以此类推，让路径经过顶点 V_k，并比较 F_{k-1}[i][j]与 F_{k-1}[i][k]+F_{k-1}[k][j]的值，取其中较短者，得到 F_k，并称 F_k 为路径上的顶点序号不大于 k 的最短路径长度。

经过 n 次试探后，就把 n 个顶点都考虑在路径中了，此时求得的 F_n 就是各顶点之间的最短路径长度。

总之，Floyd 算法是通过下面这个递推公式产生矩阵序列 F_0，F_1，…，F_k，…，F_n，求得每对顶点之间的最短路径长度。

$$\begin{cases} F_0[i][j] = \text{weight}[i][j] \\ F_k[i][j] = \min\{F_{k-1}[i][j], F_{k-1}[i][k] + F_{k-1}[k][j]\} \quad 0 \leqslant i,j,k \leqslant n-1 \end{cases}$$

实际上，F_0 就是邻接矩阵，对于计算 F_k，第 k 行、第 k 列、对角线的元素保持不变，对其余元素，考查 F[i][j]与 F[i][k]+F[k][j]，如果后者更小则替换 $F[i][j]$，同时修改路径。

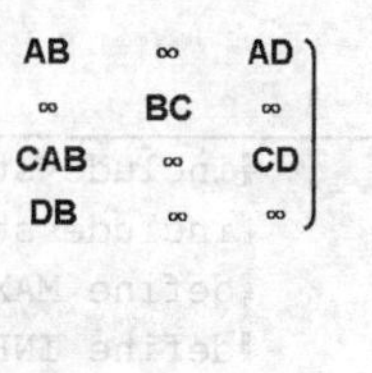

图 7.34　有向图

【例 7.8】对图 7.34 所示的有向图，根据 Floyd 算法求 F 矩阵和 $Path$ 矩阵。

$$F_0=\begin{array}{c} \\ A \\ B \\ C \\ D \end{array}\begin{array}{c} \begin{array}{cccc} A & B & C & D \end{array} \\ \begin{pmatrix} 0 & 1 & \infty & 3 \\ \infty & 0 & 1 & \infty \\ 5 & \infty & 0 & 2 \\ \infty & 4 & \infty & 0 \end{pmatrix} \end{array} \quad Path_0=\begin{pmatrix} \infty & AB & \infty & AD \\ \infty & \infty & BC & \infty \\ CA & \infty & \infty & CD \\ \infty & DB & \infty & \infty \end{pmatrix}$$

① 初始状态

$$F_1=\begin{array}{c} \\ A \\ B \\ C \\ D \end{array}\begin{array}{c} \begin{array}{cccc} A & B & C & D \end{array} \\ \begin{pmatrix} 0 & 1 & \infty & 3 \\ \infty & 0 & 1 & \infty \\ 5 & 6 & 0 & 2 \\ \infty & 4 & \infty & 0 \end{pmatrix} \end{array} \quad Path_1=\begin{pmatrix} \infty & AB & \infty & AD \\ \infty & \infty & BC & \infty \\ CA & CAB & \infty & CD \\ \infty & DB & \infty & \infty \end{pmatrix}$$

② 加入顶点A

$$F_2=\begin{array}{c} \\ A \\ B \\ C \\ D \end{array}\begin{array}{c} \begin{array}{cccc} A & B & C & D \end{array} \\ \begin{pmatrix} 0 & 1 & 2 & 3 \\ \infty & 0 & 1 & \infty \\ 5 & 6 & 0 & 2 \\ \infty & 4 & 5 & 0 \end{pmatrix} \end{array} \quad Path_2=\begin{pmatrix} \infty & AB & ABC & AD \\ \infty & \infty & BC & \infty \\ CA & CAB & \infty & CD \\ \infty & DB & DBC & \infty \end{pmatrix}$$

② 加入顶点B

$$F_3=\begin{array}{c} \\ A \\ B \\ C \\ D \end{array}\begin{array}{c} \begin{array}{cccc} A & B & C & D \end{array} \\ \begin{pmatrix} 0 & 1 & 2 & 3 \\ 6 & 0 & 1 & 3 \\ 5 & 6 & 0 & 2 \\ 10 & 4 & 5 & 0 \end{pmatrix} \end{array} \quad Path_3=\begin{pmatrix} \infty & AB & ABC & AD \\ BCA & \infty & BC & BCD \\ CA & CAB & \infty & CD \\ DCBA & DB & DBC & \infty \end{pmatrix}$$

③ 加入顶点C

$$F_4=\begin{array}{c} \\ A \\ B \\ C \\ D \end{array}\begin{array}{c} \begin{array}{cccc} A & B & C & D \end{array} \\ \begin{pmatrix} 0 & 1 & 2 & 3 \\ 6 & 0 & 1 & 3 \\ 5 & 6 & 0 & 2 \\ 10 & 4 & 5 & 0 \end{pmatrix} \end{array} \quad Path_4=\begin{pmatrix} \infty & AB & ABC & AD \\ BCA & \infty & BC & BCD \\ CA & CAB & \infty & CD \\ DCBA & DB & DBC & \infty \end{pmatrix}$$

④ 加入顶点D

【算法 7.12 Floyd 算法求得任意两顶点之间的最短路径】

```
void Floyd(AdjMatrix g,int F[][MAXVEX])
{
    int Path[MAXVEX][MAXVEX];
    int i,j,k;
    for(i=0;i<g->vexnum;i++)
      for(j=0;j<g->vexnum;j++)
      {
       F[i][j]=g->arcs[i][j];
       Path[i][j]= INFINITY;
      }
for(i=0;i<g->vexnum;i++)
  for(j=0;j<g->vexnum;j++)
     for(k=0;k<g->vexnum;k++)
       if(F[i][j]>F[i][k]+F[k][j])
       {
        F[i][j]= F[i][k]+F[k][j];
        Path=k;
       }
   }
```

7.6 实例分析与实现

根据 7.1 小节中城市交通应用的需求，设计一个小型系统实现：

(1) 输入城市交通图基本情况；
(2) 显示基本信息；
(3) 查询某个城市交通路线基本情况；
(4) 添加新路线；
(5) 撤销旧路线；
(6) 查询从某个城市出发到另外一个城市的最短路线；
(7) 查询从某个城市出发连通所有城市的最短路线。

源代码 7.13 是该系统的实现代码，图 7.35 所示为实现情况。

【源代码 7.13 城市交通问题】

```
#include<stdio.h>
#include<string.h>
#define MAXVEX 20
#define INFINITY 32768
typedef struct
{
    int No;                //城市序号
    char name[20];         //城市名
}Vextype;                  //顶点类型

typedef struct
{
    int arcs[MAXVEX][MAXVEX];        //边集
```

```
    Vextype vex[MAXVEX];                //顶点集
    int vexnum;                         //顶点数目
    int arcnum;                         //边数目
}AdjMatrix;    //邻接矩阵

//根据城市名确定城市序号
int Locate(AdjMatrix *G,char name[])
{
    int i;
    for(i=1;i<=G->vexnum;i++)
        if(!strcmp(name,G->vex[i].name))
            return i;
    return -1;
}

//采用邻接矩阵创建无向图
int Create(AdjMatrix *G)
{
   int i,j,k,weight;
    char city[20];
   printf("请输入交通图中的城市数目和路线数目(citynum,cutnum):\n");
   scanf("%d,%d",&G->vexnum,&G->arcnum);
   for(i=1;i<=G->vexnum;i++)
     for(j=1;j<=G->vexnum;j++)
        G->arcs[i][j]=INFINITY;
   printf("请输入交通图中的%d个城市及城市名:\n",G->vexnum);
   for(i=1;i<=G->vexnum;i++)
   {
        printf("No.%d个城市:",i);
            G->vex[i].No=i;
        flushall();
        scanf("%s",G->vex[i].name);
   }
    printf("请输入交通图中的%d条路线: \n",G->arcnum);
   for(k=0;k<G->arcnum;k++)
   {
        printf("No.%d条路线:",k+1);
        printf("\n起点城市: ");
        scanf("%s",city);
        i=Locate(G,city);
       printf("终点城市: ");
        scanf("%s",city);
        j=Locate(G,city);
        printf("公里数: ");
        scanf("%d",&weight);
        G->arcs[i][j]=weight;
        G->arcs[j][i]=weight;  //如果是有向图，就删掉此句

   }
  return(1);
}
```

```
//显示图信息
void Display(AdjMatrix *G)
{

    int i,j;
    printf("\n城市交通情况为: : \n");
    for(i=1;i<=G->vexnum;i++)
    {
        for(j=1;j<=i;j++)
        {
          if(G->arcs[i][j]!=INFINITY)
           printf("%s<--->%s:%6dkm\n",
                        G->vex[i].name,G->vex[j].name,G->arcs[i][j]);
        }
    }
}

void Serach(AdjMatrix *G)
{
     char city[20];
     int No,i,j;
     printf("请输入查询的城市: ");
     scanf("%s",city);
     No=Locate(G,city);
     printf("该城市的交通情况为: \n");
     for(i=1;i<=G->vexnum;i++)
          if(i==No)
               for(j=1;j<=G->vexnum;j++)
                  if(G->arcs[i][j]!=INFINITY)
                     printf("%s---%s:%dkm\n",
                                G->vex[No].name,G->vex[j].name,G->arcs[i][j]);
}

//添加新路线
void Add(AdjMatrix *G)
{
     char city[20];
     int start,end,weight;
     printf("请输入增加路线的起点城市: ");
     scanf("%s",city);
     start=Locate(G,city);
     printf("终点城市: ");
     scanf("%s",city);
     end=Locate(G,city);
     printf("距离: ");
     scanf("%d",&weight);
     G->arcs[start][end]=weight;
     G->arcs[end][start]=weight;
}

//撤销新路线
void Del(AdjMatrix *G)
{
```

```
    char city[20];
    int start,end;
    printf("请输入撤销路线的起点城市：");
    scanf("%s",city);
    start=Locate(G,city);
    printf("终点城市：");
    scanf("%s",city);
    end=Locate(G,city);
    G->arcs[start][end]=INFINITY;
    G->arcs[end][start]=INFINITY;
}

//采用Dijkstra算法求得从起点城市到各终点城市的最短路线
void Dijkstra(AdjMatrix *G,int start,int end,int dist[],int path[][MAXVEX])
{
    int mindist,i,j,k,t=1;
    for(i=1;i<=G->vexnum;i++)                //初始化
    {
        dist[i]=G->arcs[start][i];
        if(G->arcs[start][i]!=INFINITY)
            path[i][1]=start;
    }
    path[start][0]=1;
    for(i=2;i<=G->vexnum;i++)                //寻找各条最短路线
    {
        mindist=INFINITY;
        for(j=1;j<=G->vexnum;j++)            //选择最小权值的路线
            if(!path[j][0]&&dist[j]<mindist)
            {
                k=j;
                mindist=dist[j];
            }

            if(mindist==INFINITY) break;
            path[k][0]=1;
            for(j=1;j<=G->vexnum;j++)        //修改路线
            {
              if(!path[j][0]&&G->arcs[k][j]
              <INFINITY&&dist[k]+ G->arcs[k][j]<dist[j])
              {
                  dist[j]=dist[k]+G->arcs[k][j];
                  t=1;
                  while(path[k][t]!=0)  //记录最新的最短路线
                  {
                      path[j][t]=path[k][t];
                      t++;
                  }
                  path[j][t]=k;
                  path[j][t+1]=0;
              }
            }
    }
   for(i=1;i<=G->vexnum;i++)
       if(i==end) return;
```

```
    printf("%s--->%s 的最短路线为:
              从%s",G->vex[start].name,G->vex[end].name,G->vex[start].name);
   for(j=2;path[i][j]!=0;j++)
       printf("->%s",G->vex[path[i][j]].name);
    printf("->%s, 距离为%dkm\n",G->vex[end].name,dist[i]);
}

//寻找最短路线
void Shortcut(AdjMatrix *G)
{
    char city[20];
    int start,end;
    int dist[MAXVEX],path[MAXVEX][MAXVEX]={0};
    printf("请输入起点城市: ");
    scanf("%s",city);
    start=Locate(G,city);
    printf("请输入终点城市: ");
    scanf("%s",city);
    end=Locate(G,city);
    Dijkstra(G,start,end,dist,path);
}

//采用 Prim 算法求得最短连通路线
void Prim(AdjMatrix  *G,int start)
{
       struct
        {
        int  adjvex;
        int  lowcost;
        } closedge[MAXVEX];
       int i,e,k,m,min;
       closedge[start].lowcost=0;       //标志顶点 u 已加入到 U-生成树集合
     //对除了出发点以外的所有顶点初始化对应的 closedge 数组
     for (i=1;i<=G->vexnum;i++)
          if ( i!=start)
     {
          closedge[i].adjvex=start;
          closedge[i].lowcost=G->arcs[start][i];
      }
     for (e=1;e<=G->vexnum-1;e++)        //控制选中的 n-1 条符合条件的边
     {
       //选择最小权值的边
        min=INFINITY;
        for(k=1;k<=G->vexnum;k++)
        {
            if(closedge[k].lowcost!=0&&closedge[k].lowcost<min)
            {    m=k;
               min=closedge[k].lowcost;
            }

        }
          printf("从%s--%s:%dkm\n",
```

```
        G->vex[closedge[m].adjvex].name,G->vex[m].name,closedge[m].lowcost);
       closedge[m].lowcost=0; //标志顶点 v0 加入到 U-生成树集合,
      //当 v0 加入后,更新 closedge 数组信息
       for ( i=1;i<=G->vexnum;i++)
          if ( i!=m&&G->arcs[m][i] <closedge[i].lowcost)
           //一旦发现有更小的权值边出现,则替换原有信息
          {
                closedge[i].lowcost= G->arcs[m][i];
                closedge[i].adjvex=m;
          }
     }
}

//查询从某个城市的最短连通路线
void MiniSpanTree(AdjMatrix *G)
{
     char city[20];
     int start;
     printf("请输入起点城市:");
     scanf("%s",city);
     start=Locate(G,city);
     Prim(G,start);
}
void main()
{
     AdjMatrix G;
     int choice;
     Create(&G);
     do
     {
          printf("\n\n*****城市交通情况查询系统*****");
          printf("\n1.显示基本信息;");
          printf("\n2.查询某个城市交通路线基本情况;");
          printf("\n3.添加新路线;");
          printf("\n4.撤销旧路线;");
          printf("\n5.查询从某个城市出发到另外一个城市的最短路线;");
          printf("\n6.查询从某个城市出发的最短连通路线;");
          printf("\n0.退出");
          printf("\n\n 请输入选择:");
          scanf("%d",&choice);
          switch(choice)
          {
                case 1:Display(&G);break;
               case 2:Serach(&G);break;
               case 3:Add(&G);break;
               case 4:Del(&G);break;
               case 5:Shortcut(&G);break;
               case 6:MiniSpanTree(&G);break;
               case 0:return;
          }
     }while(1);
}
```

```
请输入交通图中的城市数目和路线数目(citynum,cutnum)
4,6
请输入交通图中的4个城市及城市名:
No.1城市:兰州
No.2城市:银川
No.3城市:西安
No.4城市:郑州
请输入交通图中的6条路线:
No.1条路线:
起点城市：兰州
终点城市：银川
公里数：200
No.2条路线:
起点城市：兰州
终点城市：西安400
```

（a）模拟数据的测试结果

```
*****城市交通情况查询系统*****
1.显示基本信息;
2.查询某个城市交通路线基本情况;
3.添加新路线;
4.撤销旧路线;
5.查询从某个城市出发到另外一个城市的最短路线;
6.查询从某个城市出发的最短连通路线;
0.退出

请输入选择：1
```

```
城市交通情况为：：
银川<--->兰州:   200km
西安<--->兰州:   400km
西安<--->银川:   100km
郑州<--->兰州:   600km
郑州<--->银川:   300km
郑州<--->西安:   100km
```

（b）通过主菜单 1 显示基本信息

```
请输入选择：2
请输入查询的城市：兰州
该城市的交通情况为:
兰州---银川:200km
兰州---西安:400km
兰州---郑州:600km
```

（c）2-查询基本情况

```
请输入选择：3
请输入增加路线的起点城市：银川
终点城市：西安
距离：100
```

```
城市交通情况为：：
银川<--->兰州:   200km
西安<--->兰州:   400km
西安<--->银川:   100km
郑州<--->兰州:   600km
郑州<--->银川:   300km
郑州<--->西安:   100km
```

（d）3-添加新线路

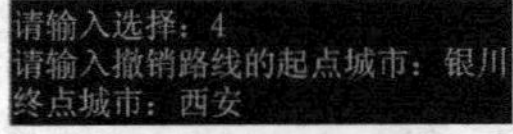

请输入选择：4
请输入撤销路线的起点城市：银川
终点城市：西安


```
城市交通情况为：：
银川<--->兰州:   200km
西安<--->兰州:   400km
郑州<--->兰州:   600km
郑州<--->银川:   300km
郑州<--->西安:   100km
```

（e）4-撤销旧路线

```
请输入选择：5
请输入起点城市：兰州
请输入终点城市：郑州
兰州--->郑州的最短路径为：从兰州->银川->西安->郑州，距离为400km
```

（f）5-查询从某个城市出发到另外一个城市的最短路线

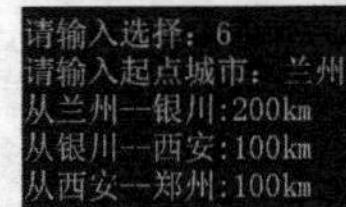

请输入选择：6
请输入起点城市：兰州
从兰州--银川:200km
从银川--西安:100km
从西安--郑州:100km

（g）6-查询从某个城市出发的最短连通路线

图 7.35　城市交通应用实现情况

7.7 算法总结——贪心算法

1. 贪心算法

在本章的很多算法中我们都用到了贪心算法，顾名思义，贪心算法总是做出当前看来是最好的选择，也就是它并不从整体最优上加以考虑，而只是在某种意义上的局部最优选择。

贪心算法通常用来求解最优化问题，即量的最大化或最小化，这和动态规划算法的情况一样。但是，贪心算法与之不同的是它通常包含一个用以寻找局部最优解的迭代过程，是改进了的分级处理方法。在某些实例中，这些局部最优解变成了全局最优解，而在另外一些情况下，则无法找到最优解。贪心算法在少量计算的基础上做成正确猜想而不急于考虑以后的情况，这样，一步步地来构造解，每一步均是建立在局部最优解的基础上，而每一步又扩大了部分解的规模，做成的选择产生最大的直接收益而又保持可行性。因为每一步的工作很少且基于少量信息，所以算法特别有效。

例如，换硬币问题。假设有四种硬币，它们的面值分别为二角五分、一角、五分和一分。现在要找给某顾客六角三分钱。这时，我们会不假思索地拿出 2 个二角五分的硬币，1 个一角的硬币和 3 个一分的硬币交给顾客。这种找硬币方法与其他的找法相比，所拿出的硬币个数是最少的。这里，我们下意识地使用了这样找硬币的算法：首先选出一个面值不超过六角三分的最大硬币，即二角五分；然后从六角三分中减去二角五分，剩下三角八分；再选出一个面值不超过三角八分的最大硬币，即又一个二角五分，如此一直做下去。

这个找硬币的方法实际上就是贪心算法。贪心算法并不从整体最优上加以考虑，它所做出的选择只是在某种意义上的局部最优选择。当然，我们希望贪心算法得到的最终结果也是整体最优的。上面所说的找硬币算法得到的结果就是一个整体最优解。找硬币问题本身具有最优子结构性质，它可以用动态规划算法来解。但我们看到，用贪心算法更简单、更直接且解题效率更高。这利用了问题本身的一些特性。例如，上述找硬币的算法利用了硬币面值的特殊性。如果硬币的面值改为一分、五分和一角一分 3 种，而要找给顾客的是一角五分钱。还用贪心算法，我们将找给顾客 1 个一角一分的硬币和 4 个一分的硬币。然而 3 个五分的硬币显然是最好的找法。虽然贪心算法不是对所有问题都能得到整体最优解，但对范围相当广的许多问题它能产生整体最优解。在一些情况下，即使贪心算法不能得到整体最优解，但其最终结果却是最优解的很好的近似解。

本章中涉及的 Prim 算法、Kruskal 算法和 Dijkstra 算法都是典型的贪心算法，他们都是利用贪心策略找到了最优解。第 3 章中的“马踏棋盘”问题其实也可以使用贪心算法，将算法进行优化。在每个结点对其子结点进行选取时，优先选择“出口”最小的进行搜索，“出口”的意思是在这些子结点中它们的可行子结点的个数，也就是“孙子”结点越少的越优先跳，为什么要这样选取，这是一种局部调整最优的做法，如果优先选择出口多的子结点，那出口少的子结点就会越来越多，很可能出现“死”结点（顾名思义就是没有出口又没有跳过的结点），这样对下面的搜索纯粹是徒劳，这样会浪费很多无用的时间，反过来如果每次都优先选择出口少的结点跳，那出口少的结点就会越来越少，这样跳成功的机会就更大一些。

然而，确实还有很多问题使用贪心方法很难找到最优解。因此，设计贪心算法的困难部分在于证明该算法确实是求解了它所要解决的问题。

2. 贪心算法的基本要素

对于一个具体的问题，如何才能知道是否可用贪心算法来解决该问题，以及能否得到问题的一个最优解呢？这个问题很难给予肯定的回答。但是，从许多可以用贪心算法求解的问题中可以看到它们一般具有两个基本要素：贪心选择性质和最优子结构性质。

（1）贪心选择性质

所谓贪心选择性质是指所求问题的整体最优解可以通过一系列局部最优的选择，即贪心选择来达到。这是贪心算法可行的第一个基本要素，也是贪心算法与动态规划算法的主要区别。在动态规划算法中，每一步所做的选择往往依赖于相关子问题的解。因而只有在解出相关子问题后，才能做出选择。而在贪心算法中，仅在当前状态下做出最好选择即局部最优选择，然后再去解做出这个选择后产生的相应的子问题。

对于一个具体问题，要确定它是否具有贪心选择性质，必须证明每一步所做的贪心选择最终导致问题的整体最优解。首先考察问题的一个整体最优解，并证明可修改这个最优解，使其以贪心选择开始。做了贪心选择后，原问题简化为规模更小的类似子问题。然后，用数学归纳法证明，通过每一步做贪心选择，最终可得到问题的整体最优解。其中，证明贪心选择后的问题简化为规模更小的类似子问题的关键在于利用该问题的最优子结构性质。

（2）最优子结构性质

当一个问题的最优解包含其子问题的最优解时，称此问题具有最优子结构性质。问题的最优子结构性质是该问题可用动态规划或贪心算法求解的关键特征。

3. 贪心算法的特性

贪心算法可解决的问题通常大部分都有如下的特性。

（1）有一个以最优方式来解决的问题。为了构造问题的解决方案，有一个候选的对象的集合：比如不同面值的硬币。

（2）随着算法的进行，将积累起其他两个集合：一个包含已经被考虑过并被选出的候选对象，另一个包含已经被考虑过但被丢弃的候选对象。

（3）有一个函数来检查一个候选对象的集合是否提供了问题的解答。该函数不考虑此时的解决方法是否最优。

（4）还有一个函数检查是否一个候选对象的集合是可行的，也即是否可能往该集合上添加更多的候选对象以获得一个解。和上一个函数一样，此时不考虑解决方法的最优性。

（5）选择函数可以指出哪一个剩余的候选对象最有希望构成问题的解。

（6）最后，目标函数给出解的值。

为了解决问题，需要寻找一个构成解的候选对象集合，它可以优化目标函数，贪心算法一步一步的进行。起初，算法选出的候选对象的集合为空。接下来的每一步中，根据选择函数，算法从剩余候选对象中选出最有希望构成解的对象。如果集合中加上该对象后不可行，那么该对象就被丢弃并不再考虑；否则就加到集合里。每一次都扩充集合，并检查该集合是否构成解。如果贪心算法正确工作，那么找到的第一个解通常是最优的。

4. 活动安排问题

设有 n 个活动的集合 $E=\{1,2,\cdots,n\}$，其中每个活动都要求使用同一资源，如演讲会场等，而在同一时间内只有一个活动能使用这一资源。每个活动 i 都有一个要求使用该资源的起始时间 s_i 和一个结束时间 f_i，且 $s_i<f_i$。如果选择了活动 i，则它在半开时间区间$[s_i,f_i)$内占用资源。若区间$[s_i,f_i)$与区间$[s_j,f_j)$不相交，则称活动 i 与活动 j 是相容的。也就是说，当 $s_i\geqslant f_j$ 或 $s_j\geqslant f_i$ 时，活动 i 与活动

j 相容。

活动安排问题就是要在所给的活动集合中选出最大的相容活动子集合，是可以用贪心算法有效求解的很好例子。该问题要求高效地安排一系列争用某一公共资源的活动。贪心算法提供了一个简单、漂亮的方法使得尽可能多的活动能兼容地使用公共资源。

假设待安排的 11 个活动的开始时间和结束时间按结束时间的非递减序排列如下。

i	1	2	3	4	5	6	7	8	9	10	11
S[i]	1	3	0	5	3	5	6	8	8	2	12
f[i]	4	5	6	7	8	9	10	11	12	13	14

算法的计算过程如图 7.36 所示。图中每行相应于算法的一次迭代。阴影长条表示的活动是已选入集合 A 的活动，而空长条表示的活动是当前正在检查相容性的活动。

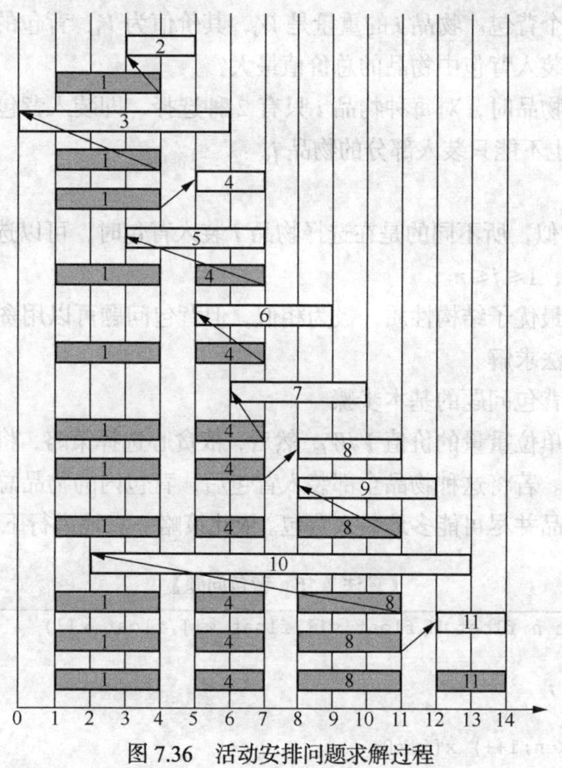

图 7.36　活动安排问题求解过程

【算法 7.14　活动安排问题的贪心算法】

```
void GreedySelector(int n, Type s[], Type f[], bool A[])
{
      A[1]=true;
      int j=1;
      for (int i=2;i<=n;i++) {
        if (s[i]>=f[j]) { A[i]=true; j=i; }
        else A[i]=false;
        }
}
```

由于输入的活动以其完成时间的非减序排列，所以算法 GreedySelector 每次总是选择具有最早完成时间的相容活动加入集合 A 中。直观上，按这种方法选择相容活动为未安排活动留下尽可能多的时间。也就是说，该算法的贪心选择的意义是使剩余的可安排时间段极大化，以便安排尽可能多的相容活动。

算法 GreedySelector 的效率极高。当输入的活动已按结束时间的非减序排列，算法只需 $O(n)$ 的时间安排 n 个活动，使最多的活动能相容地使用公共资源。如果所给出的活动未按非减序排列，可以用 $O(n\log n)$的时间重排。

5．贪心算法与动态规划算法的差异

贪心算法和动态规划算法都要求问题具有最优子结构性质，这是两类算法的一个共同点。但是，对于具有最优子结构的问题应该选用贪心算法还是动态规划算法求解？是否能用动态规划算法求解的问题也能用贪心算法求解？下面通过两个经典的组合优化问题，并以此说明贪心算法与动态规划算法的主要差别。

（1）0–1 背包问题

给定 n 种物品和一个背包。物品 i 的重量是 W_i，其价值为 V_i，背包的容量为 C。应如何选择装入背包的物品，使得装入背包中物品的总价值最大?

在选择装入背包的物品时，对每种物品 i 只有 2 种选择，即装入背包或不装入背包。不能将物品 i 装入背包多次，也不能只装入部分的物品 i。

（2）背包问题

与 0–1 背包问题类似，所不同的是在选择物品 i 装入背包时，可以选择物品 i 的一部分，而不一定要全部装入背包，$1\leqslant i\leqslant n$。

这两类问题都具有最优子结构性质，极为相似，但背包问题可以用贪心算法求解，而 0–1 背包问题却不能用贪心算法求解。

（3）用贪心算法解背包问题的基本步骤

首先计算每种物品单位重量的价值 V_i/W_i，然后，依贪心选择策略，将尽可能多的单位重量价值最高的物品装入背包。若将这种物品全部装入背包后，背包内的物品总重量未超过 C，则选择单位重量价值次高的物品并尽可能多地装入背包。依此策略一直地进行下去，直到背包装满为止。

【算法 7.15　背包问题】

```
void Knapsack(int n,float M,float v[],float w[],float x[])
{
      Sort(n,v,w);
      int i;
      for (i=1;i<=n;i++) x[i]=0;
      float c=M;
      for (i=1;i<=n;i++) {
        if (w[i]>c) break;
        x[i]=1;
        c-=w[i];
        }
      if (i<=n) x[i]=c/w[i];
}
```

算法的主要计算时间在于将各种物品依其单位重量的价值从大到小排序。因此，算法的计算时间上界为 $O(n\log n)$。

为了证明算法的正确性，还应该用数学归纳法证明背包问题具有贪心选择性质。

对于 0–1 背包问题，贪心选择之所以不能得到最优解是因为它无法保证最终能将背包装满，部分背包空间的闲置使每千克背包空间所具有的价值降低了。事实上，在考虑 0–1 背包问题的物品选择时，应比较选择该物品和不选择该物品所导致的最终结果，然后再做出最好的选择。由此就导出许多互相重叠的子问题。这正是该问题可用动态规划算法求解的另一重要特征。动态规划算法的确可以有效地解 0-1 背包问题。

习　题

一、单项选择题

1．一个具有 n 个顶点和 e 条边的有向图，如果该图采用邻接矩阵来存储，则删除与顶点 V_i 相关联的所有边的时间复杂度是________。

A．$O(n)$　　B．$O(e)$　　C．$O(n+e)$　　D．$O(n^2)$

2．下面________算法可以求出无向图中的所有连通分量。

A．广度优先遍历　　B．拓扑排序　　C．求最短路径　　D．求关键路径

3．一个具有 n 个顶点和 e 条边的有向图，如果该图采用逆邻接表来存储，则删除与顶点 V_i 相关联的所有边的时间复杂度是________。

A．$O(n)$　　B．$O(e)$　　C．$O(n+e)$　　D．$O(n^2)$

4．用 DFS 遍历一个无环有向图，并在 DFS 退栈时打印相应的顶点，则输出的顶点序列是________。

A．逆拓扑有序　　B．拓扑有序　　C．无序的

5．已知有向图 $G=(V,E)$，G 的拓扑序列是________。其中 $V=\{V_1,V_2,V_3,V_4,V_5,V_6,V_7\}$，

$E=\{<V_1,V_2>,<V_1,V_3>,<V_1,V_4>,<V_2,V_5>,<V_3,V_5>,<V_3,V_6>,<V_4,V_6>,<V_5,V_7>,<V_6,V_7>\}$。

A．$V_1,V_3,V_4,V_6,V_2,V_5,V_7$　　B．$V_1,V_3,V_2,V_6,V_4,V_5,V_7$

C．$V_1,V_3,V_4,V_5,V_2,V_6,V_7$　　D．$V_1,V_2,V_5,V_3,V_4,V_6,V_7$

6．下列有关拓扑排序的说法中错误的是________。

A．拓扑排序成功仅限于有向无环图

B．任何有向无环图的顶点都可以排到拓扑有序序列里，而且拓扑序列不唯一

C．在拓扑排序序列中任意两个相继排列的顶点 v_i 和 v_j，在有向无环图中都存在从 v_i 到 v_j 的路径

D．若有向图的邻接矩阵中对角线以下元素均为零，则该图的拓扑排序序列必定存在

7．若一个有向图中的部分顶点不能排成一个拓扑序列，则可断定该有向图________。

A．含有多个出度为 0 的顶点　　B．是个强连通图

C．含有多个入度为 0 的顶点　　D．含有数目大于 1 的强连通分量

8．无向图 $G=(V,E)$ 和 $G'=(V',E')$，如 G' 是 G 的生成树，则下面不正确的说法是________。

A．G' 为 G 的连通分量　　B．G' 为 G 的无环子图

C．G' 为 G 的子图　　D．G' 为 G 的极小连通子图且 $V'=V$

9．在求最短路径的算法中，要求所有边上的权值都不能为负值的算法是________。

A．Kruskal 算法　　B．Dijkstra 算法　　C．Floyd 算法　　D．Prim 算法

10．下面正确的说法是________。

（1）AOE 网工程工期为关键活动上的权值之和；

（2）在关键路径上的活动都是关键活动，而关键活动也必然在关键路径上。

A.（1） B.（2） C. 都正确 D. 都不正确

11. 已知某无向网的邻接矩阵如下所示，下列说法中错误的是________。

$$
\begin{array}{c} \\ A \\ B \\ C \\ D \\ E \\ F \\ G \end{array}
\begin{array}{c}
\begin{array}{ccccccc} A & B & C & D & E & F & G \end{array} \\
\begin{bmatrix}
0 & 5 & 4 & 2 & 6 & \infty & \infty \\
5 & 0 & \infty & \infty & \infty & \infty & 3 \\
4 & \infty & 0 & \infty & 1 & \infty & \infty \\
2 & \infty & \infty & 0 & \infty & 3 & \infty \\
6 & \infty & 1 & \infty & 0 & 5 & \infty \\
\infty & \infty & \infty & 3 & 5 & 0 & 1 \\
\infty & 3 & \infty & \infty & \infty & 1 & 0
\end{bmatrix}
\end{array}
$$

A. 从顶点 *A* 出发深度优先遍历序列为 *ABGFDEC*

B. 从顶点 *E* 出发广度优先遍历序列为 *EACFBDE*

C. 从顶点 *A* 出发广度优先遍历序列为 *ABGCEDF*

D. 最小生成树的边集为{(*A*,*C*)、(*A*,*D*)、(*B*,*G*)、(*D*,*F*)、(*E*,*C*)、(*G*,*F*) }

12. 无向图 *G*=(*V*,*E*),其中：*V*={*a*,*b*,*c*,*d*,*e*,*f*},

E={(*a*,*b*),(*a*,*e*),(*a*,*c*),(*b*,*e*),(*c*,*f*),(*f*,*d*),(*e*,*d*)}，对该图进行深度优先遍历，得到的顶点序列正确的是________。

A. *a*,*b*,*e*,*c*,*d*,*f* B. *a*,*c*,*f*,*e*,*b*,*d* C. *a*,*e*,*b*,*c*,*f*,*d* D. *a*,*e*,*d*,*f*,*c*,*b*

13. 下面____算法可以判断出一个有向图中是否存在环。

A. 广度优先遍历 B. 拓扑排序 C. 求最短路径 D. 求关键路径

14. 下面关于求关键路径的说法不正确的是________。

A. 求关键路径是以拓扑排序为基础的

B. 一个事件的最早开始时间同以该事件为尾的弧的活动最早开始时间相同

C. 一个事件的最迟开始时间为以该事件为尾的弧的活动最迟开始时间与该活动的持续时间的差

D. 关键活动一定位于关键路径上

15. 对于如题图 7.1 所示的事件结点网络，求出它的关键活动是________。

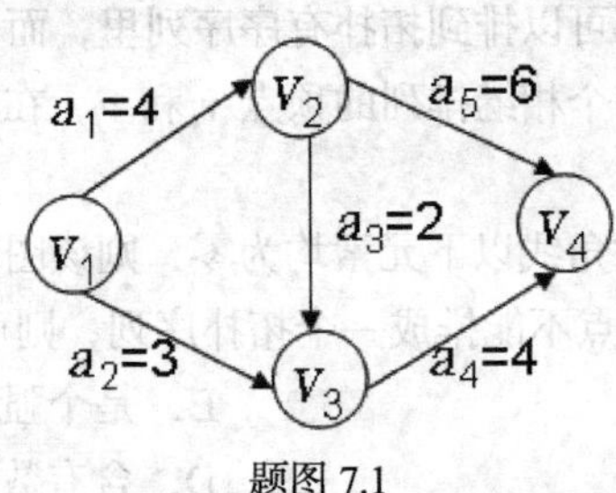

题图 7.1

A. $a_1a_3a_4a_5$ B. $a_1a_2a_4a_5$ C. $a_1a_2a_3a_5$ D. $a_2a_3a_4a_5$

16. 下列哪一项中的算法全部属于求最小生成树的算法________

（1）普里姆（Prim）算法

（2）克鲁斯卡尔（Kruskal）算法

（3）迪杰斯特拉（Dijkstra）算法

（4）弗洛伊德（Floyd）算法

A.（1）（2） B.（1）（3） C.（2）（4） D.（3）（4）

17．在有向图 G 的拓扑序列中，若顶点 Vi 在顶点 Vj 之前，在下列情形不可能出现的是________。

A．G 中有弧<V_i, V_j>　　B．G 中有一条从 V_i 到 V_j 的路径

C．G 中没有弧<V_i, V_j>　　D．G 中有一条从 V_j 到 V_i 的路径

18．图中有关路径的定义是________。

A．由顶点和相邻顶点序偶构成的边所形成的序列

B．由不同顶点所形成的序列

C．由不同边所形成的序列

D．上述定义都不对

二、填空题

1．若一个具有 N 个顶点，K 条边的无向图是一个森林($N>K$)，则该森林中必有________棵树。

2．在图采用邻接表存储时，求最小生成树的 Prim 算法的时间复杂度为________。

3．在一个有 n 个顶点的无向网中，有 O（$n^{1.5}\times\log_2 n$）条边，则应该选用________算法来求这个网的最小生成树，从而计算时间较少。

4．用邻接矩阵 A 表示图，判定任意两个顶点 V_i 和 V_j 之间是否有长度为 m 的路径相连，则只要检查________的第 i 行第 j 列的元素是否为 0 即可。

5．关键路径是事件结点网络中________。

6．图 G 是一个非连通无向图，共有 28 条边，则该图至少有________个顶点。

7．若一个有向图具有拓扑排序序列，那么它的邻接矩阵必定为________。

8．求解最短路径的 Floyd 算法的时间复杂度为________。

9．采用邻接表存储的图的深度优先遍历算法类似于二叉树的________。

三、完成题

1．对于题图 7.2 所示的有向图，

（1）给出该图对应的邻接矩阵、邻接表和逆邻接表；

（2）判断该图是否为强连通图，并给出其强连通分量；

（3）给出每个顶点的度、入度和出度；

（4）给出从顶点 V_1 开始的深度优先搜索遍历序列和广度优先搜索遍历序列。

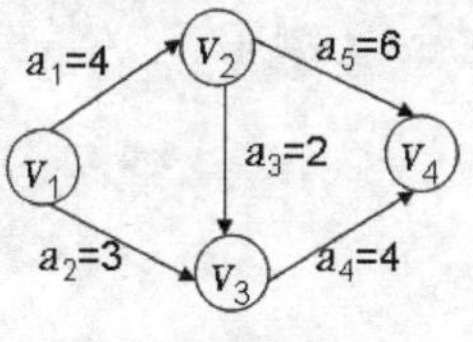

题图 7.2

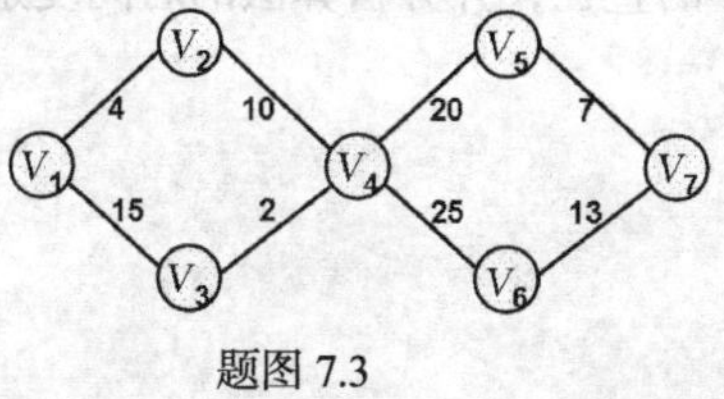

题图 7.3

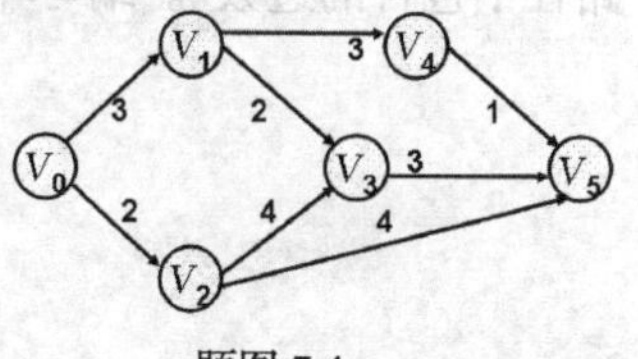

题图 7.4

2．如题图 7.3 所示的无向网，请给出分别按 Prim（从顶点 V_1 开始）和 Kruskal 算法构造的最小生成树，并给出构造过程。

3．如题图 7.4 所示的 AOE-网，求出关键路径，并写出关键活动。

4．如题图 7.5 所示的有向网，利用 Dijkstra 算法求顶点 V_0 到其他各顶点之间的最短路径以及最短路径长度。

5．如题图 7.6 所示的有向网，利用 Floyd 算法求任意两顶点间的最短路径以及最短路径长度。

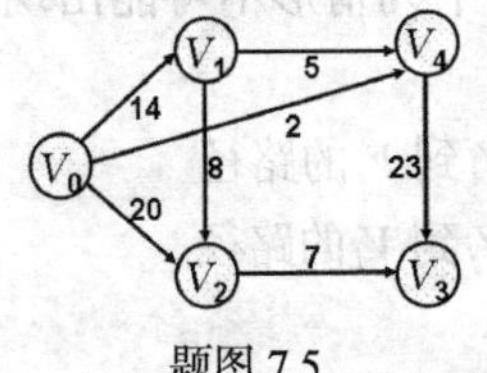

题图 7.5

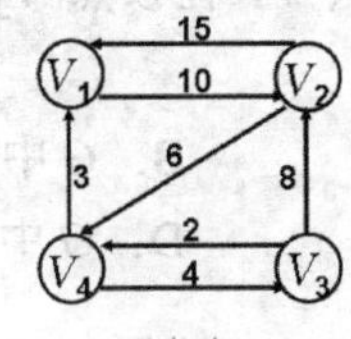

题图 7.6

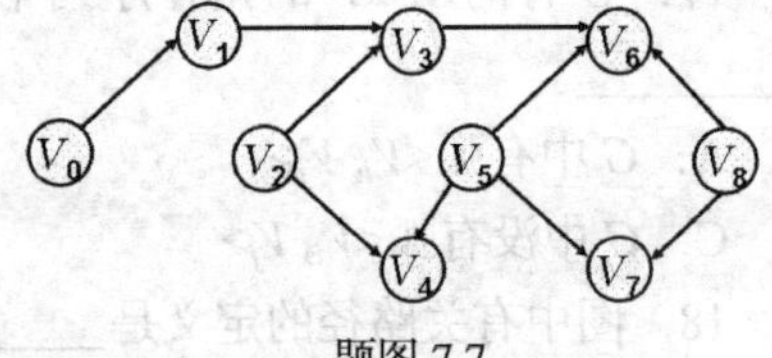

题图 7.7

6．对如题图 7.7 所示的有向图进行拓扑排序，写出可能的 5 种拓扑序列。

四、算法设计题

1. 已知有向图采用邻接矩阵作为存储结构，设计算法求该图中每个顶点的出度及入度的算法。

2．已知有向图采用邻接表作为存储结构，设计算法求该图中每个顶点的出度及入度的算法。

3．已知图采用邻接表作为存储结构，设计算法判断该图中是否存在指定的边。

4．编写算法实现将邻接表转换为邻接矩阵。

5．编写算法实现将邻接矩阵转换为邻接表。

6．已知图以邻接矩阵作为存储结构，编写算法判断两个指定顶点之间是否存在路径。

7．编写算法求无向图的连通分量的个数并输出各连通分量的顶点集。

8．已知无向图以邻接表作为存储结构，编写在该图中插入一条边的算法。

9．已知无向图以邻接表作为存储结构，编写在该图中删除一条边的算法。

10．编写算法确定在一个有 n 个顶点 e 条边的有向图或无向图中是否包含回路。

11．已知有向图以邻接表作为存储结构，编写算法判断该图中是否存在顶点 V_i 到顶点 V_j 的简单路径，并输出该路径上的顶点。

12．已知图采用邻接表存储，编写利用深度优先搜索算法求出无向图中通过给定点 V 的简单回路。

13．已知图采用邻接表存储，编写算法求出距离顶点 V_0 的最短路径长度（以弧数为单位）最长的一个顶点，并要求尽可能节省时间。

14．已知图采用邻接表存储，编写算法求出从顶点 V 到顶点 U 的最短路径长度。

15．自由树（即无环连通图）$T=(V,E)$ 的直径是树中所有点对间最短路径长度的最大值，即 T 的直径定义为 MAX $d(u,v)(u,v\in V)$，这里 $d(u,v)$ 表示 u 到顶点 v 的最短路径长度（路径长度为路径中包含的边数）。编写算法求 T 的直径，并分析算法的时间复杂度。

第 8 章 查　　找

查找也经常被称为检索，它是各种数据结构中必不可少的运算，也是所有计算机任务中使用最频繁的操作。在对数据进行各种处理时，经常涉及信息查询，即对所存储的数据进行快速有效地查找操作。因此查找的好坏将直接影响到计算机的使用效率。在日常生活中，查找的动作经常发生。例如，在一本英文字典中查找一个单词，在手机中查找某个人的电话号码，在谷歌、百度等搜索引擎中查找与输入的关键字匹配的信息等。

本章我们将介绍一些常用的查找技术以及具体的实现算法，并就其性能进行分析。

8.1 概　　述

所谓查找，就是根据给定的某个值，在一组记录集合中确定某个“特定的”数据元素（记录）或者找到属性值符合特定条件的某些记录。

其中，由同一类型的数据元素（或记录）构成的集合被称为查找表，也就是我们查找对象的集合；关键字是查找表中“特定的”数据元素（或记录）的某个数据项的值，用来识别一个数据元素（或记录）。若该关键字可以唯一的识别一个记录，则被称为“主关键字”，若该关键字能识别若干个记录，则被称为“次关键字”。

通常，对查找表进行的操作有：

（1）查询某个“特定的”数据元素是否在查找表中；

（2）检索某个“特定的”数据元素的各种属性；

（3）在查找表中插入某个数据元素；

（4）从查找表中删除某个数据元素。

一般前两项称为静态查找，后两项称为动态查找。

如果在查找表中存在待查记录，则“查找成功”，并输出该记录的相关信息，或指示该记录在查找表中的位置；否则“查找不成功”，给出“空记录”或“空指针”。

那么，如何进行查找？又如何提高查找速度呢？

例如，在手机中查找某个人的电话号码。如果手机中所有人的电话号码都是杂乱无章的排列在一起，那么我们查找时只能从前向后或者从后向前顺次查找。但事实上，手机中的电话号码大部分都是按照字典顺序排列好的，这样查找起来就可以按照字母的顺序进行查找，显然优于前面的方式。更进一步，可以将电话号码按照家人、工作、中学、大学等不同的关系分成不同的群组进行管理，这样查找时就可以减少查找范围从而提高查找速度。由此我们可以看出，查找工作首先取决于查找表的组织结构，基于不同的查找表结构会产生不同的查找方法。

然而，查找表本身是一种很松散的结构，因此，需要在查找表中的元素之间人为地附加某种确定的关系，换句话说，用某种确定的结构来表示查找表。根据查找表不同的组织结构，第一类查找算法——比较式查找算法分为：

（1）基于线性表的查找。例如，顺序查找、折半查找、分块查找等；

（2）基于树的查找。例如，二叉排序树、B 树、AVL 树等。

这类查找算法的性能主要是通过平均查找长度进行评价的。

平均查找长度：为确定某元素在查找表中的位置需要和给定值进行比较的关键字个数的期望值，称为该查找算法查找成功时的平均查找长度（Average Search Length）。

对于长度为 n 的查找表，查找成功时的平均查找长度为 $ASL=\sum_{i=1}^{n}P_iC_i$。

其中 P_i 为查找表中第 i 个记录的概率，且 $\sum_{i=1}^{n}P_i=1$。

C_i 为找到该记录时，曾经和给定值比较过的关键字的个数。

为了做到零比较次数，即不需要进行关键字间的比较就完成查找过程，这类查找算法属于第二类查找方法——散列法，也被称为哈希法、杂凑法或关键字地址计算法等。这是一种非常高效的查找方法，它把数据元素组织到一个表中，根据关键字的值确定每一条记录的存储位置，从而达到按照关键字直接存取元素的目的。

8.2 基于线性表的查找

基于线性表的查找是最简单的查找，数据元素存储于线性表（数组或链表等）中，查找算法根据给定值在线性表中进行查找，直到找到其在线性表中的存储位置并读取相关信息，或者确定在表中未找到为止。

8.2.1 顺序查找

对于一个无序的，即关键字没有排序的线性表来说，用所给关键字与线性表中的所有记录逐个进行比较，直到成功或者失败。

顺序查找表的数据类型描述为：

```
#define MAXSIZE  1000        //顺序查找表记录数目
typedef int  KeyType;        //假设关键字类型为整型
typedef struct
{
   KeyType  key;             //关键字项
   OtherType  other_data;    //其他数据项，类型 OtherType 依赖于具体应用而定义
} RecordType;                //记录类型
typedef struct
{
    RecordType   r[MAXSIZE+1];
    int          length;       // 序列长度，即实际记录个数
```

```
} SeqRList;           //记录序列类型，即顺序表类型
SeqRList L;           //L 为一个顺序查找表
```

符合 C 语言标准，记录序列的下标都从 0 开始，但下标为 0 的位置一般作为监视哨或空闲不用，实际的记录序列都从下标为 1 的记录开始。

例如，一个顺序查找表的记录序列的关键字分别为 21,37,88,19,92,05,64,56,80,72,13，待查找记录的关键字为 64。

由于整个记录序列是无序的，所以查找时只能从前向后或从后向前顺序进行，从概率的角度来说选择哪种进行都是可以的，算法 8.1 为从后向前进行查找的实现代码。

【算法 8.1　顺序查找】

```
int SeqSearch(SeqRList L, KeyType K)
{
    i=L.length;
    while(i>=1&&L.r[i].key!=K)
       i--;
    if(i>=1)        return(i);
    else            return(0);
}
```

显然，该算法的时间代价主要消耗在 while 循环处，即两个循环判断条件的执行。其中，第 1 个循环条件 i>=1 是保证循环的结束，即边界条件的判定，事实上，在保证查找成功的情况下，该条件的执行只是白白浪费时间，有实验表明，在查找记录超过 1 000 条以上，该条语句的执行时间占到了整个算法执行时间的 60%，算法 8.2 为改进后的实现代码。

【算法 8.2　加监视哨的顺序查找】

```
int SeqSearch(SeqRList L, KeyType K)
{       L.r[0].key=K;              //监视哨
        i=L.length;
        while(L.r[i].key!=K)
            i--;
        return(i);
}
```

可以看出，算法利用了 0 号位置作为监视哨，记录待查记录的关键字，这样，从后向前进行查找时，省去了边界条件的判断，无论查找成功或者失败都能找到该条记录在查找表中的位置，如果是 i>0 的位置，则查找成功；如果是 i=0 的位置则查找失败。

对顺序表其平均查找长度，$ASL = nP_1 + (n-1)P_2 + +2P_{n-1} + P_n$。

在等概率查找的情况下，$P_i = 1/n$，$C_i = n-i+1$。

顺序表查找成功时的平均查找长度为 $ASL_{SUCC} = \frac{1}{n}\sum_{i=1}^{n}(n-i+1) = \frac{n+1}{2}$。

也就是说，查找成功时的平均比较次数是表长的一半，那么当表长很大时，查找的效率比较低。但是，顺序查找的优势在于对表的特性没有要求，数据元素可以任意排列，插入元素可以直接加到表尾。

如果查找不成功的情况下，则需要进行 n+1 次比较才能确定查找失败。假设被查找的关键字记录在线性表中（即查找成功）的概率为 p，不在线性表中（即查找失败）的概率为 1–p。那么，成功和失败的查找都考虑在内时的平均比较次数为：

$$ASL = P \cdot \frac{n+1}{2} + (1-p) \cdot (n+1) = (n+1)(1-\frac{p}{2})$$

可以看出，$\frac{n+1}{2} < ASL < (n+1)$。

通常情况下，查找概率无法事先测定，为了加快查找速度，可以建立自组织线性表。自组织线性表是根据实际的记录访问模式在线性表中修改记录顺序，主要使用启发式规则决定如何重新排列线性表。一般管理自组织线性表的启发式规则有以下三种。

（1）最不频繁使用法（LFU），也叫做计数法：为线性表中的每条记录保存一个访问计数，并按照访问频率从高到低进行排序，而且一直按照这个顺序维护记录。这样，每当访问一条记录时，如果该记录的访问数已经大于它前面记录的访问数，这条记录就会在线性表中向前移动。很明显，这种方法为了保存访问计数需要占用空间，另外，该方法对记录访问频率随时间而改变的反应也不好。在频率计数当中，一旦一条记录被访问了很多次，不管将来的访问历史怎样，它都一直位于线性表的前面。

（2）最近最少使用法（LUR），也叫做移至前端法：如果找到一条记录就把该记录移至线性表的最前面，而把其他记录后退一个位置。显然，这种方法使用链表来存储容易实现。同时，该方法对访问频率的局部变化反应很好，这是因为如果一条记录在一段时间内被频繁访问，在这段时间它就会靠近线性表的前边。现在，搜狗拼音、紫光等输入法，使用的都是这种方法，把当前常用的字和词都移至前端，有效地提高了输入汉字的速度。

（3）转置（transpose）方法，也叫做调换方法：把找到的记录与它表中的前一条记录交换位置。这种方法无论是基于链表存储还是数组存储，都是很好的方法。随着时间的推移，最常使用的记录将移动到线性表的前面。曾经被频繁访问但以后不再使用的记录将会慢慢地落到后面。该方法在大部分情况下对访问频率的变化有很好的反应。但是，也会出现一些极端的情况。例如，首先访问线性表中的最后一条记录 *I*，然后就把这条记录与倒数第二条记录 *J* 交换位置，使得 *J* 成为最后一条记录。如果接下来访问的依然是最后一条记录 *J*，那么就会和倒数第二条记录 *I* 交换位置。如果访问序列恰好就这样就在 *I* 和 *J* 之间不断交替，将总是查找该表的最后位置，而这两条记录始终都不能向前移动。不过，这种情况在实际情况中还是很少出现。

8.2.2 折半查找

在一般情况下，一个关键字的所有可能值之间存在某种次序关系。例如，若关键字为整数或实数，则数值的大小是一种次序关系；若关键字是字符串，则字典序列是一种次序关系。对于任何一个线性表，若其中的所有数据元素按关键字的大小呈非递减或非递增排列，则称为有序表。

对于有序表，查找可以使用更高效的方法。例如我们前面提到的查英文字典，字典中的单词按照字典顺序有序排列，查单词时，如果当前页的单词排在待插单词的前面，就往后翻；如果当前页的单词排在待插单词的后面，就往前翻。重复这个过程，直到待查单词位于当前页的首末单词范围内，最后在当前页查找，再顺序地从前向后查找直到找到待查单词。

这种查字典的方法，体现了“先确定待查目标所在的范围，然后逐步缩小范围直到找到或找不到为止”的思想。具体地，在有序表中所有元素按照非递增或非递减排序，若将表中任一元素的关键字 *key* 与给定 *K* 值比较，可根据三种比较结果分出三种情况（以非递减为例）：

（1）如果 *K*=*key*，查找成功；

（2）如果 *K*<*key*，说明待查元素在关键字为 *key* 的记录之前；

（3）如果 *K*>*key*，说明待查元素在关键字为 *key* 的记录之后。

在一次比较之后，若没有找到待查元素，则根据比较结果缩小查找范围。折半查找，也叫做二分查找，就是基于此思想。折半查找首先要求查找表满足：查找表采用顺序存储（数组）结构，并且按关键字大小有序排列。基本的查找过程为：每次将待查范围中间位置上的数据元素的关键字与给定值 *K* 比较，如果相等就查找成功；否则利用该位置将整个表分成前、后两个子表，如果中间位置记录的关键字大于待查关键字，则继续在前半部分子表进行查找，否则就在后半部分子表进行查找，重复此过程，直到"查找成功"或"查找不成功"。

【例 8.1】一个有序顺序表的记录关键字分别为 12,19,25,33,46,58,64,80，待查找记录的关键字为 46，查找过程如图 8.1 所示。

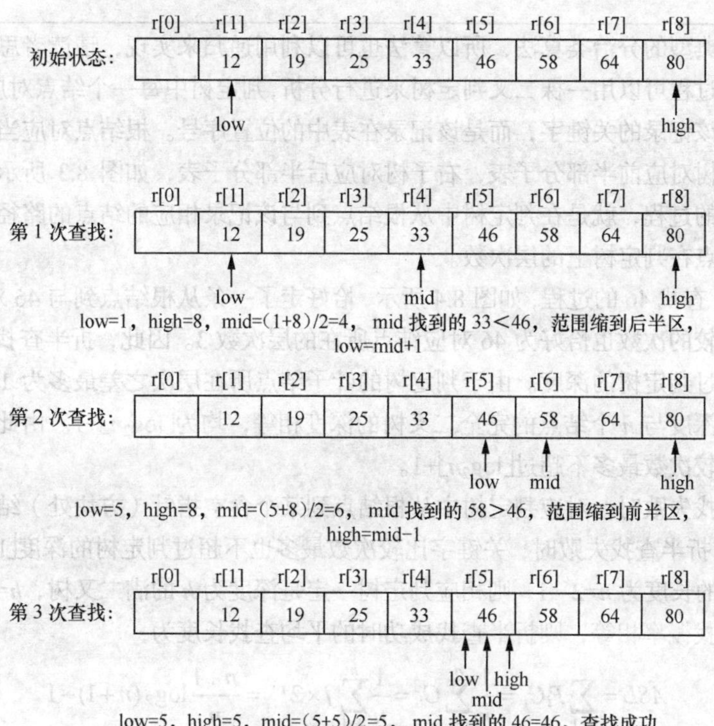

图 8.1 折半查找成功过程

如果将待查记录的关键字为 40，那么前 2 次查找过程同上，第 3 次查找如图 8.2 所示。

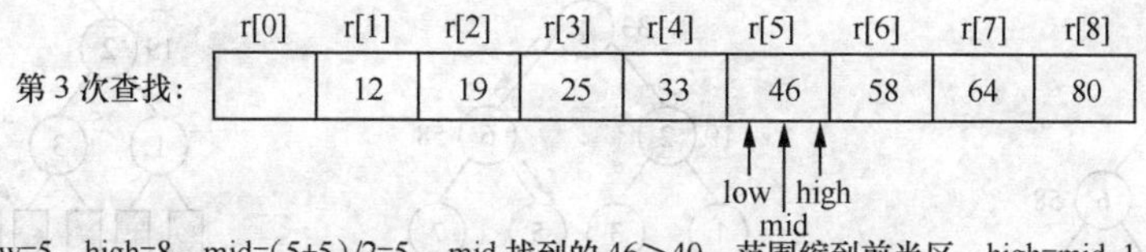

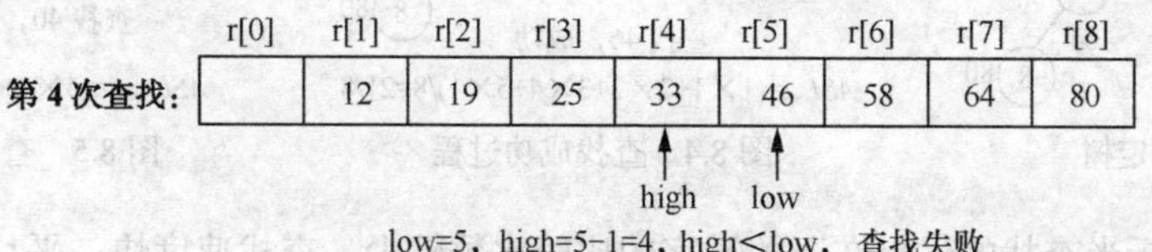

图 8.2 折半查找失败过程

【算法 8.3　折半查找的非递归实现】

```
int BinSrch(SeqRList L, KeyType K)
{
    int low=1,high=L.length,mid;
    while(low<=high)
    {
        mid=(low+high)/2;
        if(K==L.r[mid].key)             return  mid;
        else  if (K<L.r[mid].key)       high=mid-1;
        else                            low=mid+1;
    }
    return 0;
}
```

折半查找是典型的分治类算法，所以算法也可以利用递归来实现，请读者思考。

折半查找的过程可以用一棵二叉判定树来进行分析，判定树中每一个结点对应表中一个记录，但结点的值不是该记录的关键字，而是该记录在表中的位置序号。根结点对应当前区间的中间位置的记录，左子树对应前半部分子表，右子树对应后半部分子表，如图 8.3 所示。显然，找到有序表中任一记录的过程，就是在判定树中从根结点到与该记录相应的结点的路径，而经过比较的次数恰好为该结点在判定树上的层次数。

在例 8.1 中，查找 46 的过程，如图 8.4 所示，恰好走了一条从根结点到与 46 对应结点的路径，与其他关键字比较的次数也恰好为 46 对应结点所在的层次数 3。因此，折半查找成功时，最多的比较次数不会超过判定树的深度。由于判定树的叶子结点所在层次之差最多为 1，所以含有 n 个结点的判定树的深度与 n 个结点的完全二叉树的深度相等，均为$\lfloor \log_2 n \rfloor+1$。由此，折半查找成功时，关键字的比较次数最多不超过$\lfloor \log_2 n \rfloor+1$。

相应地，查找失败时，对应判定树中从根结点到某个含空指针（方块处）结点的路径，如图 8.5 所示。因此，折半查找失败时，关键字比较次数最多也不超过判定树的深度$\lfloor \log_2 n \rfloor+1$。为了方便讨论，设定表的长度为 $n=2^k-1$，则相应判定树一定是深度为 h 的满二叉树，$h=\log_2(n+1)$，又假设每个记录的查找概率相等，则折半查找成功时的平均查找长度为：

$$ASL=\sum_{i=1}^{n} P_i C_i=\frac{1}{n}\sum_{i=1}^{n} C_i=\frac{1}{n}\sum_{j=1}^{h} j\times 2^{j-1}=\frac{n+1}{n}\log_2(n+1)-1$$

当 $n>50$ 时，可得近似结果 $ASL\approx log_2(n+1)-1$。

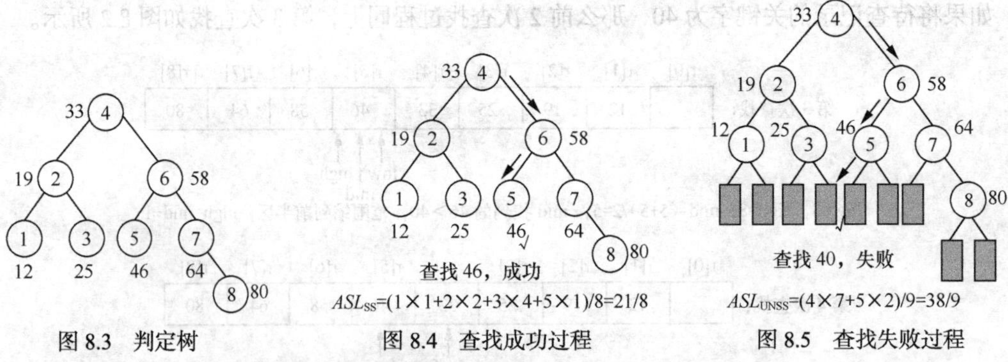

图 8.3　判定树　　图 8.4　查找成功过程　　图 8.5　查找失败过程

可以看出，折半查找的优点在于关键字的比较次数较少，查找速度快，平均性能较好，但缺点是要求待查表必须为有序表，而且要基于顺序结构存储，这对于插入和删除操作来说是比较困难的。因此，折半查找适合于一经建立就很少改动，而且又需要经常查找的有序查找表。

8.2.3　索引查找

如果线性表既希望有较快的查找速度，又需要动态变化，则可以采用索引查找。索引查找又称为分块查找，它是一种性能介于顺序查找和折半查找之间的查找办法。

索引查找的基本思想如下。

（1）把线性表分成若干块，每块包含若干个记录，在每一块中记录的存放是任意的，但块与块之间必须有序（分块有序）。

（2）建立一个索引表，把每块中的最大关键字值及每块的第一个记录在表中的位置和最后一个记录在表中的位置存放在索引项中。所以，索引表是一个有序表。

查找时，首先用待查找的关键字在索引表中查找，确定具有该关键字的结点应该在哪一个分块中，在索引中查找的方法可以采用顺序查找或折半查找，然后再到相应的分块中顺序查找，即可得到查找结果。

【例 8.2】一个线性表的记录关键字分别为 22,12,13,8,9,33,42,38,24,48,58,74,49,86,62，索引查找的过程如图 8.6 所示。

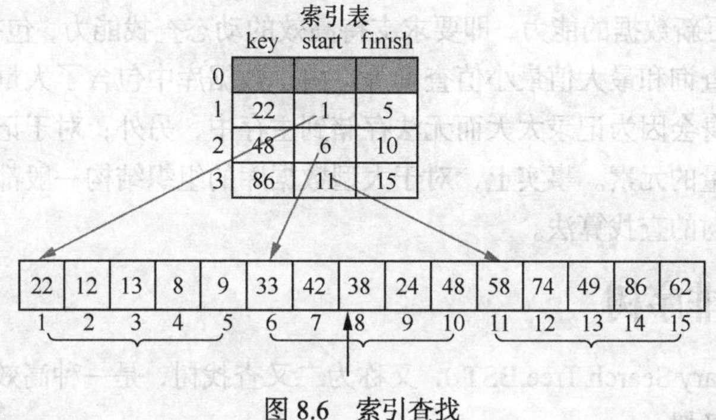

图 8.6　索引查找

如果我们查找的关键字 38，首先，用 38 和索引表中的关键字进行比较，因为 22<38<48，所以 38 在第二个分块中，进一步在第二个分块中顺序查找，最后在第 8 号记录中找到 38。

索引查找的平均查找长度等于两个阶段各自查找的长度之和。假设线性表的长度为 n，将整个表分成 m 块，每块含有 i 个记录，则 $m=n/i$。

假设在等概率下，如果第一个阶段以折半查找来确定块，则分块查找的平均查找长度为 $ASL_{分块} \approx \left\lfloor \log_2(\frac{n}{i}+1) \right\rfloor -1$，块内顺序查找的平均查找长度为 $ASL_{块内}=\frac{i+1}{2}$。

那么，索引查找的平均查找长度为：

$$ASL_{索引} \approx \left\lfloor \log_2(\frac{n}{i}+1) \right\rfloor -1+\frac{i+1}{2} \approx \log_2(\frac{n}{i}+1)+\frac{i-1}{2}$$

如果第一个阶段以顺序查找来确定块，那么平均查找长度为：

$$ASL_{索引}=\frac{m+1}{2}+\frac{i+1}{2}=\frac{n+i^2}{2i}+1$$

可以看出，索引查找的优点在于在线性表中插入或删除一个结点时，只要找到该结点应属于的块，然后在块内进行插入和删除运算。由于块内结点的存放是任意的，因此插入或删除比较容易，不需要移动大量的结点。插入可直接在块尾进行；如果待删的记录不是块中最后一个记录时，可以将本块内最后一个记录移入被删记录的位置。因此，在某些情况下索引查找是比较容易实现的。

总之，基于线性表查找的三种方法各有优缺点，如表 8.1 所示，在实际应用中，应根据线性表的具体情况进行选择，综合考虑查找效率、插入和删除的频率等。

表 8.1　　线性表的三种查找方法比较

	顺序查找	折半查找	索引查找
表的结构	有序、无序	有序	表间有序
表的存储	顺序、链式	顺序	顺序、链式
ASL	最大	最小	次之

8.3　基于树的查找

在计算机的很多应用程序中，都是以大型数据库为中心的，那么针对大型数据库的数据查找工作，必须解决频繁更新数据的能力，即要求支持高效的动态查找能力，包括记录的插入、删除、精确匹配查询、范围查询和最大值最小值查询等。由于数据库中包含了大量的记录，前面讲到的基于线性表的查找本身会因为记录太大而无法存储到主存中，另外，对于记录的插入和删除操作来说，都需要移动大量的元素。事实上，对于大型数据库的组织结构一般都采用树型结构，所以本节将介绍几种基于树的查找算法。

8.3.1　二叉排序树

二叉排序树（Binary Search Tree,BST），又称为二叉查找树，是一种高效的数据结构。它是满足以下性质的特殊二叉树。

二叉排序树或者是一棵空树，或者是具有如下特性的二叉树：

（1）若它的左子树不空，则左子树上所有结点的值均小于根结点的值；

（2）若它的右子树不空，则右子树上所有结点的值均大于根结点的值；

（3）它的左、右子树也都分别是二叉排序树。

显然，这是一个递归定义，首先要保证结点的值之间具有可比性，另外，关键字之间不允许有重复出现。在实际应用中，不能保证被查找记录的关键字互不相同，可将二叉排序树定义（1）中的“小于”改为“小于等于”，或将（2）中的“大于”改为“大于等于”，甚至可同时修改这两个性质。

图 8.7 所示的是一棵二叉排序树，而在图 8.8 中，虚线所框的结点 42，小于根结点 44，因而在 44 的左子树上，大于左子树的根结点 21，在 21 的右子树上，但是大于 32，应该在 32 的右子树而不是左子树上，所以不是一棵二叉排序树。

根据此定义，再根据二叉树中序遍历的定义（首先中序遍历二叉树的左子树，再访问二叉树的根结点，最后中序遍历二叉树的右子树），可以得到二叉排序树的重要特性：对一棵二叉排序树进行中序遍历，可以得到一个递增的有序序列。当然，如果将定义稍作修改也可得到一个递减的有序序列，这也是二叉排序树得名的缘由。

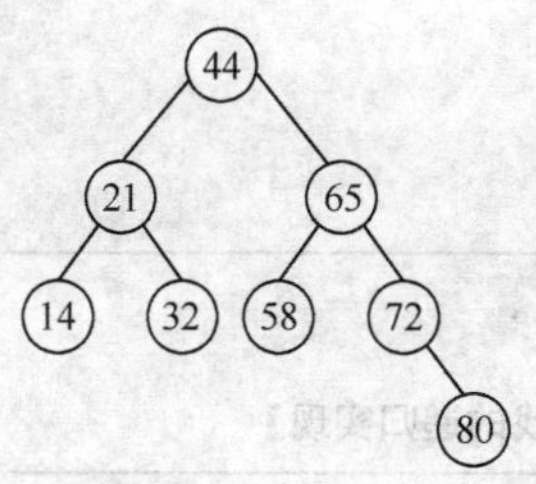

图 8.7　二叉排序树

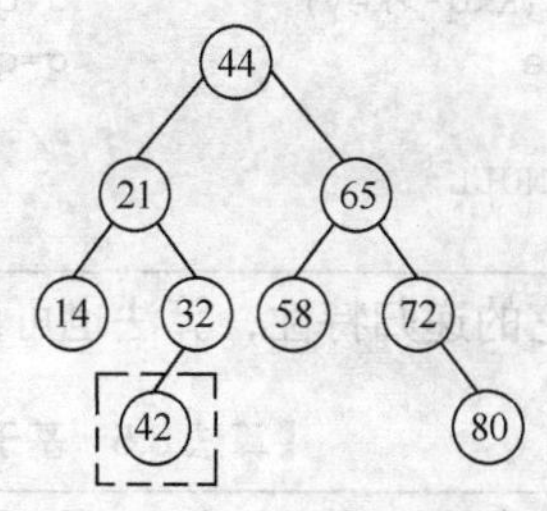

图 8.8　非二叉排序树

【例 8.3】对图 8.7 所示的二叉排序树进行中序遍历，可得到一个递增的有序序列：14,21,32,44,58,65,72,80。

二叉排序树可以使用二叉链表作为存储结构，数据类型描述为：

```
typedef  int  KeyType;  //假设的关键字类型
typedef struct Node
{
   KeyType key;
   struct Node *Lchild,*Rchild;
}BSTNode,*BSTree;
```

1. 二叉排序树的查找

由于二叉排序树可以看成是一个有序表，所以在二叉排序树上进行查找类似于折半查找，即逐步缩小查找范围的过程。具体地：

（1）若给定值等于根结点的关键字，则查找成功；

（2）若给定值小于根结点的关键字，则继续在左子树上进行查找；

（3）若给定值大于根结点的关键字，则继续在右子树上进行查找。

由图 8.9 可以看出，整个查找过程类似于在折半查找的判定树上进行折半查找的过程。从根结点出发，沿着左子树或右子树逐层向下直至关键字等于给定值的结点——查找成功；从根结点出发，沿着左子树或右子树逐层向下直至指针指向空结点（方块处）为止——查找失败，如图 8.10 所示。

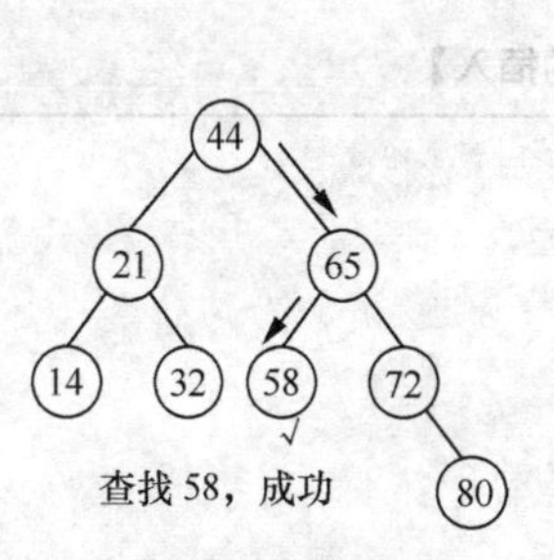

图 8.9　查找成功

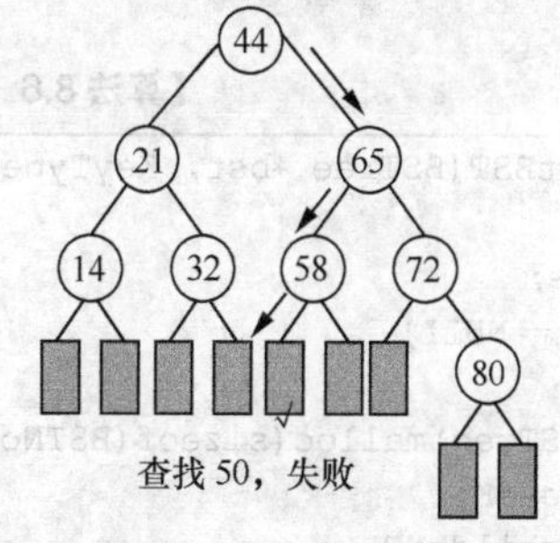

图 8.10　查找失败

【算法 8.4　基于二叉排序树查找的非递归实现】

```
BSTree  SearchBST(BSTree bst, KeyType K)
{
    BSTree q;
    q=bst;
    while(q)
    {
       if (q->key==K)          return q;
```

```
        if (K<q->key)           q=q->lchild;
        else                    q=q->rchild;
    }
    return NULL;
}
```

显然，根据它的递归特性，算法也可以用递归实现。

【算法 8.5　基于二叉排序树查找的递归实现】

```
BSTree  SearchBST(BSTree bst, KeyType K)
{
  if (!bst)   return NULL;
  else if (bst->key==K)          return bst;
  else  if (K<bst->key)          return SearchBST(bst->lchild, key);
  else                           return SearchBST(bst->rchild, key);
}
```

2. 二叉排序树的插入

首先查找待插入的记录是否在树中，如果存在则不允许插入重复关键字；如果直到找到叶子结点仍没有发现重复关键字，则把待插结点作为新的叶子结点插入。具体地，若二叉排序树为空树，则新插入的结点为新的根结点；否则，新插入的结点必为一个新的叶子结点，其插入位置由查找不成功的位置确定。例如，在上例的二叉排序树中插入结点 69 的过程如图 8.11 所示。

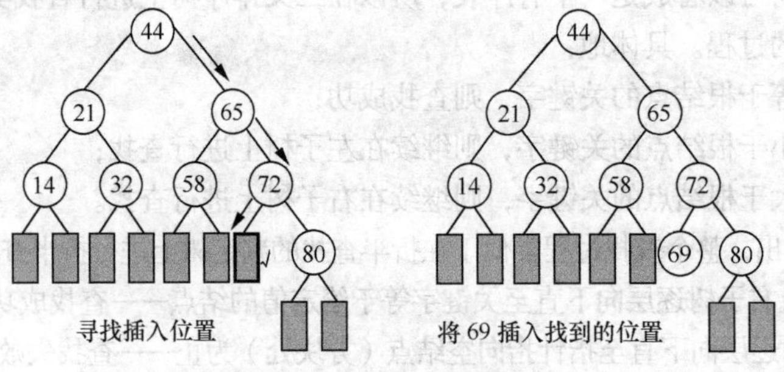

图 8.11　二叉排序树的插入

【算法 8.6　二叉排序树的插入】

```
void InsertBST(BSTree *bst, KeyType K)
{
   BiTree s;
   if (*bst==NULL)
   {
       s=(BSTree)malloc(sizeof(BSTNode));
       s->key=K;
       s->lchild=NULL;
       s->rchild=NULL;
       *bst=s;
   }
  else  if (K<(*bst)->key)         InsertBST(&((*bst)->lchild),K);
  else  if (K>(*bst)->key)         InsertBST(&((*bst)->rchild),K);
}
```

3. 二叉排序树的建立

二叉排序树的建立是基于插入算法进行的，根据给定的关键字顺序依次插入得到的。

【例 8.4】输入序列为 44,21,65,14,32,58,72,80，二叉排序树建立的过程如图 8.12 所示。

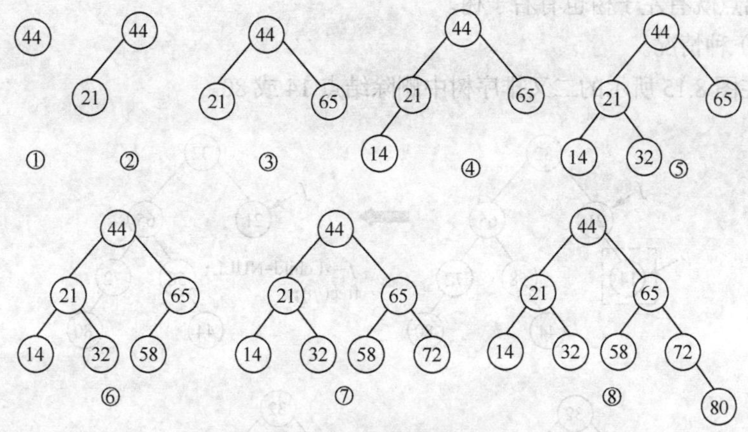

图 8.12 建立二叉排序树的过程

可以看出，二叉排序树的形态完全由输入顺序决定，相同的关键字不同的输入顺序会产生不同的二叉排序树。

【例 8.5】同例 8.4 中关键字输入序列改为 65,44,72,58,21,80,14,32，则二叉排序树如图 8.13 所示；若改为 32,21,14, 65,58,44,72,80，则二叉排序树如图 8.14 所示。

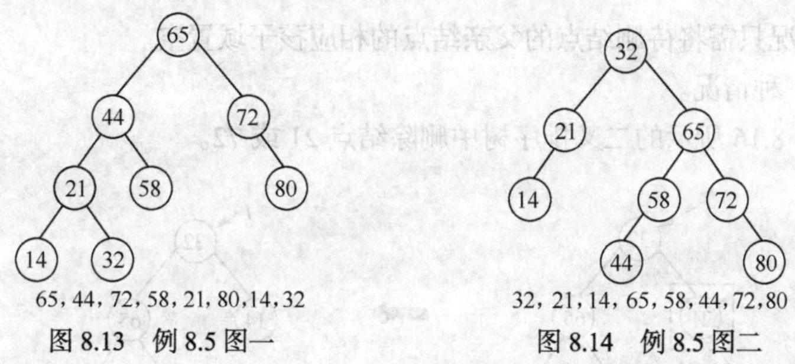

图 8.13 例 8.5 图一

图 8.14 例 8.5 图二

【算法 8.7 二叉排序树的建立】

```
void  CreateBST(BSTree  *bst)
{
    KeyType key;
    *bst=NULL;
    scanf("%d", &key);
    while (key!=ENDKEY)
    {
       InsertBST(bst, key);
       scanf("%d", &key);
    }
}
```

4. 二叉排序树的删除

由于二叉树排序树要求关键字之间满足一定的大小关系，这就使得从树中删除一个结点的算法相对复杂。具体地，首先在二叉排序树中查找待删结点，如果不存在则不作任何操作；否则，分以下三种情况进行讨论。

（1）待删结点是叶子结点；

（2）待删结点只有左子树或只有右子树；

（3）待删结点既有左子树也有右子树。

先看第（1）种情况。

【例 8.6】在图 8.15 所示的二叉排序树中删除结点 14 或 80。

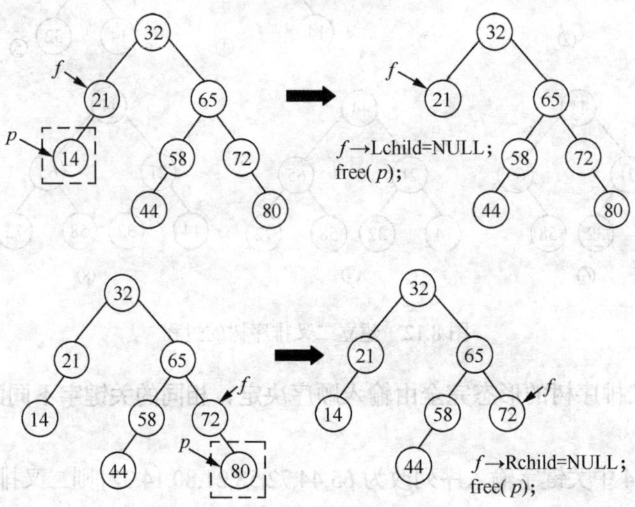

图 8.15　二叉排序树的删除（1）

可以看出，此种情况只需将待删结点的父亲结点的相应孩子域置空。

再来看第（2）种情况。

【例 8.7】在图 8.16 所示的二叉排序树中删除结点 21 或 72。

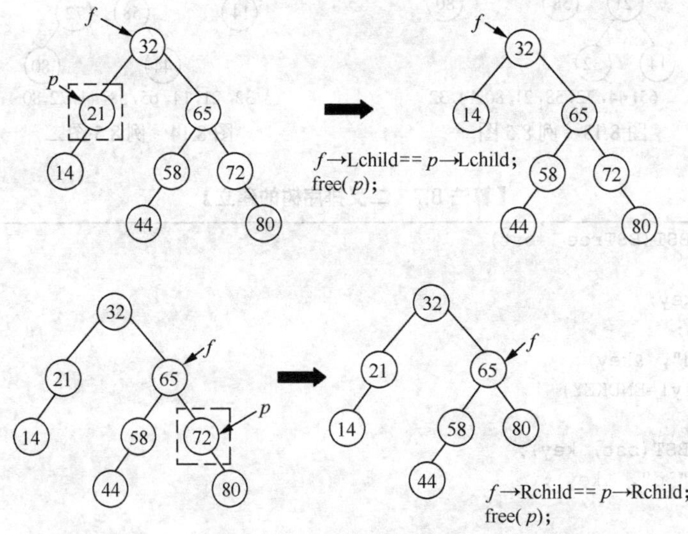

图 8.16　二叉排序树的删除（2）

可以看出，此种情况只需将待删结点的父亲结点的相应孩子域置为该孩子对应的左子树或右子树。

最后来看第（3）种情况，待删结点即有左子树又有右子树。从二叉排序树中删除这样一个结点时，要保持剩下结点之间依然满足排序树的特征，就不能在二叉排序树中留下一个空位置，因此需要用另一个结点来补充这个位置。那么应该用哪个结点来补充呢？而且为了保证删除的高效性，应该尽量保证其他元素的移动量是最小的。前面已经分析过，二叉排序树的中序遍历结果恰好是一个有序序列，那么我们可以利用这个结果找到替换待删结点的位置，其实就是待删结点的前趋结点或后继结点。关键是这两个结点在二叉排序树的什么位置。以下分别来讨论。

【例 8.8】在图 8.17 所示的二叉排序树中删除结点 32。

由该二叉排序树得到的有序序列 14,21,32,44,58,65,72,80，我们可以看出，可以替换待删结点 32 的结点可以是前面的 21，也可以是后面的 44。那么这两个结点在二叉排序树的什么位置呢？由中序遍历的定义可知，如果该有序序列以根结点 32 作为划分，那么 32 以前的都是左子树中的结点，32 以后的都是右子树中的结点，因此，32 前面的那个结点应该是左子树中最后一个被访问的结点，即左子树中最右下角的那个结点；32 后面紧跟的那个结点应该是右子树上第一个被访问的结点，即右子树上最左下角的那个结点。由此，我们确定了可以替换待删结点的位置。接下来，再来考虑如何进行替换。毋庸置疑，待删结点肯定被替换为找到的替换结点，那么剩下的就是删除替换结点的问题了。其实，仔细分析后，替换结点的删除恰好就是我们刚刚讨论的前两种情况。替换结点或者恰好就是个叶子结点，或者就是只带了左子树或只带了右子树的情况，如图 8.18 所示。

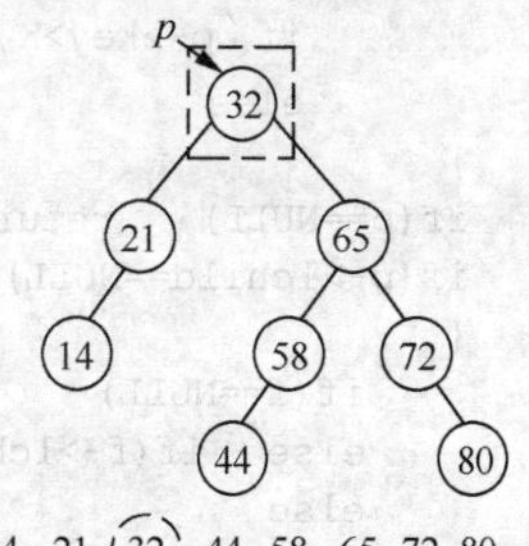

图 8.17 二叉排序树的删除（3）

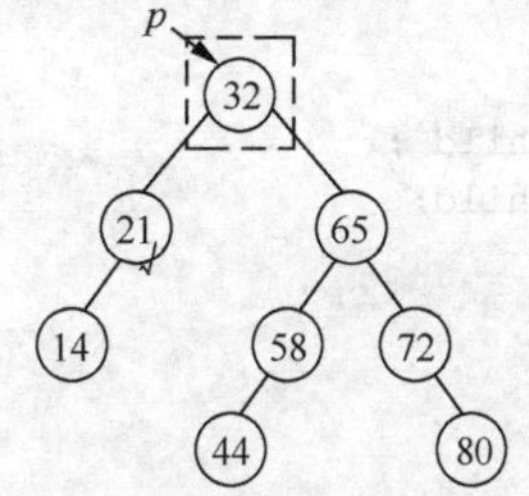

用结点 21 来替换，它只带了左子树

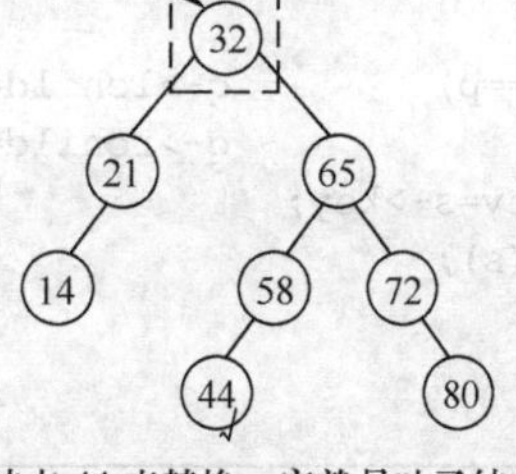

用结点 44 来替换，它就是叶子结点

图 8.18 二叉排序树删除时结点的替换（1）

为了说明各种情况，我们把二叉排序树略作调整，看看其他情况，如图 8.19 所示。

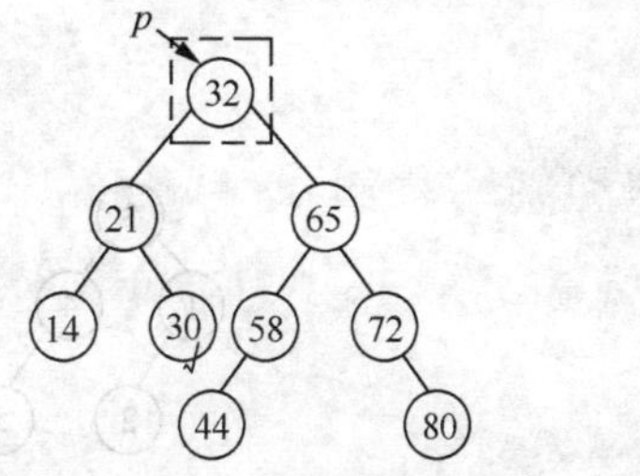

用结点 30 来替换，它就是叶子结点

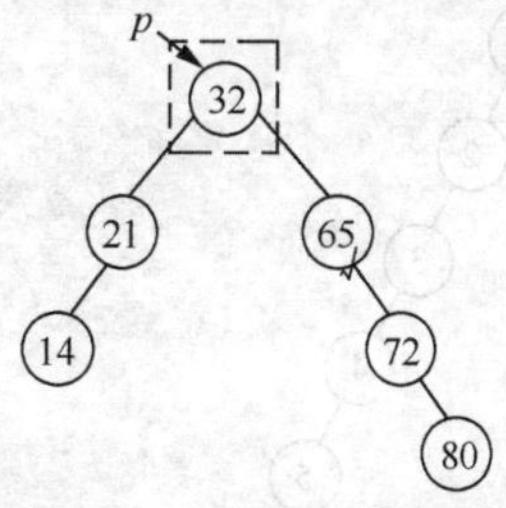

用结点 65 来替换，它只带右子树

图 8.19 二叉排序树删除时结点的替换（2）

综合以上三种情况，算法 8.8 为二叉排序树的删除算法。

【算法 8.8 二叉排序树的删除】

```
BSTNode * DelBST(BSTree bst, KeyType K)
{
  BSTNode *p, *f,*s ,*q;
  p=bst;
```

```
    f=NULL;
    while(p)
    {
        if(p->key==K)           break;
        f=p;
        if (p->key>K)           p=p->lchild;
        else                    p=p->rchild;
    }
    if(p==NULL)     return bst;
    if(p->lchild==NULL)
    {
        if(f==NULL)                 bst=p->rchild;
        else  if(f->lchild==p)      f->lchild=p->rchild;
        else                        f->rchild=p->rchild ;
        free(p);
    }
    else
    {
            q=p;
            s=p->lchild;
            while(s->rchild)
            {
                    q=s;
                    s=s->rchild;
            }
            if(q==p)        q->lchild=s->lchild ;
            else            q->rchild=s->lchild;
            p->key=s->key;
            free(s);
    }
    return bst;
}
```

5. 二叉排序树的性能分析

二叉排序树的查找最差的情况与顺序查找相同，$ASL=(n+1)/2$，如图 8.20 所示；最好的情况与折半查找相同，ASL 可以达到对数级 $\log_2 n$，如图 8.21 所示。

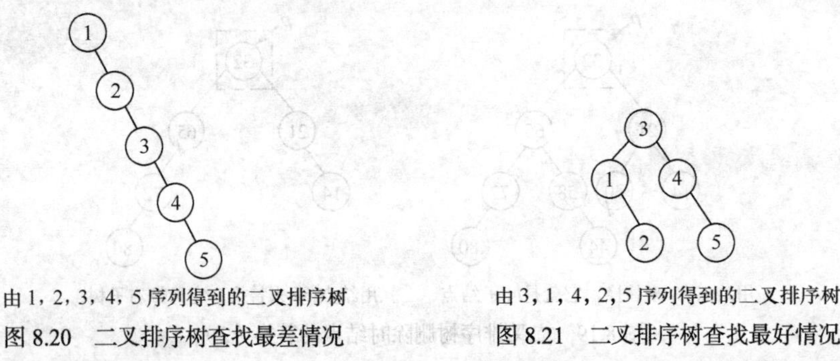

图 8.20 二叉排序树查找最差情况　　图 8.21 二叉排序树查找最好情况

对于二叉排序树的插入和删除操作来说，只需修改某些结点的指针域，不需要大量移动其他记录，动态查找的效率很高。

8.3.2 平衡二叉树

由上节内容可知二叉排序树在最好的情况下只需 $O(\log_2 n)$的时间代价，但是在最差的情况下会蜕化为线性查找的时间复杂度 $O(n)$，这种情况主要是由于二叉树中结点分布不均衡导致的，可能是二叉排序树在建立时由于输入序列造成的，也可能是由于在树中不断插入结点而造成的。如果能够找到一种方法，使得二叉排序树不受输入序列或插入结点等的影响，始终保持平衡状态，从而达到很好的检索效率。平衡二叉树（AVL，发明者 Adelson-Velskii 和 Landis 的首字母）就是基于此目的而产生的。它是满足以下性质的特殊的二叉排序树。

平衡二叉树或者是一棵空树；或者是具有如下特性的二叉排序树：

（1）二叉排序树中任何一个结点的左子树和右子树高度相差的绝对值最多为 1；

（2）它的左、右子树也分别都是平衡二叉树。

为了方便描述，我们引入平衡因子（Balance Factor）的概念，用 BF(Node)表示结点 Node 的平衡因子，显然，BF(Node)=Node 的右子树高度-Node 的左子树高度。

【例 8.9】图 8.22 所示为带平衡因子的 AVL 树，而图 8.23 不是 AVL 树，BF(30)=2 不满足。

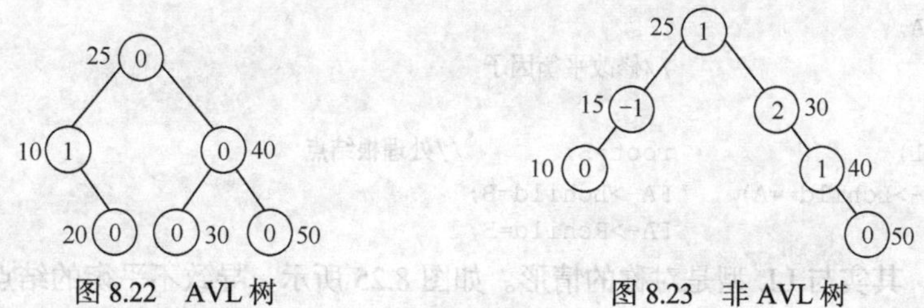

图 8.22　AVL 树　　　图 8.23　非 AVL 树

显然，满足条件的一棵平衡二叉树，如果含有 n 个结点，则它的高度为 $O(\log_2 n)$，因而在其上进行的各种操作，例如查找、插入和删除等，都只需 $O(\log_2 n)$的时间代价。但问题在于如何保持一棵 AVL 树的结构，使得不论对其进行何种操作，都不改变它的平衡特性。实际上，当一棵平衡二叉树一旦因为插入或删除等操作破坏了它的平衡特性后，主要是通过旋转的局部操作来调整其依旧保持平衡特性。

1．平衡二叉树的插入

首先在 AVL 树中查找新结点应该插入的位置，将新结点插入，查找需要调整的最小子树，记录新结点的双亲结点，即新插入的结点为孩子结点，然后修改双亲结点的平衡因子。如果双亲结点的平衡因子为 0，则插入成功，AVL 树的平衡性质没有被破坏，直接返回；如果双亲结点的平衡因子为 1 或–1，则孩子结点和双亲结点都向根结点移动一步，修改双亲结点的平衡因子，继续判断，循环执行，直至双亲结点为空时，返回；如果双亲结点的平衡因子为 2 或–2，则找到了失衡的最小子树，通过旋转调整该子树，使其恢复平衡，然后返回。

在一棵平衡二叉树中插入一个新结点时，情况类似于二叉排序树的插入，新结点将出现在查找失败的位置，即作为一个新的叶子结点插入该位置。此时，整棵树可能发生以下 4 种失衡的情况。

（1）LL 型：如图 8.24 所示，导致不平衡的结点为 A 的左子树（L）的左子树（L），此时失衡的特点是：BF(A)=–2,BF(B)=–1。由 A 和 B 的平衡因子可推知，B_L、B_R 和 A_R 的深度相同。为了恢复平衡并保持二叉排序树的特性，调整方案称为左单旋转：将 A 结点改为 B 的右孩子，B 原来的右子树 B_R 改为 A 的左孩子。相当于以 B 为轴，对 A 做了一次顺时针旋转。相应的，BF(A)和 BF(B)都修改为 0。最后，将调整后的二叉树的根结点 B 接到原 A 处。令 A 原来的父指针为 FA，如果 FA 非空，则用 B 代替 A 的左孩子或右孩子；否则原来 A 就是根结点，此时直接将 B 作为根结点 root。

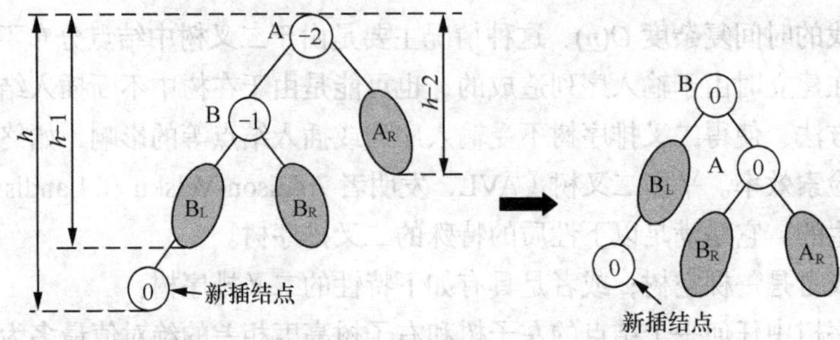

图 8.24 LL 型，经左单旋转由失衡调整为平衡

具体语句描述为：

找到失衡的结点 A（BF（A）=-2）后，

```
B=A->Lchild;
A->Lchild=B->Rchild;          //旋转
B->Rchild=A;
A->BF=0;                      //修改平衡因子
B->BF=0;
if(FA==NULL)                  root=B;       //处理根结点
else if(FA->Lchild==A)        FA->Lchild=B;
else                          FA->Rchild=B;
```

（2）RR 型：其实与 LL 型是对称的情形。如图 8.25 所示，导致不平衡的结点为 A 的右子树（R）的右子树（R），此时失衡的特点是：BF(A)=2,BF(B)=1。调整方案称为右单旋转：将 A 结点改为 B 的左孩子，B 原来的左子树 B_L 改为 A 的右孩子。相当于以 B 为轴，对 A 做了一次逆时针旋转。相应的，BF(A)和 BF(B)都修改为 0。关于根结点的处理等同于 LL 型。

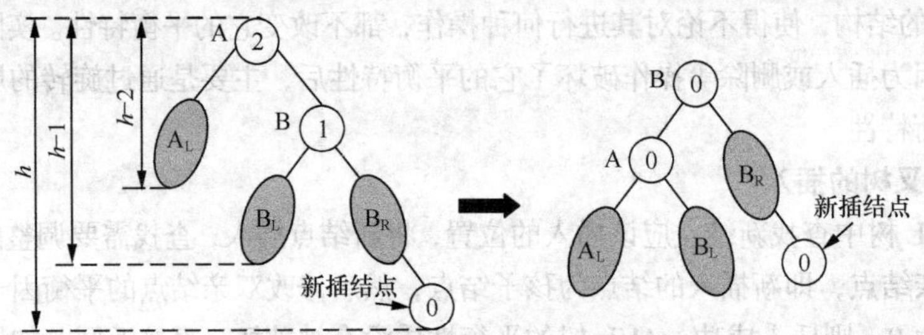

图 8.25 RR 型，经右单旋转由失衡调整为平衡

具体语句描述为

找到失衡的结点 *A*（BF（*A*）=2）后，

```
B=A->Rchild;
A->Rchild=B->Lchild;          //旋转
B->Lchild=A;
A->BF=0;                      //修改平衡因子
B->BF=0;
if(FA==NULL)                  root=B;            //处理根结点
else if(FA->Lchild==A)        FA->Lchild=B;
else                          FA->Rchild=B;
```

（3）LR 型：导致不平衡的结点为 A 的左子树（L）的右子树（R），此时失衡的特点是：BF(A)=–2,BF(B)=1。可以看出，在此种情况下，新插入的结点插入 C 的左子树 C_L 下方（图 8.26 所示）或 C 的右子树 C_R 下方（见图 8.27），以及 C 本身为空，即 B 的右子树为空，C 成为新插入的结点（见图 8.28）三种情况都是相同的调整方法，只是调整后 A、B 的平衡因子值不同。根据 A、

B、C 的平衡因子可以推知，C_L 和 C_R 的深度相同，B_L 和 A_R 的深度相同，且 B_L 和 A_R 的深度比 C_L 和 C_R 的深度大 1。为了恢复平衡并保持二叉排序树的特性，调整方案为：首先将 B 改为 C 的左孩子，而 C 原来的左孩子 C_L 改为 B 的右孩子；然后将 A 改为 C 的右孩子，而 C 原来的右孩子 C_R 改为 A 的左孩子；最后，将调整后的二叉树的根结点 C 接到原 A 处。令 A 原来的父指针为 FA，如果 FA 非空，则用 C 代替 A 的左孩子或右孩子；否则原来 A 就是根结点，此时直接将 C 作为根结点 root。

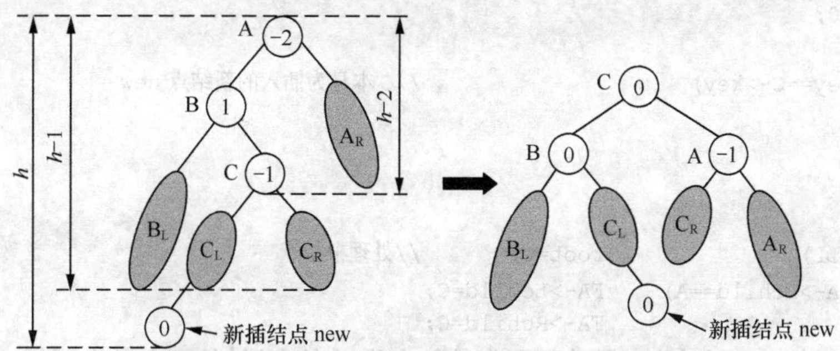

图 8.26　LR 型，在 C_L 下插入失衡经旋转调整为平衡

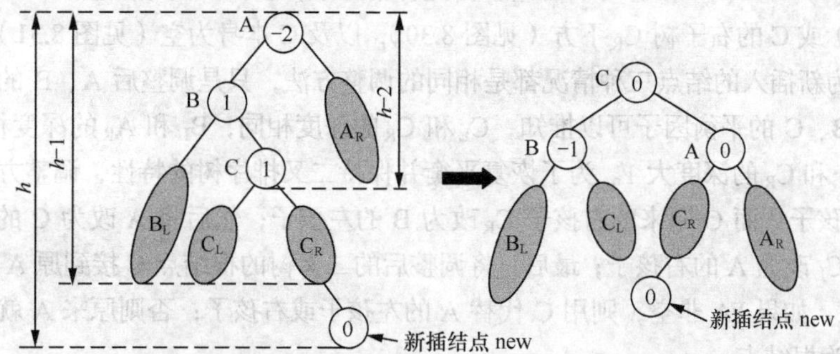

图 8.27　LR 型，在 C_R 下插入失衡经旋转调整为平衡

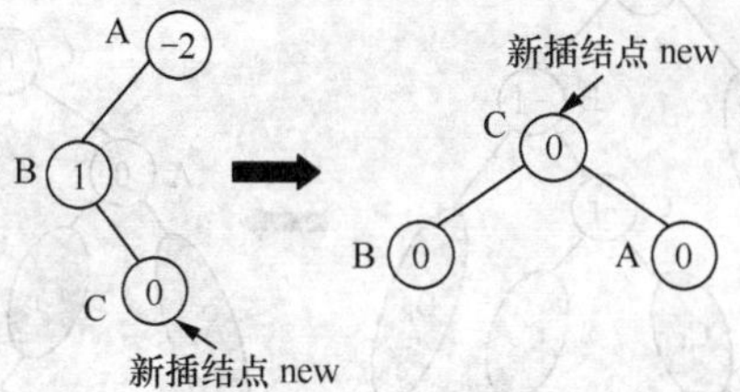

图 8.28　LR 型，C_L 、C_R 、B_L 、A_L 均为空，即 C 作为新插结点

具体语句描述为：

找到失衡的结点 A（BF（A）=–2）后，

```
B=A->Lchild;
C=B->Rchild;
B->Rchild=C->Lchild;                    //旋转
C->Lchild=B;
A->Lchild=C->Rchild;
C->Rchild=A;
//修改平衡因子
if(new->key<C->key)                     //在 CL 下插入新结点 new，
{
    A->BF=1;
```

```
        B->BF=0;
        C->BF=0;
    }
    if(new->key>C->key)                    //在 CR 下插入新结点 new
    {
        A->BF=0;
      B->BF=-1;
      C->BF=0;
    }
    if(new->key==C->key)                   //C 本身为插入的新结点 new
    {
     A->BF=0;
     B->BF=0;
    }
    if(FA==NULL)               root=C;     //处理根结点
    else if(FA->Lchild==A)     FA->Lchild=C;
    else                       FA->Rchild=C;
```

（4）RL 型：与 LR 型对称，导致不平衡的结点为 A 的右子树（R）的左子树（L），此时失衡的特点是：BF(A)=2,BF(B)=–1。可以看出，在此种情况下，新插入的结点插入 C 的左子树 C_L 下方（见图 8.29）或 C 的右子树 C_R 下方（见图 8.30），以及 C 本身为空（见图 8.31），即 B 的左子树为空，C 成为新插入的结点三种情况都是相同的调整方法，只是调整后 A、B 的平衡因子值不同。根据 A、B、C 的平衡因子可以推知，C_L 和 C_R 的深度相同，B_L 和 A_R 的深度相同，且 B_L 和 A_R 的深度比 C_L 和 C_R 的深度大 1。为了恢复平衡并保持二叉排序树的特性，调整方案为：首先将 B 改为 C 的右孩子，而 C 原来的右孩子 C_R 改为 B 的左孩子；然后将 A 改为 C 的左孩子，而 C 原来的左孩子 C_L 改为 A 的右孩子；最后，将调整后的二叉树的根结点 C 接到原 A 处。令 A 原来的父指针为 FA，如果 FA 非空，则用 C 代替 A 的左孩子或右孩子；否则原来 A 就是根结点，此时直接将 C 作为根结点 root。

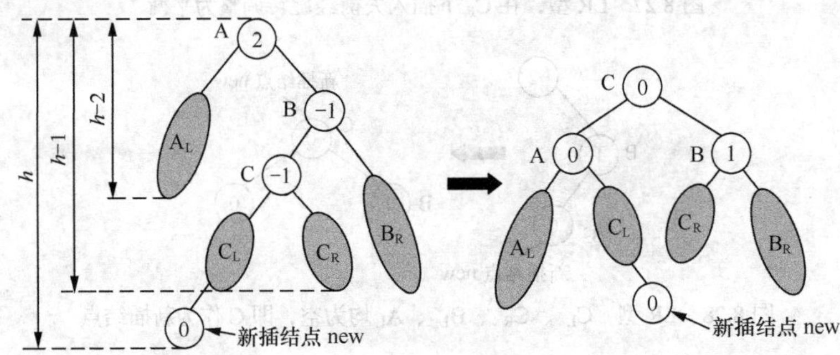

图 8.29 RL 型，在 C_L 下插入失衡经旋转调整为平衡

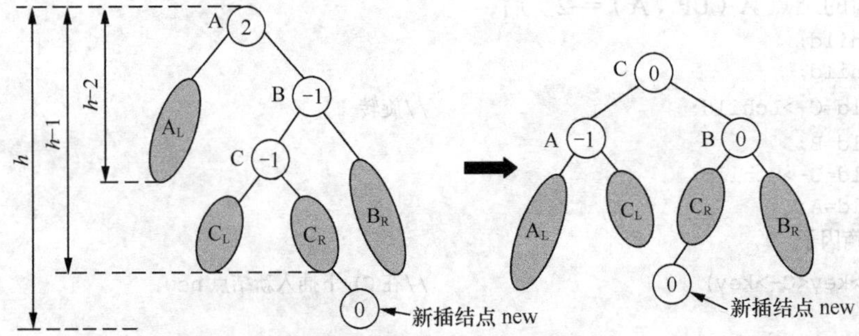

图 8.30 RL 型，在 C_R 下插入失衡经旋转调整为平衡

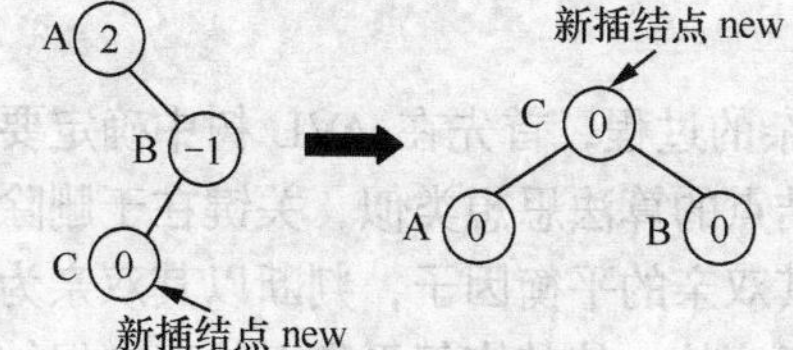

图 8.31　RL 型，C_L 、C_R 、B_L 、A_L 均为空，即 C 作为新插结点

具体语句描述为：

找到失衡的结点 A（BF（A）=-2）后，

```
B=A->Rchild;
C=B->Lchild;
B->Lchild=C->Rchild;          //旋转
C->Lchild=A;
A->Rchild=C->Lchild;
C->Rchild=B;
//修改平衡因子
if(new->key<C->key)              //在 CL 下插入新结点 new,
{
  A->BF=0;
  B->BF=1;
  C->BF=0;
}
if(new->key>C->key)              //在 CR 下插入新结点 new
{
  A->BF=-1;
  B->BF=0;
  C->BF=0;
}
if(new->key==C->key)              //C 本身为插入的新结点 new
{
  A->BF=0;
  B->BF=0;
}
if(FA==NULL)            root=C;       //处理根结点
else if(FA->Lchild==A)  FA->Lchild=C;
else                    FA->Rchild=C;
```

【例 8.10】根据输入序列 bus,ant,bag,fat,cat,egg,dog 建立一棵平衡二叉树，具体过程如图 8.32 所示。

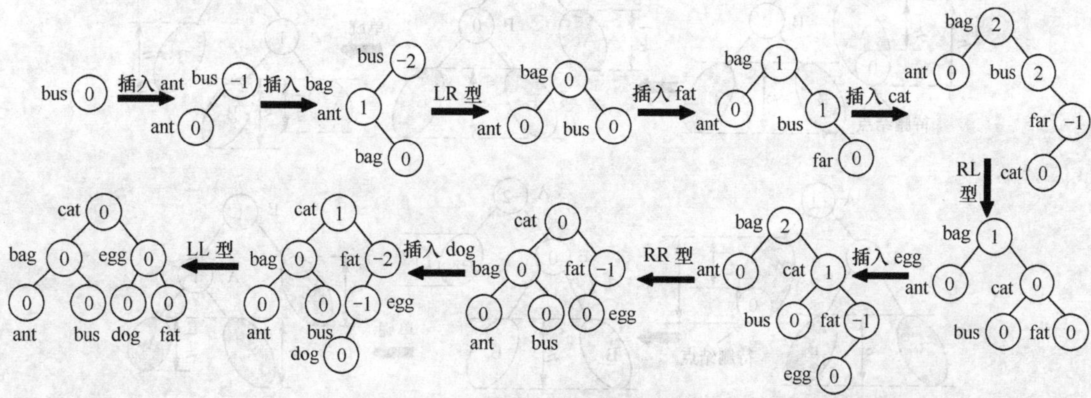

图 8.32　平衡二叉树的建立过程

2. 平衡二叉树的删除

AVL 树的删除是个比较复杂的过程，首先在 AVL 树中确定要删除结点的位置，删除结点的算法思想与二叉排序树中删除结点的算法思想类似，关键在于删除后修改平衡因子并找出失衡的子树。删除一个结点后，修改其双亲的平衡因子，判断以其双亲为根结点的子树是否失衡，如果失衡，则通过旋转对该子树进行调整，使其恢复平衡，然后向根结点追溯，循环执行；如果没有失衡，直接向根结点追溯，循环执行；直到所有结点的平衡因子都符合定义，然后返回，保证整棵树的平衡性质。可以使用一个标志 flag 来记录是否修改，当 flag=1 时，表示继续回溯修改；否则，flag=0 时，表示回溯停止。具体地，我们分以下三种情况来讨论。

（1）如图 8.33 所示，当 BF(A)=0，如果其左子树或者右子树中有结点被删除，导致其高度缩短，则其平衡因子改为 1 或者−1，同时，flag=0。由于以 A 为根的整棵子树的高度未发生变化，因而不会影响到上层结点，所以调整可以结束。

（2）如图 8.34 所示，当 BF(A)不为 0，即为 1 或者−1 时，但是其较高的子树有结点要被删除，也就是较高的子树的高度被缩短，则其平衡因子修改为 0，同时，flag=1，需要继续向上修改。

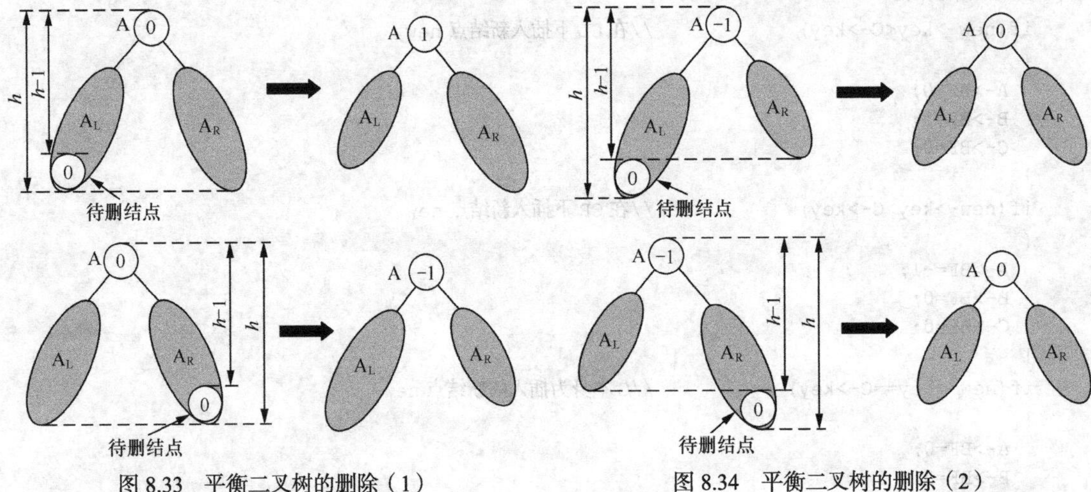

图 8.33　平衡二叉树的删除（1）　　图 8.34　平衡二叉树的删除（2）

（3）当 BF(A)不为 0，即为 1 或者−1 时，但是其较低的子树有结点要被删除，也就是较低的子树的高度被缩短时，结点 A 必然不平衡。假设其较高子树的根结点为 B，则会出现以下三种情况。

① 如图 8.35 所示，如果 BF(B)=0，执行单旋转恢复结点 A 的平衡，并设置 flag=0。

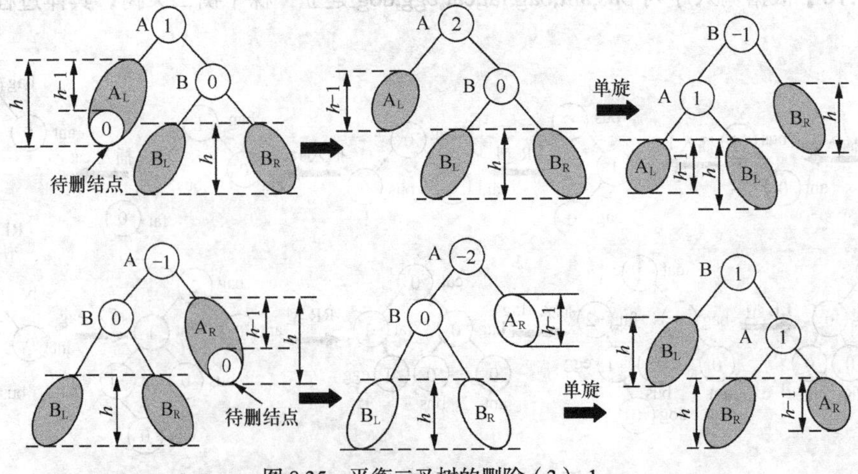

图 8.35　平衡二叉树的删除（3）-1

② 如图 8.36 所示，如果 BF(A)=BF(B)，执行单旋转恢复平衡，BF(A)=BF(B)=0，flag=1。

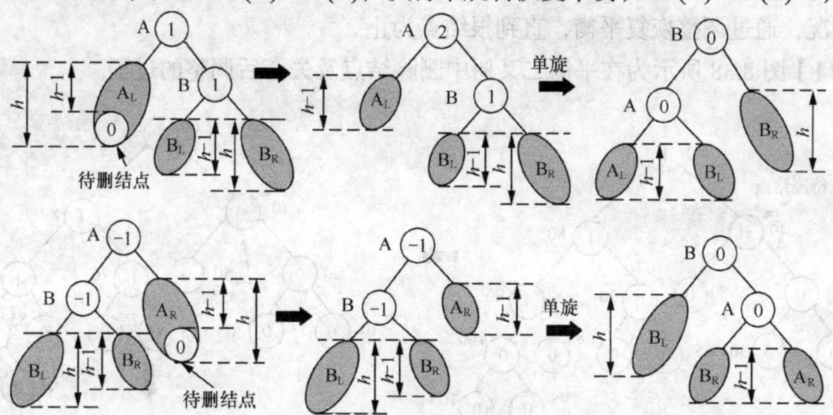

图 8.36　平衡二叉树的删除（3）-2

③ 如图 8.37 所示，如果 BF(A)和 BF(B)的平衡因子相反，执行一个双旋恢复平衡，新的根结点的平衡因子为 0，其他结点做相应的处理，并且 flag=1。

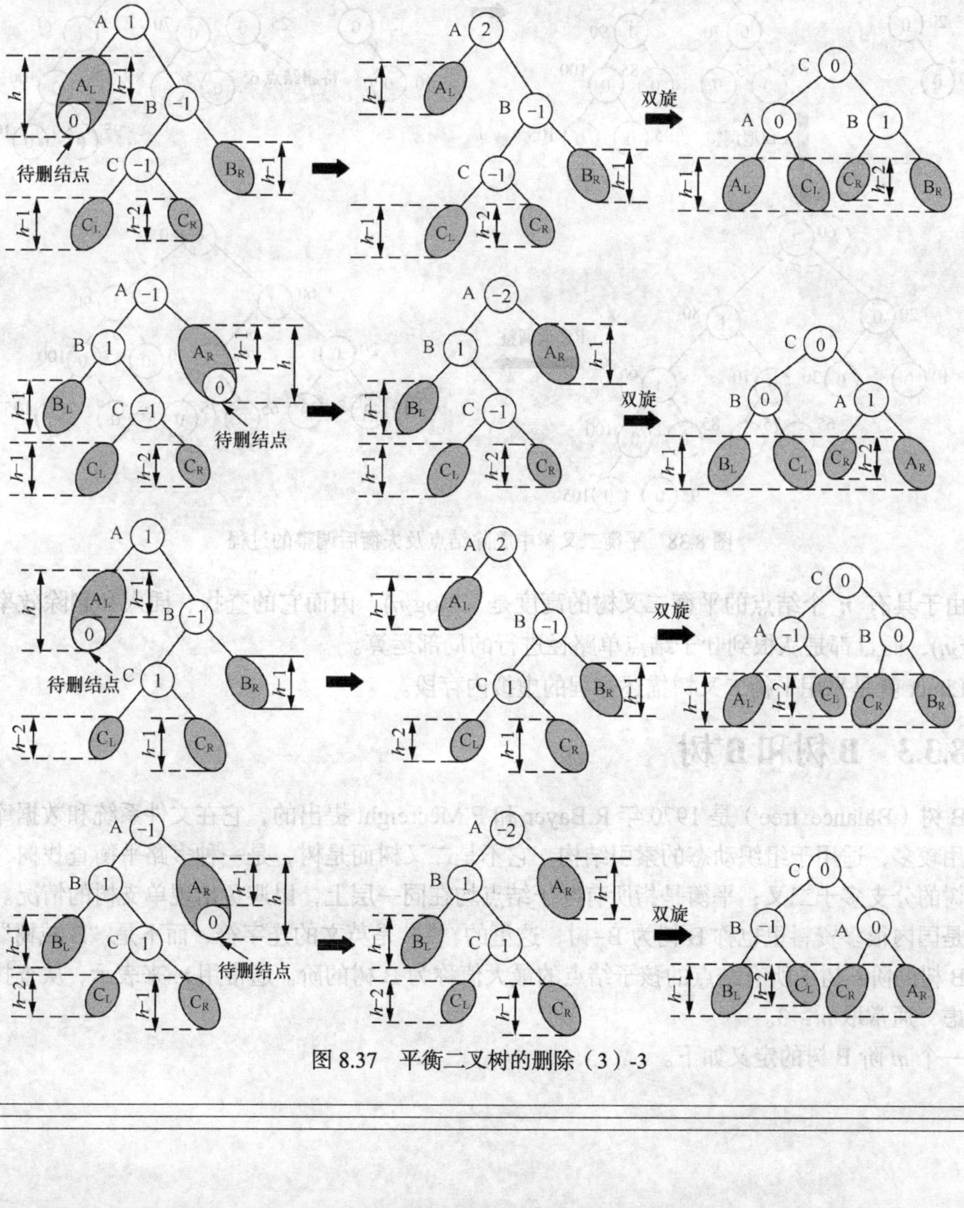

图 8.37　平衡二叉树的删除（3）-3

与插入操作类似，平衡二叉树的删除要从被删除的结点向上查找修改对应的平衡因子，一旦发现失衡情况，通过调整恢复平衡，直到根结点为止。

【例 8.11】图 8.38 所示为在平衡二叉树中删除结点及失衡后调整的过程。

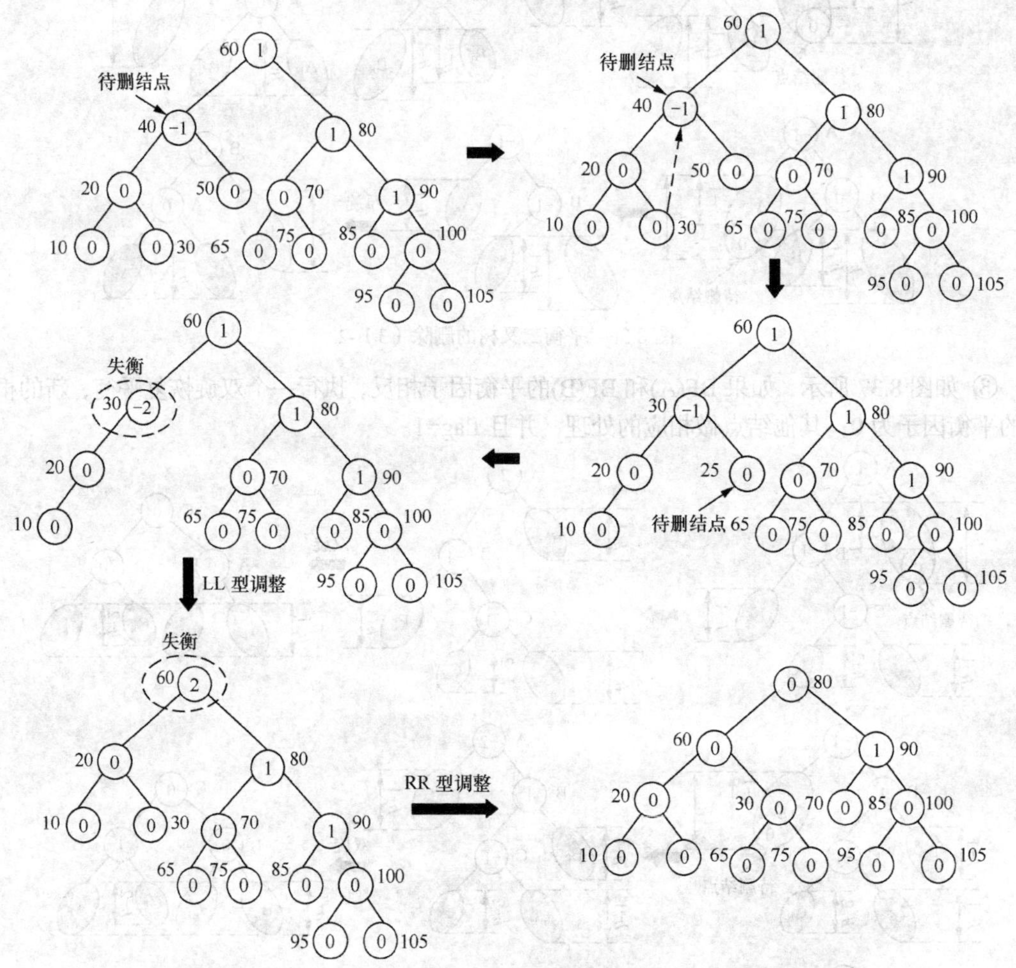

图 8.38　平衡二叉树中删除结点及失衡后调整的过程

由于具有 n 个结点的平衡二叉树的高度是 $O(\log_2 n)$，因而它的查找、插入和删除效率都是 $O(\log_2 n)$，而且都是从根到叶子结点单路径进行的局部运算。

Linux 就是采用平衡二叉树描述进程的虚拟内存段。

8.3.3　B 树和 B⁺树

B 树（Balance tree）是 1970 年 R.Bayer 和 E.Mccreight 提出的，它在文件系统和数据库系统中使用较多，适用于组织动态的索引结构。它不是二叉树而是树，是一种多路平衡查找树，多路是指树的分支多于二叉；平衡是指所有叶子结点均在同一层上，以避免出现单支树的情况。要注意的是国内很多资料里也称 B 树为 B–树，这里的“–”是英文的连字符，而不是“B 减树”。

B 树的阶：树中所有结点的孩子结点的最大值称为 B 树的阶。通常用 m 来表示，从查找效率来考虑，通常取 $m \geqslant 3$。

一个 m 阶 B 树的定义如下。

该树或者是空树，或者是满足以下性质的 m 叉树。

（1）树中每个结点至多有 m 个子结点。

（2）除根结点和叶子结点以外，其他每个结点至少有 $\lceil m/2 \rceil$ 个子结点。

（3）若根结点不是叶子结点，则根结点至少有两棵子树。

（4）所有的叶子结点在同一层，可以有 $\lceil m/2 \rceil$-1 到 m-1 个关键字，并且叶子结点所在的层数为树的深度。

（5）有 k 个子结点的分支结点恰好包含 k-1 个关键字。

每个结点的一般结构为

n	P_0	K_1	P_1	K_2	P_2	…	K_i	P_i	…	K_n	P_n

其中，n 为该结点中的关键字个数；

P_i 为指向子树的指针，并且它所指结点的关键字均大于等于 K_i 同时小于 K_{i+1}；

P_n 所指子树中所有结点的关键字大于等于 K_n；

K_i 为该结点的关键字，并且应满足 $K_i<K_{i+1}$，即关键字是非递减有序的。

图 8.39 所示为一棵 3 阶 B 树。

B 树的数据类型描述为：

```
#define m 20                              //阶数
typedef struct  Node
{
  int keynum;                             //关键字个数
  int keys[m];                            //关键字序列
  struct Node *parent;                    //前驱域，在插入和删除时需要查找前驱结点
  struct Node *child[m];                  //子结点序列
}mBTNode,*mBTree;
```

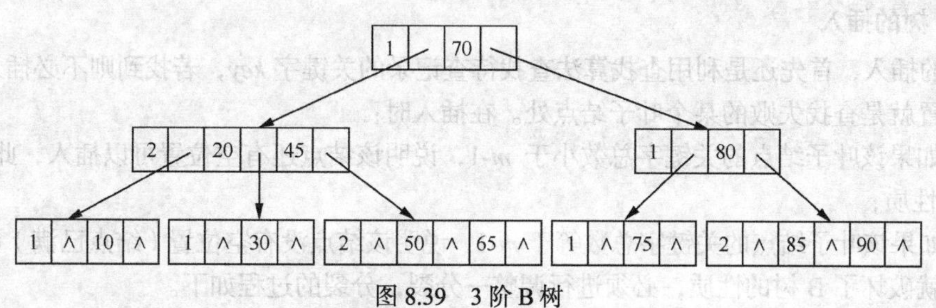

图 8.39　3 阶 B 树

1. B 树的查找

基于 B 树的查找非常类似于二叉排序树的查找，但在每个结点向下查找时，查找的路径不止两条，而是至多为 m 条。对根结点内有序存放的关键字序列可以用折半查找，也可以用顺序查找。具体如下。

若待查关键字为 key，根结点内第 i 个关键字为 K_i，则查找分为以下几种情况：

（1）若 $key=K_i$，则查找成功；

（2）若 $key<K_i$，则沿指针 P_0 所指的子树继续查找；

（3）若 $K_i<key<K_{i+1}$，则沿指针 P_i 所指的子树继续查找；

（4）若 $key>K_n$，则沿指针 P_n 所指的子树继续查找；

（5）若直至找到叶子结点且叶子结点中的查找仍不成功，则查找失败。

【例 8.12】在图 8-39 所示的 3 阶 B 树中查找关键字 65 的过程如图 8-40 所示。

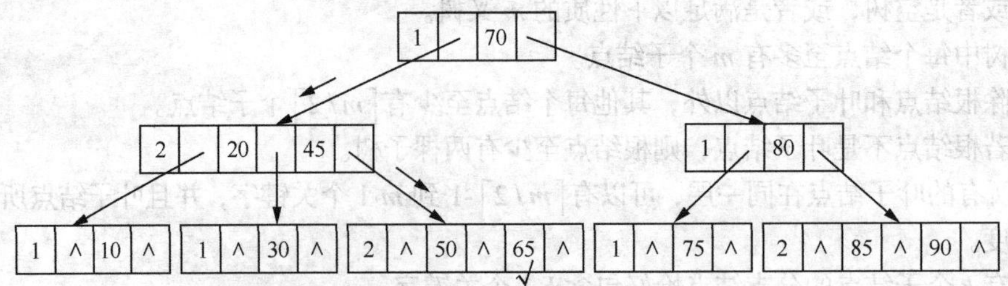

图 8.40　3 阶 B 树中查找关键字 65 的过程

【算法 8.9　B 树的查找】

```
mBTNode *mBTSearch(mBTree root,int x,int *position)
{
    int i=0;
    mBTNode *p=NULL;
    while(i<p->keynum&&p->keys[i]<x)                    //在结点内查找
        i++;
    if(p->keys[i]==x)                                    //查找成功
    {
        *position=i;
        return p;
    }
    if(!root->child[i])  return NULL;                    //查找失败
    return mBTSearch(root->child[i],x,position);         //在子树中递归查找
}
```

2. B 树的插入

B 树的插入，首先还是利用查找算法查找待查记录的关键字 *key*，若找到则不必插入；否则，则插入位置就是查找失败的某个叶子结点处。在插入时：

（1）如果该叶子结点的关键字总数小于 *m*-1，说明该结点还有空位置可以插入，此时不会破坏 B 树的性质；

（2）如果该叶子结点的关键字总数等于 *m*-1，说明该结点没有空位置（结点已满）可以插入，一旦插入就破坏了 B 树的性质，必须进行调整—分裂，分裂的过程如下。

① 以中间位置上的关键字为分裂点，将该结点分裂为两个结点。

② 将中间位置上的关键字向上插入到该结点的前驱（父亲）结点的相应位置上。

③ 若双亲结点已满，则按同样的方法继续向上分裂。

这个过程有可能一直进行到根结点。

【例 8.13】在图 8.39 所示的 3 阶 B 树中分别插入 15 和 60 的情况如图 8.41、图 8.42 所示。

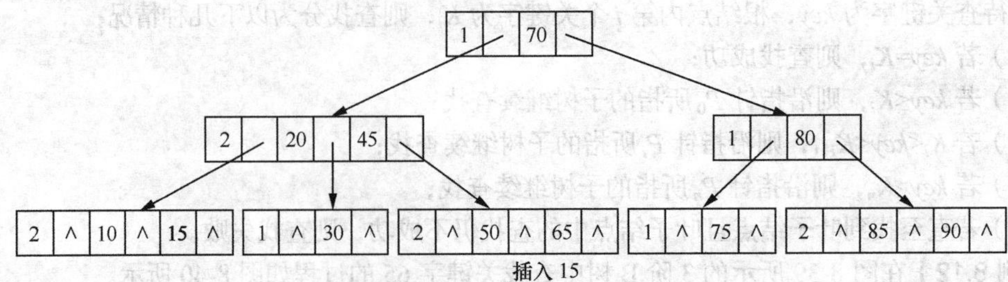

图 8.41　3 阶 B 树中插入 15 的过程

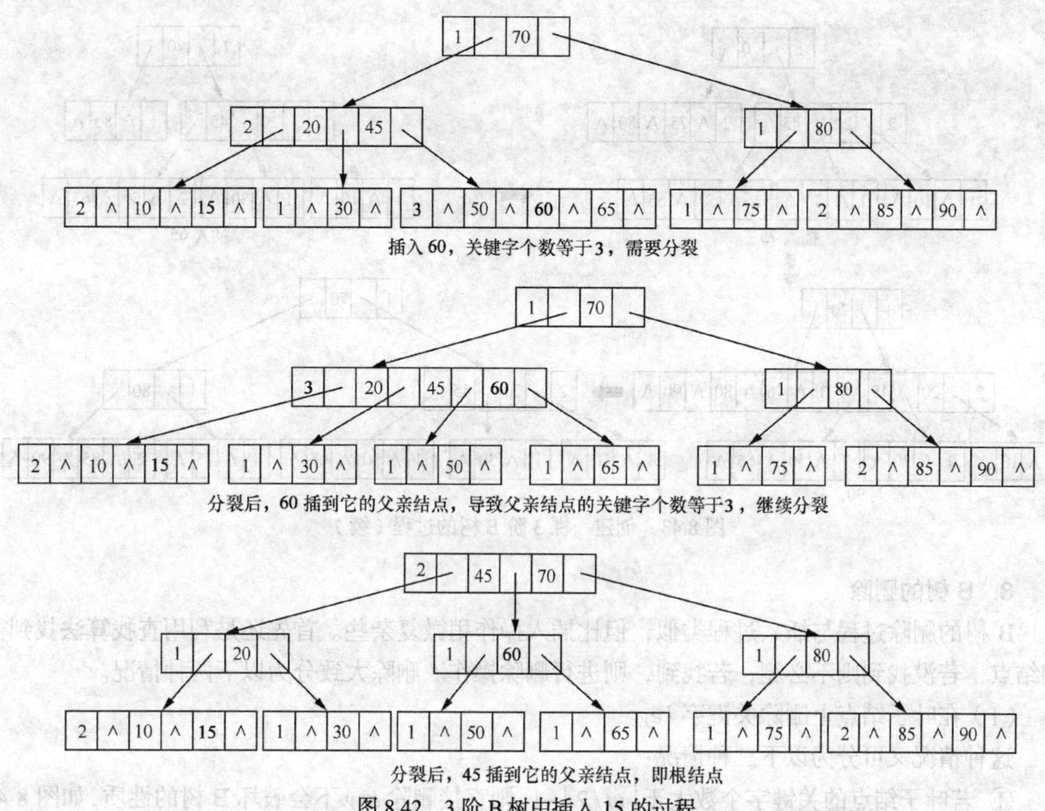

插入 60，关键字个数等于 3，需要分裂
分裂后，60 插到它的父亲结点，导致父亲结点的关键字个数等于 3，继续分裂
分裂后，45 插到它的父亲结点，即根结点

图 8.42　3 阶 B 树中插入 15 的过程

实际上，和前面介绍的内容类似，B 树的创建就是利用 B 树的插入算法，从空树开始，逐个插入关键字，从而创建一棵 B 树。

【例 8.14】给定关键字序列为{70,45,80,20,10,30,50,65,75,90}，创建一棵 3 阶 B 树的过程如图 8.43 所示。

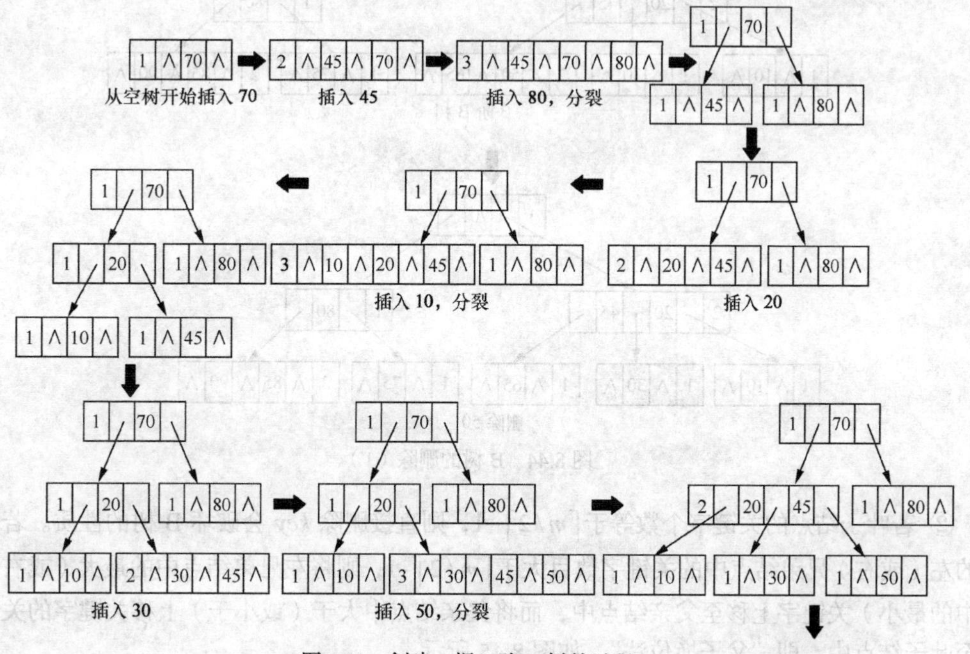

图 8.43　创建一棵 3 阶 B 树的过程

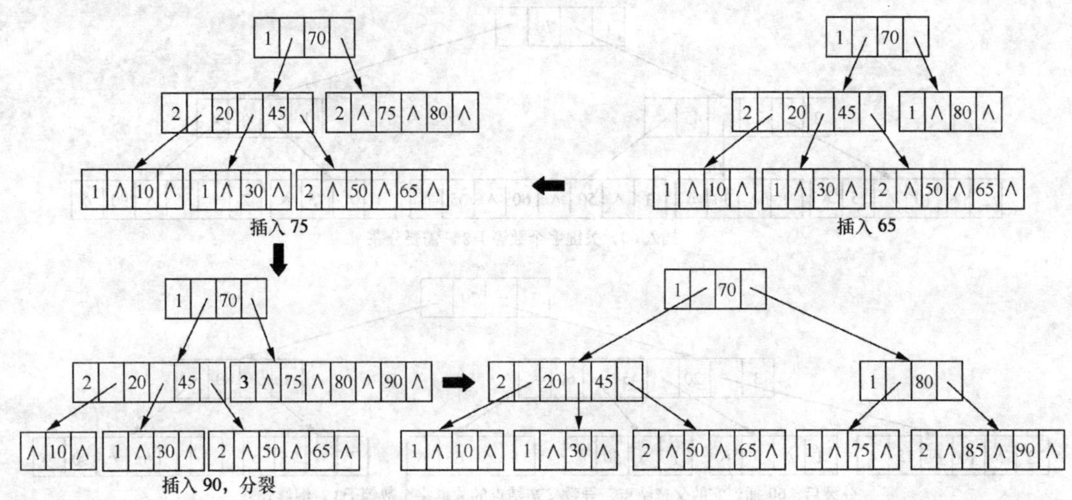

图 8.43　创建一棵 3 阶 B 树的过程（续）

3. B 树的删除

B 树的删除过程与插入过程类似，但比插入操作稍微复杂些。首先还是利用查找算法找到待删结点，若没找到则不必删；若找到，则进行删除操作。删除大致分为以下两种情况。

（1）在叶子结点上删除关键字 *key*。

这种情况又可分为以下三种情况：

① 若叶子结点的关键字个数大于$\lceil m/2\rceil-1$，则直接删除 *key* 不会破坏 B 树的性质，如图 8-44 所示。

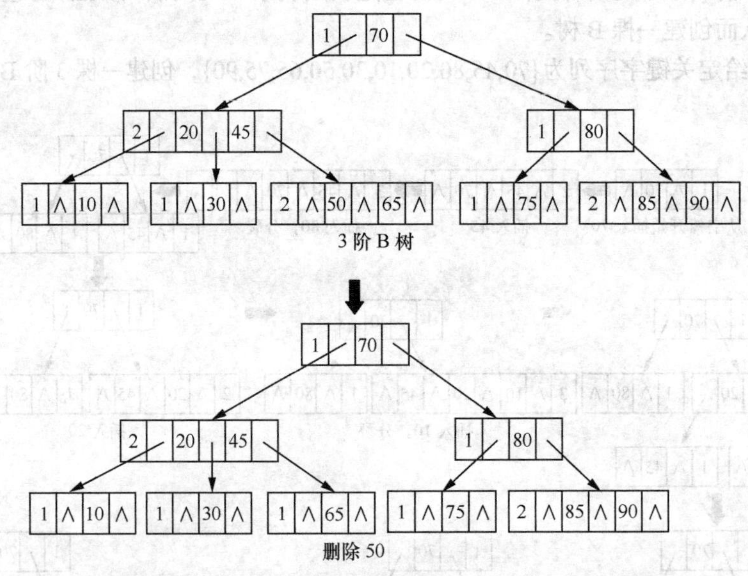

图 8.44　B 树的删除（1）

② 若叶子结点的关键字个数等于$\lceil m/2\rceil-1$，则直接删除 *key* 会破坏 B 树的性质。若叶子结点的左（或右）兄弟结点中的关键字数目大于$\lceil m/2\rceil-1$，则将左兄弟结点中的最大（或右兄弟结点中的最小）关键字上移至父亲结点中，而将父亲结点中大于（或小于）上移关键字的关键字下移至叶子结点中。即“父子换位法”，如图 8.45 所示。

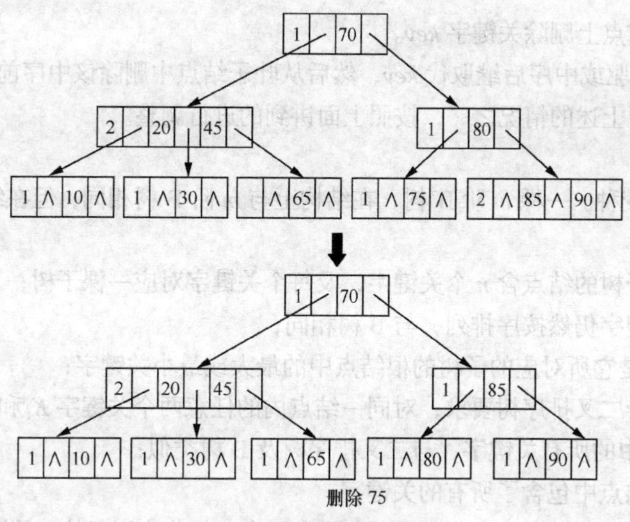

图 8.45 B树的删除（2）

③ 若叶子结点及其相邻的左右兄弟中的关键字个数均等于$\lceil m/2 \rceil -1$，则必须将叶子结点和左（或右）兄弟合并。可以设叶子结点有右兄弟，在叶子结点中删去 *key* 后，将父亲结点中介于叶子结点和兄弟结点之间的关键字 *k* 作为中间关键字，并与二者一起合并为一个新结点，此时新结点中恰有 $2\lceil m/2 \rceil -2$ 个关键字，仍然小于 $m-1$ 个关键字，没有破坏 B 树的性质。但由于父亲结点中删除了关键字 *k*，若父亲结点中的关键字大于$\lceil m/2 \rceil -1$，则删除操作结束；否则，同样要与其左右兄弟合并，这个合并过程有可能也一直到根结点，如图 8-46 所示。

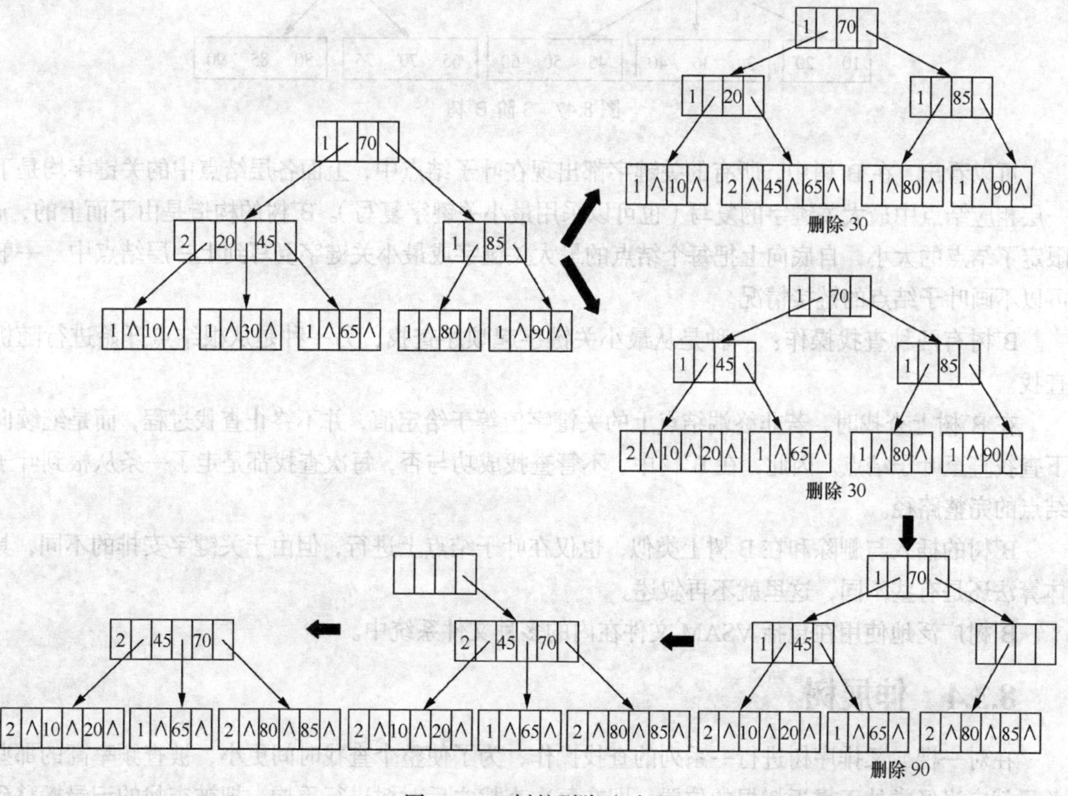

图 8.46 B树的删除（3）

（2）在非叶子结点上删除关键字 *key*。

用 *key* 的中序前驱或中序后继取代 *key*，然后从叶子结点中删除该中序前驱或中序后继结点。当删除完后可能出现上述的情况之一，按照上面讲到的进行调整。

4. B^+树

B^+树是 B 树的变种。一棵 *m* 阶 B^+树，在结构上与 *m* 阶 B 树相同，但在结构内部的关键字安排不同。具体如下：

（1）具有 *n* 棵子树的结点含 *n* 个关键字，及每个关键字对应一棵子树；

（2）结点内关键字仍然按序排列，与 B 树相同；

（3）关键字 K_i 是它所对应的子树的根结点中的最大或最小关键字；

（4）关键字符合二叉排序树要求，对同一结点内的任意两个关键字 K_i 和 K_j，若 $K_i<K_j$，则 K_i 小于 K_j 对应的子树中的所有关键字，与二叉排序树及 B 树类似；

（5）所有叶子结点中包含了所有的关键字；

（6）叶子结点中的关键字对应的子树，实际应用中一般代表记录块。关键字 K_i 是它所代表的记录块中的最大或最小关键字；

（7）各叶子结点可以按关键字大小次序链接在一起，形成单链表，并设置链头指针。

图 8.47 所示为一棵 3 阶 B^+树。

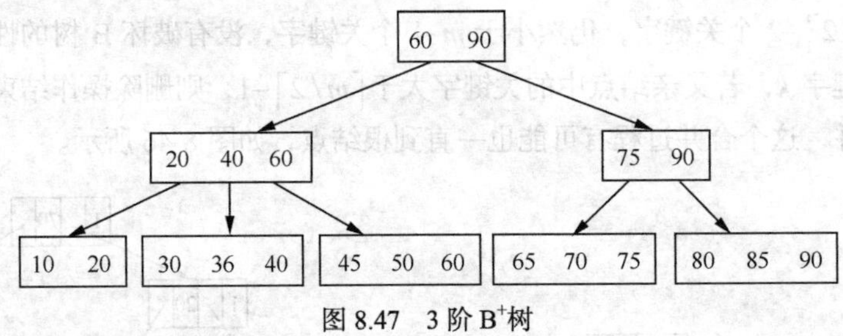

图 8.47　3 阶 B^+树

可以看出，在 B^+树中，所有的关键字都出现在叶子结点中，上面各层结点中的关键字均是下一层相应结点中最大关键字的复写（也可以采用最小关键字复写）。B^+树的构造是由下而上的，*m* 限定了结点的大小，自底向上把每个结点的最大关键字或最小关键字复写到上一层结点中。一般可以不画叶子结点的链接情况。

B^+树有两种查找操作：一种是从最小关键字起顺序查找，另一种是从根结点开始进行随机查找。

在 B^+树上查找时，若非终端结点上的关键字值等于给定值，并不终止查找过程，而是继续向下查找直至叶子结点。因此，在 B^+树中，不管查找成功与否，每次查找都是走了一条从根到叶子结点的完整路径。

B^+树的插入与删除和在 B 树上类似，也仅在叶子结点上进行，但由于关键字安排的不同，具体算法还是有些不同，这里就不再叙述。

B^+树广泛地使用在包括 VSAM 文件在内的多种文件系统中。

8.3.4　伸展树

在对一棵二叉排序树进行一系列的查找操作，为了使整个查找时间更小，被查频率高的那些条目就应当经常处于靠近树根的位置。即在每次查找之后对树进行重构，把被查找的记录搬移到离树根近一些的地方。基于这种思想，由 Daniel Sleator 和 Robert Tarjan 提出了伸展树(Splay Tree)算法。伸展树的吸引力在于查找和更新方法的简洁性。它是一种自调整形式的二叉查找树，每次查找、插入或删除之后，通过仔细设计旋转序列，将被访问的结点向上移动到根。这种简单“移动到顶”的启发式策略有利于所进行的各种操作。它会沿着从某个结点到树根之间的路径，通过一系列的旋转把这个结点搬移到树根去。事实上，伸展树只是改进了二叉排序树性能的一组规则，可以在 $O(\log_2 n)$内完成插入、查找和删除等操作，控制了查找、插入和删除等操作对排序树的修改，从而避免二叉排序树在最差情况下的线性时间代价。

给定一棵二叉排序树，当访问一个内部结点 p 时，通过一系列重构过程，将结点 p 移到树的根结点处，即完成一次伸展过程。伸展 x 进行的特殊重构非常重要。因为只进行任意序列的重构，还不足以 p 移到树的根部。将 p 向上移动的特定操作取决与 p、其父结点 f 以及其祖父结点 g（若存在）的相对位置。具体的伸展过程还有由一组旋转组成，旋转主要有绕根单旋转、一字旋转和之字旋转三种情况。

（1）绕根单旋转：如图 8.48 所示，p 没有祖父结点（或者出于某些原因，不考虑 p 的祖父结点）。在这种情况下，沿着结点 f 旋转 p，使 p 的子结点是 f 和 p 以前的子结点中的一个结点，以便保持二叉排序树的特性。实际上，伸展树的绕跟单旋转和平衡二叉树的单旋转类型是一样的。具体实现时，可分为左单旋转和右单旋转两种情况，即结点 p 是左结点或者结点 p 是右结点。

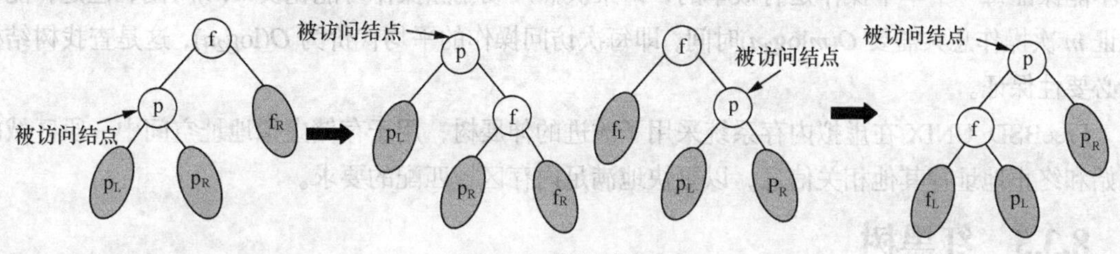

图 8.48 绕根单旋转

（2）一字旋转：也叫作同构调整。如图 8.49 所示，当结点 p、p 的父亲结点 f 以及 p 的祖父结点 g 位于同一侧，即结点 p 是结点 f 的左子结点，结点 f 是结点 g 的左子结点；或者结点 p 是结点 f 的右子结点，结点 f 是结点 g 的右子结点。

具体地，用 p 代替 g，使 f 成为 p 的子结点，并使 g 成为 f 的子结点，同时保持二叉排序树的特性。在实现时，可分为左一字旋转和右一字旋转两种情况。

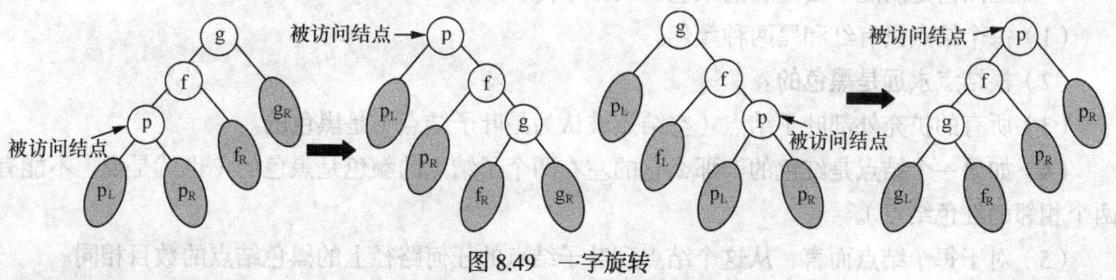

图 8.49 一字旋转

（3）之字旋转：也叫作异构调整。当结点 p、p 的父亲结点 f 以及 p 的祖父结点 g 形成一个之字形，即结点 p 是结点 f 的左子结点，结点 f 是结点 g 的右子结点；或者结点 p 是结点 f 的右子结点，结点 f 是结点 g 的左子结点。

具体实现时，用 p 代替 g，并使 f 和 g 做为 p 的子结点，同时保持二叉排序树的特性。在实现时，可分为左之字旋转和右之字旋转两种情况，如图 8.50 所示。

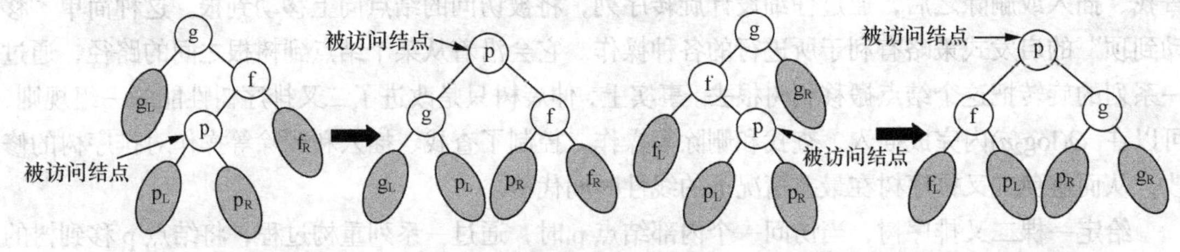

图 8.50　之字旋转

伸展树的插入操作和删除操作与二叉排序树相同，如果是新插入的结点，那么在找到插入位置插入后还要将插入结点展开到根结点；如果是删除结点，那么在删除该结点后，需要将被删结点的父结点展开到根结点。从操作的角度上看，伸展树与平衡二叉树的操作只有略微的差别，但伸展树与结点被访问的频率相关，能够进行更加动态的调整；而平衡二叉树的结构只与插入、删除的顺序有关，与插入、删除或者查找的频率无关。分析表明，对于一个具有 n 个结点的伸展树，进行一组 m 次操作（插入、删除或查找等操作），当 $m \geqslant n$ 时，总的时间代价为 $O(m\log_2 n)$。伸展树不能保证每一个单个操作是有效率的，即某次插入或删除操作可能花费 $O(n)$时间，但是，能够保证 m 次操作总共需要 $O(m\log_2 n)$时间，即每次访问操作的平均代价为 $O(\log_2 n)$，这是查找树结构的必要性保证。

FreeBSD UNIX 在虚拟内存系统采用了改进的伸展树，用于存储虚拟地址空间中一段区域的起始和终止地址等其他相关信息，以更快地满足内存区域匹配的要求。

8.3.5　红黑树

红黑树（red-black tree）是一种自平衡二叉查找树，它是在 1972 年由 Rudolf Bayer 发明的，当时被称为“对称二叉 B 树”，现在的名字是在 Leo J. Guibas 和 Robert Sedgewick 于 1978 年写的一篇论文中命名的。它的操作有着良好的最坏情况运行时间，并且在实践中是高效的，它可以在 $O(\log_2 n)$时间进行查找、插入和删除等操作。其中每个结点被“染成”红色或黑色。它利用对树中结点红黑着色的要求达到局部平衡。

一棵红黑树是满足下面性质的染色二叉排序树。

（1）每个结点只有红和黑两种颜色。

（2）根结点永远是黑色的。

（3）所有的扩充外部叶子结点（空结点被认为是叶子结点）是黑色的。

（4）如果一个结点是红色的，那么它的左右两个子结点的颜色是黑色的（也就是说，不能有两个相邻的红色结点）。

（5）对于每个结点而言，从这个结点到叶子结点的任何路径上的黑色结点的数目相同。

可以看出，在一棵红黑树中，最短的道路是所有的结点都是黑色，最长的道路必是红黑相间。所以一条道路其长度最多是其他道路的两倍，因此红黑树实际上是关于高度近似均衡的树。

定理：一棵含有 n 个内结点的红黑树的树高至多为 $2\log_2(n+1)$，由这个定理可知，红黑树可在 $O(\log_2 n)$时间内实现各种操作。但是，在插入和删除之后，红黑属性有可能被破坏。恢复红黑属性需要少量($O(\log_2 n)$)的颜色变更（这在实践中是非常快速的）并且不超过三次旋转（对于插入是两次），这保证了插入和删除操作维持在 $O(\log_2 n)$次，但是它带来了相对复杂的操作。

先介绍必要的两个操作：左旋转和右旋转。类似于平衡二叉树中的单旋转。所谓左旋转就是把结点 p 向左下方向移动一格，然后让 p 原来的右子结点代替它的位置，如图 8.51 所示。而右旋转则是把左旋转左、右互反一下，如图 8.52 所示。

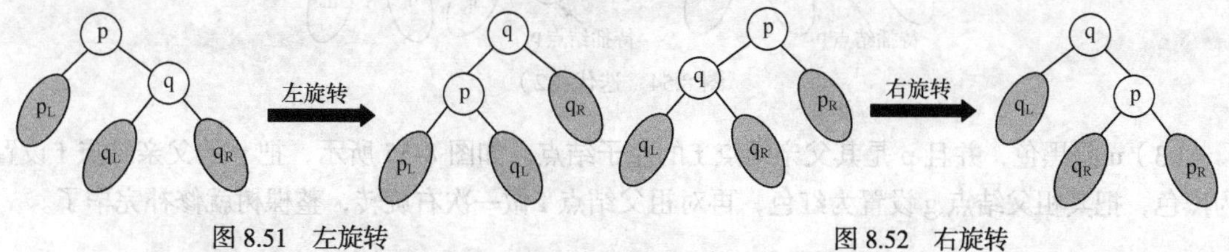

图 8.51　左旋转　　　图 8.52　右旋转

1．红黑树的插入

同二叉排序树一样，首先找到插入位置，然后把新结点 p 插入到某一个叶子结点的位置上。将插入结点 p 设置为红色。由前面提到的性质 5：从根结点向下到空结点的每一条路径上的黑色结点数要相同，推知如果新插入的是黑色结点，那么它所在的路径上就多出一个黑色结点，所以新插入的结点一定要设置为红色。但是这样可能又有一个矛盾，如果 p 的父亲结点也是红色，根据性质 4：如果一个结点是红色的，那么它的左右两个子结点的颜色是黑色的（也就是说，不能有两个相邻的红色结点），此时要执行下面一个迭代的过程来修补这棵红黑树。

在整个迭代过程中，p 一定都指向一个红色的结点。如果 p 的父亲结点 f 是黑色，那么成功返回；如果 f 是红色，显然破坏了红黑树的性质，应该把 p 或者 f 变成黑色，但这要建立在不破坏红黑树的其他性质的基础上。为了说明情况，再引入 p 的祖父结点 g 和 p 的叔父结点 u。方便起见，假设 p 的父亲结点 f 是其祖父结点的左子结点，而 u 是其祖父结点的右子结点。如果遇到的实际情况不是这样，那也只要把所有操作中的左、右互反就可以了，即上面说到的左右旋转问题。

在每一次迭代中，我们可能遇到以下三种情况。

（1）u 也是红色。如图 8.53 所示，这时只要把 p 的父亲结点 f 和叔父结点都设置为黑色，并把祖父结点 g 设置为红色。这样仍然确保了每一条路径上的黑色结点数不变。然后把 p 指向 g，并开始新一轮的迭代。

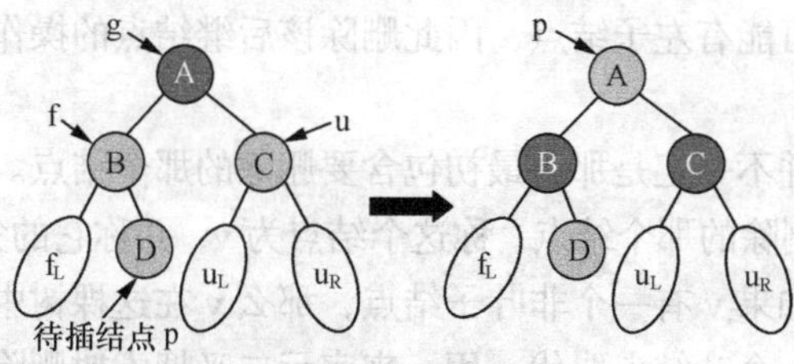

图 8.53　迭代（1）

（2）u 是黑色，并且 p 是其父亲结点 f 的右子结点。如图 8.54 所示，这时我们只要把 p 指向其父亲结点 f，然后做一次左旋转就转化成下面要讲的第 3 种情况。

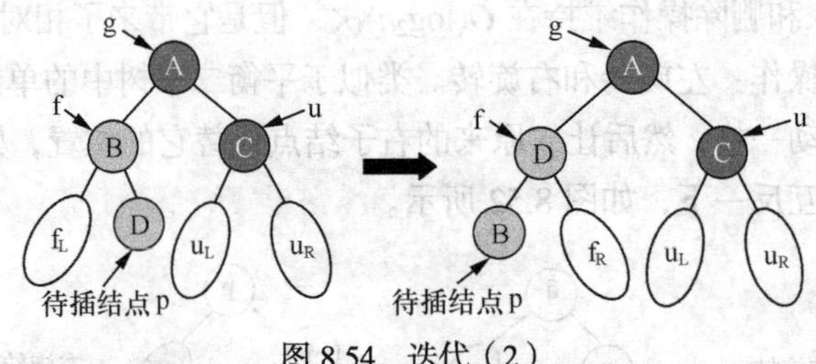

图 8.54　迭代（2）

（3）u 是黑色，并且 p 是其父亲结点 f 的左子结点。如图 8-55 所示，把 p 的父亲结点 f 设置为黑色，把其祖父结点 g 设置为红色，再对祖父结点 f 做一次右旋转，整棵树就修补完毕了。

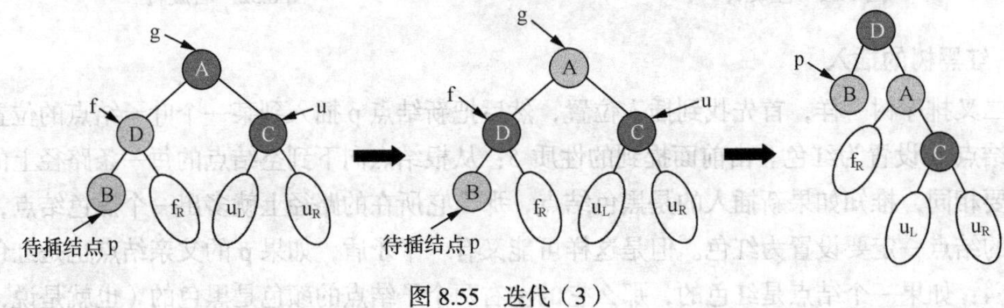

图 8.55　迭代（3）

反复进行迭代，直到某一次迭代开始时 p 的父亲结点为黑色就结束，也就是遇到第 3 种情况。

2. 红黑树的删除

红黑树的删除操作比插入操作复杂一些，基本删除算法与二叉排序树类似，但需要检查红黑平衡性。

首先，找到待删结点，然后分以下几种情况。

（1）要删除的结点没有子结点。在这种情况下，我们直接将它删除就可以了。如果这个结点是根结点，那么这棵树将成为空树；否则，将它的父结点中相应的子结点指针赋值为空。

（2）要删除的结点有一个子结点。与上面一样，直接将它删除。如果它是根结点，那么它的子结点变为根结点；否则，将它的父结点中相应的子结点指针赋值为被删除结点的子结点的指针。

（3）要删除的结点有两个子结点。在这种情况下，我们先找到这个结点的后继结点，也就是它的右子树中最小的那个结点。然后我们将这两个结点中的数据元素互换，之后删除这个后继结点。由于这个后继结点不可能有左子结点，因此删除该后继结点的操作必然会落入上面两种情况之一。

在树中被删除的结点并不一定是那个最初包含要删除的那个结点。但出于重建红黑树性质的目的，我们只关心最终被删除的那个结点。称这个结点为 v，并称它的父结点为 p(v)。v 的子结点中至少有一个为叶结点。如果 v 有一个非叶子结点，那么 v 在这棵树中的位置将被这个子结点取代；否则，它的位置将被一个叶结点取代。用 u 来表示二叉搜索树删除操作后在树中取代了 v 的位置的那个结点。如果 u 是叶结点，那么我们可以确定它是黑色的。

（1）如果 v 是红色的，那么删除操作就完成了，因为这种删除不会破坏红黑树的任何性质。

（2）如果 v 是黑色的。删除了 v 之后，从根结点到 v 的所有子孙叶结点的路径将会比树中其他的从根结点到叶结点的路径拥有更少的黑色结点，这会破坏红黑树的性质 5。另外，如果 p(v) 与 u 都是红色的，那么性质 4 也会遭到破坏。但实际上我们解决性质 5 遭到破坏的方案在不用作任何额外工作的情况下就可以同时解决性质4遭到破坏的问题，所以下面只考虑性质5的问题。

双黑色问题的产生：当我们将黑色结点v删除时，我们将它的黑色下推到它的儿子结点u，这样结点u就可能具有双重黑色，从而破坏了红黑树的性质1，产生了双黑色问题。让我们在头脑中给u打上一个黑色记号。这个记号表示从根结点到这个带记号结点的所有子孙叶结点的路径上都缺少一个黑色结点（在一开始，这是由于v被删除了）。我们会将这个记号一直朝树的顶部移动直到性质5重新恢复。在下面的图解中用一个黑色的方块表示这个记号。如果带有这个记号的结点是黑色的，那么我们称之为双黑色结点。

以下是解决双黑色问题的四种不同的情况。

（1）如果带记号的结点是红色的或者它是树的根结点（或两者皆是），只要将它染为黑色就可以完成删除操作。这样就会恢复红黑树的性质4（不能存在两个相邻的红色结点）。而且，性质5也会被恢复，因为这个记号表示从根结点到该结点的所有子孙叶结点的路径需要增加一个黑色结点以便使这些路径与其他的根结点到叶结点路径所包含的黑色结点数量相同。通过将这个红色结点改变为黑色，我们就在这些缺少一个黑色结点的路径上添加了一个黑色结点。如果带记号的结点是根结点并且为黑色，那么直接将这个标记丢掉就可以了。在这种情况下，树中每条从根结点到叶结点的路径的黑色结点数量都比删除操作前少了一个，并且依旧保持住了性质 5。在余下的情况里，假设这个带记号的结点是黑色的，并且不是根结点。

（2）如果这个双黑色结点的兄弟结点以及两个侄子结点都是黑色的，那么我们就将它的兄弟结点染为红色之后将这个记号朝树根的方向移动一步。图8.56展示了两种可能出现的子情况。环绕y的虚线表示在此并我们不关心y的颜色，而在A、B、C和D的上面的小圆圈表示这些子树的根结点是黑色的，而且这个双黑色结点必然会有两个非叶结点的侄子结点。

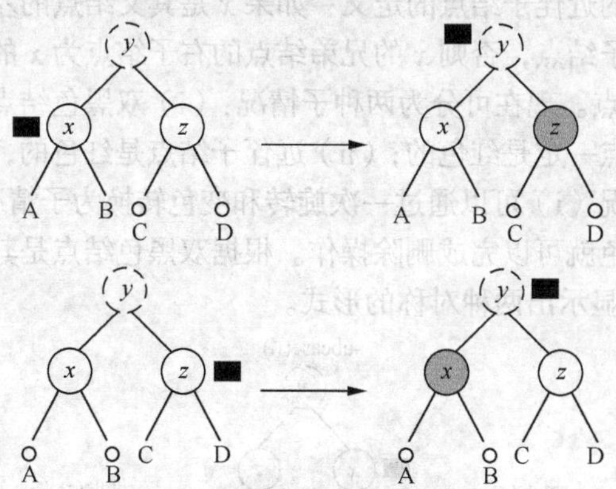

图8.56　解决双黑色问题（2）

将那个兄弟结点染为红色，就会从所有到该结点的子孙叶结点的路径上去掉一个黑色结点，因此现在这些路径上的黑色结点数量与到双黑色结点的子孙叶结点的路径上的黑色结点数量一致了。我们将这个记号向上移动到y，这表明现在所有到y的子孙叶结点的路径上缺少一个黑色结点。此时问题仍然没有得到解决，但我们又向树根推进了一步。很显然，只有带记号的结点的两个侄子结点都是黑色时才能进行上述操作，这是因为如果有一个侄子结点是红色的那么该操作会导致出现两个相邻的红色结点。

（3）如果带记号的结点的兄弟结点是红色的，那么我们就进行一次旋转操作并改变结点颜色。图8.57所示为两种可能出现的情况。

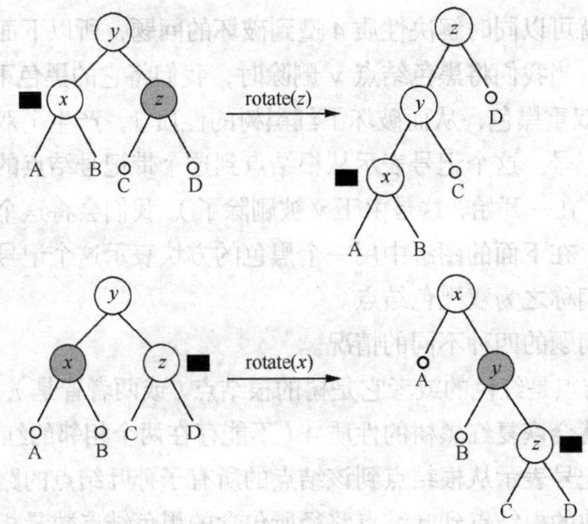

图 8.57　解决双黑色问题（3）

上面的操作并不会改变从根结点到任何叶结点路径上的黑色结点数量，并且它确保了在操作之后这个双黑色结点的兄弟结点是黑色的，这使得后续的操作或者属于情况（2），或者属于情况（4）。由于这个记号比起操作前离树的根结点更远了，所以看起来似乎向后倒退了。但现在这个双黑色结点的父结点是红色的了，所以如果下一步操作属于情况（2），那么这个记号将会向上移动到那个红色结点，然后我们只要将它染为黑色就完成了。此外，在情况（4）下，我们总是能够将这个记号消耗掉从而完成删除操作。因此这种表面上的倒退现象实际上意味着删除操作就快要完成了。

（4）最终，我们遇到了双黑色结点有一个黑色兄弟结点并至少一个侄子结点是红色的情况。我们下面给出一个结点 x 的近侄子结点的定义：如果 x 是其父结点的左子结点，那么 x 的兄弟结点的左子结点为 x 的近侄子结点，否则 x 的兄弟结点的右子结点为 x 的近侄子结点；而另一个侄子结点则为 x 的远侄子结点。现在可分为两种子情况：（i）双黑色结点的远侄子结点是黑色的，在此情况下它的近侄子结点一定是红色的；（ii）远侄子结点是红色的，在此情况下它的近侄子结点可以为任何颜色，子情况（i）可以通过一次旋转和变色转换为子情况（ii），而在子情况（ii）下只要通过一次旋转和变色就可以完成删除操作。根据双黑色结点是其父结点的左子结点还是右子结点，图 8.58 中的两行显示出两种对称的形式。

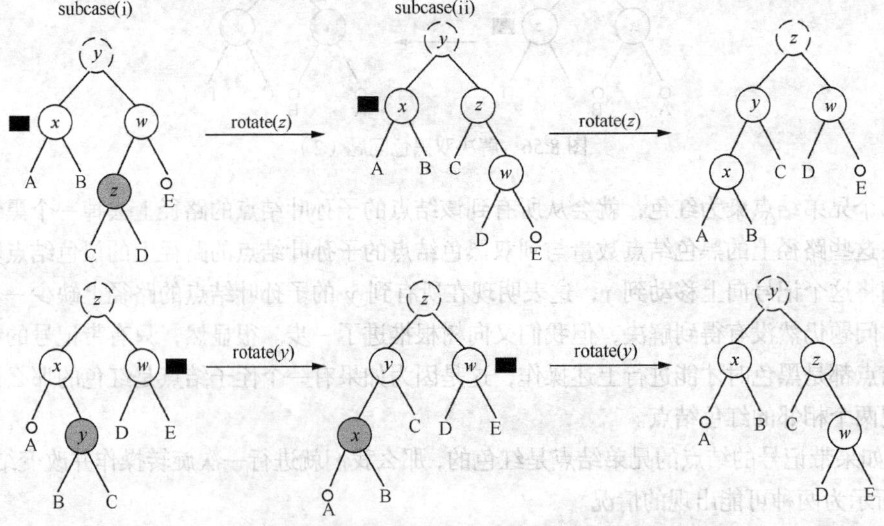

图 8.58　红黑树的删除修正中的两种对称情形

在这种情况下生成了一个额外的黑色结点，记号被丢掉，删除操作完成。可以看出，所有到带记号结点的子孙叶结点的路径上的黑色结点数量增加了 1，而其他的路径上的黑色结点数量保持不变。很显然，在此刻红黑树的任何性质都没有遭到破坏。

8.4 散 列

以上讨论的各种查找表的结构，由于记录在表中的位置与其关键字之间不存在一个确定的关系，因此，查找的过程为给定值依次和关键字集合中各个关键字进行比较的过程，查找的效率取决于和给定值进行比较的关键字个数 n，其平均查找长度都不为零。如果查找的对象规模 n 很大时，用户很难忍受这样的时间效率。

对于规模很大的且频繁使用的查找表来说，最理想的情况是根据记录中关键字的值，直接找到该记录的存储位置，也就是不需要通过“比较”而进行查找，即 ASL=0。数组的最大特点是“随机存取”，这是由于根据数组的起始地址和数组元素的下标值可以直接计算出每一个数组元素的存储位置，所花费的时间代价为 $O(1)$，与数组元素的个数 n 无关。借鉴此办法，如果预先知道所查记录的关键字在表中的确切位置，那么即可直接找到该记录。散列方法就是基于此目的而产生的。

散列方法是一种计算式查找方法，又叫做 hash（哈希、杂凑）法或关键字地址计算等，它的基本思想是：首先在记录的关键字 key 和记录的存储位置 p 之间建立一个对应关系 H，使得 $p=H(key)$，H 被称为 hash 函数，p 被称为散列地址。当创建 hash 表时，把关键字为 key 的记录直接存入地址为 $H(key)$的地址单元中；以后当查找关键字为 key 的记录时，再利用 hash 函数 $p=H(key)$ 计算出该记录的散列地址 p，从而达到直接存取记录的目的。因此，散列方法的核心就是由 hash 函数决定关键字值与散列地址之间的对应关系，通过这种关系来组织存储并进行查找等操作。

例如，记录序列的关键字值分别为 and,cell,do,flag,hot,ill,little,sit,yellow,zero，如果 hash 函数 $H(key)$取值为关键字的第一个字母在字母表中的字典顺序，那么关键字会依次分布在散列地址中。但如果关键字表改为 and,ant,apple,cell,do,flag,hot,ill,little,sit,sad,sorry,yellow,zero，就会发生“and,ant,apple”和“sit,sad,sorry”这两组中的关键字有“地址冲突”的问题，即这两组中的关键字的第一个字母相同，那么根据 hash 函数计算出来的地址也会相同——发生地址冲突。

由于 hash 函数是一个压缩映象，因此在实际应用中，很少存在不产生冲突的 hash 函数，因而在采用散列方法进行查找时必须解决的两个问题是：

（1）如何构造恰当的 hash 函数，使得结点“分布均匀”，尽量少的产生冲突；

（2）一旦发生冲突，如何处理冲突。

8.4.1 Hash 函数的构造方法

本节将介绍几种 hash 函数的构造方法。在这些方法中，假设处理的关键字值为整型，这样就可以建立一种关键字与整数之间的对应关系，从而把关键字的查找转换为对应的整数的查找。

hash 函数的构造原则为简单和均匀，即：

（1）hash 函数本身运算尽量简单，便于计算；

（2）hash 函数值必须在散列地址范围内，且分布均匀，地址冲突尽可能少。

下面介绍几种常用的 hash 函数构造方法。

（1）除留余数法。

该方法是最为简单常用的一种方法。假设表长为 m，p 为小于等于表长 m 的最大素数，则 hash 函数为 $H(key)=key\%p$。

【例 8.15】对关键字序列 22,41,53,46,29,14,01,60，散列地址为 0～10 的范围，hash 函数 $H(k)=k\%11$。

$H(22)=22\%11=0$　$H(41)=41\%11=8$　$H(53)=53\%11=9$　$H(46)=46\%11=2$

$H(29)=29\%11=7$　$H(14)=14\%11=3$　$H(01)=01\%11=01$　$H(60)=60\%11=5$

0	1	2	3	4	5	6	7	8	9	10
22	01	46	14		60		29	41	53	

关于 p 的选取问题，p 应为不大于 m 的质数或者是不含 20 以下的质因子。

例如，key = 12, 39, 18, 24, 33, 21 时，若取 p=9，则使所有含质因子 3 的关键字均映射到地址 0, 3, 6 上，从而增加了“冲突”的可能性。

（2）数字分析法。

假设关键字集合中的每个关键字都是由 s 位数字组成(k_1, k_2, …, k_n)，如果可以预先估计出全体关键字的每一位上各种数字出现的频度时，分析关键字集中的全体，并从中提取分布均匀的若干位或它们的组合作为 hash 地址。

【例 8.16】图 8.59 中的关键字为 8 位的十进制整数，经过分析，各个关键字中第 4～6 位中的取值比较均匀，则 hash 函数为 $H(key)=d_4d_5d_6$。

位数：	1	2	3	4	5	6	7	8
关键字：	4	9	6	4	6	5	4	2
	4	9	6	7	3	2	4	2
	4	9	6	8	7	4	2	2
	4	9	6	0	1	3	4	7
	4	9	6	2	2	8	2	7
	4	9	6	3	8	9	2	7

$H(49646542)=465$　$H(49673242)=732$

$H(49687422)=874$　$H(49601347)=013$

$H(49622827)=228$　$H(49638927)=389$

图 8.59　数字分析法

（3）平方取中法。

由于整数相除的运行速度通常比相乘要慢，因此有意识地避免使用除余法可以提高散列算法的运行时间。平方取中法的具体方法是：首先通过求关键字的平方值扩大相近数的差别，然后根据表长度取中间的几位数作为 hash 函数值。又因为一个乘积的中间几位数和乘数的每一位都相关，所以由此产生的散列地址较为均匀。

【例 8.17】将一组关键字（0100，0110，1010，1001，0111）平方后得：

(0010000，0012100，1020100，1002001，0012321)

若取表长为 1000，则可取中间的三位数作为散列地址集：

(100，121，201，020，123)

（4）分段叠加法。

有时关键字所含的位数很多，采用平方取中法计算太复杂，则可将关键字分割成位数相同的几部分（最后一部分的位数可以不同），然后取这几部分进行叠加，叠加和（舍去进位）作为散列地址。具体的叠加方式有移位叠加和折叠叠加方式。

【例 8.18】 key=926483715503，如图 8-60 所示，

$H(926483715503)_{移位叠加}=627$，$H(926483715503)_{折叠叠加}=330$

（5）基数转换法。

首先将关键字看成是另一种进制的数，然后再转换成原来进制的数，再选择其中几位作为散列地址。例如，对于十进制关键字 362081，先把它看作是十三进制的数，再转换为十进制数。

移位叠加	折叠叠加
926	926
483	384
715	715
+) 503	+) 305
2 627	2 330

图 8-60 分段叠加

$(362081)_{13}=1\times 13^0+8\times 13^1+0\times 13^2+2\times 13^3+6\times 13^4+3\times 13^5=(1289744)_{10}$

假设散列表长度是 10000，则可取低 4 位 9744 作为散列地址，即

H(362081)=9744

在实际应用中，还是应该根据实际情况选择采用恰当的散列方法，并用实际数据测试它的性能，以便做出正确判定。

一般应考虑以下因素：

（1）计算 hash 函数所需的时间；

（2）关键字的长度；

（3）散列表的大小；

（4）关键字分布的情况；

（5）记录查找的频率。

8.4.2 处理冲突的方法

尽管构造性能良好的 hash 函数可以减少冲突，但实际上冲突是不可避免的。事实上，处理冲突的实际含义就是为产生冲突的地址寻找下一个散列地址。接下来介绍几种处理冲突的方法。

1. 开放定址法

也被称为再散列法，基本思想是：当关键字 *key* 的初始散列地址 $h_0=H(key)$出现冲突时，以 h_0 为基础查找下一个地址 h_1，如果 h_1 仍然冲突，再以 h_0 为基础，产生另一个散列地址 h_2……直到找出一个不冲突的地址 h_i，将相应元素存入其中。这种方法有一个通用的再散列函数形式：

$h_i=(H(key)+d_i)\ \%\ m \qquad i=1, 2, \cdots, n$

其中，$H(key)$为哈希函数，$h_0=H(key)$，m 为表长，d_i为增量序列。增量序列的取值方式不同，对应有不同的再散列方式，主要有以下三种。

（1）线性探测再散列

$d_i=c\times i$　　最简单的情况　$c=1$

这种方法的特点是：冲突发生时，顺序查看表中下一个单元，直到找到一个空单元或查遍全表。值得注意的是，由于这里使用的是%运算，因而整个表成为一个首尾连接的循环表，在查找时类似于循环队列，表尾的后边是表头，表头的前边是表尾。

【例 8.19】 关键字集合为{ 19, 01, 23, 14, 55, 68, 11, 82, 36 }，设定哈希函数 $H(key)=key\ \%\ 11$（表长=11），采用线性探测再散列处理冲突。

首先，根据关键字值和哈希函数确定散列地址（0～10，因为是对 11 求余）：

key	19	01	23	14	55	68	11	82	36
key% 11	8	1	1	3	0	2	0	5	3

其次，根据每个关键字确定的散列地址进行存放，如果地址有冲突，根据线性探测再散列方法，顺序查找后一个位置，直到找到为止。由于最后要计算平均查找长度，所以方便起见，在进行查填时顺便记录查填需要比较的次数。

散列地址	0	1	2	3	4	5	6	7	8	9	10
关键字值	55	01	23	14	68	11	82	36	19		
比较次数	1	1	2	1	3	6	2	5	1		

最后，计算查找成功时的平均查找长度：ASL_{succ}=（4×1+2×2+3+5+6）/9＝22/9。

（2）二次探测再散列

$d_i = 1^2, -1^2, 2^2, -2^2, \cdots, k^2, -k^2 \quad (k \leqslant m/2)$

这种方法的特点是：冲突发生时，分别在表的右、左进行跳跃式探测，较为灵活，不易产生聚集，但缺点是不能探查到整个散列地址空间。

对于例 8.19，如果采用二次探测再散列，查填过程为：

散列地址	0	1	2	3	4	5	6	7	8	9	10
关键字值	55	01	23	14	36	82	68		19		11
比较次数	1	1	2	1	2	1	4		1		3

注意，关键字 11 在查填时，首先和 0 号位置比较 1 次，发现冲突；找右后边的第一个位置即 1 号位置进行第 2 次比较，发现仍然冲突；再找左边的第一个位置即 10 号位置（求余运算使整个表成为一个首尾连接的循环表）进行第 3 次比较，没有冲突，可以存储。

$$ASL_{succ}=（5×1+2×2+3+4）/9=16/9$$

（3）随机探测再散列

d_i=伪随机数

这种方法需要建立一个随机数发生器，并给定一个随机数作为起始点。

2. 链地址法

链地址法解决冲突的基本思想是把所有具有地址冲突的关键字链在同一个单链表中。

若哈希表的长度为 *m*，则可将哈希表定义为一个有 *m* 个头指针组成的指针数组。散列地址为 *i* 的记录，均插入到以指针数组第 *i* 个单元为头指针的单链表中。

【例 8.20】关键字集合为{ 19, 01, 23, 14, 55, 68, 11, 82, 36 }，设定哈希函数 $H(key) = key\ \%7$，采用链地址法处理冲突。

首先，根据关键字值和哈希函数确定散列地址（0～6，因为是对 7 求余）：

key	19	01	23	14	55	68	11	82	36
key% 7	5	1	2	0	6	5	4	5	1

其次，根据每个关键字确定的散列地址进行存放，如果地址有冲突，将冲突的记录链在同一个单链表中，如图 8.61 所示。

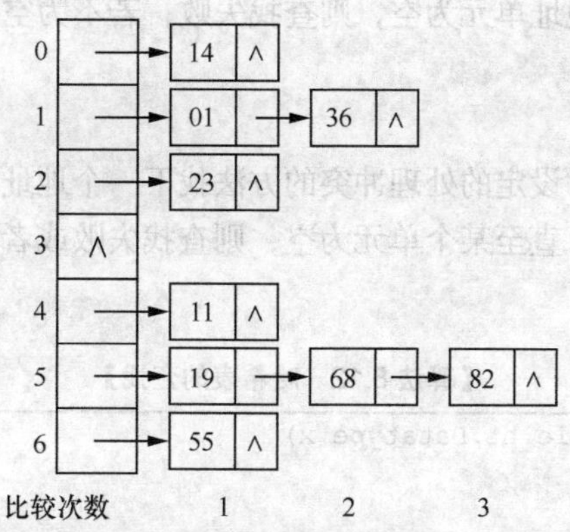

图 8.61　链地址法处理冲突

最后，计算查找成功时的平均查找长度：ASL_{succ}=(6×1+2×2+3)/9=13/9

8.4.3　Hash 表查找

根据不同的处理冲突的方法，哈希表的查找操作也有所不同。这里我们以开放定址法处理冲突为例，介绍相关的操作。

数据类型描述为：

```
#define HASHSIZE 11
typedef struct
{
   int key;
   otherdata  other;
}Datatype;
typedef struct
{
   Datatype data;
   int times;        //比较次数
}Hashtable[HASHSIZE];
```

如果构造哈希函数采用除留余数法，即 *H*(*key*)=*key*%*m*，则获得散列地址的算法描述如下。

【算法 8.10　采用除留余数法构造哈希函数】

```
int HashFunc(int key)
{
   return key% HASHSIZE;
}
```

如果采用线性探测再散列处理冲突，处理冲突的算法描述如下。

【算法 8.11　采用线性探测再散列处理冲突】

```
int Collision(int di)
{
   return (di+1)% HASHSIZE;
}
```

1．哈希表的查找

哈希表的查找过程与构建哈希表的过程类似。查找过程如下。

（1）根据待查找记录的关键字和建表时的哈希函数计算散列地址。

（2）若该地址所对应的地址单元为空，则查找失败；若不为空，则将该单元中的关键字与待查记录的关键字进行比较：

如果相等，则查找成功；

如果不相等，则按建表时设定的处理冲突的方法找下一个地址。

（3）重复上述步骤（2），直至某个单元为空，则查找失败或者与待查记录的关键字比较并相等，查找成功。

【算法 8.12　哈希表的查找】

```
int HashSearch(Hashtable ht,Datatype x)
{
   int address;
   address=HashFunc(x.key);           //计算散列地址
   while(ht[address].data.key!=NULL&&ht[address].data.key!=x.key)
      address=Collision(address);     //没找到，处理冲突
   if(ht[address].data.key==x.key)    return address;    //查找成功
   else return -1;                    //查找失败
}
```

2. 哈希表的插入

首先要通过查找算法找到待插记录在表中的位置，若在表中找到待插记录，则不必插入；若没有找到，此时，查找算法给出一个单元空闲的散列地址，将待插记录插入到该地址单元中。

【算法 8.13　哈希表的插入】

```
int HashInsert(Hashtable ht,Datatype x)
{
   int address;
   address=HashFunc(x.key);
   if(address>=0) return 0;     //查找成功，不必插入
   ht[-address].data=x;
   ht[-address].times=1;
   return 1;
}
```

3. 哈希表的创建

和前面讲过的内容很相似，创建算法是基于插入算法的。首先将表中各结点的关键字置空，使其地址为开放的，然后调用插入算法将给定的记录的关键字序列依次插入哈希表中。

【算法 8.14　哈希表的创建】

```
void Createht(Hashtable ht,Datatype L[],int n)
{
   int i;
   for(i=0;i<HASHSIZE;i++)
   {
       ht[i].data.key=NULL;
       ht[i].times=0;
   }
   for(i=0;i<n;i++)
       HashInsert(ht,L[i]);
}
```

4. 哈希表的删除

基于开放定址法的哈希表不能实现真正的删除操作，只能给被删除结点设置删除标志。以免在删除后找不到比它晚插入且它发生过冲突的记录。也就是说，如果执行真正的删除操作，会中断查找路径。如果必须对哈希表做真正的删除操作，最好采用链地址法处理冲突的哈希表。

【算法 8.15　哈希表的删除】

```
#define DEL -1
int HashDel(Hashtable ht,Datatype x)
{
   int address;
   address=HashFunc(x.key);
   if(address>=0)                //找到
   {
      ht[address].data.key=DEL;      //置删除标志
      return 1;
   }
   return 0;
```

根据以上介绍的内容，产生冲突的问题是无法避免的，因而，ASL=0 还是理想中的情况，基于散列的方法仍然需要与关键字进行比较。因此，基于散列的查找方法的性能评价仍然需要用平均查找长度衡量，影响关键字比较次数的因素有三个：哈希函数、处理冲突的方法以及哈希表的装填因子。

哈希表的装填因子：$\alpha = \dfrac{\text{哈希表中已存入的元素个数}}{\text{哈希表的长度}}$

它表示哈希表的装满程度。显然，α 越小，冲突的可能性就越小，但存储空间的利用率就低；α 越大，冲突的可能性就越大，但存储空间的利用率就越高。为了兼顾二者，一般选 α 在 0.6 ~ 0.9 的范围内。

表 8.2 所示为几种不同处理冲突方法下的哈希表的 ASL。

表 8.2　　哈希表的 ASL

处理冲突方法	ASL_{succ}	ASL_{unsucc}
线性探查法	$\frac{1}{2}(1+\frac{1}{1-a})$	$\frac{1}{2}\left[1+\frac{1}{(1-a)^2}\right]$
二次线性探查法	$\frac{1}{a}\ln(1-a)$	$\frac{1}{1-a}$
链地址法	$1+\frac{a}{2}$	$a+e^{-a}$

从表中可以看出，哈希表的平均查找长度是与装填因子 α 相关，而与待散列记录的数目 n 无关。因此，无论记录数目 n 有多大，关键还是通过调整装填因子 α 控制平均查找长度使其在合理范围之内。

8.5 算法总结

查找是一种使用最频繁的基本操作，无论是编译中的符号表，还是数据库系统的信息检索，都涉及查找操作。因此，查找操作的实现效率十分重要，衡量查找效率的主要性能指标就是平均查找长度（ASL）。本章介绍了三种类型的查找表。

（1）基于线性的查找表：主要分顺序查找、折半查找以及索引查找。

顺序查找：对查找表没有特别要求，但是查找效率不高，几乎是表长的一半。现在有很多技术可以改进这种查找方法。

折半查找：要求查找表必须采用顺序结构而且按照关键字有序排列。整个折半查找过程借助于折半判定树加以描述，判定树中每一个结点对应表中一个记录在表中的位置序号。它的查找速度快，平均性能较好，但是插入和删除操作较困难。它在等概率的情况下，查找成功的平均查找长度与折半判定树的深度相关。

$$\mathrm{ASL} \approx \log_2(n+1)-1$$

索引查找：是一种性能介于顺序查找和折半查找之间的查找办法，平均查找长度等于两个阶段各自查找的长度之和。它有较快的查找速度，又可以动态更新变化。在进行插入或删除一个结点时，找到该结点所属的块，然后在块内进行插入和删除运算。由于块内结点的存放是任意的，因此插入或删除比较容易，不需要移动大量的结点。插入可直接在块尾进行；如果待删的记录不是块中最后一个记录，可以将本块内最后一个记录移入被删记录的位置。

（2）基于树型的查找表：针对大型数据库的数据查找工作，要求支持高效的动态查找能力。由于数据库中包含了大量的记录，前面讲到的基于线性表的查找本身会因为记录太大而无法存储到主存中，另外，对于记录的插入和删除操作来说，都需要移动大量的元素。事实上，对于大型数据库的组织结构一般都采用树型结构的查找表。

二叉排序树：基于二叉排序树的查找过程与折半查找过程类似，在二叉排序树中查找一个记录的比较次数不超过树的深度，平均查找长度仍然是 $O(\log_2 n)$。但是它的插入、删除操作无需移动大量结点，经常需要变化的动态表宜采用二叉排序树结构。

平衡二叉树：由于二叉排序树在建立时受输入序列影响，有可能蜕化为最差的查找情况，这也可能是由于在树中插入或删除结点而造成。平衡二叉树不受输入序列或插入结点等的影响，始终保持平衡状态，从而达到很好的检索效率。它的查找、插入和删除效率都是 $O(\log_2 n)$，而且都是从根到叶子结点单路径进行的局部运算。

伸展树：伸展树的吸引力在于查找和更新方法的简洁性。它是一种自调整形式的二叉查找树，每次查找、插入或删除之后，通过仔细设计旋转序列，将被访问的结点向上移动到根。这种简单“移动到顶”的启发式策略有利于所进行的各种操作。它会沿着从某个结点到树根之间的路径，通过一系列的旋转把这个结点搬移到树根去。事实上，伸展树只是改进了二叉排序树性能的一组规则，可以在 $O(\log_2 n)$内完成插入、查找和删除等操作，控制了查找、插入和删除等操作对排序树的修改，从而避免二叉排序树在最差情况下的线性时间代价。

红黑树：红黑树是一种自平衡二叉查找树，它的操作有着良好的最坏情况运行时间，并且在实践中是高效的，它可以在 $O(\log_2 n)$时间进行查找，插入和删除等操作。其中每个结点被“染成”红色或黑色。它利用对树中结点红黑着色的要求达到局部平衡。

（3）散列：散列方法是一种计算式查找方法，又叫做 hash（哈希、杂凑）法或关键字地址计算等，它的核心就是由 hash 函数决定关键字值与散列地址之间的对应关系，通过这种关系来组织存储并进行查找等操作。面临的主要问题是：哈希函数的选取，处理冲突的方法。而影响整个哈希查找的主要因素就是：哈希函数、处理冲突的方法以及哈希表的装填因子。如果假设哈希函数是均匀的，并且按处理冲突的方法分别考虑，则影响平均查找长度的因素就只有装填因子了。

总之，查找技术很多，具体采用哪一种，应根据实际的应用环境和需求，选择适合的进行。

习 题

一、单项选择题

1．在关键字随机分布的情况下，用二叉排序树的方法进行查找，其查找长度与________数量级相当。

A．顺序查找　　B．折半查找　　C．分块查找　　D．哈希查找

2．分别以下列序列构造二叉排序树，与用其他三个序列所构造的结果不同的是________。

A．（100，80，90，60，120，110，130）

B．（100，120，110，130，80，60，90）

C．（100，60，80，90，120，110，130）

D．（100，80，60，90，120，130，110）

3．顺序查找适合于存储结构为________的线性表。

A．散列存储　　B．压缩存储　　C．索引存储　　D．顺序或链式存储

4．如果要求用线性表既能较快地查找，又能适应动态变化的要求，则可采用________查找方法。

A．分块查找　　B．顺序查找　　C．折半查找　　D．基于属性

5．已知一如下 10 个记录的表，其关键字序列为（2，15，19，25，30，34，44，55，58，80），用折半查找法查找关键字为 55 的记录，比较次数是________。

A．1 次　　B．2 次　　C．3 次　　D．4 次

6．一棵深度为 k 的平衡二叉树，其每个非终端结点的平衡因子均为 0，该树共有________个结点。

A．$2^{k-1}-1$　　B．2^{k-1}　　C．$2^{k-1}+1$　　D．$2^{k}-1$

7．下面关于 m 阶 B 树说法正确的是________。

① 每个结点至少有两棵非空子树；

② 树中每个结点至多有 m-1 个关键字；

③ 所有叶子在同一层上；

④ 当插入一个数据项引起 B 树结点分裂后，树长高一层。

A．①②③　　B．②③　　C．②③④　　D．③

8．哈希表的地址区间为 0-17，哈希函数为 $H(K)=K$ MOD 17。采用线性探测法处理冲突，并将关键字序列 26,25,72,38,8,18,59 依次存储到哈希表中，则元素 59 存放在哈希表中的地址为________。

A. 8　　B. 9　　C. 10　　D. 11

9．设有一组记录的关键字为{19，14，23，1，68，20，84，27，55，11，10，79}，用链地址法构造散列表，散列函数为 $H(key)=key$ MOD 13，散列地址为 1 的链中有________个记录。

A.1　　　　B. 2　　　　C. 3　　　　D. 4

10．B^+树是________。

A．一种 AVL 树　　　　B．索引表的一种组织形式

C．一种高度不小于 1 的树　　　　D．一种与二进制 Binary 有关的树

11．在一棵高度为 h 的 B 树中插入一个新关键字时，为查找插入位置需读取________个结点。

A．h-1　　　　B．h　　　　．h+1　　　　D．h+2

12．一棵高度为 h 的 AVL 树，离根最远的叶结点在第________层。

A．h-1　　　　B．h　　　　C．h+1　　　　D．2^h-1

二、填空题

1．对线性表进行折半查找时，要求线性表必须________。

2. 在有 N 个元素的顺序表中顺序查找，则等概率情况下查找成功的平均查找长度为________。

3．在平衡二叉树中插入一个结点后造成了不平衡，设最低的不平衡结点为 A，并已知 A 的左孩子的平衡因子为 0，右孩子的平衡因子为 1，则应作________型调整以使其平衡。

4．哈希查找中 k 个关键字具有同一哈希值，若用线性探测法将这 k 个关键字对应的记录存入哈希表中，至少要进行________次探测。

5．散列函数有一个共同的性质，即函数值应当以________取其值域的每个值。

6．一棵高度为 h 的 AVL 树，若其每个非叶结点的平衡因子都是 0，则该树共有________个结点。

三、完成题

1．已知一个有 7 个数据元素的有序顺序表，其关键字为{3,18,25,37,69,87,99}。给出用折半查找方法查找关键字值 18 的查找过程。

2．已知关键字序列为{53,17,19,61,98,75,79,63,46,40}，给出利用这些关键字构造的二叉排序树。

3．如题图 8.1 所示的二叉排序树，给出删除关键字 88 后的二叉排序树。

4．已知一组关键字序列为{5,88,12,56,71,28,33,43,93,17}，哈希表长为 13，哈希函数为 $H(key)=key\%13$，请用线性探测再散列、二次线性探测再散列以及链地址法解决冲突构造这组关键字的哈希表，并计算查找成功时的平均查找长度。

5．如题图 8.2 所示的 3 阶 B 树，给出插入关键字 93 后的 B 树。

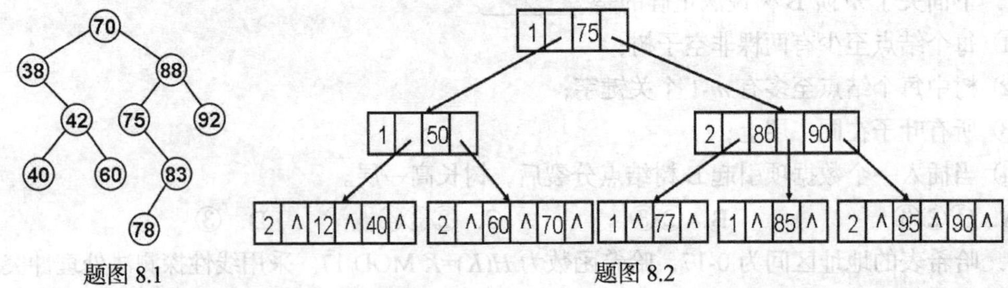

题图 8.1　　　　题图 8.2

6．试推导含 12 个结点的平衡二叉树的最大深度并画出一棵这样的树。

7．试从空树开始，画出按以下次序向 3 阶 B 树中插入关键字的建树过程：20,30,50,52,60,70。

如果此后删除 50 和 70，画出每一步执行后 3 阶 B 树的状态。

四、算法题

1．在顺序查找算法中，如果将监视哨由原来的 0 号单元改为 n 号单元，算法应如何修改。

2．已知无序顺序表 L 中有 m 个数据元素，编写算法为 L 建立一个有序的索引表，要求索引表中的每一项数据元素的关键字和该数据元素在顺序表中的序号。

3．编写折半查找的递归算法。

4．已知二叉排序树采用二叉链表作为存储结构，且二叉排序树的各元素值均不相同，编写递归算法，按递减次序输出所有左子树非空，右子树为空的结点的数据域的值。

5．编写算法，判断所给的二叉树是否为二叉排序树。

6．编写算法，输出给定二叉排序树中数据域值最大的结点。

7．编写算法，实现按递增有序输出二叉排序树结点数据域的值，如果有相同的数据元素，则仅输出一个。

8．已知哈希表的表长为 m，哈希函数 $H(key)$=key%m，采用线性探测再散列处理冲突，编写算法计算查找成功时的平均查找长度。

9．已知哈希表的表长为 m，哈希函数 $H(key)=key\%m$，采用链地址法处理冲突，编写算法完成以下操作：

（1）在哈希表中查找指定数据元素；

（2）在哈希表中插入指定数据元素；

（3）在哈希表中删除指定数据元素。

第9章 排序

在日常生活中，经常需要对收集到的各种数据进行处理，这些数据处理中用到的核心运算就是排序。例如，网络上列出的各种排行榜：软件下载排行榜、手机铃声排行榜等；计算机的文件图标管理，可以按照文件的名称、大小、类型等来排列图标。其实，通过前面查找一章内容的学习，我们也了解到，为了查找的快捷并且准确，如果待处理的数据能够按照关键字大小有序排列，将大大提高查找的效率。例如，谷歌、百度等搜索引擎都是先对文件进行排序处理，然后再进行文件检索。由于排序运算的广泛性和重要性，有必要研究和掌握各种排序算法。排序算法涉及大量的算法分析技术，其中一些经典算法体现了重要的程序设计思想及巧妙的设计技巧。同时，排序问题的研究也促进了文件处理技术的发展。

目前已有上百种排序算法，本章将介绍几类经典而且常用的排序算法，包括基本的算法思想、实现伪代码及性能分析，读者可根据实际应用需求选择合适的算法。

9.1 概　述

1. 排序

所谓排序，就是将待排序文件中的记录，按关键字非递增（或非递减）次序排列起来。即将一组“无序”的记录序列调整为“有序”的记录序列。其中，记录是进行排序的基本单位，它由若干个数据项（或域）组成。其中有一项可用来唯一标识一条记录，称为关键字项，该数据项的值称为关键字（Key），关键字的选取应根据实际问题的需求而定。

通常：

假设含 n 个记录的序列为 $\{R_1, R_2, \cdots, R_n\}$ （1）

其相应的关键字序列为 $\{K_1, K_2, \cdots, K_n\}$ （2）

如果这些关键字相互之间存在比较关系：$K_{p1} \leqslant K_{p2} \leqslant \cdots \leqslant K_{pn}$

那么，依据此关系可将式（1）的记录序列重新排列为 $\{R_{p1}, R_{p2}, \cdots, R_{pn}\}$

2. 排序的稳定性

当待排序记录的关键字均不相同时，排序结果是唯一的，否则排序结果不唯一。在待排序的文件中，若存在多个关键字相同的记录，经过排序后这些具有相同关键字的记录之间的相对次序仍然保持不变，则该排序方法是稳定的；若具有相同关键字的记录之间的相对次序发生变化，则称这种排序方法是不稳定的。在有些实际应用领域中，可能要求尽量使用稳定的排序算法。排序算法的稳定性是针对所有输入实例而言的。即在所有可能的输入实例中，只要有一个实例使得算法不满足稳定性要求，则该排序算法就是不稳定的。因而，证明一种排序方法是稳定的，要从算法本身的步骤中加以证明，而要证明其不稳定，只需给出一个反例即可。

3. 排序的分类

如果根据排序时数据所占用存储器的不同，可将排序分为两大类：内部排序和外部排序。如果待排序的数据量较少，整个排序过程可以完全在内存中进行，称为内部排序；如果待排序的数据量太大，内存无法容纳全部数据，整个排序过程需要借助外存才能完成，即排序过程中要进行数据的内、外存交换，称为外部排序。在本章首先介绍内部排序的各种方法，在 9.7 节中介绍外部排序的基本过程。

内部排序的过程是一个逐步扩大记录的有序序列长度的过程。在排序的过程中，参与排序的记录序列中存在两个区域：有序序列区和无序序列区。

有序序列区	无序序列区

使有序区中记录的数目增加一个或几个的操作称为一趟排序。

如果按逐步扩大记录有序序列长度的方法，可将内部排序分为五大类：插入类、选择类、交换类、归并类和分配类。

插入类：将无序子序列中的一个或几个记录“插入”到有序序列中，从而增加记录的有序子序列的长度。

选择类：从记录的无序子序列中“选择”关键字最小或最大的记录，并将它加入到有序子序列中，从而增加记录的有序子序列的长度。

交换类：通过“交换”无序子序列中的记录从而得到其中关键字最小或最大的记录，并将它加入到有序子序列中，从而增加记录的有序子序列的长度。

归并类：通过“归并”两个或两个以上的记录有序子序列，逐步增加记录有序子序列的长度。

分配类：是唯一一类不需要进行关键字之间比较的排序算法，它主要利用分配和收集两种基本操作实现整个排序过程。

4. 排序算法的性能评价

（1）评价排序算法好坏的标准主要有两条：

① 执行时间和所需的辅助空间；

② 算法本身的复杂程度。

（2）排序算法的空间复杂度。

若排序算法所需的辅助空间并不依赖于问题的规模 n，即辅助空间是 $O(1)$，则称为就地排序。非就地排序一般要求的辅助空间为 $O(n)$。

（3）排序算法的时间复杂度。

大多数排序算法的时间开销主要是：

① 关键字之间的比较；

② 记录的移动，此项操作的实现将依赖于待排序记录的存储方式。

待排序列的存储方式：

对于待排序的记录序列，一般有以下三种基本的存储方式。

（1）以顺序表（数组）作为存储结构：由于记录之间的逻辑关系由其存储位置来决定，所以排序过程是对记录本身进行物理重排（即通过关键字之间的比较判定，将记录移到合适的位置）。

（2）以链表作为存储结构：由于记录之间的逻辑关系是通过指针来决定的，因此排序过程无须移动记录，仅需修改相应指针。通常将这类排序称为链表(或链式)排序。

（3）用顺序的方式存储待排序的记录，但同时建立一个辅助表（如包括关键字和指向记录位置的指针组成的索引表），排序时只需对辅助表的表目进行物理重排（即只移动辅助表的表目，而不移动记录本身）。它适用于难于在链表上实现，但无法避免排序过程中移动记录的排序方法，这类排序方法被称为地址排序。

由于本章中我们主要讨论的是内排序，所以在大部分情况下分析的都是以顺序表作为存储结构的排序算法，即输入数据都存储在数组中，并且为了简化讨论，假设关键字都是整型，其实也可以是字符串、结构体等其他类型。符合C语言的习惯，记录序列的下标都从0开始，但下标为0的位置一般作为监视哨或空闲不用，实际的记录序列都从下标为1的记录开始。

记录序列的数据类型描述为：

```
#define MAXSIZE  1000              //假设的文件长度，即待排序的记录数目
typedef  int  KeyType;             //假设的关键字类型
typedef  struct
{
     KeyType   key;                //关键字项
     OtherType  other_data;
   //其他数据项，类型 OtherType 依赖于具体应用而定义
} RecordType;                      //记录类型
typedef  struct
{
     RecordType    r[MAXSIZE+1];
     int           length;         // 序列长度，即记录个数
} RecordList;                      //记录序列类型，即顺序表类型
RecordList L;                      //L 为一个记录序列
```

9.2 插入类排序

插入类排序的思想：在一个已经排好序的有序序列区内，对待排序的无序序列区中记录逐个进行处理，每一步将一个待排序的记录与同组那些已排好序的记录进行比较，然后有序插入到该有序序列区中，直到将所有待排记录全部插入为止。

整个过程与打扑克牌时整理手上的牌非常类似。摸来的第1张牌无须整理，此后每次从桌上的牌（无序区）中摸最上面的1张并插入手中的牌（有序区）中正确的位置上。为了找到这个正确的位置，应将摸来的牌与手中已有的牌自左向右（或自右向左）逐一比较，直到摸完牌为止，即可得到一个有序序列。

显然，如果记录序列 r[1]~r[n]的状态为

有序序列r[1]~r[i-1]	r[i]	无序序列r[i+1]~r[n]

实现“一趟插入排序”主要完成：

（1）在 r[1]~r[i-1]有序序列区中查找 r[i]的插入位置，保证

r[1..j].key≤r[i].key≤r[j+1..i].key;

（2）将 r[j+1..i]中的所有记录均后移一个位置；

（3）将 r[i] 插入(复制)到 r[j+1]的位置上。

插入排序的变种很多，主要是根据查找 r[i]的插入位置不同而导致不同的实现算法。具体分为：

（1）直接插入排序（基于顺序查找）；

（2）折半插入排序（基于折半查找）；

（3）希尔排序（基于逐趟缩小增量）。

9.2.1 直接插入排序

直接插入排序是利用顺序查找来确定 r[i]在 r[1..i-1]有序序列区中的插入位置。具体地：将第 i 个记录的关键字 K_i 与前面记录 r[1]~r[i-1]的关键字从后向前顺次进行比较，将所有关键字大于 K_i 的记录依次向后移动一个位置，直到遇到一个关键字小于或等于 K_i 的记录，该记录的位置即为 r[i]的插入位置。

实现直接插入排序的步骤如下。

（1）从 r[i-1]起向前进行顺序查找，监视哨设置在 r[0]：

```
r[0] = r[i];                                    // 设置“哨兵”
for (j=i-1; r[0].key<r[j].key; j--);    // 从后向前找
  return j+1;                                    // 返回 r[i]的插入位置为 j+1
```

（2）对于在查找过程中找到的那些关键字不小于 r[i].key 的记录，可以在查找的同时实现向后移动：

```
for (j=i-1; r[0].key<r[j].key; j--)
  r[j+1] = r[j];
```

（3）第 1 个记录视为已排好序的记录，从第 2 个记录开始进行，即循环从 $i=2, 3, \cdots, n$，实现整个序列的排序。

【例 9.1】一个记录序列的关键字分别为 33,12,25,46,33,68,19,80，现给出直接插入排序的完整过程。

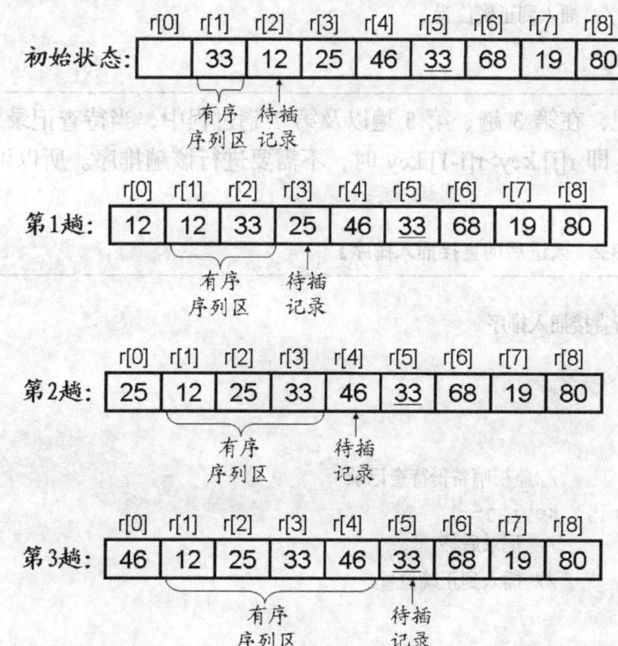

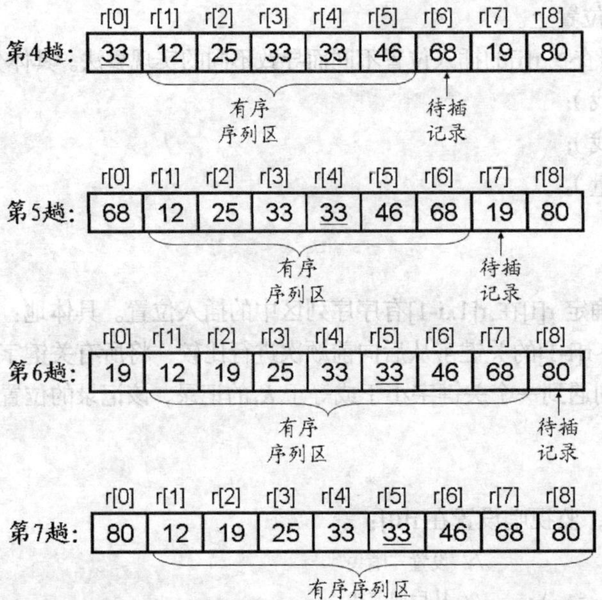

可以看出，待排序的记录存放在 r[1]~r[length]中，r[0]作为监视哨，有备份待查记录和防止越界两重作用。

【算法 9.1 直接插入排序】

```
void InsertSort ( RecordList L)
{
  for ( i=2; i<=L.length; i++ )
  {
    L.r[0] = L.r[i];              //监视哨备份待查记录
    for ( j=i-1; L.r[0].key < L.r[j].key;  j-- )
      L.r[j+1] = L.r[j];          // 记录后移
    L.r[j+1] = L.r[0];            // 插入到正确位置
  }
}
```

结合实例，分析此段算法可以发现，在第 3 趟、第 5 趟以及第 7 趟过程中，当待查记录 r[i]的关键字已是当前最大的记录关键字，即 r[i].key>r[i-1].key 时，不需要进行该趟排序。所以可将算法改进。

【算法 9.2 改进后的直接插入排序】

```
void InsertSort(RecordList L)
{  // 对记录序列 L.r[1]~L.r[n]进行直接插入排序
  for(i=2;i<=L.length;i++ )
  {
    if(L.r[i].key<L.r[i-1].key)
    {
        L.r[0]=L.r[i];                  //监视哨备份待查记录
        for(j=i-1;L.r[0].key<L.r[j].key; j--)
           L.r[j+1]=L.r[j];             // 记录后移
       L.r[j+1]=L.r[0];                 // 插入到正确位置
    }
  }
}
```

直接插入排序的效率分析如下。

（1）时间复杂度。

前面已经提到，实现排序的基本操作有两个：

①“比较”序列中两个关键字的大小；

②“移动”记录。

对于直接插入排序，最好的情况下，即关键字在记录序列中顺序有序时，“比较”的次数为 n-1 次，“移动”记录的次数也达到最小值 2(n-1)次；但在最坏的情况下，即关键字在记录序列中逆序排列，“比较”的次数达到最大值(n+2)(n-1)/2，“移动”记录的次数也达到最大值(n+4)(n-1)/2。

由此可知，当待排序元素已从小到大排好序（正序）或接近排好序时，所需的比较次数和移动次数较少；当待排序元素是从大到小排好序（逆序）或远离排好序时，所需的比较次数和移动次数较多，所以插入排序更适合于原始数据基本有序（正序）的情况。

插入法虽然在最坏情况下复杂性为 $O(n^2)$，但是对于小规模输入来说，插入排序法是一个快速的排序法。许多复杂的排序算法，在规模较小的情况下，都使用插入排序法来进行排序，比如快速排序。

（2）空间复杂度。

它只需要一个元素的辅助空间，即监视哨 r[0]，用于元素的位置交换，所以空间复杂度为 $O(1)$。

（3）稳定性。

插入排序是稳定的。因为具有相同值的元素必然插在具有同一值的前一个元素的后面，即相对次序不变。

（4）结构的复杂性及适用情况。

插入排序是一种简单的排序方法，它不仅适用于顺序存储结构（数组），而且适用于链式存储结构，不过在链式存储结构上进行直接插入排序时，无须移动元素的位置，而只需修改相应的指针。

9.2.2　折半插入排序

根据查找一章的内容，我们知道对于一个有序表来说，折半查找的性能优于顺序查找，因而在 r[1]~r[i-1]这个按关键字有序的序列区中确定 r[i]的插入位置时，就可以利用折半查找实现该位置的确定，如此实现的插入排序为折半插入排序。

【算法 9.3　折半插入排序】

```
void BiInsertSort(RecordList L)
{  for(i=2;i<=L.length;i++)
   {
     if(L.r[i].key<L.r[i-1].key)
     {
      L.r[0]=L.r[i];                    //监视哨备份待查记录
      low=1;   high=i-1;                //折半查找 r[i]的插入位置
      while(low<=high)
      {
         mid=(low+high)/2;
         if(L.r[0].key<L.r[mid].key)     high=mid-1;
         else                            low=mid+1;
      }
      for(j=i-1;j>=low;j--)
         L.r[j+1] = L.r[j];             // 记录后移
```

```
        L.r[low] = L.r[0];                    // 插入到正确位置
      }
    }
  }
```

思考：读者考虑该算法是否可以改进为查找与移动同时进行？

折半插入排序的效率分析如下。

时间复杂度：显然，采用折半插入排序算法，可以减少关键字的比较次数。每插入一个元素，需要比较的次数最多的情况下为折半判定树的深度。如果插入第 i 个元素时，假设 $i=2^k$（k 为判定树的深度），则需要进行 $\log_2 i$ 次比较。因此，插入 n-1 个元素的关键字比较次数平均为 $O(n\log_2 n)$。但是，也可以看出，虽然我们改善了关键字的比较次数，但并没有改变移动元素的时间代价，所以折半插入排序的总的时间复杂度仍然是 $O(n^2)$。

对于空间复杂度、稳定性等都与直接插入排序的分析相同。

9.2.3 希尔排序

希尔排序（Shell Sort）又称为"缩小增量排序"，是 1959 年由 D.L.Shell 提出来的。该方法的基本思想是：先将整个待排元素序列分割成若干个子序列（由相隔某个"增量"的元素组成的）分别进行直接插入排序，然后依次缩减增量再进行排序，待整个序列中的元素基本有序（增量足够小）时，再对全体元素进行一次直接插入排序。因为直接插入排序在元素基本有序的情况下（接近最好情况），效率是很高的，因此希尔排序在时间效率上比前两种方法有较大提高。

例如，将 n 个记录分成 d 个子序列：

{ R[1]，R[1+d]，R[1+2d]，…，R[1+kd] }

{ R[2]，R[2+d]，R[2+2d]，…，R[2+kd] }

…

{ R[d]，R[2d]，R[3d]，…，R[kd]，R[(k+1)d] }

其中，d 为增量，它的值在排序过程中从大到小逐渐缩小，直至最后一趟排序减为 1。

具体地：首先确定一组增量 d_0，d_1，d_2，d_3，…，d_{t-1}，（其中 $n>d_0>d_1>\cdots>d_{t-1}=1$），对于 i=0,1,2,⋯,t−1，依次进行下面的各趟处理：根据当前增量 d_i 将 n 个元素分成 d_i 个组，每组中元素的下标相隔为 d_i；再对各组中元素进行直接插入排序。

【例 9.2】一个记录序列的关键字分别为 46,12,25,33,<u>33</u>,68,19,80

现给出希尔排序的完整过程。

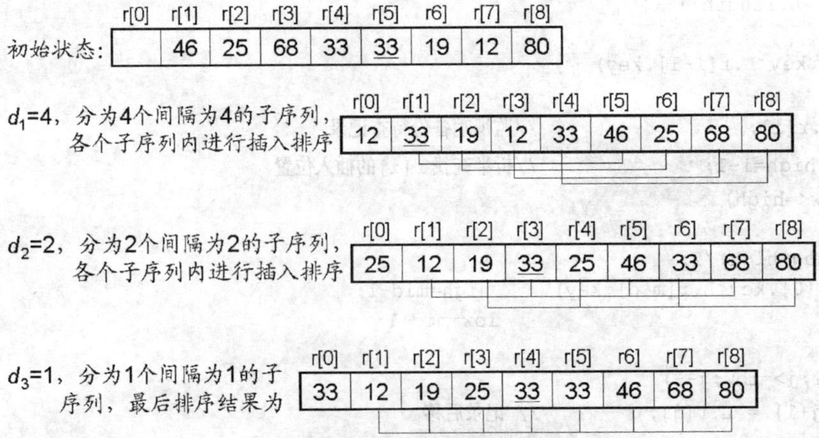

	r[0]	r[1]	r[2]	r[3]	r[4]	r[5]	r6]	r[7]	r[8]
初始状态:		46	25	68	33	<u>33</u>	19	12	80
d_1=4，分为4个间隔为4的子序列，各个子序列内进行插入排序	12	<u>33</u>	19	12	33	46	25	68	80
d_2=2，分为2个间隔为2的子序列，各个子序列内进行插入排序	25	12	19	<u>33</u>	25	46	33	68	80
d_3=1，分为1个间隔为1的子序列，最后排序结果为	33	12	19	25	<u>33</u>	33	46	68	80

【算法 9.4 希尔排序】

```
void ShellInsert(RecordList L, int dk)
{
    for(i=dk+1;i<=L.length;i++)
      if(L.r[i].key<L.r[i-dk].key)
      {
        L.r[0]=L.r[i];
        for(j=i-dk;j>0&&(L.r[0].key<L.r[j].key);j-=dk)
          L.r[j+dk]=L.r[j];
        L.r[j+dk]=L.r[0];
      }
}
void ShellSort(RecordList L,int dlta[],int t)
{
      for(k=0;k<L.length;t++)
         ShellInsert(L,dlta[k]);
}
```

值得注意的是，算法在具体实现时，并不是先对一个子序列完成所有插入排序操作，再对另一个子序列进行，而是从第 1 个子序列的第 2 条记录开始，顺序扫描整个待排记录序列，当前待排记录属于哪一个子序列，就在它相应的子序列中进行。因而各个子序列的记录将会轮流出现，即算法将在每一个子序列中轮流进行插入排序。

希尔排序的效率分析如下。

时间复杂度：在希尔排序开始时增量较大，分组较多，每组的记录数目少，故各组内直接插入较快，后来增量逐渐缩小，分组数逐渐减少，而各组的记录数目逐渐增多，但由于已经按增量作为距离排过序，使文件已比较接近有序状态，所以新的一趟排序过程会较快。因此，希尔排序在效率上较直接插入排序有较大的改进。事实上，一个好的希尔排序的执行时间很大程度上依赖于增量的选取。关于增量的选取，很多情况下都使用的是“增量每次除以 2 递减”的方法，但其实这种方法最终的时间复杂度仍然为 $O(n^2)$，与直接插入排序相比并没有多大效果。后来，Hibbard 提出了一种新的增量序列{$2k-1,2k-1-1,\cdots,7,3,1$}，经推理证明这种方式下的时间复杂度可以达到 $O(n^{3/2})$，还有“增量每次除以 3 递减”也可以达到这种效果。因而，希尔排序比时间复杂度为 $O(n^2)$ 的排序算法的时间效率要好。

空间复杂度依然同直接插入排序，只需一个辅助空间。

稳定性：从我们给出的实例可以看出，记录序列中的两个相同关键字 33，在排序先后位置也发生了改变，故希尔排序是不稳定的排序算法。

9.3 交换类排序

交换类排序算法的基本思想：对待排序记录的关键字两两进行比较，只要发现两个记录为逆序就进行交换，直到没有逆序的记录为止。如果要将整个记录序列调整为递增序列，那么关键字之间是递减关系即为逆序。冒泡排序和快速排序就是典型的交换类排序算法。

9.3.1 冒泡排序

冒泡排序也叫做相邻比逆法，即在扫描待排序记录序列时，顺次比较相邻两个记录的关键字大小，如果逆序就交换位置。

如果以将序列调整成升序为例，则逆序为两个关键字是降序序列。具体地各趟排序过程如下。

第 1 趟比较第 1 和第 2 个记录的关键字，如果逆序就交换，再依次比较第 2 和第 3 个、第 3 和第 4 个……若是逆序则交换。经过该趟比较和交换，最大的数必然“沉到”最后一个元素。

第 2 趟用同样的方法，在前面的 n–1 个记录中，依次进行比较和交换，第 2 大的数“沉到”倒数第 2 个元素中。

第 i 趟仍用同样方法，在剩下的 n–i+1 个记录中，依次进行比较和交换，第 i 大的数“沉到”倒数第 i 个记录中。

重复此过程，直到 i = n–1 最后一趟比较完为止。

【例 9.3】一个记录序列的关键字分别为 46,12,25,33,33,68,19,80

现给出冒泡排序的完整过程。

一趟冒泡排序过程：

	r[0]	r[1]	r[2]	r[3]	r[4]	r[5]	r6]	r[7]	r[8]
初始状态:		46	25	68	33	33	19	12	80
第1次:		25	46	68	33	33	19	12	80
第2次:		25	46	68	33	33	19	12	80
第3次:		25	46	33	68	33	19	12	80
第4次:		25	46	33	33	68	19	12	80
第5次:		25	46	33	33	19	68	12	80
第6次:		25	46	33	33	19	12	68	80
第7次:		25	46	33	33	19	12	68	80

冒泡排序各趟过程：

	r[0]	r[1]	r[2]	r[3]	r[4]	r[5]	r6]	r[7]	r[8]
第1趟:		25	46	33	33	19	12	68	**80**
第2趟:		25	33	33	19	12	46	**68**	**80**

	r[0]	r[1]	r[2]	r[3]	r[4]	r[5]	r6]	r[7]	r[8]
第3趟:		25	33	19	12	33	46	68	80
第4趟:		25	19	12	33	33	46	68	80
第5趟:		19	12	25	33	33	46	68	80
第6趟:		12	19	25	33	33	46	68	80
第7趟:		12	19	25	33	33	46	68	80

【算法 9.5　冒泡排序】

```
void BubbleSort(RecordList L)
{
    for(i=1;i<=L.length-1;i++)
        for(j=1;j<=L.length-i;j++)
            if(L.r[j].key > L.r[j+1].key)
            {
                t=L.r[j];
                L.r[j]=L.r[j+1];
                L.r[j+1]=t;
            }
}
```

结合实例分析算法，可以看出，若在某一趟冒泡排序过程中，没有发现一个逆序，就可以直接结束整个排序过程。

例如，如果关键字序列为 31,12,42, 55,68, 90，那么第 1 趟排序结果为 12,31,42,55,68,90，显然，序列已经按升序有序，那么可以直接结束整个排序。因此，可以将算法改进为

【算法 9.6　改进后的冒泡排序】

```
void BubbleSort(RecordList L)
{
    flag=1;
    for(i=1; i<=L.length-1&&flag; i++)
    {
        flag=0;
        for(j=1; j <= L.length-i; j++)
            if(L.r[j].key > L.r[j+1].key)
            {
                t=L.r[j];
                L.r[j]=L.r[j+1];
                L.r[j+1]=t;
                flag=1;
            }
    }
}
```

设置 flag 标志，用来标志是否进行交换操作，从而跟踪序列是否已经有序。

冒泡排序的效率分析如下。

时间复杂度：冒泡排序最好的情况下序列已经为正序，那么外层循环只进行 1 次就结束整个排序过程，最小的时间代价为 $O(n)$，但最差的情况下，外层循环最多要进行 $n-1$ 次，每一次外层

控制的内层循环进行 $n-i$ 次，所以，总的比较次数和交换次数都是 $\sum_{i=1}^{n-1} n-i = n(n-1)/2 = O(n^2)$ 。

空间复杂度：需要一个辅助空间进行交换，故为 $O(1)$。读者可以考虑不使用这个辅助空间如何做到元素的交换。

稳定性：从算法本身可以证明冒泡排序是一种稳定的排序算法。

9.3.2 快速排序

从冒泡排序的过程可见，每次扫描时只对相邻的两个记录进行比较，因此做一次交换也只能消除一个逆序。如果通过交换两个不相邻的元素可以消除多个逆序，那么必将加快排序的速度。

C.R.A.Hoare 于 1962 年提出的一种划分交换排序，由于它几乎是最快的排序算法，所以被称为快速排序。它采用了一种分治的策略，分治法的基本思想是：将原问题分解为若干个规模更小但结构与原问题相似的子问题，递归地解这些子问题，然后将这些子问题的解组合为原问题的解。基于此思想，快速排序的基本思想为：从待排序列中任意选择一个记录，以该记录的关键字作为“枢轴”，凡其关键字小于枢轴的记录均移动至该记录之前，反之，凡关键字大于枢轴的记录均移动至该记录之后。致使一趟排序之后，记录的无序序列 r[1..n]将分割成左右两个子序列，然后分别对分割所得两个子序列递归地进行快速排序，以此类推，直至每个子序列中只含一个记录为止。

【例 9.4】一个记录序列的关键字分别为 46,68,12,25,33,80,19,33，给出快速排序的完整过程。

一趟快速排序过程如图 9.1 所示。

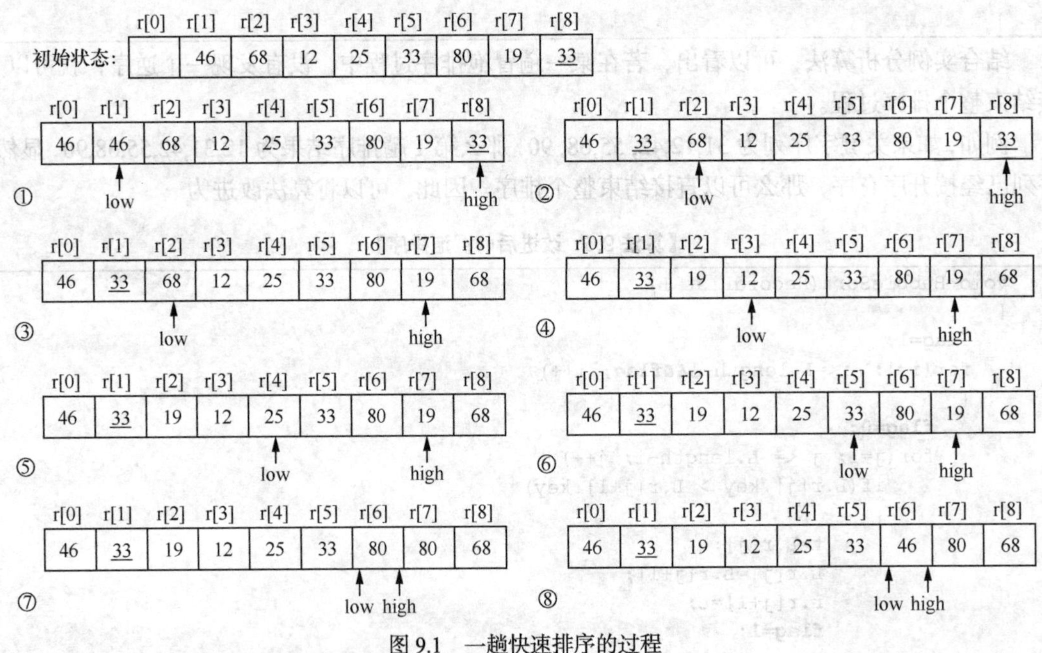

图 9.1 一趟快速排序的过程

一趟快速排序的过程从图 9.1 的初始状态开始，附设两个指针 low 和 high 分别来指示当前序列的两端 r[1]和 r[n]，选择序列的第 1 个记录 r[1]为“枢轴”放在 r[0]中，如①所示。接下来进行分割。首先用 high 指示的记录与枢轴值进行比较，如果 high 指示的值大于枢轴值，则 high 逆向向前继续搜索，直到找到小于枢轴值的记录，则把当前 high 指示的记录值换到 low 所指示的记录上，low 继续正向向前搜索，如②所示。如果 low 指示的值小于枢轴值，则 low 继续正向向前搜索，直到找到大于枢轴值的记录，则把当前 low 指示的记录值换到 high 所指示的记录上，high 继续逆向向前搜索，如③所示。直到 low 与 high 交汇为止，将 r[0]枢轴值放到交汇处的记录上，此时完成了一趟快速排序，即以枢轴为中心，左半区为小于枢轴值的，右半区为大于枢轴值的。

一趟快速排序的算法描述如下。

【算法 9.7　一趟快速排序】

```
int QKpass(RecordList L,int low,int high)
{
   L.r[0]=L.r[low];
   while(low<high)
   {
      while(low<high&&L.r[high].key>=L.r[0].key)   -- high;
      L.r[low]=L.r[high];
      while(low<high&&L.r[low].key<L.r[0].key)    ++ low;
      L.r[high]=L.r[low];
   }
   L.r[low]=L.r[0];
   return low;
}
```

之后分别对分割所得两个子序列递归地进行快速排序，以此类推，直至每个子序列中只含一个记录为止。

快速排序的各趟过程：

	r[1]	r[2]	r[3]	r[4]	r[5]	r[6]	r[7]	r[8]
第一趟:	33	19	12	25	33	46	80	68

	r[1]	r[2]	r[3]	r[4]	r[5]	r[6]	r[7]	r[8]
第二趟:	25	19	12	33	33	46	68	80

	r[1]	r[2]	r[3]	r[4]	r[5]	r[6]	r[7]	r[8]
第三趟:	12	19	25	33	33	46	68	80

【算法 9.8　快速排序】

```
void QKSort(RecordList L,int low,int high)
{
    if(low<high)
    {
        pos=QKpass(L,low,high);
        QKSort(L,low,pos-1);
        QkSort(L,pos+1,high);
    }
}
```

快速排序的效率分析如下。

时间复杂度：快速排序的时间代价很大程度取决于枢轴的选择，最简单的办法就是选择第一个记录或者最后一个记录作为枢轴值，但这样的弊端在于当原始的输入序列已经有序，即已是正序或逆序，每次分割都会将剩余的记录全部分到一个序列中，而另一个序列为空。这种情况也是快速排序最差的情况，第 1 趟经过 $n-1$ 次比较，第 1 个记录定在原始位置，左半子序列为空，右半子序列为 $n-1$ 个记录；第 2 趟 $n-1$ 个记录经过 $n-2$ 次比较，第 2 个记录定在原始位置，左半子序列仍为空，右半子序列为 $n-2$ 个记录，以此类推，共需进行 $n-1$ 趟排序，其比较次数为

$\sum_{i=1}^{n-1} n-i=n(n-1)/2=O(n^2)$，等同于冒泡排序，时间复杂度为 $O(n^2)$。

为了避免这种问题，可以选取中间位置(low+high)/2 对应记录的关键字作为枢轴值，这种枢轴值可以平分原始序列为有序的记录序列。

在最好的情况下，每次分割都恰好将记录序列分为两个长度相等的子序列。初始的 n 个记录序列，第 1 次分割为两个长度为 $n/2$ 的子序列；第 2 次分割为 4 个长度为 $n/4$ 的子序列，以此类推，总共需要分割 $\log_2 n$ 次。因此，如果找到了完美的枢轴，所有分割的步骤之和是 n，则整个算法的时间代价为 $O(n\log_2 n)$。

快速排序的平均情况介于最好和最差两种情况之间。平均情况应考虑到所有可能的输入情况，对各种情况下所耗费的时间求和，然后除以总的情况数。我们可以做一个合理的简化设想：在每一次分割时，枢轴值处于最终排好序的序列中的概率是一样的。也就是说，枢轴值将记录序列分成长度为 0 和 $n-1$,2 和 $n-2$，以此类推。这些分组的概率是相等的。在这种情况下，平均时间代价可以推算为 $T(n)=cn+1/n\sum_{k=0}^{n-1}[T(k)+T(n-1-k)], T(0)=T(1)=c$。这是一个递归公式，根据该公式推算的时间代价为 $O(n\log_2 n)$。

因此，快速排序的时间复杂度为 $O(n\log_2 n)$。

空间复杂度：由于在平均情况下，快速排序总共需要分割 $\log_2 n$ 次，即需要 $\log_2 n$ 个辅助空间记录枢轴位置，所以空间复杂度为 $O(\log_2 n)$。

稳定性：因为快速排序每次移动记录的跨度比较大，结合实例也可看出，快速排序是不稳定的。

9.4 选择类排序

选择类排序的基本思想是：在第 i 趟的记录序列中选取关键字第 i 小的记录作为有序序列的第 i 个记录。该类算法的关键就在于如何从剩余的待排序序列中找出最小或最大的那个记录。

9.4.1 简单选择排序

简单选择排序法算法的思路如下。

第 1 趟：从第 1 个记录开始，将后面 $n-1$ 个记录进行比较，找到其中最小的记录和第 1 个记录进行交换。

第 2 趟：从第 2 个记录开始，将后面 $n-2$ 个记录进行比较，找到其中最小的记录和第 2 个记录进行交换。

……

第 i 趟：从第 i 个记录开始，将后面 $n-i$ 个记录进行比较，找到其中最小的记录和第 i 个记录进行交换；

以此类推，经过 $n-1$ 趟比较，将 $n-1$ 个记录排到位，剩下一个最大记录直接排在最后。

【例 9.5】一个记录序列的关键字分别为 33,68,46,$\underline{33}$,25,80,19,12，给出简单选择排序的完整过程。

	r[0]	r[1]	r[2]	r[3]	r[4]	r[5]	r6]	r[7]	r[8]
初始状态:		33	68	46	33	25	80	19	12
第1趟:		12	68	46	33	25	80	19	33
第2趟:		12	19	46	33	25	80	68	33
第3趟:		12	19	25	33	46	80	68	33
第3趟:		12	19	25	33	46	80	68	33
第4趟:		12	19	25	33	46	80	68	33
第5趟:		12	19	25	33	33	80	68	46
第6趟:		12	19	25	33	33	46	68	80
第7趟:		12	19	25	33	33	46	68	80

【算法 9.9　简单选择排序】

```
void SelectSort(RecordList L)
{
    for(i=1;i<=L.length-1;i++)
    {
      k=i;
      for(j=i+1;j<=L.length-1;j++)
          if(L.r[j].key<L.r[k].key)
              k=j;
      if(k!=i)
      {
          t=L.r[i];
          L.r[i]=L.r[k];
          L.r[k]=t;
      }
    }
}
```

直接选择排序的效率分析如下。

时间复杂度：对 n 个记录进行简单选择排序，所需进行的关键字间的比较次数总计为 $\sum_{i=1}^{n-1} n-i = n(n-1)/2 = O(n^2)$。

空间复杂度：需要一个辅助空间用于交换，故为 $O(1)$。

稳定性：从实例中可以看出，简单选择排序是不稳定的。

9.4.2　树形选择排序

简单选择排序中，在第 i 趟关键字需要比较的次数为 $n-i$ 次，导致时间复杂度为 $O(n^2)$。如果想降低比较的次数，则需要把比较过程中的大小关系保存下来。

树形选择排序也被称为锦标赛排序。它的基本细想是：先把待排序的 n 个记录的关键字两两分别进行比较，选取较小者。然后再在 $\lceil n/2 \rceil$ 个较小者中，采用同样的方法进行比较，选出每两个中的较小者。以此类推，直到选出最小的关键字记录为止。经过 n 趟比较，可完成整个排序。

整个树形选择排序利用的是一棵有 n 个结点的完全二叉树来完成的，每一趟选出的最小关键字就是该棵树的根结点。为了选出次小的关键字，在输出最小的关键字之后，就将最小的关键字记录所对应的叶子结点的关键字置为∞，然后从该叶子结点开始和其兄弟结点的关键字比较，修改从该叶子结点到根结点路径上各结点的值，则根结点的值被修改为次小的关键字。如此反复，直到所有的记录全部被输出为止。

【例 9.6】一个记录序列的关键字分别为 33,19,46,<u>33</u>,25,80,68,12，图 9.2 所示为树形选择排序的完整过程。

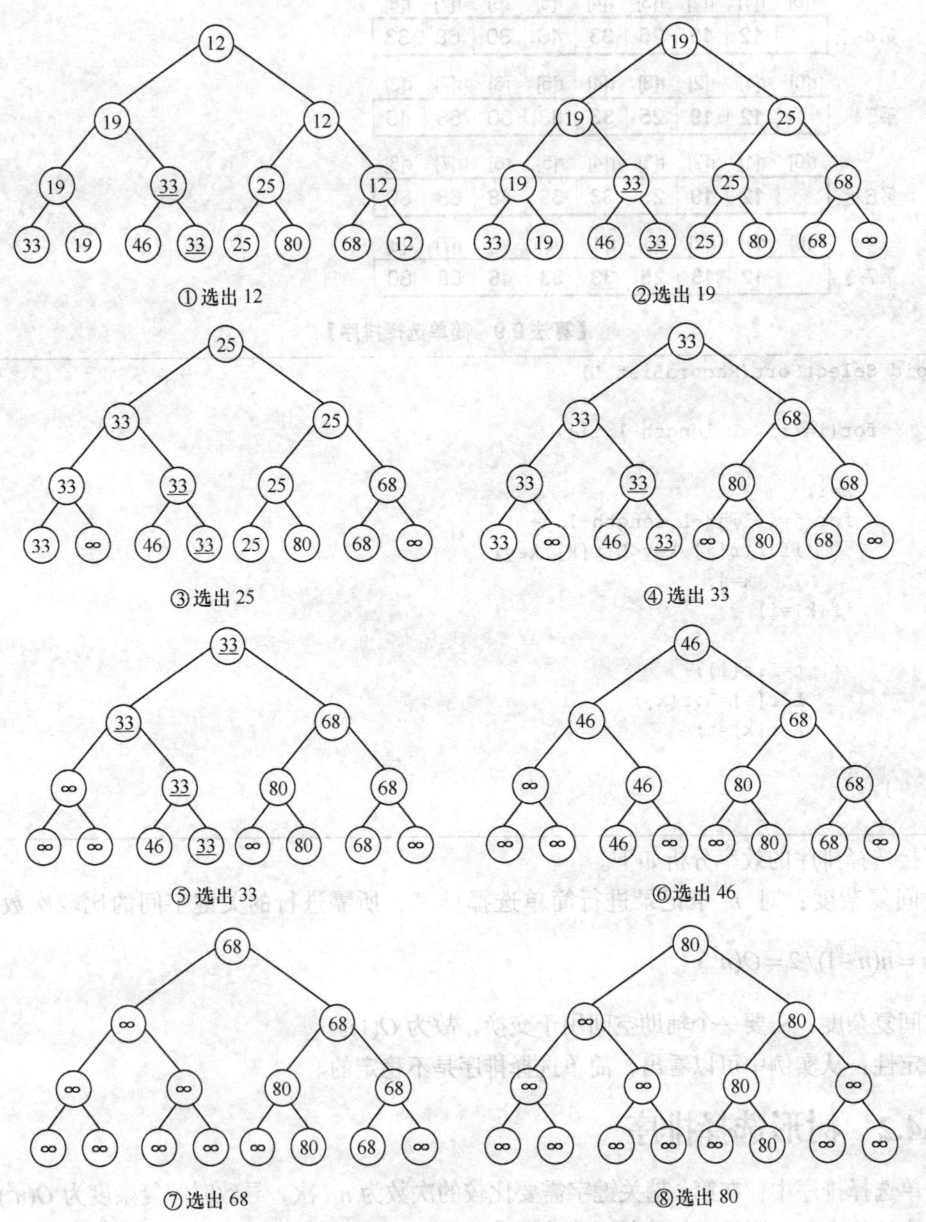

图 9.2 树形选择排序

由于含有 n 个叶子结点的完全二叉树的深度为$\lfloor \log_2 n \rfloor+1$，那么在树形选择排序中，除了最小关键字的选择，其他被选出的关键字都走了一条从叶子结点到根结点的比较过程，即需要进行$\lfloor \log_2 n \rfloor$次比较，所以其时间复杂度为 $O(n\log_2 n)$。与简单选择排序相比较，比较次数明显降低了，但是却增加了 $n-1$ 个额外的辅助空间。

9.4.3　堆排序

为了弥补树形选择排序占用较多辅助空间的问题，1964 年，威洛母斯提出了一种改进的方法——堆排序。

堆的定义如下。

堆是满足下列性质的数列$\{r_1, r_2, \cdots, r_n\}$：

$$\begin{cases} r_i \leqslant r_{2i} \\ r_i \leqslant r_{2i+1} \end{cases} \text{(小顶堆)} \quad \text{或者} \quad \begin{cases} r_i \geqslant r_{2i} \\ r_i \geqslant r_{2i+1} \end{cases} \text{(大顶堆)}$$

若将此数列看成是一棵完全二叉树，则堆或是空树或是满足下列特性的完全二叉树：其左、右子树分别是堆，并且当左、右子树不空时，根结点的值小于（或大于）左、右子树根结点的值。

由此，若上述数列是堆，则 r_1 必是数列中的最小值或最大值，分别称为小顶堆或大顶堆，如图 9.3 所示。

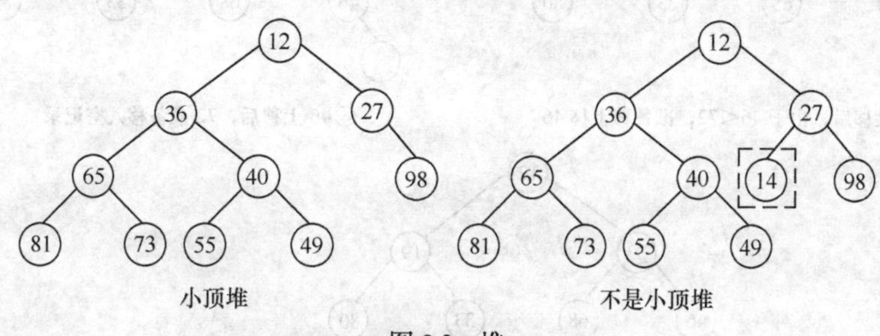

图 9.3　堆

堆排序即是利用堆的特性对记录序列进行排序的一种排序方法。

具体如下。

先建一个“大顶堆”，即先选得一个关键字最大的记录，然后与序列中最后一个记录交换，之后继续对序列中前 $n-1$ 记录进行“筛选”，重新将它调整为一个“大顶堆”，再将堆顶记录和第 $n-1$ 个记录交换，如此反复直至排序结束。

堆排序涉及的两个关键问题：

（1）如何由一个无序序列“建立初始堆”？

（2）输出堆顶后，如何“筛选”？

所谓“筛选”指的是，对一棵左、右子树均为堆的完全二叉树，“调整”根结点使整个二叉树成为堆。

首先将该完全二叉树的根结点中的记录移出，该记录称为待“调整”的记录。此时根结点相当于空结点，从空结点的左、右孩子中选出一个关键字较小的记录，如果该记录的关键字小于待调整记录的关键字，则将该记录上移至空结点中。此时，原来那个关键字较小的子结点相当于空结点，从空结点的左、右孩子中选出一个关键字较小的记录，如果该记录的关键字仍然小于待调整记录的关键字，则将该记录上移至空结点中。重复上述移动过程，直到空结点左右孩子的关键字均小于待调整记录的关键字。此时，将待调整的记录放入空结点即可。

图 9.4 所示为一次筛选的过程。

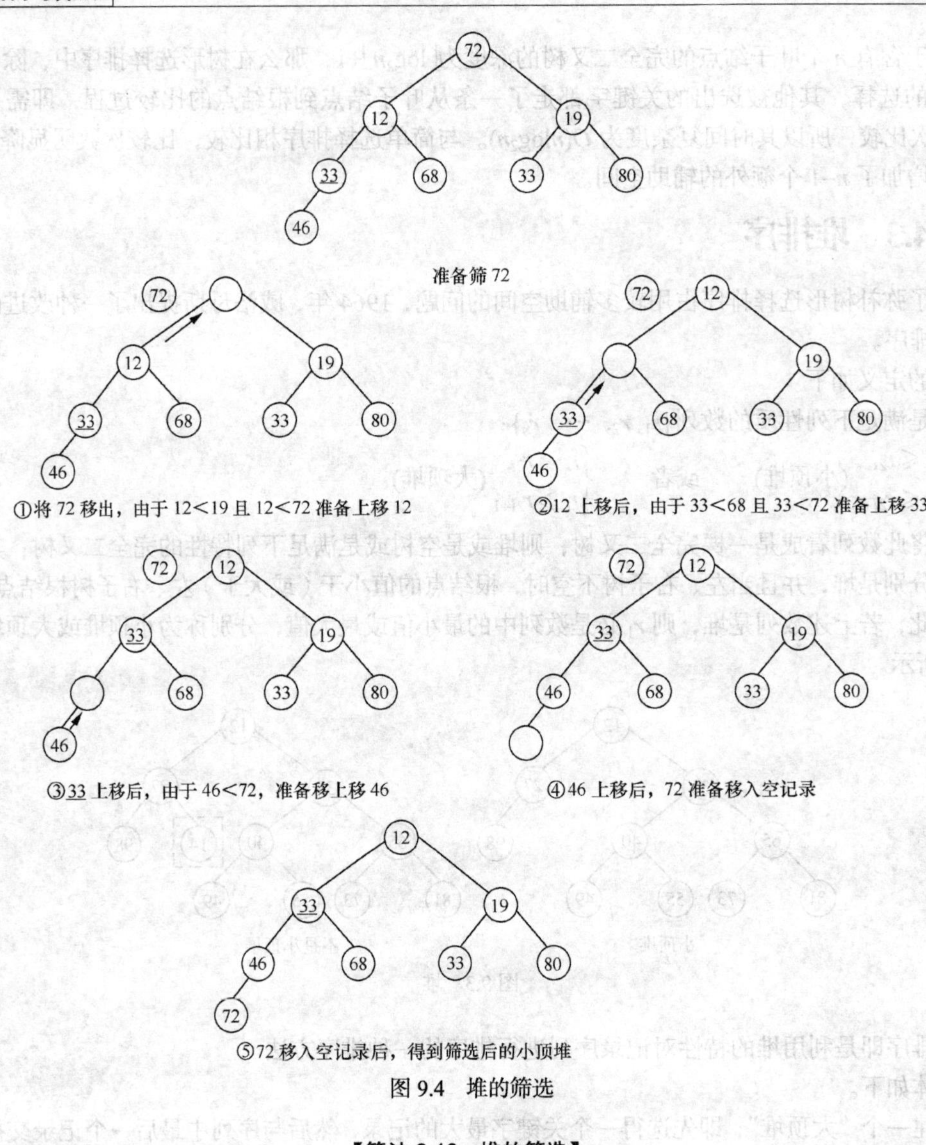

准备筛 72
①将 72 移出，由于 12<19 且 12<72 准备上移 12
②12 上移后，由于 33<68 且 33<72 准备上移 33
③33 上移后，由于 46<72，准备移上移 46
④46 上移后，72 准备移入空记录
⑤72 移入空记录后，得到筛选后的小顶堆

图 9.4 堆的筛选

【算法 9.10 堆的筛选】

```
void HeapAdjust(RecordList L,int s,int m)
{
   //已知L.r[s..m]中记录的关键字除L.r[s].key之外均满足堆的定义，
   //本函数调整L.r[s] 的关键字，使L.r[s..m]成为一个小顶堆
   t=L.r[s];
   for(j=2*s;j<=m;j*=2)
   {  //沿key较小的孩子结点向下筛选
      if(j<m&&L.r[j].key>L.r[j+1].key)
          j++;                  //j为key较小的记录的下标
      if(t.key<=L.r[j].key )
          break;
      //t应插入在位置s上
      L.r[s]=L.r[j];
      s=j;
   }
   L.r[s]=t;            //插入
}
```

那么，如何由一个无序序列“建立初始堆”呢？首先将任意一个无序序列建立成一棵完全二

叉树。然后每个叶子结点可以视为单个元素构成的堆，再利用上面讲到的调整堆的“筛选”法，自底向上逐层把所有子树调整为堆，直到将整棵完全二叉树调整为堆。

【例 9.7】一个记录序列的关键字分别为 46,12,33,72,68,19,80,33，图 9.5 所示为建立初始堆的过程。

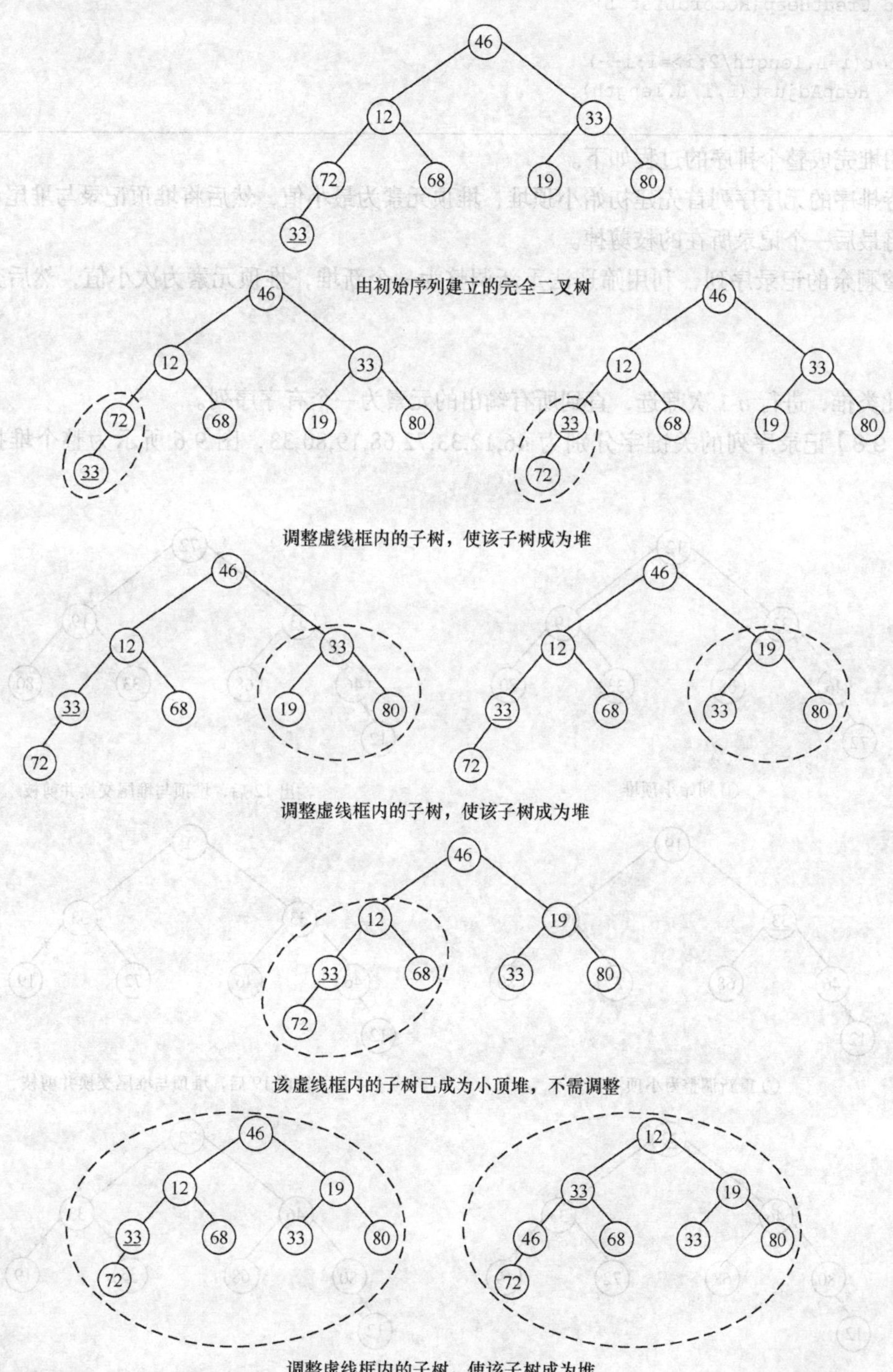

图 9.5 建初始堆

至此，由初始序列创建的完全二叉树调整为一个小顶堆，堆顶元素即为该序列中的最小记录。

【算法 9.11 建初始堆】

```
void CreatHeap(RecordList L)
{
   for(i=L.length/2;i>=1;i--)
      HeapAdjust(L,i,L.length);
}
```

利用堆完成整个排序的过程如下。

将待排序的无序序列首先建初始小顶堆，堆顶元素为最小值，然后将堆顶记录与堆尾记录交换，并将最后一个记录所在的枝剪掉。

调整剩余的记录序列，利用筛选法重新调整为一个新堆，堆顶元素为次小值，然后交换并剪枝。

……

依此类推，进行 *n*-1 次筛选，直到所有输出的元素为一个有序序列。

【例 9.8】记录序列的关键字分别为 46,12,33,72,68,19,80,33，图 9.6 所示为整个堆排序的过程。

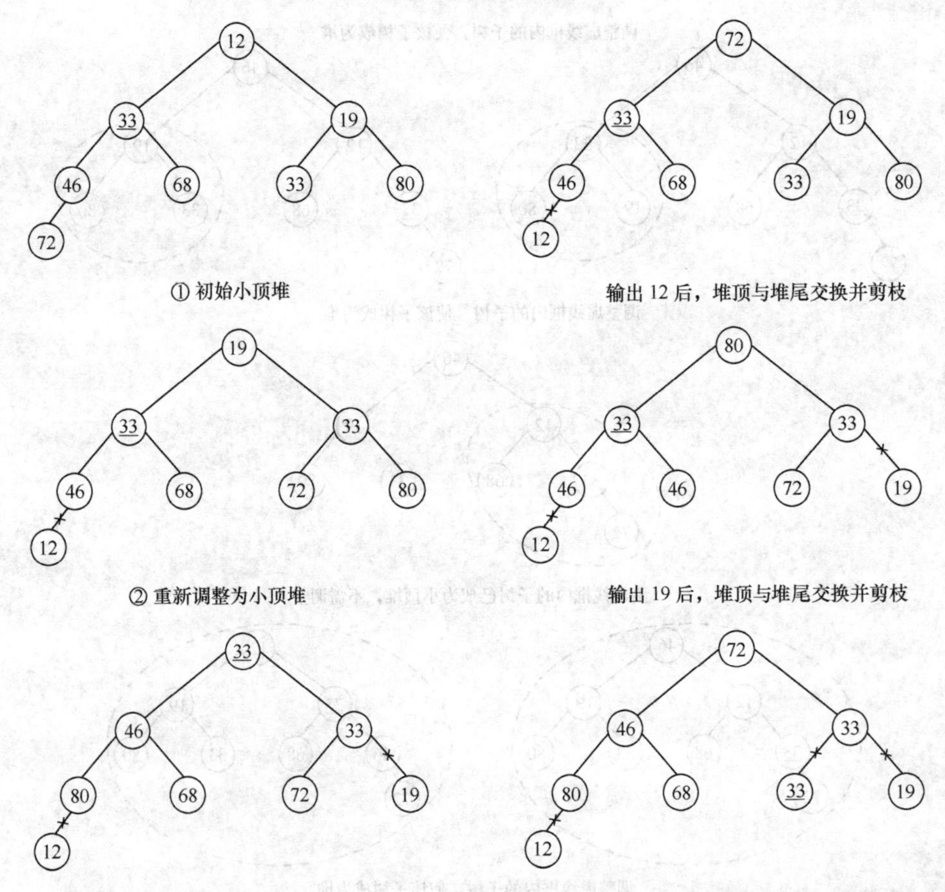

① 初始小顶堆
输出 12 后，堆顶与堆尾交换并剪枝
② 重新调整为小顶堆
输出 19 后，堆顶与堆尾交换并剪枝
③ 重新调整为小顶堆
输出 33 后，堆顶与堆尾交换并剪枝

图 9.6 堆排序

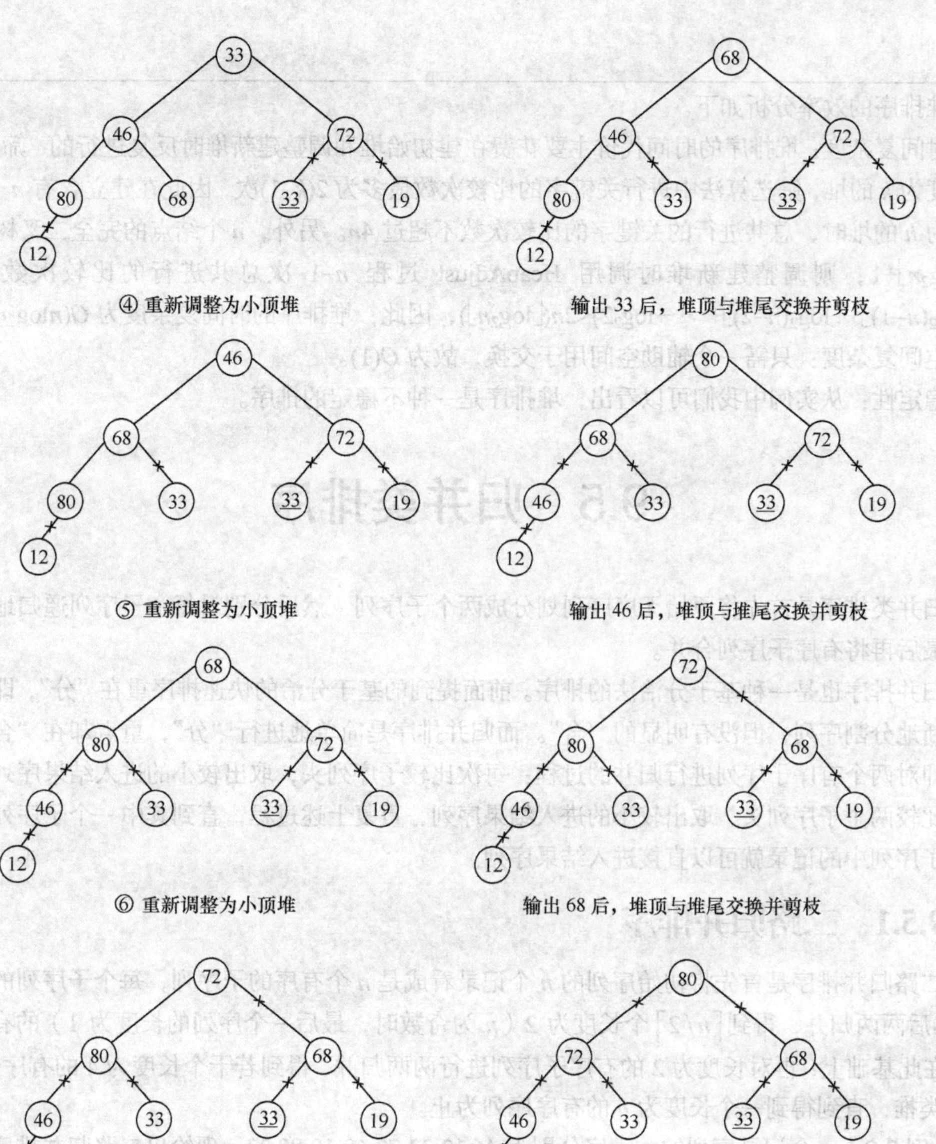

④ 重新调整为小顶堆
输出 33 后，堆顶与堆尾交换并剪枝
⑤ 重新调整为小顶堆
输出 46 后，堆顶与堆尾交换并剪枝
⑥ 重新调整为小顶堆
输出 68 后，堆顶与堆尾交换并剪枝
⑦已为小顶堆
输出 72 后，堆顶与堆尾交换并剪枝

图 9.6 堆排序（续）

最后输出 80，此时，无序序列已按有序输出。

【算法 9.12 堆排序】

```
void HeapSort(RecordList L)
{
  CreatHeap(L);
  for(i=L.length;i>=2;i--)
  {
    L.r[0]=L.r[1];
    L.r[1]=L.r[i];
    L.r[i]=L.r[0];
    HeapAdjust(L,1,i-1);
```

```
    }
}
```

堆排序的效率分析如下。

时间复杂度：堆排序的时间代价主要花费在建初始堆和调整建新堆时反复进行的“筛选”上，对深度为 k 的堆，筛选算法中进行关键字的比较次数最多为 $2(k-1)$次，因此在建立含有 n 个记录，深度为 h 的堆时，总共进行的关键字的比较次数不超过 $4n$。另外，n 个结点的完全二叉树的深度为$\lfloor \log_2 n \rfloor+1$，则调整建新堆时调用 HeapAdjust 过程 $n-1$ 次总共进行的比较次数最多为 $2(\lfloor \log_2(n-1) \rfloor+\lfloor \log_2(n-2) \rfloor+ \cdots+\log_2 2)<2n(\lfloor \log_2 n \rfloor)$，因此，堆排序的时间复杂度为 $O(n\log_2 n)$。

空间复杂度：只需一个辅助空间用于交换，故为 $O(1)$。

稳定性：从实例中我们可以看出，堆排序是一种不稳定的排序。

9.5 归并类排序

归并类排序是首先将原始无序序列划分成两个子序列，然后分别对每个子序列递归地进行排序，最后再将有序子序列合并。

归并排序也是一种基于分治法的排序。前面提到的基于分治的快速排序重在“分”，即用枢轴值不断地分割序列，但没有明显的“合”。而归并排序是简单地进行“分”，重点却在“合”的过程，即对两个有序子序列进行归并的过程：每次比较子序列头，取出较小的进入结果序列；其后继续比较两个子序列头，取出较小的进入结果序列，重复上述过程，直到其中一个子序列为空，剩余子序列中的记录就可以直接进入结果序列。

9.5.1 二路归并排序

二路归并排序是首先将初始序列的 n 个记录看成是 n 个有序的子序列，每个子序列的长度为1，然后两两归并，得到$\lceil n/2 \rceil$个长度为 2（n 为奇数时，最后一个序列的长度为 1）的有序子序列。在此基础上，再对长度为 2 的有序子序列进行两两归并，得到若干个长度为 4 的有序子序列。以此类推，直到得到一个长度为 n 的有序序列为止。

【例 9.9】一个记录序列的关键字分别为 46,12,33,72,68,19,80,33，现给出二路归并排序的完整过程。

初始状态：46　12　33　72　68　19　80　33
第1次划分：46　12　33　72　68　19　80　33
第2次划分：46　12　33　72　68　19　80　33
第3次划分：46　12　33　72　68　19　80　33
第1次归并：12　46　33　72　19　68　33　80
第2次归并：12　33　46　72　19　33　68　80
第3次归并：12　19　33　33　46　68　72　80

【算法 9.13　二路归并排序】

```
void MergeSort(RecordList L,RecordList CopyL,int left,int right)
{
```

```
    //对上下限值分别为 left 和 right 的记录序列 L 进行归并排序,
    //其中 CopyL 为同类型的记录，用于复制保存原记录序列
    int middle;
    if(left<right)
   {
     middle=(left+right)/2;                  //找中间位置进行划分
     MergeSort(L,CopyL,left,middle);         //对左半部分进行递归归并排序
     MergeSort(L,CopyL,middle+1,right);      //对右半部分进行递归归并排序
     Merge(L,CopyL,left,right,middle);       //进行归并
   }
  }
```

其实，整个排序过程中关键的是归并过程，其核心为找当前待归并的子序列中的最小值进行合并。

例如，第 2 次归并时，分别对（12,46），（33,72），（19,68），（<u>33</u>,80）四个有序对进行归并。首先归并（12,46），（33,72）两个有序对。取两个子序列的第 1 个元素，12 和 33，找到较小的 12，放到合并后的第 1 个元素，接下来扫描到 46 和 33，找到较小的 33，放到合并后的第 2 个元素，继续扫描到 46 和 72，找到较小的 46，放到合并后的第 3 个元素，最后的 72 放到合并后的第 4 个元素，即得到有序序列（12,33,46,72）。同理，可归并（19,68），（<u>33</u>,80）得到（19,<u>33</u>,68,80）。以此类推，可进行第 3 次归并，对（12,33,46,72）和（19,<u>33</u>,68,80）进行归并，得到最终的归并结果（12,19,33,<u>33</u>,46,68,72,80）。不难发现，整个归并过程中需要借助一个辅助记录 CopyL 用于保存待排序的记录序列。

【算法 9.14　二路归并过程】

```
  void Merge(RecmordList L,RecordList CopyL,int left,int right,int middle)
  {
     int i,p1,p2;
     for(i=left;i<=right;i++)            // 用 CopyL 记录临时保存待排序记录序列
        CopyL.r[i] = L.r[i];
     p1=left;                            //左半部有序记录的起始位置
     p2=middle+1;                        //右半部有序记录的起始位置
     i=left;                             //从左半部开始进行归并
     while(p1<=middle&&p2<=right)
     {  //取两个有序半区中关键字较小的记录
       if(CopyL.r[p1].key<=CopyL.r[p2].key)
       {   L.r[i]=CopyL.r[p1];           //取到较小的记录放到合并后的记录序列中
           p1++;
       }
       else
       {   L.r[i]=CopyL.r[p2];
           p2++;
       }
       i++;
    }
  //剩下的序列无论是左半部还是右半部都直接复制到合并后的记录序列中
  while(p1<=middle)
  {
     L.r[i]=CopyL.r[p1];
     i++;
```

```
      p1++;
    }
    while(p2<=right)
    {
      L.r[i]=CopyL.r[p2];
      i++;
      p2++;
    }
}
```

二路归并排序的效率分析如下。

时间复杂度：从整个排序的过程可以看出归并排序的时间主要花在划分序列、两个子序列的排序过程以及合并过程。划分序列的时间为常数，可以忽略。归并过程的时间是随着记录序列的长度 n 而线性增长的。因此，对一个长度为 n 的记录序列进行归并排序，调用一趟归并排序的操作是调用 $\lfloor n/2h \rfloor$ 次 Merge 算法，将记录序列 L 前后相邻且长度为 h 的有序段进行两两归并，得到前后相邻、长度为 $2h$ 的有序段，并存放在 L 中，其时间复杂度 $O(n)$。整个归并排序需进行 $m(m=\log_2 n)$ 趟二路归并，所以归并排序总的时间复杂度为 $O(n\log_2 n)$。

空间复杂度：整个归并排序需要一个辅助记录来存放待排序记录，所以空间复杂度为 $O(n)$。

稳定性：从算法中可以看出，每次是从左半部开始进行归并，且当左半部和右半部的关键字相等时左半部的优先，所以保证了整个排序的稳定性。

9.5.2 自然归并排序

自然归并排序是上述归并排序算法的一个变形。在上述归并排序算法中，第一步合并相邻长度为 1 的子序列，这是因为长度为 1 的子序列是已排好序的。事实上，对于初始给定的记录序列，通常存在多个长度大于 1 的已自然排好序的子序列。例如，若记录序列中记录关键字分别为{12,24,5,8, 3,9,11,7}，则自然排好序的子序列有{12,24}，{5,8}，{3,9,11}，{7}。对序列的 1 次线性扫描就足以找到所有这些已经排好序的子序列。然后将相邻的排好序的子序列两两归并，构成更大的排好序的子序列。对上面的例子，经一次归并后可得到 2 个归并后的子序列{5,8,12,24}。{3,7,9,11}。继续归并相邻排好序的子序列，直至整个记录序列已排好序——{3,5,7,8,9,11,12,24}。

【算法 9.15　自然归并排序】

```
typedef Type int;//假设待排序元素类型为整型
//将两个有序的子文件 R[low..m]和 R[m+1..high]归并成一个有序的子文件 R[low..high]
void Merge(Type *R,int l,int m,int r)
{
    int i=l,j=m+1,p=0,q;
    Type *R1;
    R1=(Type *)malloc((r-l+1)*sizeof(Type));
    if(!R1)  return; //申请空间失败
    while(i<=m&&j<=r)
        if(R[i]<=R[j])
            R1[p++]=R[i++];
        else R1[p++]=R[j++];
    if(i>m)
        for(q=j;q<=r;q++)
            R1[p++]=R[q];
    else
        for(q=i;q<=m;q++)
```

```
            R1[p++]=R[q];
        for(p=0,i=l;i<=r;p++,i++)
            R[i]=R1[p];//归并完成后将结果复制回 R[low..high]
    }
    void NatureMergeSort(Type R[],int n)
    {
        int i,sum,low,mid,high;
        while(1)
        {
            i=0;
            sum=1;
            while(i<n-1)
            {
                low=i;
                while(i<n-1&&R[i]<R[i+1])
                    i++;
                mid=i++;
                while(i<n-1&&R[i]<R[i+1])
                    i++;
                high=i++;
                if(i<=n)
                {
                    Merge(R,low,mid,high);
                    sum++;
                }
            }
            if(sum==1)break;
        }
    }
```

读者可以考虑用链表实现该算法。

可以看出，按此方式进行归并排序所需的合并次数较少。例如，对于所给的 n 个记录已按照关键字有序排好，自然归并排序算法不需要执行归并步，而之前的归并排序算法需要执行 $\log_2 n$ 次归并。因此，在这种情况下，自然归并排序算法需要 $O(n)$ 时间，相比较 $O(n\log_2 n)$的时间代价效率要好。

9.6 分配类排序

分配类排序是唯一的一种不需要进行关键字之间比较的排序方法，但却需要知道记录序列的一些其他信息。这种排序方法主要利用分配和收集两种基本操作，基数排序是典型的分配类排序。

9.6.1 多关键字排序

假设有 n 个记录的序列{ $r_1, r_2, \cdots, r_n$}，每个记录 r_i 中含有 d 个关键字$(K_i^0, K_i^1, \cdots, K_i^{d-1})$，则上述记录序列对关键字$(K_i^0, K_i^1, \cdots, K_i^{d-1})$有序是指：对于序列中任意两个记录 r_i 和 $r_j(1\leqslant i<j\leqslant n)$都满足下列有序关系：

$$(K_i^0, K_i^1, \cdots, K_i^{d-1}) < (K_j^0, K_j^1, \cdots, K_j^{d-1})$$

其中 K^0 称为“最主”位关键字，K^{d-1} 称为 “最次”位关键字。

实现多关键字排序通常有以下两种做法。

最高位优先 MSD 法：先对 K^0 进行排序，并按 K^0 的不同值将记录序列分成若干子序列之后，分别对 K^1 进行排序，……以此类推，直至最后对最次位关键字排序完成为止。

最低位优先 LSD 法：先对 K^{d-1} 进行排序，然后对 K^{d-2} 进行排序，……以此类推，直至对最主位关键字 K^0 排序完成为止。排序过程中不需要根据“前一个”关键字的排序结果，将记录序列分割成若干个(“前一个”关键字不同的)子序列。

实际生活中玩扑克牌可以充分体现多关键字排序的问题。一副扑克牌的排序过程是由花色和面值两个关键字来决定的，如果规定花色和面值的大小顺序为：

花色：红桃>黑桃>梅花>方块

面值：K>Q>J>…>3>2>A

那么依据我们前面说到的两种排序方法分别如下。

最高位优先 MSD 法：首先按照花色将整副牌分成 4 组（每组 13 张牌），然后每组再按照面值从小到大进行排序，最后再将这 4 组牌收集到一起就是按照花色和面值排好序的有序序列。

最低位优先 LSD 法：是将分配和收集交替进行，先按照面值从小到大将整副牌分成 13 组（每组 4 张牌），然后将每组牌按照面值的大小收集到一起，再对这些牌按照花色摆成 4 组，每组有 13 张牌，最后再把这 4 组牌按照花色的次序收集到一起就得到了按照花色和面值排好序的有序序列。

看起来，好像 MSD 比较直观，但是计算机通常采用的是 LSD 进行分配排序，因为它的速度较快，便于统一处理；而 MSD 在分配之后还要处理各子集的排序问题，这通常是一个递归过程，计算机处理相对复杂。

9.6.2 链式基数排序

在有多关键字的记录序列中，每个关键字的取值范围相同，则按 LSD 法进行排序时，可以采用“分配-收集”的方法，其好处是不需要进行关键字间的比较。

对于数字型或字符型的单关键字，可以看成是由多个数位或多个字符构成的多关键字，此时也可以采用这种“分配-收集”的办法进行排序，称为基数排序法。

【例 9.10】对下列一组关键字：921, 435, 628, 285, 862, 225, 448, 193, 430。

首先按其“个位数”取值分别为 0, 1, …, 9“分配”成 10 组，之后按从 0 至 9 的顺序将它们“收集”在一起；

然后按其“十位数”取值分别为 0, 1, …, 9“分配”成 10 组，之后再按从 0 至 9 的顺序将它们“收集”在一起；

最后按其“百位数”重复一遍上述操作，便可得到这组关键字的有序序列。

在实现基数排序时，可以通过顺序存储和链式存储两种方式进行，但是顺序存储方式下，所需的时间和空间都很大。从时间来说，因为每次做分配和收集都需要大量移动记录，这对顺序结构来说代价是很高的；另外，从空间来说每次分组时，每组的记录个数都是不定的，这就需要按照最大记录数来分配，这样对空间势必带来很大的浪费。为减少时间和空间代价，常常采用链式存储结构，即链式基数排序，具体做法如下。

（1）待排序记录以指针相链，构成一个链表。

（2）“分配”时，按当前“关键字位”所取值，将记录分配到不同的“链队列”中，每个队列中记录的“关键字位”相同。

（3）“收集”时，按当前关键字位取值从小到大将各队列首尾相链成一个链表。

（4）对每个关键字位均重复（2）和（3）两步。

以例 9.10 说明具体的收集与分配的过程。

初始链表：921 → 435 → 628 → 285 → 862 → 225 → 448 → 193 → 430 ∧

第1趟按照个位数进行分配

Queue[0]	430 ∧
Queue[1]	921 ∧
Queue[2]	862 ∧
Queue[3]	193 ∧
Queue[4]	∧
Queue[5]	435 → 285 → 225 ∧
Queue[6]	∧
Queue[7]	∧
Queue[8]	628 → 448 ∧
Queue[9]	∧

第1趟分配结果：430 → 921 → 862 → 193 → 435 → 285 → 225 → 628 → 448 ∧

第2趟按照十位数进行分配

Queue[0]	∧
Queue[1]	∧
Queue[2]	921 → 225 → 628 ∧
Queue[3]	430 → 435 ∧
Queue[4]	448 ∧
Queue[5]	∧
Queue[6]	862 ∧
Queue[7]	∧
Queue[8]	285 ∧
Queue[9]	193 ∧

第2趟分配结果：921 → 225 → 628 → 430 → 435 → 448 → 862 → 285 → 193 ∧

第3趟按照百位数进行分配

Queue[0]	∧
Queue[1]	193 ∧
Queue[2]	225 → 285 ∧
Queue[3]	
Queue[4]	430 → 435 → 448 ∧
Queue[5]	∧
Queue[6]	628 ∧
Queue[7]	∧
Queue[8]	862 ∧
Queue[9]	921 ∧

第3趟分配结果：193 → 225 → 285 → 430 → 435 → 448 → 628 → 862 → 921 ∧

可以看出，原记录序列已经排列为有序序列。

【算法 9.16 基于链队列的基数排序】

```
void RadixSort(Type R[],int n,int m,int r)
{ //L 中的关键字为 m 位 r 进制数，L 的长度为 n
  LinkQueue *Queue;
  int i,j,k;
  q=(LinkQueue *)malloc(r*sizeof(LinkQueue));
  for(i=0;i<r;i++)                //初始化 r 个链队列
    InitQueue(&Queue[i]);
  for(i=0;i<m;i++)                //进行 m 次分配与收集
  {
```

```
    for(j=0;j<n;j++)                //分配
    {
        k=digit(L[j].key,i,r);      //提取当前关键字第 m 位数字值
        EnterQueue(&Queue[k],L[j]);
    }
    k=0;
    for(j=0;j<r;j++)                //收集
        for(;!IsEmptyQueue(Queue[j]);k++)
            DeleteQueue(&Queue[j],&(L[k]));
  }
}
```

其中，提取关键字中第 *m* 位的数字值 digit()函数的算法描述如下。

【算法 9.17　提取关键字中第 *m* 位的数字值】

```
int digit(KeyType k,int m,int r)
{
  int i,d;
  if(m==0)
    return k%r;
  d=r;
  for(i=1;i<m;i++)
    d*=r;
  return ((int)(key/d)%r);
}
```

基数排序的效率分析如下。

时间复杂度：根据链式存储的优点，分配和收集时不需要移动记录本身，只需要修改记录的 next 域，每处理一位，扫描一遍待排记录进行分配的时间为 $O(n)$，收集 r(r 为基数)个队列的时间为 $O(n+r)$，因此，d 遍分配和收集的时间代价为 $O(d(n+r))$。当 r 远小于 n 时，时间代价就为 $O(dn)$。现在考虑 n 个互不相同的关键码，此时需要 n 个不同的编码来表示，也就是说 $d\geqslant\log_2 n$，因此 n 个记录序列进行基数排序的时间复杂度为 $O(n\log_2 n)$。

空间复杂度：n 个待排序的记录序列都有 next 域，再加上 r 个队列的队尾域，故空间复杂度为 $O(n+r)$。

稳定性：由于基数排序每次都是以上一趟的结果为基准，故它是稳定的排序算法。

9.7 外部排序

前几节我们介绍的都是内排序的一些方法，即待排序的数据完全存放在内存中，但如果排序处理的数据非常多，在内存不能一次处理完成，则需要借助于外存。通常，根据内存的大小将外存的数据文件划分成若干段，每次把其中一段读入内存并用内排序的方法进行处理。这些已排序的段或有序的子文件被称为顺串或归并段，顺串需要重新写回外存等待将来处理，腾出的内存空间继续处理其他文件段。

最常用的外排序方法为归并排序，主要由两个独立的阶段组成：

（1）文件形成尽可能长的初始顺串；

（2）逐趟归并顺串，最后形成对整个数据文件的排序。

外排序所需要的时间由三部分组成：内排序所需的时间、外存读写信息所需的时间和内部归

并所需的时间。外排序必须不断地在外存与内存之间交换数据，而外存读写数据的速度要比内存慢的多。因此，减少外存信息的读写次数是提高外部排序效率的关键。

对同一个文件而言，进行外排序所需读写外存的次数与归并趟数有关。假设有 m 个初始的顺串，每次对 k 个顺串进行归并，归并趟数为[$\log_k m$]。此时，为了减少归并趟数，可以从两个方面改进：

（1）减少初始顺串的个数 m；

（2）增加归并的顺串数量 k。

其中，“置换选择”的方法是在扫描一遍的前提下，能够生长更长的初始顺串，从而减少了初始顺串的个数；“多路归并”的方法则是通过增加归并顺串的个数来减少对数据的扫描趟数。

9.7.1 置换选择排序

置换选择排序是在堆排序的基础上演化而来的。为了提高处理速度，需要借助一个输入缓冲区和一个输出缓冲区。具体的处理过程为：从输入文件读取一定数量的记录进入输入缓冲区，然后，向内存工作区放入待排序记录并进行排序，记录被处理后，写到输出缓冲区，当输出缓冲区写满时，把整个缓冲区写回到外存文件。当输入缓冲区为空时，再次从外存文件中读取下一块记录。

整个算法的核心部分是在内存中使用大小等于记录个数 n 的最小堆来进行排序。初始时，首先从输入文件缓冲区读入 n 个记录到内存工作区，建立大小为 n 的最小堆。当前最小堆中的堆顶元素就是第一个顺串的第一个记录，输出堆顶记录到输出缓冲区中。然后，从输入缓冲区输入下一个记录。若该记录的关键字不小于刚输出记录的关键字，则将其作为堆顶记录，并调整当前堆；若该记录的关键字小于刚输出的关键字，由于希望得到更长的顺串，则用当前堆的堆底记录取代堆顶位置，将新输入的记录存放在原堆堆底位置，暂时不作处理，当前堆的体积减少一个记录并调整为一个新的最小堆。重复以上步骤，直到内存中未经处理的记录数达到 n 时，将这些记录重新建立成最小堆。此时，得到的顺串具有最长的长度，继而开始创建下一个初始顺串。当输出缓冲区满时，将输出缓冲区顺串写入选定的输出文件中。直到输入文件输入完毕。

【例 9.11】一个记录序列的关键字分别为 72,68,33,46,19,12,03,80,11,33,25,09, 42,65,70,50,24,…并假设内存工作区的大小 n=7，则整个置换选择排序的过程如表 9.1 所示。

表 9.1 置换选择排序

输入缓冲区	内 存	输出缓冲区
72,68,33,46,19,12,03,80,11,33,25,09,42,65,70,50,24		开始生成初始顺串
80,11,33,25,09,42,65,70,50,24,…	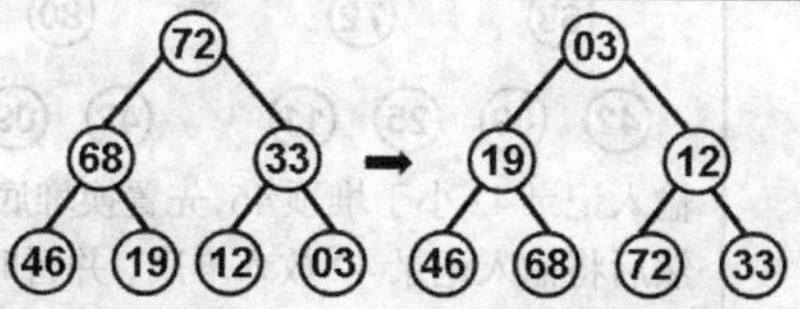 由前 7 个关键字确定的完全二叉树生成初始小顶堆	03
11,33,25,09,42,65,70,50,24,…	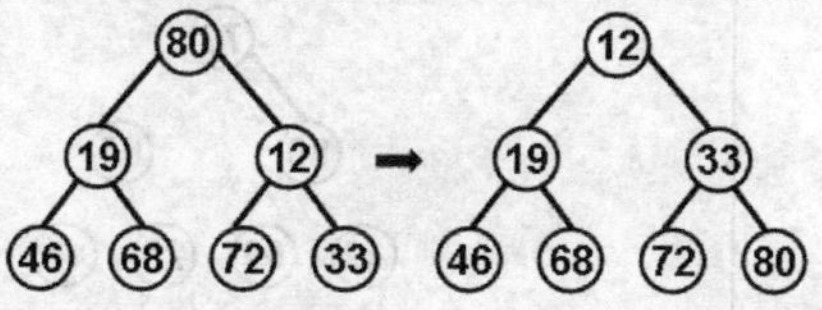 输入记录 80 大于堆顶 03，置换堆顶后重新调整为小顶堆	03,12

续表

输入缓冲区	内　存	输出缓冲区
33,25,09,42,65,70,50,24,…	输入记录 11 小于堆顶 12，先置换堆底 80 与堆顶 12，然后将输入记录 11 放入堆底，并暂时不处理，最后再调整为堆	03,12,19
25,09,42,65,70,50,24,…	输入记录 33 大于堆顶 19，置换堆顶后已为小顶堆，不需调整	03,12,19,33
09,42,65,70,50,24,…	输入记录 25 小于堆顶 33，先置换堆底 72 与堆顶 33，然后将输入记录 25 放入堆底，并暂时不处理，最后再调整为堆	03,12,19,33,33
42,65,70,50,24,…	输入记录 09 小于堆顶 33，先置换堆底 68 与堆顶 33，然后将输入记录 09 放入堆底，并暂时不处理，最后再调整为堆	03,12,19,33,33,46
65,70,50,24,…	输入记录 42 小于堆顶 46，先置换堆底 80 与堆顶 46，然后将输入记录 42 放入堆底，并暂时不处理，最后再调整为堆	03,12,19,33,33,46,68
70,50,24,…	输入记录 65 小于堆顶 68，先置换堆底 72 与堆顶 68，然后将输入记录 65 放入堆底，并暂时不处理，已经是堆不需调整	03,12,19,33,33,46,68,72

续表

输入缓冲区	内　存	输出缓冲区
50,24,…	输入记录 70 小于堆顶 72，先置换堆底 80 与堆顶 72，然后将输入记录 70 放入堆底，并暂时不处理，已经是堆不需调整	03,12,19,<u>33</u>,33,46,68,72,80
24,…	输入记录 50 小于堆顶 80，此时堆底与堆顶重合，直接将输入记录 50 放入堆底，并暂时不处理，此时暂时不处理的元素已经达到内存最大值 7，将这些记录重新建立成最小堆，此时，得到的顺串具有最长的长度，继而开始创建下一个初始顺串	03,12,19,<u>33</u>,33,46,68,72,80 开始生成第 2 个初始顺串 09
…	…	…

9.7.2　多路归并外排序

最简单的归并排序方法为二路归并。外排序实现顺串的两两归并时，用两个输入流读取数据，用一个输出数据流建立归并后的文件，即把内存空间分成 3 个页块，其中两个作为输入缓冲区，第 3 个作为输出缓冲区。此时，需要多次进行外存的读写操作。

【例 9.12】假设一个含有 2 400 个记录的文件，首先通过 8 次内部排序形成了 8 个初始顺串 $R_1,R_2,\cdots,R_8$，每个初始顺串的长度都含有 300 个记录。其中，每一顺串占 3 个页块，每个页块长度为 100 个记录。通过第一阶段的内排序过程之后，这 8 个顺串均被放到了外存，如图 9.7 所示。

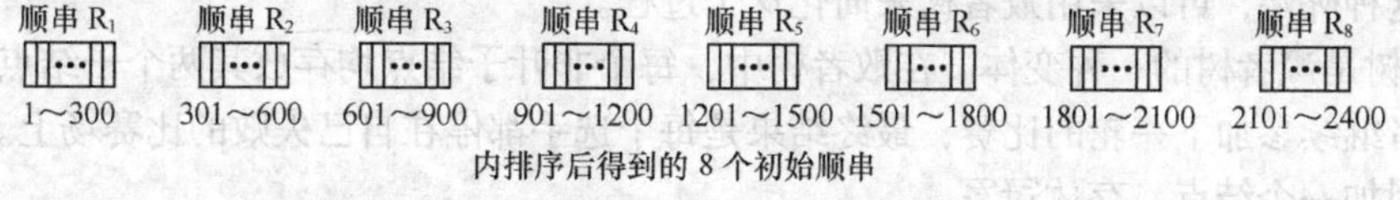

图 9.7　内排序初始顺串

首先把顺串 R_1 和 R_2 的第一个页块读入到输入缓冲区，进行归并，结果放到输出缓冲区，输出缓冲区满时写入磁盘。当一个输入缓冲区为空时，便把该顺串的下一页块读入缓冲区，继续归并，直到顺串 R_1 和 R_2 归并完为止。此时，R_1 和 R_2 的归并结果就形成了一个新的顺串，该串含有 600 个记录。然后依理对 R_3 和 R_4、R_5 和 R_6 以及 R_7 和 R_8 进行归并，从而完成第 1 趟归并，得到 4 个新串，每个新串都含有 600 个记录。接着，再对这 4 个新串继续进行二路归并，完成第 2 趟排序，反复进行，经过 3 趟归并最终完成对整个文件的排序，如图 9.8 所示。

可以看出，如果初始顺串有 m 个，则二路归并的趟数为$[\log_2 m]$。一般情况下，如果是 k 路归并，则所需的趟数为$[\log_k m]$。其中，为了确定下一个输出的记录，就需要在 k 个记录中寻找关键字最小的那个记录，如果逐个比较每个顺串的待选记录，便可得到最小关键字的记录，则每选一个就需要进行 k–1 次比较。为了减少这样的代价，通常使用选择树的方法来实现 k 路归并，该方法的核心思想就是我们前面 9.4.2 节中提到的树形选择排序方法。其中，叶结点为在归并过程中各顺串中的关键字最小的记录。如我们前面讲到的，这种竞赛制方式中，最后的根结点代表全胜者，非叶子结点总是代表优胜者，因此也把这种树叫做赢者树。

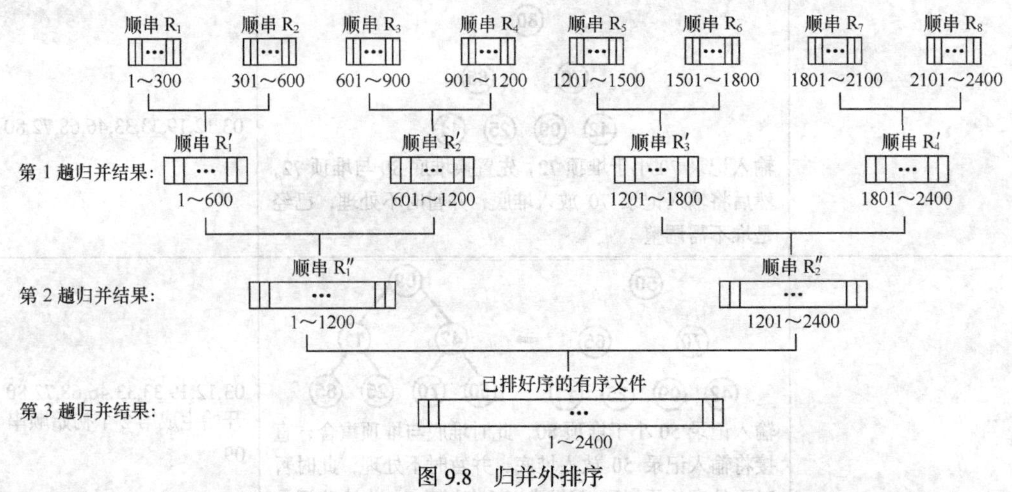

图 9.8　归并外排序

如图 9.9-①所示，以 8 个顺串中记录的最小关键字作为赢者树的叶子结点，根据竞赛规则，最后根结点产生具有最小的关键字 12，它所在的记录在第 8 个顺串中，该记录输出后，顺串 R_8 的下一个记录（关键字为 21）成为该串的当前记录进入赢者树，该记录进入后，重新进行选择，得到最小的关键字 19，如图 9.9-②所示。该关键字所在的记录在第 2 个顺串中，该记录输出后，顺串 R_2 的下一个记录（关键字为 24）成为该串的当前记录进入赢者树，该记录进入后，重新进行选择，得到最小的关键字 21，如图 9.9-③所示。反复按照上述方法选取记录，当某个顺串的记录取尽时，则把一个比任何关键字都大的值写到对应的叶结点并参加比较，直到全部顺串都取尽时，再把下一组顺串读入，重新建立赢者树。

可以看出，要选取关键字最小的记录，只有第一个需要进行 $m-1$ 次比较用来建立赢者树，由于在树中保存了以前的比较结果，因此之后每个只要进行$\lfloor \log_2 m \rfloor$次比较即可。然而，它的弊端在于在选取一个记录之后重构赢者树的修改工作比较费时，既要查找兄弟结点，又要查找父结点。为了消除这种弊端，可以采用败者树来简化这个过程。

败者树是赢者树的一种变体。在败者树中，每个非叶子结点均存放其两个子结点中的败方，而让获胜者继续参加下一轮的比赛，最终结果是每个选手都停在自己失败的比赛场上。另外，在根结点处附加一个结点，存放冠军。

如图 9.10-①所示，以 8 个顺串中记录的最小关键字作为赢者树的叶子结点，根据败者树生成规则，叶子结点两两比较，其中的败者（较大者）生成父亲结点（33 和 19 中选择 33,46 和 33 选择 46，25 和 80 选择 80,68 和 12 选择 12），然后再用每组优胜者（较小者）两两再比较（33 和 19 中的 19 与 46 和 33 中的 33 比较，25 和 80 中的 25 和 68 和 12 中的 12 比较），其中的败者生成再上一层的父亲结点（19 和 33 选择 33,25 和 12 选择 25），继续再用这两组中的优胜者比较（19 和 33 中的 19 与 25 和 12 中的 12 比较），其中的败者生成根结点 19，优胜者 12 附加于根结点成为最后的冠军。它所在的记录在第 8 个顺串中，该记录输出后，顺串 R_8 的下一个记录（关键字为 21）成为该串的当前记录进入败者树，该记录进入后，依照上述过程重新进行选择，得到最小的关键字 19，如图 9.10-②所示。该关键字所在的记录在第 2 个顺串中，该记录输出后，顺串 R_2 的下一个记录（关键字为 24）成为该串的当前记录进入败者树，该记录进入后，重新进行选择，得到最小的关键字 21，如图 9.10-③所示。反复按照上述方法选取记录，当某个顺串的记录取尽时，则把一个比任何关键字都大的值写到对应的叶结点并参加比较，直到全部顺串都取尽时，再把下一组顺串读入，重新建立败者树。

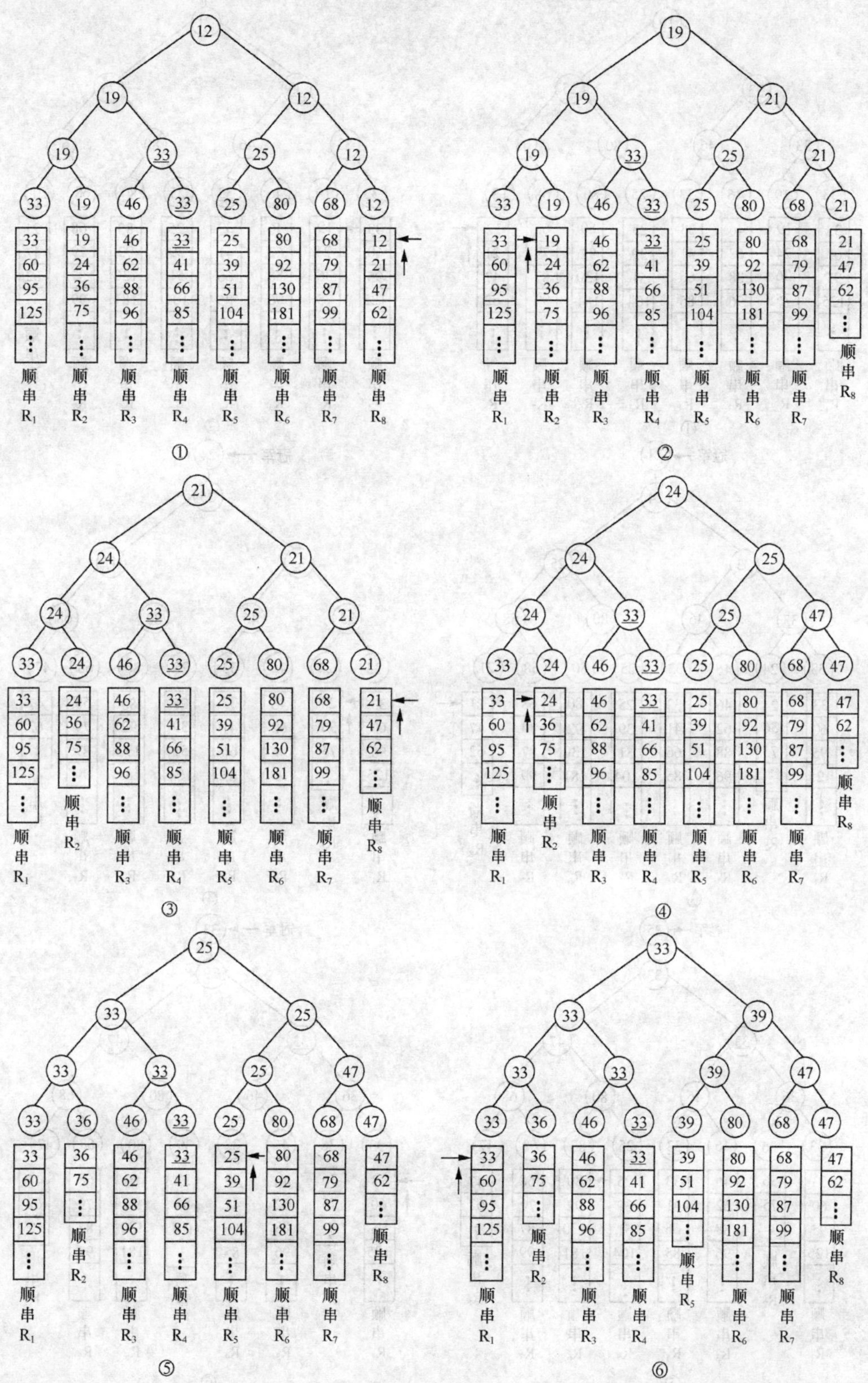

图 9.9　赢者树

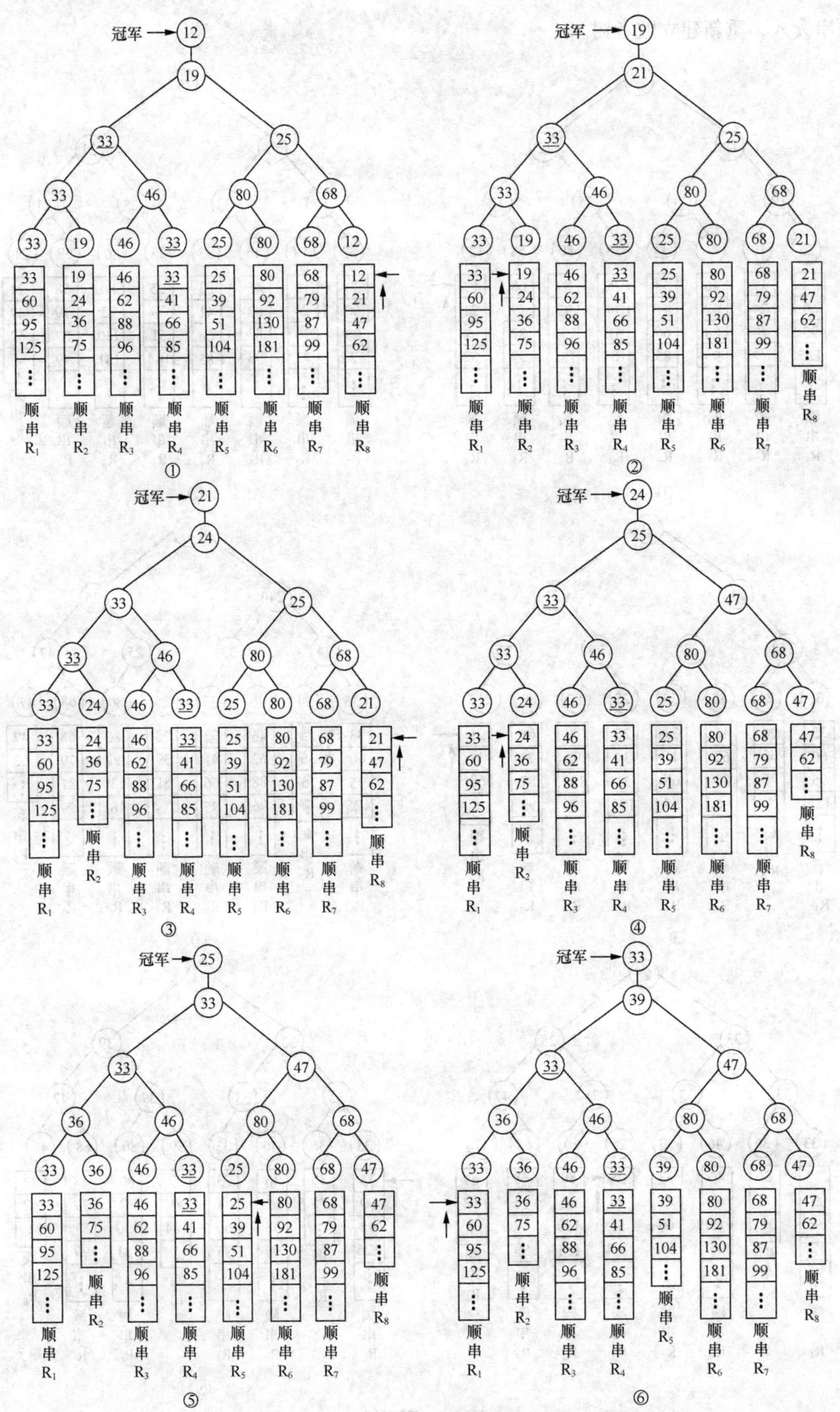

冠军
顺串 R_1
顺串 R_2
顺串 R_3
顺串 R_4
顺串 R_5
顺串 R_6
顺串 R_7
顺串 R_8
①
②
③
④
⑤
⑥

图 9.10　败者树

容易看出，在修改败者树时只需查找父结点，而不必查找兄弟结点，因而对败者树的修改比赢者树更容易些。

9.8 算法总结

由本章前几节的内容我们可以看出，排序方法能够充分体现算法设计的魅力，对效率的要求非常高，其中内排序主要考虑如何减少关键字之间的比较次数和记录的移动次数，而外排序则主要考虑如何减少与外设的交互操作。

我们对提到的各种内排序算法进行如下比较。

（1）时间代价：时间复杂度是衡量排序算法的最重要的指标。排序的总时间代价为比较和移动记录的次数之和。根据应用需要，可以分别考察最小、平均和最大时间代价。

简单的各种排序方法，包括直接插入排序、直接选择排序、冒泡排序，时间复杂度都达到了$O(n^2)$。这三种方法相较而言，插入排序的实验时间最好，冒泡排序的最差。因此，插入排序经常和其他排序方法结合使用。

快速排序、堆排序、归并排序和基数排序的时间复杂度都达到对数级别$O(n\log_2 n)$。当然，就平均时间性能而言，快速排序的确是其中最快的，特别是在记录序列的规模较大时更为明显。但是，在最坏的情况下，即原始序列恰好为逆序时，快速排序的时间性能达到$O(n^2)$。然而，堆排序和归并排序最坏的时间复杂度也可达到$O(n\log_2 n)$，当记录数较大时，归并排序的时间性能优于堆排序。基数排序最适合于记录数n很大而且关键字的位数d较小的序列。当d远小于n时，时间复杂度可以接近线性阶$O(n)$。

（2）空间代价：空间复杂度主要是指排序算法所需的额外空间。直接插入排序、直接选择排序、冒泡排序、希尔排序、堆排序的空间复杂度为$O(1)$，快速排序为$O(\log_2 n)$，归并排序为$O(n)$，基数排序为$O(n+r)$。

（3）稳定性：稳定性是指对于两个关键字相等的记录，它们在序列中的相对位置，在排序之前和排序之后没有发生改变。所有的简单排序算法中，只有简单选择排序是不稳定的，其他的都是稳定的。而相对那些时间性能较好的排序算法，希尔排序、快速排序和堆排序都是不稳定的，只有归并排序和基数排序是稳定的。

事实上，在实际的应用需求下，可以根据记录数n的大小，稳定性的要求，待排序列的有序情况，记录关键字的组合情况等来选择合适的排序算法，或者对这些排序算法进行合适的组合。

（1）当待排序的关键字序列已基本有序时，直接插入排序最快，冒泡排序速度也较快。

（2）归并排序对待排序关键字的初始序列不敏感，因此排序速度比较稳定。

（3）若待排序的记录个数n较小时，可采用直接插入或直接选择排序。

（4）若待排序的记录个数n较大时，则应采用时间代价为$O(n\log n)$的快速排序、堆排序、归并排序或者基数排序。

（5）若待排序的记录个数n较大时而且输入顺序比较随机时，如果没有稳定性要求，则采用快速排序效果最好。

（6）若待排序的记录个数n较大时而且关键字位数较少时，则采用基数排序。

习题

一、单项选择题

1. 如果只想得到 1 000 个元素组成的序列中第 5 个最小元素之前的序列，用________方法最快。

A．起泡排序　B．快速排列　C．Shell 排序　D．堆排序

2．用直接插入排序方法对下面四个序列进行排序（由小到大），元素比较次数最少的是________。

A．94,32,40,90,80,46,21,69　　B．32,40,21,46,69,94,90,80

C．21,32,46,40,80,69,90,94　　D．90,69,80,46,21,32,94,40

3．有一组数据（15，9，7，8，20，–1，7，4），用堆排序的筛选方法建立的初始堆为________。

A．–1，4，8，9，20，7，15，7　　B．–1，7，15，7，4，8，20，9

C．–1，4，7，8，20，15，7，9　　D．A，B，C 均不对。

4．一组记录的关键字为（46,79,56,38,40,84），则利用快速排序的方法，以第一个记录为基准得到的一次划分结果为________。

A．（38, 40, 46, 56, 79, 84）　　B．（40, 38, 46, 79, 56, 84）

C．（40, 38, 46, 56, 79, 84）　　D．（40, 38, 46, 84, 56, 79）

5．在文件“局部有序”或文件长度较小的情况下，最佳内部排序的方法是________。

A．直接插入排序　B．起泡排序　C．简单选择排序　D．快速排序

6．设有一个小顶堆（堆中任意结点的关键字均小于它的左孩子和右孩子的关键字），其元素个数为 n，顺序存储在数组 $A[1..n]$中，则其具有最大值的元素可能在________地方。

A．$A[1]$　B．$A[1..\left\lfloor\frac{n}{2}\right\rfloor]$　C．$A[\left\lfloor\frac{n+1}{2}\right\rfloor..n]$　D．$A[1..\left\lfloor\frac{n+1}{2}\right\rfloor]$

7．在下列排序算法中，________算法的效率与待排数据的原始状态无关。

A．冒泡排序　B．插入排序　C．基数排序　D．快速排序

8．有些排序算法在每趟排序过程中，都会有一个元素被放置在其最终的位置上，下列算法不会出现此情况的是________。

A．希尔排序　B．堆排序　C．起泡排序　D．快速排序

9．在下列算法中，________算法可能出现下列情况：在最后一趟开始之前，所有元素都不在其最终位置。

A．堆排序　B．冒泡排序　C．插入排序　D．快速排序

10．在下列排序算法中，________算法是不稳定的。

A．插入排序　B．冒泡排序　C．二路归并排序　D．堆排序

11．如果将所有中国人按照生日（只考虑月份、日期）来排序，那么使用下列排序算法中________算法最快。

A．插入排序　B．冒泡排序　C．二路归并排序　D．基数排序

12．在下列指定的排序算法中，________使用的附加空间与输入序列的长度及初始排列无关。

A．快速排序　B．竞标赛排序　C．归并排序　D．基数排序

13. 对下列整数序列使用基数排序，一趟分配收集之后的结果是________。

（179，208，93，306，55，859，984，9，271，33）

A. {93,55,9,33,179,208,271,306,859,984}　　B. {208,306,9,33,55,859,179,271,984,93}

C. {9,33,55,93,179,208,271,306,859,984}　　D. {271,93,33,984,55,306,208,179,859,9}

14. 下述几种排序方法中，要求内存量最大的是________。

A. 插入排序　　B. 选择排序　　C. 快速排序　　D. 归并排序

二、完成题

1. 已知关键字序列{15,20,80,50,10,40}，给出冒泡排序的每一趟结果。

2. 已知关键字序列{52,43,78,99,85,30,40}，给出快速排序的第一趟和第二趟的结果。

3. 已知关键字序列{50,80,75,30,20,90,45,65,5,9}，增量序列为 5,3,1,给出希尔排序的每一趟结果。

4. 已知关键字序列{500,10,200,800,150,250,70,30,300}，给出构建大根堆的过程。

5. 已知关键字序列{50,3,80,10,20,60,40,90,1}，给出二路归并排序的每一趟结果。

6. 已知关键字序列{501,023,417,225,418,391,565,359}，给出基数排序的每一趟结果。

三、算法设计题

1. 编写算法，使用监视哨实现直接插入排序。

2. 编写算法，判断所给的完全二叉树是否为大根堆。

3. 编写算法，用基数排序方法将一组等长（含字母个数相同）的英文单词按字典顺序排列。

4. 编写算法，在顺序队列上实现基数排序。

5. 有一种排序方法称为计数排序。它对一个待排序序列（用数组表示，且所有待排序的关键字值互不相同）进行排序，并将排序结果存放到另一个新的序列中。在排序过程中，对序列中的每个数据元素，都扫描一遍待排序序列，并计数序列中有多少个数据元素的关键字比它小，这个计数值就是它的存放位置。编写算法，实现计数排序。

6. 像静态链基数排序那样，数组元素增加一个 next 域逻辑链表，对这个静态链表实现插入排序（只修改 next 静态指针，不移动元素），则称为“表插入排序”。编写算法，实现表插入排序。

7. 编写算法，实现将数组中的元素循环右移 k 位，假设原数组序列为 $a_0,a_1,\ldots,a_{n-2},a_{n-1}$，移动后的序列为 $a_{n-k},a_{n-k+1},\cdots,a_0,a_1,\cdots,a_{n-k-1}$。要求只用一个元素大小的附加存储，元素移动或交换次数为 $O(n)$。

8. 冒泡排序的一种变种就是所谓的鸡尾酒混合排序：它对数组总共也要进行 n-1 趟排序。但是，相邻两趟的冒泡方向是相反的。例如，第一趟排序将最大的记录冒泡到数组的底部，而在第二趟排序中将最小的记录冒泡到数组的顶部。试编写算法实现该功能。

9. 设有一个仅由红、白、蓝 3 种颜色的条块（每个色块除了颜色外，其他性质相同）组成的序列，各种色块的个数是随机的，但 3 种颜色色块的总数为 n。编写一个时间复杂度为 $O(n)$的算法，使用辅助空间最少的算法，使得这些条块按照红、白、蓝的顺序排好，即排成荷兰国旗图案（整个图案由三大色块组成，第一块是红色，第二块是白色，第三块是蓝色）。

10. 设 A、B 是长为 n 的数表，已经按照非降顺序排好。如果将这 2n 个数全体排序，则处于第 n 个位置的数称为中位数。编写算法，实现在最坏时间复杂度 $O(\log n)$的情况下求 A 和 B 的中位数。

参考文献

[1] 耿国华. 数据结构—C 语言描述[M]. 北京：高等教育出版社，2005.

[2] （美）Mark Allen Wweiss. 数据结构与算法分析—C 语言描述. 北京：机械工业出版社，2004.

[3] 齐德昱. 数据结构与算法[M]. 北京：清华大学出版社，2003.

[4] 严蔚敏，吴伟民. 数据结构（C 语言版）[M]. 北京：清华大学出版社，2006.

[5] 王晓东. 算法设计与分析. 北京：清华大学出版社，2003.

[6] 马秋菊. 数据结构（C 语言描述）. 北京：中国水利水电出版社，2006.

[7] 朱战立，刘天时. 数据结构(第 2 版)—使用 C 语言. 西安：西安交通大学出版社，2000.

[8] 王晓东. 数据结构（STL 框架）. 北京：清华大学出版社，2009.

[9] 张铭，王腾姣，赵海燕. 数据结构与算法[M]. 北京：高等教育出版社，2006.

[10] 黄水松，董洪斌. 数据结构与算法习题解析. 北京. 电子工业出版社，1999.

[11] 严蔚敏，吴伟民. 数据结构题集 (C 语言版). 北京. 清华大学出版社，2004.